D1920591

John Saxton / Peter Gregory

Lehrbuch
TIERHOMÖOPATHIE

John Saxton / Peter Gregory

Lehrbuch TIERHOMÖOPATHIE

Das umfassende Standardwerk über Fallaufnahme, Repertorisation und Behandlung der wichtigsten Erkrankungen in der Veterinärmedizin

Narayana Verlag

John Saxton / Peter Gregory

Lehrbuch Tierhomöopathie

Das umfassende Standardwerk über Fallaufnahme, Repertorisation und Behandlung der wichtigsten Erkrankungen in der Veterinärmedizin

1. deutsche Ausgabe 2021

ISBN 978-3-95582-210-1

© Narayana Verlag 2021

Titel der englischen Originalausgabe:

Textbook of Veterinary Homeopathy

Copyright© John Saxton and Peter Gregory 2005

2nd revised and enlarged Edition

Baconsfield Publishers Ltd

First published in 2005

Layout: Narayana Verlag

Satz: Linda Brummack

Coverlayout: Chris Langohr

Coverabbildungen: siehe Abbildungsverzeichnis

Herausgeber: Narayana Verlag GmbH, Blumenplatz 2,

79400 Kandern, Tel.: +49 7626 974970-0

E-Mail: info@narayana-verlag.de, www.narayana-verlag.de

Alle Rechte vorbehalten. Ohne schriftliche Genehmigung des Verlags darf kein Teil dieses Buches in irgendeiner Form – mechanisch, elektronisch, fotografisch – reproduziert, vervielfältigt, übersetzt oder gespeichert werden, mit Ausnahme kurzer Passagen für Buchbesprechungen. Sofern eingetragene Warenzeichen, Handelsnamen und Gebrauchsnamen verwendet werden, gelten die entsprechenden Schutzbestimmungen (auch wenn diese nicht als solche gekennzeichnet sind). Die Empfehlungen in diesem Buch wurden von Autor und Verlag nach bestem Wissen erarbeitet und überprüft. Dennoch kann eine Garantie nicht übernommen werden. Weder der Autor noch der Verlag können für eventuelle Nachteile oder Schäden, die aus den im Buch gegebenen Hinweisen resultieren, eine Haftung übernehmen.

Der Verlag schließt im Rahmen des rechtlich Zulässigen jede Haftung für die Inhalte externer Links aus. Für Inhalte, Richtigkeit, Genauigkeit, Vollständigkeit, Qualität und/oder Verwendbarkeit der dargestellten Informationen auf den verlinkten Seiten sind ausschließlich deren Betreiber verantwortlich.

Hinweis:

Dieses Buch ist dazu gedacht, die Anweisungen und Ratschläge Ihres Tierarztes/ Ihrer Tierärztin zu ergänzen. Krankheiten sind niemals gleichartig. Wir können auch nicht für die Folgen von Behandlungen verantwortlich gemacht werden, die ohne fachmännische Anweisung zu Hause durchgeführt werden. Daher möchten wir Sie dringend bitten, sich nach den besten tiermedizinischen Möglichkeiten für Ihr Tier umzusehen, um sich umfassend zu informieren und so die besten Entscheidungen zum Wohle Ihres Tieres treffen zu können. Die Erwähnung bestimmter Firmen, Organisationen oder Fachleute bedeutet nicht, dass der Herausgeber diese unterstützt, noch, dass diese das vorliegende Buch unterstützen

INHALT

TEIL 2: Veterinärhomöopathie anwenden 211

23 Der Bewegungsapparat 281

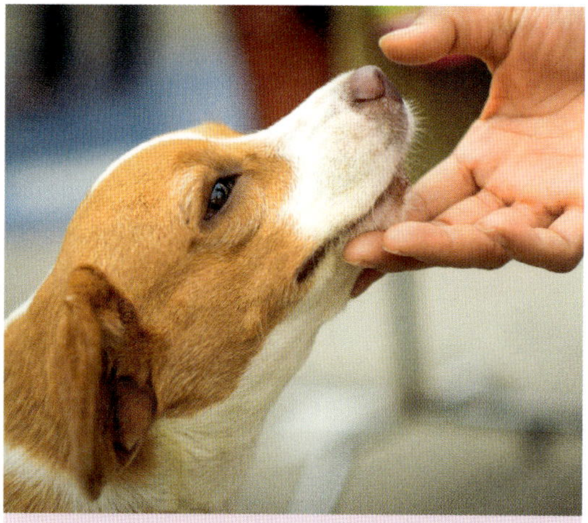

24 Das Nervensystem 291

25 Der Herz-Kreislauf-Apparat 301

26 Das Endokrine System 309

27 Die Haut 317

28 Verhaltensprobleme 329

29 Der geriatrische Patient 339

30 Homöopathie bei Neoplasien 347

TEIL 3: Anhänge 357

Vorwort

Diese Auflage basiert auf der überarbeiteten und erweiterten zweiten Auflage dieses Lehrbuches, das erstmals 2003 veröffentlicht wurde. Seitdem hat sich die Homöopathie enorm weiterentwickelt. Daher war es an der Zeit, eine Überarbeitung und Erweiterung vorzunehmen, die den Wissenszuwachs der letzten Jahre berücksichtigt. Dies gilt insbesondere im Hinblick auf neue evidenzbasierte Erkenntnisse und das sich verändernde Verständnis von der Natur homöopathischer Arzneien. Seit dem Erscheinen dieses Buches ist auch klarer geworden, welche Anforderungen ein solches Werk erfüllen muss. So haben die Rückmeldungen homöopathisch arbeitender Tierärzte zu einer Erweiterung der Materia medica im zweiten Teil dieses Werkes geführt. Besonders die Anzahl der Arzneien im Kapitel zu den Augenerkrankungen wurde deutlich erhöht. Nichtsdestotrotz liegt der Schwerpunkt nach wie vor auf dem Hahnemannischen Prinzip der Gesamtheit (Totalität) der Symptome und der praktischen Ausübung der Homöopathie entsprechend den Vorgaben im *Organon*. Dieses Werk richtet sich ebenso wie die erste Auflage sowohl an den Tierarzt des 21. Jahrhunderts zu Beginn seiner homöopathischen Tätigkeit als auch an den erfahrenen Praktiker. Daher wurde besonderer Wert auf gute Lesbarkeit gelegt, damit es sich sowohl zum raschen Nachschlagen als auch zur praktischen Anleitung eignet.

TEIL 1

Alles zum Thema Veterinärhomöopathie

1

Die Geschichte der Homöopathie

Was ist Homöopathie?

Die Homöopathie ist ein Medizinsystem, dessen Philosophie sich sehr deutlich von den Grundsätzen der orthodoxen Medizin unterscheidet. Das bedeutet aber nicht, dass die beiden immer unvereinbar wären. Tatsächlich gibt es sogar Situationen, in denen sie synergistisch wirken. Allerdings ist in der Homöopathie das Verständnis im Hinblick auf die Entstehung und Entwicklung von Krankheiten und deren medizinische Behandlung ein ganz anderes als in der konventionellen Medizin. Die Homöopathie kann bei allen Arten von Krankheiten bei Tieren eingesetzt werden, entweder allein oder komplementär zu anderen Behandlungsmethoden. Sie hat das Potenzial, Krankheiten zu heilen, die ansonsten als unheilbar oder zumindest unbehandelbar eingestuft würden.

Als Einführung in die theoretischen Prinzipien der Homöopathie mag ein Abstecher in die historischen Hintergründe hilfreich sein. Deshalb wenden wir uns zuerst einmal der Frage zu, was genau wir mit dem Begriff »Homöopathie« überhaupt meinen: Der Name setzt sich aus den griechischen Wörtern »homoios« – »ähnlich« – und »pathos« – »Leiden« – zusammen. Dahinter steckt das Grundprinzip der Homöopathie, dass eine Krankheit durch einen Stoff geheilt werden kann, der in der Lage ist, bei einem gesunden Individuum ähnliche Symptome hervorzurufen.

Im Gegensatz dazu wird in der Schulmedizin (auch als »Allopathie« bezeichnet) oftmals »antipathisch« behandelt, d. h. das Medikament wirkt gegensätzlich zu den Symptomen der Krankheit. So ist beispielsweise die Behandlung von Durchfall mit einem stopfenden Mittel wie Codeinphosphat antipathisch, der Einsatz von Antibiotika bei einer bakteriellen Enteritis hingegen allopathisch. Die Anwendung eines Stoffes wie Arsen, der beim Gesunden Durchfall auslösen kann, ist wiederum ein Beispiel für die Homöopathie.

Die Entwicklung der modernen Homöopathie

Bereits die alten Ägypter behandelten Krankheiten gemäß dem homöopathischen Prinzip und bei den alten Griechen findet diese Art der Therapie sogar ausdrückliche Erwähnung. So schreibt Hippokrates (460-357 v. Chr.): »Die Mehrzahl der Krankheiten lässt sich durch die gleichen Dinge heilen wie die, die sie verursacht haben.« Paracelsus (1493-1541), ein Arzt im Gebiet der heutigen Schweiz und eine herausragende Figur in der Medizin seiner Zeit, vertrat ebenfalls die Auffassung, dass Arzneien auf derselben Grundlage verordnet werden sollten. Er war zudem ein Verfechter der Signaturenlehre, wonach die physischen Merkmale einer Pflanze ihre arzneilichen Eigenschaften anzeigen (so hat z. B. Löwenzahn eine gelbe Blüte und damit einen Platz in der Behandlung von Gelbsucht). Diese Lehre spiegelt sich auch in der Homöopathie wider. Allerdings wurde das vollständige System der Homöopathie erst im frühen 19. Jahrhundert von dem deutschen Arzt Dr. Christian Friedrich Samuel Hahnemann entwickelt. Geboren 1755 in Sachsen, studierte Hahnemann erst in Leipzig Medizin, bevor er an die Universität von Erlangen ging, um dort 1779 seinen Abschluss zu machen. Die Behandlungsmethoden seiner Zeit ließen ihn aber sehr schnell unzufrieden und enttäuscht werden, da er sie für unwissenschaftlich und barbarisch hielt. Zudem zweifelte er die unwissenschaftlichen Theorien hinter diesen Praktiken an. Daher gab er 1790 die praktische Tätigkeit als Arzt vollkommen auf. Um sich und seine Familie über Wasser zu halten, übersetzte er Lehrbücher aus den Bereichen Medizin und Chemie ins Deutsche. Es ist mehr als wahrscheinlich, dass Hahnemann auch die Schriften von Paracelsus studiert und zudem womöglich arabische Medizinschriften gelesen hatte. Während eines Praktikums am Krankenhaus der Barmherzigen Brüder in Wien traf er auf den Wiener Arzt Freiherr Joseph von Quarin, der ihn unter seine Fittiche nahm und ebenfalls mit diesem Ansatz experimentierte. Die entscheidende Wende trat jedoch ein, als Hahnemann einen Text des schottischen Arztes Cullen übersetzte und dessen Erklärung zur Wirkungsweise von Chinarinde beim damals in Europa weitverbreiteten Sumpffieber (heutzutage bekannt als Malaria) in Frage stellte. Cullen war der Auffassung, dass die adstringierende (»tonische«) Wirkung von *China* auf den Magen für die Wirkung verantwortlich war. Hahnemann hingegen argumentierte, dass einige der stärksten »Tonika« keinerlei Wirkung auf die Krankheit hätten, andere Substanzen wie Kaffee und Arsen hingegen schon. Es müsse also einen anderen Grund dafür geben, warum Chinarinde Patienten mit dieser Erkrankung heilen könne.

Da Hahnemann ein Mensch war, der seine Ansichten gerne teilte, schrieb er an Cullen, um diesen über seine Gedankengänge zu informieren. Gleichzeitig fing er an zu experimentieren, um das oben beschriebene Phänomen zu erforschen. Er stellte fest, dass er nach der Einnahme von ungefähr 18 Gramm Chinarinde alle typischen körperlichen Symptome einer Malariaerkrankung entwickelte, allerdings ohne das typische Fieber. Setzte er mit der Einnahme aus, wurden die Symptome allmählich schwächer, und wenn er wieder damit anfing, kehrten sie zurück. Daraus zog er die Schlussfolgerung, dass die Fähigkeit der Chinarinde, die Symptome des Sumpffiebers (der Malaria) zu lindern, darin begründet lag, dass sie genau diese Symptome bei einem gesunden Individuum hervorrufen konnte. Diese Wirkung bezeichnete er als »homöopathischen Effekt«. Sein ganzes weiteres Leben widmete Hahnemann der Entwicklung einer rationalen Heilkunde, die auf genau diesem Prinzip begründet war. Der *Chinarindenversuch* fand im Jahre 1790 statt. Nach ausgedehnten weiteren Forschungen veröffentlichte Hahnemann 1796 die Abhandlung »Versuch über ein neues Princip zur Auffindung der Heilkräfte der Arzneysubstanzen, nebst einigen Blicken auf die bisherigen«.

Das »Ähnlichkeitsgesetz« umschrieb er mit dem Satz »*Similia similibus curentur*« – »Ähnliches möge durch Ähnliches geheilt werden«. So gewappnet begann Hahnemann nun damit, diese Prinzipien in seiner Praxis umzusetzen und diese neue bemerkenswerte Art der Medizin publik zu machen. Die erste vollständige Beschreibung seines Medizinsystems veröffentlichte er 1810 in dem Buch »Organon der rationellen Heilkunde« (später: »Organon der Heilkunst«, im weiteren Verlauf dieses Buches als *Organon* abgekürzt), dessen erster Auflage fünf weitere folgten. Die sechste Auflage stellte Hahnemann 1842 fertig, aber noch bevor das Manuskript in den Druck ging, erkrankte er an Bronchitis und verstarb drei Monate später im Alter von 88 Jahren.

Seine Frau Melanie machte die Existenz dieses Manuskripts erst öffentlich, als andere Versionen in Umlauf kamen, die angeblich die sechste Auflage des *Organon* sein sollten. Sie war gezwungen, die Veröffentlichung selbst zu überwachen, um Hahnemanns Ansehen aufrechtzuerhalten und die Authentizität des Textes sicherzustellen, aber auch sie starb vor Abschluss der dazu erforderlichen zahlreichen Verhandlungen. Das Manuskript geriet dann in die Hände von Melanies Adoptivtochter Sophie, die in die Familie von Clemens von Bönninghausen eingeheiratet hatte. Dieser war seinerzeit ein angesehener Homöopath – mehr dazu später in diesem Kapitel. Diese Familie veräußerte das Manuskript schließlich für 1.000 US-Dollar an die Dres. William Boericke und James William Ward. Die sechste Auflage des »Organon der Heilkunst« wurde in Deutschland 1921 und in den USA 1922 veröffentlicht.

Die ersten drei Paragraphen des *Organon* beschreiben die Grundprinzipien der Homöopathie bzw. der Medizin schlechthin, egal in welcher Form sie praktiziert wird. Sie gelten gleichermaßen für die Tiermedizin:

§ 1 Des Arztes höchster und *einziger* Beruf ist, kranke Menschen gesund zu machen, was man Heilen nennt.

§ 2 Das höchste Ideal der Heilung ist schnelle, sanfte, dauerhafte Wiederherstellung der Gesundheit, oder Hebung und Vernichtung der Krankheit in ihrem ganzen Umfange auf dem kürzesten, zuverlässigsten, unnachtheiligsten Wege, nach deutlich einzusehenden Gründen.

§ 3 Sieht der Arzt deutlich ein

1. was an Krankheiten das ist, was an jedem einzelnen Krankheitsfalle insbesondere zu heilen ist (*Krankheits-Erkenntniß, Indication*),
2. was an den Arzneien, das ist, an jeder Arznei insbesondere, das Heilende ist (*Kenntniß der Arzneikräfte*),
3. und weiß er nach deutlichen Gründen das Heilende der Arzneien dem, was er an dem Kranken unbezweifelt Krankhaftes erkannt hat, so anzupassen, daß Genesung erfolgen muß, anzupassen sowohl in Hinsicht der Angemessenheit der für den Fall nach ihrer Wirkungsart geeignetsten Arznei (*Wahl des Heilmittels, Indicat*), als auch in Hinsicht der genau erforderlichen Zubereitung und Menge derselben (rechte Gabe) und der gehörigen Wiederholungszeit der Gabe,
4. kennt er endlich die Hindernisse der Genesung in jedem Falle und weiß sie hinwegzuräumen, damit die Herstellung von Dauer sei,

so versteht er zweckmäßig und gründlich zu handeln und ist ein ächter Heilkünstler.

Das bedeutet, dass der Arzt:

1. die am besten passende Arznei anwenden und entsprechend ihrer charakteristischen Eigenschaften an den individuellen Patienten anpassen muss (*Arzneiwahl*),
2. die Arznei den Erfordernissen entsprechend exakt zubereiten muss,
3. die erforderliche Menge der Arznei genau dosieren muss (die korrekte *Dosis*),
4. die Arzneigabe sofern notwendig wiederholen muss.

Darüber hinaus muss der Arzt in jedem individuellen Fall die Heilungshindernisse erkennen und wissen, wie sie zu beseitigen sind, damit die Wiederherstellung der Gesundheit von Dauer ist.

Arzneimittelprüfungen

Um die für die Ausübung der Homöopathie erforderlichen Informationen zu den Arzneimitteln zu erhalten, prüfte Hahnemann die Wirkungen einer Vielzahl von Substanzen an gesunden Individuen, hauptsächlich Familienmitgliedern, Freunden oder Schülern. Die Sammlung von Symptomen, die bei der Einnahme einer Arznei durch einen gesunden Menschen auftraten, bezeichnete er als »Prüfung«. Die Ergebnisse dieser Experimente wurden zwischen 1811 und 1821 in Buchform als *Reine Arzneimittellehre (Materia Medica Pura)* veröffentlicht. Dieses Werk erreichte drei Auflagen, deren letzte 1830 herausgegeben wurde und die Beschreibungen von 67 Arzneien enthielt.

Seither wurden buchstäblich Tausende von Stoffen »geprüft«. Es gibt inzwischen standardisierte Prüfungsprotokolle, die auch Doppelblindprüfungen beinhalten, sodass weder der »Prüfer« noch der Prüfungsleiter wissen, um welche Prüfsubstanz es sich handelt.

Potenzierung

Es überrascht nicht, dass Hahnemann feststellte, dass die Anwendung von giftigen Arzneien häufig erst zu einer Verschlimmerung des Zustandes seiner Patienten führte, bevor sich die gewünschte therapeutische Wirkung einstellte. Um diese unerwünschten Nebenwirkungen zu reduzieren, experimentierte er mit immer größeren Verdünnungen der Arzneien. Dazu verdünnte er die Arzneien meistens im Verhältnis 1:100 (»Centesimalverdünnungsreihe«). Hahnemann entdeckte bei seinen akribischen Forschungen, dass die Arzneien nicht nur sicherer, sondern auch wirksamer wurden, wenn die Fläschchen bei jedem Verdünnungsschritt heftig geschüttelt wurden. (Dieser Vorgang wird heute als »Verschüttelung« bezeichnet.) Hahnemanns Methode bestand darin, die

Fläschchen auf ein in Leder gebundenes Buch zu schlagen; die Anzahl der Schüttelschläge war dabei fest vorgegeben. Da er der Ansicht war, dass dieser Vorgang das energetische Potenzial der Arznei erhöhte, bezeichnete er ihn als »Dynamisierung«; heutzutage wird aber üblicherweise der Begriff »Potenzierung« verwendet.

Je häufiger eine homöopathische Arznei verdünnt und verschüttelt wird, desto potenter wird sie. In der allgemeinen Nomenklatur ist es üblich, Potenzen bis zur 12. Centesimalpotenz (C 12) als »Tiefpotenzen« und die darüber als »Hochpotenzen« zu bezeichnen.

In der sechsten Auflage des *Organon* gab Hahnemann die Ergebnisse seiner jüngsten Experimente mit Potenzen preis, die im Verdünnungsverhältnis 1:50.000 hergestellt wurden (siehe Kapitel 3).

Totalität (Gesamtheit) der Symptome

Im Laufe der Zeit wurde Hahnemann klar, dass die besten Behandlungsergebnisse erzielt wurden, wenn die Prüfungssymptome einer Arznei die vollständige Symptomatik eines Patienten und nicht nur die aktuell vorherrschenden Symptome abdeckten. Wenn also ein Patient mit einer bestimmten Gruppe von Symptomen vorstellig wurde, war es erforderlich, auch alle anderen Beschwerden zu berücksichtigen, an denen die Person litt. Solche zusätzlichen Symptome werden in der Homöopathie als »Begleitsymptome« bezeichnet. Körperliche Symptome hingegen sind sogenannte »Lokalsymptome«. Darüber hinaus mussten für eine erfolgreiche Verschreibung auch Symptome herangezogen werden, die sich auf das Allgemeinbefinden des Patienten bezogen, sprich Appetit oder Verlangen nach bestimmten Speisen, ebenso wie die Auswirkungen bestimmter Umwelteinflüsse wie Hitze, Kälte oder Wetterwechsel. Solche Symptome, die den Patienten als Ganzes betreffen, werden als »Allgemeinsymptome« bezeichnet. Eine noch größere Rolle bei der Fallaufnahme spielte indes die Beurteilung des mentalen und emotionalen Zustandes des Patienten: die »Geistes und Gemütssymptome«. Dieses Konzept von der Totalität der Symptome ist entscheidend, um die Homöopathie zu verstehen, da sie der Krankheit einen ganzheitlichen Rahmen gibt und sich auf den individuellen Patienten und dessen Symptome konzentriert – und nicht auf die Krankheitsbezeichnung.

Chronische Krankheiten

Im höheren Lebensalter beschäftigte sich Hahnemann intensiv mit den chronischen Krankheiten. Ihm war aufgefallen, dass seine Patienten zwar meistens gut auf die homöopathische Behandlung einer akuten Erkrankung ansprachen, jedoch häufig wiederkamen, und zwar entweder mit den gleichen Symptomen oder aber anderen. Seine Forschungen führten ihn schließlich zu der sogenannten Miasmentheorie, in der er postuliert, dass chronische Krankheiten auf einem vererbten oder erworbenen Potenzial zur Entwicklung eines bestimmten Krankheitsmusters beruhen. Dieser komplexe und in der Homöopathenschaft viel diskutierte Ansatz wird in den nachfolgenden Kapiteln noch eingehend erörtert. Hahnemann enthüllte seine Gedanken jedenfalls 1828 in seinem zweiten großartigen philosophischen Werk mit dem Titel *Die chronischen Krankheiten – ihre eigentümliche Natur und homöopathische Heilung*.

Die Verbreitung der Homöopathie

Zeugnisse von homöopathischen Behandlungen durch Hahnemann und seine Schüler finden sich beispielsweise im Zusammenhang mit der Völkerschlacht von Leipzig 1813, wo Napoleon nach seinem Rückzug aus Moskau auf die preußischen, österreichischen, russischen und schwedischen Truppen traf. Das Gemetzel löste eine schwere Typhusepidemie in der Stadt aus. Hahnemann lebte zu dieser Zeit in Leipzig und heilte 178 Fälle bei nur zwei Todesfällen. 18 Jahre später, bei der Choleraepidemie 1831, behandelte einer seiner Schüler 154 Patienten, von denen lediglich 6 starben (4 %), wohingegen in derselben Stadt von 1.500 Patienten, die mit orthodoxen Methoden behandelt wurden, rund 55 % starben.

Clemens Maria Franz von Bönninghausen wurde 1785 in Overijssel in den Niederlanden geboren. Er studierte Jura, interessierte sich als Besitzer eines großen Gutes aber auch für die Landwirtschaft. 1827 wurde er von einem Schüler Hahnemanns von Tuberkulose geheilt, woraufhin er sich dem Studium, der Ausübung und Lehre der Homöopathie verschrieb. Sein Sohn Karl heiratete später die bereits erwähnte Sophie Hahnemann. Zu seinen berühmten Werken zählen das *Therapeutische Taschenbuch* und das umfangreiche zweibändige Werk *Physiognomik der homöopathischen Arzneimittel.*

In Großbritannien hielt die Homöopathie 1832 Einzug, nachdem Frederick Foster Harvey Quinn (1799-1878) Hahnemann in Leipzig besucht hatte. Quinn unterstützte die Einrichtung des ersten homöopathischen Krankenhauses in Soho, das später zum Royal London Homoeopathic Hospital wurde. Dieses wird heute immer noch unter der Schirmherrschaft des National Health Service betrieben (allerdings unter dem Namen Royal London Hospital for Integrated Medicine). 1854 brach in London eine Choleraepidemie aus: Die Mortalitätsrate lag im homöopathischen Krankenhaus bei 16 %, während sie in den orthodoxen Krankenhäusern 52 % betrug.

Interessanterweise wurden diese Zahlen von der damaligen Gesundheitsbehörde verschwiegen; erst nachdem diese massiv unter Druck gesetzt worden war, wurden die Zahlen vor dem Parlament vorgebracht und in die offiziellen Berichte aufgenommen.

Constantin Hering (1800-1880) war ein Schüler Hahnemanns und führte die Homöopathie 1833 in den USA ein, als er sich dort niederließ. Seine vielleicht berühmteste Errungenschaft war die sogenannte »Heringsche Regel«. Dahinter verbirgt sich die Beobachtung, dass die Symptome eines Patienten nach einer homöopathischen Behandlung nach einem vorhersehbaren Muster verschwinden. (In Kapitel 4 gehen wir ausführlich darauf ein.) Des Weiteren prüfte Hering eine große Zahl neuer Arzneien, darunter auch die südamerikanische Buschmeisterschlange (*Lachesis* muta). Er verfasste zudem die *Guiding Symptoms of our Materia Medica* (1879-1891); in diesem Werk wurde die Materia medica auf völlig neue Art und Weise präsentiert, da er sich darin weitaus mehr auf die klinische Erfahrung verließ als auf die Arzneimittelprüfungen.

Im späten 19. Jahrhundert beherrschten in England Richard Hughes (1836-1902) und sein Vorgänger Robert Ellis Dudgeon (1820-1904) das homöopathische Denken. Sie standen den Hochpotenzen, die Hahnemann im späteren Lebensalter einsetzte (und die von der Gruppe um Kent in den USA weiterentwickelt wurden), äußerst skeptisch gegenüber. Hughes verließ sich ausschließlich auf Tiefpotenzen und die in der Materia medica enthaltenen Vergiftungssymptome der Arzneien. Diese Philosophie hat auch heute noch im kontinentalen Europa Bestand, wo nach wie vor sehr oft Tiefpotenzen eingesetzt werden.

Im Gegensatz dazu wird der amerikanische Arzt James Tyler Kent (1849-1916) als der Vater der Verschreibung von Hochpotenzen angesehen, die er bis zur Verordnung von Potenzen wie der M (C 1000) und noch höherer Verdünnungsstufen vorantrieb. Kent erweiterte darüber hinaus das Konzept der sogenannten »Repertorien« – darunter sind Nachschlagewerke zu verstehen, in denen Krankheitssymptomen passende homöopathische Arzneimittel zugeordnet werden, wodurch der Zugang zur Materia medica erleichtert wird. Hahnemann selbst hatte bereits ein solches Werk verfasst (*Fragmenta de Viribus Medicamentorum Positivus*, 1805), und 1834 veröffentlichte sein Schüler G. H. G. Jahr (1800-1875) sein *Handbuch* als Repertorium zu Hahnemanns Werken. Von Bönninghausen brachte 1833 sein eigenes *Repertorium der Antipsorischen Arzneien* heraus. Allerdings war Kents Repertorium weitaus umfangreicher, detaillierter und einfacher handzuhaben, weshalb es viele Jahrzehnte lang das Standardwerk blieb. Ursprünglich war es nur für seinen eigenen Gebrauch gedacht, aber seine Schüler überredeten ihn, es einem größeren Kreis zur Verfügung zu stellen. Zuerst wurde es nur kapitelweise veröffentlicht, aber später zu einem einzigen Band zusammengefasst. Nachdem es viele Jahre lang den Standard für diese Art von Lexikon darstellte, bildet es auch heute noch die Grundlage für die meisten modernen computergestützten Repertorien.

Genauso wichtig wie die Arbeit an seinem Repertorium war aber auch Kents Aufbereitung der Materia medica. Wie viele seiner Zeitgenossen wurde auch Kent massiv von der Philosophie Emmanuel Swedenborgs (1688-1772) beeinflusst. Swedenborg war ein schwedischer Wissenschaftler, der versuchte, die Theologie in die Naturwissenschaft zu integrieren. Infolgedessen beinhalten Kents *Lectures in Homeopathic Philosophy* eine philosophische Verknüpfung von Krankheit und Spiritualität, und seine *Lectures in Materia Medica*, in leicht verständlicher Form verfasst, greifen erstmalig die Idee von einem »Bild« der Arznei auf. Hat man dieses Bild erst einmal erfasst, prägt es sich ein und wird beim Patienten leicht wiedererkannt. Entscheidend ist in diesem Zusammenhang die Kenntnis des Geistes – und Gemütszustandes, der mit der Arznei assoziiert ist, weswegen Kent dem Paragraphen 211 in Hahnemanns *Organon* besondere Bedeutung beimaß, wonach die Geistes – und Gemütssymptome des Patienten als das Charakteristischste von übergeordneter Wichtigkeit für die Wahl der passenden Arznei sind.

Dieses Konzept wurde von modernen Homöopathen wie Vithoulkas und Sankaran weiterentwickelt und spielt auch in der modernen Veterinärhomöopathie eine wichtige Rolle.

Im 20. Jahrhundert ist die Geschichte der Homöopathie in den USA von einem steten Wechsel von Niedergang und Wiederaufleben geprägt. Im späten 19. Jahrhundert nahmen die homöopathischen Ausbildungsstätten allmählich die orthodoxe Medizin in ihre Lehrpläne auf. Die Ärzte wurden ermutigt, schulmedizinische Diagnose – und Behandlungsmethoden zu integrieren und dabei zwar auch Tiefpotenzen homöopathischer Arzneien einzusetzen, aber nur als Teil einer umfassenden Behandlungsstrategie. Die wenigen Homöopathen, die weiterhin der Philosophie Hahnemanns und Kents folgten, drifteten immer mehr in die Isolation ab, und 1940 war von den 23 homöopathischen Colleges, die um 1890 bestanden hatten, nur noch ein einziges übrig; 1958 gab es kein einziges mehr. In dieser Zeit nahm auch der Widerstand innerhalb des medizinischen Berufsstandes immer mehr zu; tatsächlich stellte die Gründung der American Medical Association (AMA) 1847 die Antwort auf sogenannte »irreguläre Praktiker« dar. Die Kluft zwischen den Verordnern von Tiefpotenzen und den Verfechtern der Hochpotenzen trug neben der Entwicklung moderner Medikamente wie beispielsweise Antibiotika zu dem raschen Niedergang der Homöopathie bei. Die zahlreichen politischen Bewegungen innerhalb des medizinischen Berufsstandes bzw. durch ihn angezettelt stellten sicher, dass der Abstieg der Homöopathie in den USA rasch und nachhaltig war. Unterstützt wurde dies beispielsweise durch den sogenannten »Flexner Report«, der von verschiedenen Chemieunternehmen gefördert wurde, und durch Geldmittel der Carnegie – und Rockefeller-Stiftung, mit deren Hilfe der schulmedizinische Berufsstand seine Ausbildungsstandards verbessern und seine ökonomische Stellung stärken konnte.

Glücklicherweise flammte das Interesse an der Homöopathie im späten 20. Jahrhundert wieder auf, und seither entwickelt sie sich in den USA rasch weiter; einige der weltweit führenden Homöopathen leben und praktizieren hier.

Im Vereinigten Königreich kam es zu einem ähnlichen, aber weniger dramatischen Verlust der Beliebtheit, wobei allerdings die Homöopathie im gesamten frühen

20. Jahrhundert einen wichtigen Platz innerhalb der Medizin behielt. Auch hier hatten die Befürworter der Tiefpotenzen zeitweilig die Oberhand; federführend war Richard Hughes (1836-1902), dessen Werk »Pharmacodynamics« eines der einflussreichsten Bücher dieser Zeit war. Die oppositionellen »Kentianer« überlebten jedoch, was nicht zuletzt den Verdiensten von Dr. Margaret Blackie (1898-1981) geschuldet ist, die bei einem von Kents Schülern gelernt hatte. Auch die Gunst des Königshauses mag das Ihre zum Erhalt der Homöopathie in Großbritannien beigetragen haben; allerdings ist das Überleben der homöopathischen Krankenhäuser in London, Bristol und Glasgow, nun unter anderen Namen, sicherlich mehr der Effizienz ihrer Methoden als der Politik zu verdanken.

Die homöopathische Fakultät wurde 1844 eingerichtet, und nach der Einrichtung des British National Health Service 1948 wurde ihr 1950 durch das Parlament ein offizieller Status innerhalb des medizinischen Systems zugesprochen. Ihre Aufgabe besteht darin, die homöopathische Ausbildung von Ärzten und anderen anerkannten Gesundheitsberufen zu überwachen. Viele Jahre lang fanden hier die einzigen Ausbildungskurse für medizinische Berufe statt. Wegen der Gründung externer Ausbildungszentren ist die Fakultät seit einigen Jahren aber nicht mehr direkt an der Lehre beteiligt; ihr Schwerpunkt liegt nunmehr in den Bereichen Bildungspolitik und Zertifizierung. Die Fakultät hat rund 700 Mitglieder, darunter 31 vollwertige tierärztliche Mitglieder in Großbritannien und 31 in Übersee. In Großbritannien gibt es 18 und in Übersee 19 tierärztliche Lizentiate.

Parallel zur Entwicklung der ärztlichen Homöopathie haben seit jeher auch nichtmedizinisch qualifizierte Therapeuten die Homöopathie im Vereinigten Königreich ausgeübt. Zahlreiche weltweit führende Homöopathen sind ihren Reihen entsprungen, obwohl sie keine offiziell anerkannte medizinische Ausbildung durchlaufen haben. Derzeit gehen Bestrebungen dahin, auch dieser großen Gruppe von Therapeuten eine Art von offizieller Anerkennung zu gewähren.

Von Europa aus breitete sich die Homöopathie in der ganzen Welt aus, und es gibt nur wenige Länder, in denen sie nicht in der einen oder anderen Form praktiziert wird. Manchmal wurde sie von einem ausgebildeten Arzt eingeführt, aber in vielen Fällen war es ein Laie bzw. Nichtmediziner, der die Samen der Homöopathie aussäte. So ermutigte beispielsweise ein indischer Geschäftsmann in der Mitte des 19. Jahrhunderts seinen Arzt, sich mit der Homöopathie zu beschäftigen, und gab so den Anstoß für ihre Verbreitung auf diesem Subkontinent. Heute gibt es in Indien 110 an Universitäten angegliederte Einrichtungen, an denen die Homöopathie gelehrt wird, und schätzungsweise 150.000 praktizierende Homöopathen. In Australien war vermutlich Thienette de Bergny der erste Laienhomöopath, der diese Heilkunst um 1850 in Victoria ausübte. Dr. John Hickson scheint der erste homöopathische Arzt gewesen zu sein, der zur selben Zeit in Melbourne praktizierte. In Lettland eröffnete die erste homöopathische Apotheke 1833 in Riga – sie wird bis heute ununterbrochen betrieben. Ihr russisches Gegenstück wurde 1857 in Moskau eröffnet.

Veterinärhomöopathie

Die Veterinärhomöopathie hat eine fast ebenso lange Geschichte wie die Humanhomöopathie. Hahnemann selbst behandelte auch Tiere und hielt 1813 tatsächlich auch einmal einen Vortrag zu diesem Thema vor dem Leipziger Wirtschaftsverband; das Manuskript befindet sich nun in der Universitätsbibliothek in Leipzig. 1929 veröffentlichte er ein Manuskript mit dem Titel *Homöopathische Heilkunde der Haustiere.* Von Bönninghausen wendete die Homöopathie bei den Tieren auf seinem Gut in Norddeutschland an. Ab 1830 erschienen etliche Artikel zur Veterinärhomöopathie, und das erste größere Werk in Buchform wurde 1836 von Günther unter dem Titel *Der homöopathische Thierarzt* herausgegegeben. Tierärzte wie Genzke, Günther und die Gebrüder Veith aus Österreich trugen ebenfalls zur Weiterentwicklung der Veterinärhomöopathie bei.

Eine weitere Hauptfigur war der deutsche Tierarzt Wilhelm Lux (1776-1849), der 1837 den ersten Sammelband seiner Zeitschrift *Zooiasis* veröffentlichte, in dem es auch um die Anwendung der Homöopathie bei Krankheiten der Tiere geht.

Mit seiner Arbeit über Milzbrand beim Rind war er auch einer der Begründer der sogenannten Isopathie. Aus dem 19. Jahrhundert sind viele Bücher zur Veterinärhomöopathie überliefert, darunter *Elements of Veterinary Homeopathy* (1852) von W. Haycock, einem Tierarzt, der in Edinburgh ausgebildet wurde und in Huddersfield, Yorkshire, praktizierte. In den USA erschien 1874 F. E. Boerickes *Homeopathic Veterinary Practice*. Im Vereinigten Königreich wurden 15.000 Exemplare von Dr. Ruddocks *Pocket Manual of Homoeopathic Veterinary Medicine* gedruckt, und *The Homoeopathic Telephone* postulierte 1833 in Tasmanien, dass »jeder Farmer und Viehhalter das *Veterinary Vade Mecum* von Rush und Lord, MRCVS, besitzen sollte.«

Allem Anschein nach war die Veterinärhomöopathie in den 1950ern in Großbritannien so gut wie ausgestorben. Eine Handvoll Tierärzte blieb ihr jedoch treu, darunter insbesondere Ken Biddis und George MacLeod. Biddis veröffentlichte ein kleines Büchlein mit dem Titel *Homoeopathy in Veterinary Practice*, das den Angestellten der »Volksapotheke für kranke Tiere« als Hilfestellung dienen sollte. Diese Wohltätigkeitsorganisation bildete zu jener Zeit ihre eigenen Behandler aus, weshalb die Anwendung verschreibungspflichtiger Medikamente ausgeschlossen war. Die Homöopathie stellte somit eine preisgünstige und wirksame Behandlungsmethode dar, die für eine solche Organisation ideal war. Eine zweite Auflage von Biddis Büchlein erschien 1987.

George MacLeod setzte die Homöopathie in großem Stil in seiner Gemischtpraxis im Norden Schottlands und später in Sussex ein. 1977 veröffentlichte er das Buch *Die homöopathische Behandlung der Pferde*, dem später weitere Werke zu anderen Tierarten folgten. MacLeod war eine Schlüsselfigur im Hinblick auf das Überleben der Veterinärhomöopathie in der Nachkriegszeit und leistete in den 1970ern einen großen Beitrag zur Wiederbelebung des Interesses des tiermedizinischen Berufsstandes an dieser Therapieform. Seine Werke sind nach wie vor von internationaler Bedeutung.

Großen Einfluss hatte auch Christopher Day, ein britischer Tierarzt, der schon in Kindertagen mit der Homöopathie in Berührung kam, da sein Onkel ein homöopathischer Arzt in Deutschland war und seine Mutter die Homöopathie in der familieneigenen Tierarztpraxis in Oxfordshire einsetzte. Vom Tag seiner Approbation an – also seit 1972 – praktizierte Day selbst als Veterinärhomöopath. Die Veröffentlichung von *Homöopathie in der Kleintierpraxis* (*The Homoeopathic Treatment of Small Animals*, 1984) stellt einen Meilenstein in der Veterinärhomöopathie dar.

Der verstorbene Francis Hunter kam durch den Hausarzt eines befreundeten Landwirtes mit der Homöopathie in Kontakt und belegte daraufhin medizinische Kurse an der homöopathischen Fakultät. Gemeinsam mit Day, MacLeod und John Saxton (einem der Autoren des vorliegenden Buches) gab er später selbst die ersten tiermedizinischen Kurse an der Fakultät. 1984 veröffentlichte er *Homöopathie für Haustiere* (*Homeopathic First Aid Treatment for Pets*), von dessen vier Auflagen fast 30.000 Exemplare verkauft wurden. Sein letztes Buch *Everyday Homeopathy for Animals* erschien 2004. Weitere wichtige Bücher in der Veterinärhomöopathie sind beispielsweise *Das Pferde-Homöopathie-Buch* von Tim Couzens (3. Auflage 2014), und *Praxisbuch Tierhomöopathie* (*Insights into Veterinary Homeopathy*, 2013) von Peter Gregory.

MacLeod, Hunter und Day waren federführend bei der Gründung der British Association of Homoeopathic Veterinary Surgeons (Britische Gesellschaft homöopathischer Tierärzte) im Jahre 1982. Diese Organisation steht in der Veterinärhomöopathie an vorderster Front und hat eine ausführliche Website mit Forschungsarbeiten in diesem Bereich: www.homeopathicvet.com.

Es war vor allem der Arbeit von Christopher Day an der homöopathischen Fakultät zu verdanken, dass 1984 schließlich auch ein Veterinärkurs am Royal London Homeopathic Hospital eingerichtet wurde, möglicherweise der erste seiner Art weltweit. Der erste anerkannte Abschluss erfolgte 1987 und führte zur tierärztlichen Mitgliedschaft an der Faculty of Homoeopathy. 2004 hatten bereits 49 Tierärzte diese Qualifikation erlangt und die Zahl steigt mit jedem Jahr. Dazu zählen auch vier tierärztliche Ehrenmitglieder der Fakultät, die aufgrund ihrer herausragenden Verdienste um die Veterinärhomöopathie ausgezeichnet wurden.

2001 wurde ein sogenanntes Primärzertifikat in Veterinärhomöopathie eingeführt, einerseits um denjenigen eine Ausbildung zu ermöglichen, die keine volle Mitgliedschaft anstrebten, andererseits als erster Schritt dahin.

In den 1990ern gab es im Vereinigten Königreich drei Ausbildungsstätten für Veterinärhomöopathie, die von der Faculty of Homoeopathy akkreditiert waren: die Homeopathic Professionals Teaching Group (HPTG) mit Sitz in Oxford sowie die Homeopathic Hospitals in Bristol und Glasgow. Die HPTG hielt auch in zahlreichen anderen Ländern Kurse ab, darunter in Australien, Irland, Kanada und Lettland. Allerdings hat der Abfall der Studentenzahlen in den letzten Jahren dazu geführt, dass es derzeit nur noch einen Kurs in Veterinärhomöopathie gibt, und zwar im Portland Centre for Integrated Medicine (vormals das Bristol Homeopathic Hospital).

Gleichzeitig ist in Großbritannien in den vergangenen Jahren eine stetig wachsende Opposition gegenüber der Homöopathie entstanden. Angeführt wird diese von einer kleinen Minderheit von Tierärzten, die sogar erreichen wollten, dass von Seiten des Royal College of Veterinary Surgeons als Dachverband der Tierärzteschaft der Einsatz der Homöopathie durch Tierärzte verboten werden sollte, ebenso wie die meisten anderen komplementär – und alternativmedizinischen Therapieverfahren, darunter auch die Akupunktur. Auch heute, im Jahre 2018, hält diese Bedrohung unvermindert an, ungeachtet Tausender Tierbesitzer, die sich in ihrem Recht auf eine homöopathische Behandlung ihrer Tiere beschnitten sehen. Eine ähnliche Kampagne in den USA (2015) wurde von der American Veterinary Association initiiert, aber letztendlich abgeschmettert. Im Gegensatz dazu hat das Bundesministerium für Ernährung und Landwirtschaft in Deutschland 2018 öffentlich bekanntgegeben, dass es den Einsatz von homöopathischen Arzneien und die freie Therapiewahl für Tierärzte befürwortet.

Die Verbreitung der Veterinärhomöopathie ähnelt derjenigen der Humanhomöopathie, und es gibt nur wenige Länder, in denen sie gar nicht praktiziert wird.

In den USA schloss Dr. Richard Pitcairn 1965 das Studium der Veterinärmedizin ab. Da er mit den Ergebnissen der schulmedizinischen Behandlung seiner Patienten nicht zufrieden war, kehrte er an die Hochschule zurück und absolvierte ein Aufbaustudium in Mikrobiologie. Aber auch dies bescherte ihm nicht den erhofften Durchbruch in der Behandlung von Krankheiten. Deshalb begann er, die Rolle der Ernährung bei Krankheiten zu erforschen und entdeckte schließlich die Homöopathie für sich. 1996 begründete er die Academy of Veterinary Homeopathy mit, um professionelle Ausbildungskurse anzubieten und den Grundstein für eine Zertifizierung zu legen.

Don Hamilton entwickelte auf seiner Suche nach einem erfolgversprechenderen Weg zur Behandlung von chronischen Krankheiten Interesse an der Homöopathie und veröffentlichte 1999 das Buch *Homöopathie für Hunde und Katzen* (*Homeopathic Care for Cats and Dogs*), derzeit das umfassendste Werk seiner Art.

Auch in zahlreichen anderen Ländern gibt es inzwischen anerkannte Kurse in Veterinärhomöopathie, beispielsweise in Österreich, Deutschland, Italien, Ungarn und Kolumbien.

Bedeutende Publikationen zur Veterinärhomöopathie aus nicht englischsprachigen Ländern sind u. a.: *Omeopatica veterinaria* (del Francia 1985), *Veterinaer homøopati* (Brock und Nielsen 1986) und *Homeopatía veterinaria* (Sanchez und Blázquez 2. Auflage 2009).

Zu den ersten deutschsprachigen Büchern zählen: *Vorschläge zur zweckmäßigen Behandlung kranker Hunde* (Donauer 1815), *Der homöopathische Thierarzt* (Günther

1836), *Homöopathische Arzneimittellehre für Thierärzte* (Genzke 1837) und *Repertorium der Thierheilkunde nach homöopathischen Grundsätzen* (Böhm 1861). Die Forschung zur Veterinärhomöopathie nahm schon früh ihren Anfang, z. B. veröffentlichte Deimel 1938 an der Tierärztlichen Hochschule Hannover die Abhandlung *Über die homöopathische Behandlung pyämischer und septischer Erkrankungen beim Rinde mit Lachesis.*

Spätere Werke sind *Bewährte Indikationen der Homöopathie in der Veterinärmedizin* (Rakow und Rakow 1988) und *Kompendium der Tierärztlichen Homöopathie* (Wolter 1989). Deutschland ist auch Wegbereiter in dem Bemühen, die enorme Fülle an Forschungsarbeiten in der Homöopathie zusammenzutragen. Die Gründung der Carstens-Stiftung durch den früheren Deutschen Bundeskanzler Carstens im Jahre 1982 war dahingehend ein wichtiger Schritt. Der Entwicklung der HombBrex-Datenbank 2002 und der VetCR-Datenbank 2006 durch diese Stiftung ist entscheidende Bedeutung beizumessen.

Mittlerweile ist in Deutschland eine Fülle von Büchern zur Veterinärhomöopathie erhältlich, beispielsweise der *Praxisleitfaden Homöopathie* (Krüger 2010). Es empfiehlt sich, die Website des Verlages zu besuchen, wo man ein umfassendes Verzeichnis der in deutscher und englischer Sprache erhältlichen Literatur findet – darunter auch weitere Werke der Autoren des vorliegenden Buches.

Die Gesellschaft für Ganzheitliche Tiermedizin (GGTM) wurde im Jahr 1984 gegründet, um die ganzheitlich arbeitenden Tierärzte in Deutschland zu repräsentieren und unterstützen.

Eine ähnliche Organisation, die Schweizerische Tierärztliche Vereinigung für Komplementär – und Alternativmedizin, wurde 1981 in der Schweiz gegründet.

Wie Großbritannien und die USA hat auch Österreich einen offiziellen Dachverband für Veterinärhomöopathie, die 1971 gegründete Österreichische Gesellschaft für Veterinärmedizinische Homöopathie (ÖGVH).

Die International Association for Veterinary Homeopathy (IAVH) wurde 1986 gegründet und hat inzwischen mehr als 700 Mitglieder in 36 Ländern. Wenn eine nationale Organisation wie die BAHVS oder ÖGVH existiert, besteht mit der Anmeldung gleichzeitig automatisch die Mitgliedschaft in der IAVH. Hat eine Organisation genügend Mitglieder, kann sie einen nationalen Vertreter als Vorstandsmitglied entsenden. Gibt es keine solche nationale Organisation, wie beispielsweise in Deutschland oder der Schweiz, erfolgt die Mitgliedschaft auf individueller Basis; es gelten aber dieselben Regeln für die Vertretung im Vorstand der IAVH. Die IAVH verleiht ein Certificate of Veterinary Homeopathy, das im Anschluss an einen akkreditierten Ausbildungskurs mit erfolgreich absolvierten schriftlichen und praktischen Abschlussprüfungen verliehen wird.

Die Homöopathie hat eine lange und faszinierende Geschichte voller Höhen und Tiefen, Romanzen und Intrigen. Ihre Entwicklung ist der Leidenschaft und unerschütterlichen harten Arbeit von engagierten Ärzten, Tierärzten und Nichtmedizinern auf der ganzen Welt zu verdanken. Diejenigen Leser, die sich für die menschliche und politische Seite der Homöopathie interessieren, finden interessante literarische Zeugnisse von

Hahnemanns Leben und zum Niedergang der Homöopathie in den USA. Die Veterinärhomöopathie wurde aus der Humanhomöopathie heraus entwickelt – in der Anfangszeit wurden die humanmedizinischen Erkenntnisse sogar einfach auf den tiermedizinischen Bereich übertragen. Auch heute noch wenden Tierhomöopathen die neuesten Verschreibungstechniken aus der Humanhomöopathie auf die Tiere an. Allerdings ist dieser Austausch von Wissen schon lange nicht mehr nur einseitig; jüngste Erkenntnisse in der Veterinärhomöopathie haben sich als ebenso wichtig für die Behandlung von Menschen erwiesen. Beispiele sind die folgenden Werke von John Saxton: *Leitfaden Miasmen* (*Miasms as Practical tools*), und *Die Darmnosoden in der homöopathischen Praxis* (*The Bowel Nosodes*). Das Interesse an und der Wunsch nach einer homöopathischen Behandlung ihrer Tiere nehmen bei Tierbesitzern auf der ganzen Welt unaufhaltsam zu. Und während die gegen die Homöopathie gerichtete politische Opposition in den englischsprachigen Ländern zugenommen hat, wird die Homöopathie in anderen Ländern – v. a. in Südamerika und einigen Teilen Europas – als essenzieller Teil eines umfassenden und ganzheitlichen Gesundheitssystems für Mensch und Tier anerkannt. Dies verheißt eine aufregende und sehr befriedigende Zukunft für homöopathische Therapeuten.

QUELLEN

- *Hahnemann, C.F.S. (2016): Organon der Heilkunst, Nachdruck der 6. Aufl. von 1921, nach der Ausgabe von Richard Haehl. Kandern: Narayana*
- *Winston, J. (1993): The Faces of Homeopathy. Tawa: Great Auk Publishing Co.*
- *Yasgur, J. (2015): Homeopathic dictionary and holistic health reference. Haarlem: Emryss*

2

Forschung in der Homöopathie

Wie kann sie wirken?

Eine »Tatsache«, die man im Zusammenhang mit der Homöopathie immer wieder hört, ist die, dass ihr Grundprinzip die Behandlung mit Arzneien in extrem verdünnter Form ist. Das fundamentale homöopathische Prinzip lautet aber »Ähnliches wird durch Ähnliches geheilt« und ist gänzlich unabhängig von der Frage der Verdünnung. Allerdings wird die Verdünnung von vielen als integraler Teil der Methode angesehen; dies nehmen einige Kritiker zum Anlass, die gesamte Homöopathie zu verdammen, da sie sagen, dass die Verdünnungen so hoch sind, dass sie einfach keine Wirkung haben können. Dieses Argument findet immer weitere Verbreitung; schließlich ist klar, dass die Homöopathie nicht wirken kann, also warum sollte man Zeit damit verschwenden, nachzuprüfen, ob sie es nicht doch tut, da jeder entsprechende Beweis dafür von vornherein falsch sein muss! In ähnlicher Manier äußern sich Kleijnen et al. in ihrem Artikel nach Durchsicht von 105 klinischen Studien: »Auf der Grundlage dieser Evidenz [*positiver Ergebnisse*] wären wir gerne bereit zu akzeptieren, dass die Homöopathie wirken kann, wenn nur der Wirkungsmechanismus plausibler wäre« (Kleijnen et al. 1991).

Es stimmt, dass eines der größten Hindernisse, die der Akzeptanz der Homöopathie im Wege stehen, das Konzept von den ultrahohen Verdünnungen ist. Ein Leitartikel im *Lancet* aus dem Jahr 1994 stellte die Frage: »Was könnte absurder sein als die Vorstellung, dass eine Substanz therapeutisch aktiv ist, wenn sie so stark verdünnt ist, dass der Patient kein einziges Molekül mehr davon aufnimmt?« Solche Ansichten beruhen auf der vielzitierten »Avogadroschen Zahl«, die den Punkt beschreibt, ab dem entsprechend dem Newtonschen Prinzip mathematisch und experimentell kein Molekül der Ausgangssubstanz mehr nachweisbar ist. Sie entspricht einer Verdünnung von $6{,}023 \times 10^{-23}$ und damit ungefähr der Potenz D 24 bzw. C 12 (siehe Kapitel 3 zu den Potenzen). Die meisten homöopathischen Behandlungen erfolgen jedoch mit Potenzen, die weit darüber liegen. Auf das Thema wissenschaftliche Studien kommen wir weiter unten noch zu sprechen, aber abgesehen davon scheinen manche Mediziner von dieser Verdünnungsfrage geradezu besessen zu sein. Es ist vielleicht noch nachvollziehbar, dass die Mehrzahl von ihnen die Feinheiten der modernen wissenschaftlichen Denkweise nicht begreift, da sich ihr Interesse mehr auf den klinischen als den theoretischen Bereich konzentriert. Allerdings musste die wissenschaftliche Welt im Verlauf des 20. Jahrhunderts, und hier v. a. in der zweiten Hälfte, erkennen, dass die Konzepte der Newtonschen Physik zwar weiterhin gültig waren, aber dennoch nicht ausreichten, um die neueren Phänomene in der Natur, auf die man inzwischen gestoßen war, zu erklären. So wurden die jüngeren Disziplinen wie die Quantenphysik, Quantenmechanik und Quantenbiologie ins Leben gerufen, die das Verständnis vom Wechselspiel von Materie und Energie revolutioniert haben. Seit den 1980ern fanden sich rund hundert Wissenschaftler in der *Groupe International de Recherche sur L'Infintesimal* (GIRI) zusammen, um das Phänomenon der ultrahohen Verdünnungen zu untersuchen; die Ergebnisse wurden in *Signals and Images* veröffentlicht (Bonamin Hrsg.). Neue Erkenntnisse über die wahre Komplexität von Wasser bestätigen die Grundprinzipien der

Homöopathie. 1988 wurde in einer Publikation dargestellt, dass Wassermoleküle zu einem organisierten kollektiven Verhalten fähig sind (Del Giudice et al. 1988) und einen Effekt produzieren können, der dem von Photonen in einem Laser ähnelt. Dies weist darauf hin, dass sich die Wellenlängen der Energie einer in Wasser gelösten Substanz um ein geladenes Wassermolekül polarisieren können, sodass ihre Frequenz unabhängig davon, ob noch ein Molekül der ursprünglichen Substanz vorhanden ist oder nicht, gespeichert wird. Die Kernspinresonanz-Spektroskopie konnte zeigen, dass es möglich ist, verschiedene Potenzen derselben homöopathischen Arznei zu unterscheiden (Botha und Ross 2008; Wassenhaven et al. 2017). Untersuchungen zum Bindungsverhalten von Wasserstoff in Wasser haben Hinweise auf eine mögliche Erklärung für die Wirkung ultrahoher Verdünnungen erbracht (Mathews 2006). Außerdem konnte gezeigt werden, dass die Struktur von Wasser von übergeordneter Bedeutung für seine Funktionen ist; dies erfordert allerdings eine andere Sichtweise als den traditionellen Blick allein auf die chemische Zusammensetzung (Roy 2005). 2007 widmete *Homeopathy*, die Fachzeitschrift der Faculty of Homeopathy in Großbritannien, eine ganze Ausgabe dem Thema »Das Gedächtnis von Wasser«; 2015 war eine Ausgabe allein den ultrahohen Verdünnungen vorbehalten. Darin äußerten sich mehrere nicht-homöopathische Wissenschaftler aus den verschiedensten Disziplinen zu dem Thema; sie konnten belegen, dass das Konzept aus wissenschaftlicher Sicht nicht unwahrscheinlich ist. Damit ist das Standardargument, das gegen die Homöopathie verwendet wird, nämlich dass sie nicht wirken kann, weil keine Moleküle mehr vorhanden sind, hinfällig. Erkenntnisse aus dem Bereich der Nanopartikel eröffnen neue Wege zum Verständnis der Natur und der Wirkungsweise homöopathischer Arzneien und lassen vermuten, dass das bis dato als sicher angenommene Konzept, das hinter der Avogadroschen Zahl steht, keine Gültigkeit mehr hat (Chikramane et al. 2010). Eine Datenbankrecherche (Clausen 2011) ergab, dass von 830 Experimenten mit hohen Verdünnungen bei 90 Prozent mindestens ein positives Ergebnis auftrat. Tatsächlich werden in den neueren Quantendisziplinen alle notwendigen Grundvoraussetzungen für den Nachweis der Wirkung homöopathischer Arzneien sowohl auf theoretischer als auch experimenteller Ebene bereitwillig akzeptiert.

In einem Interview mit dem Magazin *Science* im Dezember 2010 sagte der französische Virologe, Nobelpreisträger und einer der führenden Forscher im Bereich Wasser, Professor Luc Montagnier: »Ich kann nicht sagen, dass die Homöopathie in allem Recht hat. Was ich jetzt aber sagen kann, ist, dass sie in Bezug auf die höheren Verdünnungen Recht hat. Hohe Verdünnungen von etwas sind nicht Nichts. Es sind Wasserstrukturen, die die ursprünglichen Moleküle imitieren.« Er konnte zeigen, dass Lösungen, die bakterielle DNA enthalten, elektromagnetische Wellen aussenden, die zu einer Anordnung von Molekülen um sie herum führen, und dass diese organisierten Moleküle selbst auch wieder Wellen aussenden. Er konnte darüber hinaus zeigen, dass diese informationsübertragenden Wellen in ultraverdünntem Wasser erhalten bleiben, sofern eine Verschüttelung stattfindet (Montagnier 2009). Die moderne Wissenschaft konzentriert sich zunehmend auf die Nanopartikel als Erklärung für die Auswirkungen der Potenzierung (Homeopathy **103** 2014; Homeopathy **104** 2015; Temgire et al. 2016). Diese Partikel haben viele

Eigenschaften, die in der grobstofflichen Form der Substanzen nicht zu finden sind; diese Eigenschaften, darunter v. a. die Stimulation der Hormesis, liefern eine mögliche, vielleicht sogar wahrscheinliche Erklärung für die Wirkung der Homöopathie (Bell und Koithan 2012; Epstein 2013).

Obwohl die genauen Mechanismen, die in der Homöopathie eine Rolle spielen, noch nicht abschließend geklärt werden konnten, gibt es dennoch schon eine Reihe experimentell reproduzierbarer Modelle (Endler et al. 2010). Unter diesen sind es besonders einige biophysikalische Modelle, die die Wirkung homöopathischer Arzneien nicht nur theoretisch erklären, sondern auch die Prinzipien für die praktische Anwendung der Methode bestätigen, die vor mehr als 200 Jahren von Hahnemann festgelegt wurden (Poitevin 1995; Towsey und Hasan 1995). Diese und weitere Modelle berufen sich dabei u.a. auf die Chaostheorie, morphische und stochastische Resonanz und die Quantumkohärenz in Flüssigkeiten (Van Galen 1994). Die Paradoxa im Hinblick auf die bekannte physikalische und mikroskopische Natur und das Verhalten von Wasser lassen sich durch diese Theorien ebenfalls erklären; Studien zum Verhalten von Ethanol-Wasser-Systemen (Singh und Chabra 1993) zeigen die Machbarkeit des Transfers und der Speicherung von Energie, wie sie für die Homöopathie erforderlich sind. Veränderungen in der Struktur und den Eigenschaften von Wasser, das zur Herstellung von Arzneiverdünnungen jenseits der Avogadroschen Zahl verwendet wurde, konnten ebenfalls nachgewiesen werden (Bourkas 1996; Elia 2004); (siehe auch Kapitel 3 zum Vorgang der Verschüttelung). Die Arbeit von Benveniste unter Einsatz des Humanen Basophilen-Degranulations-Tests, die 1988 in dem Magazin *Nature* veröffentlicht wurde, zeigte, dass die Degranulationsreaktion durch Anti-Immunglobuline ausgelöst werden konnte, die bis in den Ultramolekularbereich verdünnt worden waren. Diese Arbeit wurde im Nachhinein durch den Einsatz eines professionellen Magiers und ähnlicher Methoden von zweifelhaftem wissenschaftlichem Wert ins Lächerliche gezogen und löste eine Angriffswelle auf das Konzept vom »Gedächtnis des Wassers« aus. In der Geschichte der homöopathischen Forschung ist diese Zeit von extremen Kontroversen geprägt. Nichtsdestotrotz konnten ähnliche Arbeiten von Professor Ennis an der Queens Universität Belfast und vier unabhängigen europäischen Universitäten in Frankreich, Italien, Belgien und Holland (Belon et al. 1999) die oben beschriebenen Erkenntnisse bestätigen. Professor Ennis führte das Experiment sogar zweimal durch (Brown und Ennis 2001). Interessant daran ist, dass diese Arbeit durch die Queens Universität initiiert und koordiniert wurde, um Benvenistes Resultate auf wahrhaft wissenschaftliche Weise zu bewerten, in der Erwartung, dass diese als fehlerhaft eingestuft würden. Obwohl es sich als schwierig erwiesen hat, die Originalmethode von Benveniste befriedigend zu wiederholen, ist die Tatsache, dass die Grundlagen seiner Arbeit nicht nur bestätigt wurden, sondern auch von unabhängigen Stellen reproduziert werden konnten, für die Grundlagenforschung in der Homöopathie von immenser Bedeutung (Belon 2004; Fisher 2004; Fisher 2007).

Experimente mit Menschen und Tieren haben gezeigt, dass ultrahohe Verdünnungen klinisch messbare physiologische Wirkungen zeigen; dabei ist die Stärke der erzielten Wirkung direkt proportional zum Grad der Verdünnung (Nirmal 1987). Cholesterin –

und Serumglobulinspiegel wurden von der Arznei *Chelidonium* beeinflusst (Vakil et al. 1989), und homöopathische Zubereitungen von *Arnica*, *Hypericum* und *Silicea* zeigten eine entzündungshemmende Aktivität (Desai et al. 1992). Die Urtinktur von Baptisia kann bei Kaninchen eine Leukopenie induzieren (Engineer et al. 1990). Die Arzneien *Arsenicum album*, Bismuthum und *Plumbum* führten zu einer erhöhten Ausscheidung des jeweiligen Metalls im Vergiftungsfall (Cazin et al. 1991; Lapp et al. 1955; Bukhsh 1999). Die homöopathische Zubereitung von *Phosphorus*, die in der Praxis bei Leberschäden eingesetzt wird, zeigte unter Laborbedingungen eine Schutzwirkung bei künstlich herbeigeführten Leberschäden (Guillemain 1987). Eine ähnliche Aktivität konnte für Dexamethason in potenzierter Form nachgewiesen werden, das die Wirkung des Medikaments in seiner materiellen Form hemmte (Bonamin 2001).

Die Homöopathie vertritt die Auffassung, dass es einen Unterschied zwischen einer reinen Verdünnung und einer potenzierten Arznei gibt (Kapitel 3). Die biologische Grundlagenforschung konnte dies durch Messung der Wirkung von homöopathischem Thyroxin in verschiedenen Verdünnungen auf die Entwicklung des Grasfrosches (Endler et al 1991) und durch Experimente zur Auskeimung von Weizen und Hafer bestätigen (Bornoroni 1991). Histamin in verschüttelten ultrahohen Verdünnungen beeinflusste signifikant die Entwicklung und Auflösung von Entzündungen unter experimentellen Bedingungen, während ähnliche Verdünnungen von Zink eingesetzt wurden, um die Produktion von Histamin bei Ratten zu beeinflussen (Conforti et al. 1993; Harisch und Kretschmer 1988).

In den letzten Jahren wurden noch viele weitere Studien durchgeführt, die bestätigen, dass ultrahohe verschüttelte Verdünnungen eine physiologische Wirkung hervorrufen können. Viele von ihnen wurden im *British Journal of Homeopathy* (heute *Homeopathy*) veröffentlicht, manche auch in schulmedizinischen Fachzeitschriften zur Physiologie. Aus all diesen Arbeiten kristallisieren sich zwei Aspekte heraus, die entscheidend für die Wirkungsweise der Homöopathie sind. Zum einen kann sowohl die unverdünnte als auch die hochverdünnte und verschüttelte Form einer Substanz eine spezifische Wirkung auf dasselbe Organ oder System haben. Zum anderen hat eine ultrahohe Verdünnung eine andere Wirkung als dieselbe Substanz in unverdünnter Form. Diese Erkenntnisse stehen in völligem Einklang mit dem als Arndt-Schulzsche Regel bekannten schulmedizinischen Prinzip der biphasischen Reaktion (oder auch Hormesis), wonach in biologischen Systemen ein schwacher Reiz das Wachstum anregt, ein mittlerer Reiz es verlangsamt und/oder den Status quo aufrechterhält, und ein starker Reiz die Aktivität hemmt. Der Begriff Hormesis ist dabei im Allgemeinen für die wachstumsanregende Wirkung kleiner Mengen von toxischen Stoffen vorbehalten (Robinson 1992).

Somit zeigen sowohl theoretische Erwägungen als auch praktische Experimente, dass die Homöopathie wirken **kann.** Im klinischen Bereich liefern kontrollierte Versuche und andere Studien mehr als genug Beweise dafür, dass sie **tatsächlich wirkt.**

Der Placebo-Effekt

Im gleichen Atemzug mit der Behauptung, dass ultrahohe Verdünnungen unmöglich wirken können, wird meist auch der sogenannte Placebo-Effekt genannt. In vielen Fällen dient er den Kritikern der Homöopathie für die Erklärung von klinisch beobachteten Wirkungen, für die man sonst keine Begründung findet (manchmal muss auch die spontane Remission als Erklärung herhalten).

Im Wesentlichen besagt die »Placebo«-These, dass alle positiven Wirkungen, die nach einer homöopathischen Behandlung auftreten, auf die Art und Weise der Konsultation zurückzuführen sind und nicht auf die Wirkung der verabreichten Arznei. Die erste Konsultation kann bei einer chronischen Erkrankung eine Stunde oder mehr in Anspruch nehmen, da der Homöopath versucht, nicht nur alles über die derzeitige Erkrankung in Erfahrung zu bringen, sondern auch alle anderen Aspekte, die den Patienten betreffen, zu durchleuchten. Auch die Folgekonsultationen werden vielleicht nicht mehr ganz so lange, aber dennoch deutlich länger dauern als eine normale schulmedizinische Konsultation. Es wird argumentiert, dass schon allein das hohe Maß an Aufmerksamkeit, das dem Patienten geschenkt wird, bei diesem zu einem gesteigerten Wohlbefinden führt; außerdem möchte er dem Therapeuten »gefallen« (der Begriff Placebo stammt aus dem Lateinischen und bedeutet so viel wie »ich werde gefallen«), der sich schließlich so viel Mühe gibt und Interesse für seinen Patienten aufbringt. Ähnliche Faktoren, wie z. B. die Beschreibung der zu untersuchenden Lokalisation, eine beeindruckende Praxisausstattung und die Meinung des Patienten von dem Therapeuten haben einen ähnlichen Einfluss gezeigt (Armstrong 2008; Fisher 2009).

Placebokontrollierte Versuchsanordnungen sollen solche patientenabhängigen Faktoren eliminieren, damit die therapeutische Wirkung der zu untersuchenden Substanz zweifelsfrei festgestellt werden kann. Daneben hat sich auch eine mögliche Voreingenommenheit auf Seiten der Forscher als Ursache für falsche Ergebnisse erwiesen, weshalb die Versuche auch noch »verblindet« werden. Faktoren wie »Vorstellungskraft« und »Hoffnung« sind in Versuchsanordnungen unerwünscht.

Das Gegenteil des Placebo-Effekts, der sogenannte »Nocebo-Effekt« muss ebenfalls erwähnt werden. Dieser zeigt sich in der Praxis, wenn ein Patient erfährt, welche möglichen Nebenwirkungen ein Medikament haben kann und dann mittels reiner Vorstellungskraft entsprechende Symptome entwickelt.

Nachdem der Placebo-Effekt einmal geprägt war, wurden jeder therapeutischen Intervention spezifische (medikamentenabhängige) und unspezifische oder zufällige Wirkungen zugesprochen (Paterson und Dieppe 2005). Das erklärte Ziel einer kontrollierten Studie ist die Trennung dieser beiden Kategorien. Allerdings stellt sich die Frage, inwieweit sie in der Praxis ebenfalls so strikt getrennt werden können (Fisher 2009).

Das Gegenargument, dass es bei Tieren keinen Placebo-Effekt gibt, wird manchmal angeführt, um die Homöopathie zu unterstützen. Dies ist allerdings mit Vorsicht zu betrachten. Bei unseren Heimtieren besteht oft eine enge Beziehung zwischen dem Tier und seinen Bezugspersonen, die durchaus auch einen unspezifischen Effekt haben kann. Selbst bei den landwirtschaftlichen Nutztieren gibt es eine gewisse dynamische Beziehung zwischen den Tieren und ihren Haltern (es hat sich gezeigt, dass bessere Behandlungsergebnisse erzielt wurden, wenn der Landwirt in die Repertorisation der in seiner Milchviehherde bestehenden Problematik einbezogen wurde); auch wenn diese in Abhängigkeit von der Tierart und dem Haltungssystem variiert, kann sie dennoch einen Einfluss haben. Nichtsdestotrotz kann man davon ausgehen, dass der Placebo-Effekt beim Tier deutlich schwächer ausfällt als beim Menschen.

Will man akkurate Arzneimittelbilder erhalten, muss der Placebo-Effekt bei der Durchführung von homöopathischen Arzneimittelprüfungen berücksichtigt werden. Eine Möglichkeit stellen hier placebokontrollierte Versuche dar (siehe unten). 2008 wurden zwei verblindete Studien mit den Arzneien Ozon und Iridium durchgeführt: Es konnte gezeigt werden, dass in den Gruppen, die das jeweilige Arzneimittel tatsächlich eingenommen hatten (die Verum-Gruppen), mehr genuine Symptome der Arzneien auftraten als in den Kontrollgruppen, wo die Symptome mehr allgemeiner Natur waren (Walach et al. 2008).

Klinische Versuche und ihre Probleme

Für viele orthodox geprägte Mediziner und Wissenschaftler stellen Doppelblindstudien den ultimativen Maßstab für die Bestimmung der Arzneiwirksamkeit dar. Einige gehen auch irrtümlich davon aus, dass eine randomisierte kontrollierte Studie (Randomised Controlled Trial (RCT)) mit einer evidenzbasierten Medizin gleichzusetzen ist. Es wird nicht realisiert, dass die erste Blindprüfungsmethode tatsächlich der Homöopathie entstammt. 1879 nahm eine Gruppe von Homöopathen aus Sorge um einen möglichen Placebo-Effekt bei Arzneimittelprüfungen an einer verblindeten Studie teil, die von der Milwaukee Academy of Medicine gesponsert und im März 1880 in der New York »Homeopathic Times« veröffentlicht wurde (Kaptchuk 1997). Dabei ging es um die Arznei *Aconitum* in der Potenz C 30. In der Schulmedizin wurde eine Blindstudie offenbar erstmalig 1883 in der Psychologie durch Pierce und Jastrow durchgeführt; größere Anerkennung fand sie 1938 in einer Studie zum Einsatz von Sulfonamiden bei Pneumonie. Im Gegensatz dazu setzten homöopathische Kreise diese Methode ab 1900 routinemäßig bei Arzneimittelprüfungen ein. Durch die Randomisierung, Verblindung der Prüfer – um eine mögliche Beeinflussung auszuschließen –, ausreichend große Kontrollgruppen und Cross-over der behandelten Gruppen stellt sie sicherlich eine sehr nützliche Methode dar; allerdings hat sie ihre Begrenzungen, die jetzt zunehmend auch in der Schulmedizin wahrgenommen werden. Man hat festgestellt, dass sich von allen Medikamenten, die nach klinischen Teststudien für wirksam befunden wurden, später nur 30 bis 50 Prozent tatsächlich in der Praxis als wirkungsvoll erwiesen (RLHH 2006). In der Homöopathie bestehen noch sehr viel größere Einschränkungen, die v. a. auf die Möglichkeit einer bewussten oder unbewussten Befangenheit zurückzuführen sind: Eine Übersicht zu 20 homöopathischen Versuchsanordnungen ergab einen »hohen Grad an Befangenheit« in 16 Versuchen und einen »ungewissen Grad an Befangenheit« in den restlichen 4 (Mathie und Clausen 2015). Eine zweite Übersicht zu einer Meta-Analyse von 15 Studien stellte einen »hohen Grad an Befangenheit« in 9 Versuchen und einen »niedrigen Grad an Befangenheit« in den restlichen 6 fest (Mathie und Clausen 2016). Aber trotz allem kann diese Methode nützliche Daten liefern.

Eine große Schwierigkeit besteht darin, dass in den meisten Fällen eine homöopathische Arznei aufgrund von Charakteristika des individuellen Patienten verordnet wird; dabei werden all die subtilen Unterschiede berücksichtigt, die zwischen den verschiedenen Individuen bestehen. Im Gegensatz dazu ist ein Grundprinzip klinischer Versuchsanordnungen die Standardisierung. Wird die zu untersuchende Arznei aufgrund pathologischer Kriterien verschrieben, beispielsweise *Arnica* bei Quetschungen, dann hat die Methode Bestand, aber wenn es sich so verhält, dass die Patienten für ein und dieselbe in der Schulmedizin namentlich benannte Erkrankung verschiedene Arzneien bekommen, dann fällt dies aus dem gesteckten Rahmen. Um überhaupt noch eine gewisse Aussagekraft zu haben, müssen das Protokoll und die Interpretationsweise an die Homöopathie angepasst werden. An diesem Punkt wird die Homöopathie oft beschuldigt, sich nicht an die Spielregeln zu halten; dabei ist das Einzige, was tatsächlich verlangt wird, eine realistische Berücksichtigung der homöopathischen Methode. Es ist durchaus möglich, auch in der Homöopathie Doppelblindstudien durchzuführen, vorausgesetzt, der essenzielle Unterschied zwischen den Verschreibungsmethoden wird auch im Studiendesign berücksichtigt. Wenn man allerdings auf dem schulmedizinischen Versuchsaufbau besteht, werden die Ergebnisse nicht aussagekräftig sein, da Ähnliches nicht mit Ähnlichem verglichen wird. In der Schulmedizin gibt man einer Krankheit einen bestimmten Namen und erstellt dann eine Therapie dafür. Herr X oder Frau Y bekommt also die Diagnose Arthritis und die Behandlung erfolgt dann auf Grundlage dieser Diagnose. In der Homöopathie hingegen wird Herr X oder Frau Y als Person betrachtet, wozu auch die Tatsache gehört, dass er oder sie an Arthritis leidet (Näheres dazu siehe Kapitel 6). Das bedeutet, dass alle schulmedizinischen Patienten dasselbe entzündungshemmende Medikament bekämen, wohingegen nicht alle homöopathischen Patienten zwingend dasselbe homöopathische Mittel erhielten. In einer Studie, an der sowohl ein schulmedizinisches Medikament als auch eine homöopathische Arznei beteiligt wären, würden bei einer konventionellen Versuchsanordnung zufällig ausgewählte Gruppen miteinander verglichen und entsprechend einem etablierten Bewertungsschema beurteilt. Allerdings wären zwar alle Teilnehmer geeignete Kandidaten für die Behandlung mit demselben schulmedizinischen Medikament, aber es wäre nicht notwendigerweise dieselbe homöopathische Arznei gleichermaßen bei allen homöopathisch behandelten Patienten angezeigt. So wurde beispielsweise vor Beginn einer Studie zu *Rhus toxicodendron* festgestellt, dass 58 % der Personen, die bereit waren, an dieser Studie teilzunehmen, gar nicht für eine Behandlung mit diesem Mittel in Frage kamen (Fisher et al. 1989).

Der Vorgang der Randomisierung erfordert wiederum andere Überlegungen, die überdies mehr Bedeutung für den Humanbereich haben als für den Veterinärbereich. Aus ethischen Gründen müssen alle Teilnehmer an einer Humanstudie Freiwillige sein. Dadurch scheiden natürlich Menschen, die es aus verschiedenen Gründen vorziehen, keine »Versuchskaninchen« zu sein, als mögliche Teilnehmer von vornherein aus. Von homöopathischer Seite aus fallen bestimmte Geistes – und Gemütsverfassungen heraus, da das mentale Bild wenn möglich immer einen wichtigen Aspekt bei der homöopathischen Verschreibung darstellen soll. Darüber hinaus hat sich gezeigt, dass das Ausmaß eines evtl. Placebo-Effektes stark von der Rekrutierungsmethode abhängt. In Studien, bei denen die Auswahl der Versuchskandidaten auf unpersönliche Weise durch Aushänge und per Brief erfolgte, konnte ein größerer Placebo-Effekt festgestellt werden als in Versuchen, wo eine persönlichere Auswahl stattgefunden hatte (Reilly 1993).

All diese Überlegungen lassen sich leicht berücksichtigen; tut man dies, wird man sehr unterschiedliche Ergebnisse erzielen. Eine Studie, in der *Barium carbonicum* zur Behandlung von Bluthochdruck eingesetzt wurde, und deren Ergebnisse auf zwei unterschiedliche Arten interpretiert wurden, zeigte dies sehr eindrücklich. Die Analyse der Ergebnisse auf konventionelle Weise ergab keine signifikanten Unterschiede zwischen den einzelnen Gruppen. Allerdings waren alle Patienten in der homöopathisch behandelten Gruppe individuell auf ihre Eignung für die Behandlung untersucht worden, und als dies berücksichtigt wurde, kam ein statistisch signifikantes Ergebnis zugunsten der Homöopathie heraus (Bignamini et al. 1987).

Eine weitere Verfeinerung der Methodik stellt die Homöopathie vor weitaus größere Probleme. Dabei handelt es sich um das sogenannte Cross-over. Homöopathische Arzneien können über einen längeren Zeitraum wirken, und manchmal tritt ihre Wirkung auch verzögert ein, sprich erst nach Beginn des Cross-overs. Das bedeutet, dass eine Gruppe, die zu Beginn der Studie homöopathisch behandelt wurde, im weiteren Verlauf keine schulmedizinische Medikation erhalten kann, ohne die Validität der Ergebnisse zu gefährden. Außerdem hat der mögliche verzögerte Wirkungseintritt der homöopathischen Arzneien verglichen mit den schulmedizinischen Medikamenten einen Einfluss auf den Zeitraum, der für die Erhebung der Versuchsergebnisse veranschlagt werden muss. Die schneller wirkende schulmedizinische Medikation kann gegenüber der homöopathischen Arznei irrtümlich überlegen erscheinen, wenn als einziges Kriterium eine kurzfristige Beurteilung erfolgt; hingegen kann sich bei einer länger dauernden Beurteilungsphase zeigen, dass die Wirkung der homöopathischen Arznei zwar später eingetreten ist, aber länger aufrechterhalten wurde und das Ergebnis damit zugunsten der Homöopathie ausfällt. Auch der Immunstatus der Studienteilnehmer kann sich unter bestimmten Umständen stärker auf die Reaktion auf das homöopathische Mittel auswirken als bei schulmedizinischer Medikation.

Manches von dem oben Gesagten mag nicht unbedingt in gleichem Maße auf die Veterinärhomöopathie zutreffen. Allerdings beschränkt sich die Validierung der homöopathischen Methode nicht nur auf einen Bereich. Die Probleme, die bei der Erhebung valider Forschungsergebnisse auftreten, betreffen alle Spezies gleichermaßen, und die in einem Bereich auftretenden Einschränkungen gelten oft auch für andere Gebiete.

Bei der Interpretation der Ergebnisse von Studien, in denen homöopathische Arzneien und etablierte konventionelle Medikamente miteinander verglichen werden, muss man ebenfalls Vorsicht walten lassen. Lautet das Ergebnis »kein signifikanter Unterschied«, wird dies oft als negatives Resultat für die Homöopathie ausgelegt; dabei besteht ein sehr großer Unterschied zwischen »keine signifikant unterschiedliche Wirkung« und »keine Wirkung«. Untersuchungen an Milchvieh und Broilern konnten zeigen, dass die homöopathische Behandlung ebenso wirksam war wie die schulmedizinische Therapie. Auch diese Resultate sollten als positive Ergebnisse für die Homöopathie interpretiert werden (Varshney 2005; Lopez 1998; Werner et al. 2010).

Es gibt eine Reihe von Gründen, warum auch die Praktikabilität einer kontrollierten Studie hinterfragt werden muss. Vielleicht ist die Methodik einfach nicht für eine akkurate Beurteilung der Homöopathie geeignet. Auch ethische Überlegungen spielen eine Rolle. In Mexiko wurde eine interessante Blindstudie mit *Phosphorus* zur Behandlung von Rektumprolaps bei Schweinen durchgeführt. Der leitende Tierarzt war anfangs überaus skeptisch und unwillig, die Homöopathie einzusetzen, aber nach einer Weile weigerte er sich aus Tierschutzgründen, die Studie fortzusetzen. Er sagte, dass der Erfolg der homöopathischen Behandlung so unbestreitbar groß sei, dass es unethisch wäre, der Kontrollgruppe diese Behandlung vorzuenthalten (Searcy und Guajardo 1994)!

Auch andere Studien im veterinärmedizinischen Bereich konnten die Wirksamkeit der Homöopathie belegen. So konnten Blindstudien zum Einsatz von Nosoden (Kapitel 11) deren Nutzen bei der Behandlung von Mastitis bei Rindern zeigen. In einer Milchviehherde von 40 Tieren, die per Zufallsprinzip in zwei gleich große Gruppen aufgeteilt wurden, sank die Mastitishäufigkeit in der behandelten Gruppe von 47,5 % auf 2,5 %. Das gleiche Ergebnis zeigte sich im Hinblick auf die Zellzahl. Die Verabreichung der Arznei erfolgte über das Trinkwasser. Die Gesundungszeit der dennoch auftretenden klinischen Fällle wurde nicht signifikant beeinflusst (Day 1986). Bei einer ähnlichen Studie in Mexiko mit den Arzneien *Conium*, *Phosphorus* und *Phytolacca* kam es zu einer

Reduktion klinischer Mastitisfälle von 42,8 % auf 7,1 % ($p<0.05$) (Searcy und Guajardo 1994). Die Studie umfasste 26 Kühe in zwei Gruppen à 13 Tiere. Auch in einer weiteren Versuchsanordnung kam es hinsichtlich subklinischer Mastitiden zu einer ähnlichen Besserung. In beiden Studien wurde der Schalmtest zur Beurteilung herangezogen (Searcy et al. 1995).

In zwei placebokontrollierten Doppelblindstudien wurden homöopathische Arzneien zur Wachstumsförderung bei Schweinen eingesetzt; in beiden sprachen die Ergebnisse statistisch signifikant für die Homöopathie und konnten auch nicht einfach nur auf eine appetitanregende Wirkung zurückgeführt werden. In einer Studie wurde *Sulphur* C 200 bei trächtigen Sauen verwendet (Guarjardo 1996), in der anderen *Barium carbonicum* LM 1 Ferkeln verabreicht, die eine Wachstumsverzögerung zeigten (Briones 1989). In einer weiteren Studie wurde die Arznei *Calcium phosphoricum* D 200 bei Broilern eingesetzt; in der behandelten Gruppe kam es im Vergleich zu der Kontrollgruppe zu einer signifikanten Steigerung der Parameter Futterverwertung, Schlachtgewicht und Muskelmasse (Samarth 2002).

In einer kontrollierten Studie zur Wirkung der Isopathie (Kapitel 12) bei Geflügel im Hinblick auf eine Infektion mit Salmonella enteritidis bei Eintagsküken zeigte sich, dass die behandelten Küken resistenter waren als die Tiere in der Kontrollgruppe (Berchieri 2006).

Eine placebokontrollierte Studie in einem Schweinebestand mit 52 Sauen und 525 Ferkeln demonstrierte statistisch signifikante Ergebnisse zugunsten der Homöopathie hinsichtlich des Auftretens und der Erkrankungsdauer bei neonataler Diarrhö (Camerlink et al. 2010).

Ein Blindversuch am Menschen konnte die Wirksamkeit von *Caulophyllum* zur Unterstützung während der Geburt belegen (Eid et al. 1993); diese Ergebnisse ließen sich bei Rindern, Schweinen und Hündinnen mehrfach reproduzieren (Day 1984, 1985; Grandmontagne 1995). Bei allen Spezies kam es zu einer signifikanten Verkürzung des Geburtsvorganges, gleichzeitig nahm auch der damit verbundene Stress entsprechend ab. Day (1984) setzte *Caulophyllum* bei 130 Sauen ein, bei denen die Totgeburtenrate 20 % betrug. Alle ätiologisch denkbaren Faktoren hinsichtlich Haltung, Ernährung, Infektionen und Fruchtbarkeit der Eber waren zuvor eliminiert worden. Die erste Studie umfasste 20 Sauen in zwei Gruppen à 10 Tiere; eine Gruppe wurde behandelt, die andere diente als Kontrollgruppe. *Caulophyllum* C 30 wurde vor dem Abferkeln zweimal wöchentlich über drei Wochen gegeben. Die Bewertung erfolgte anhand des Fischer-Wahrscheinlichkeitstests und ergab ein statistisch signifikantes Resultat zugunsten der behandelten Gruppe. Anschließend wurde die ganze Herde behandelt und es kam zu einem Abfall der Ferkelsterblichkeit auf 2,6 %. Nach sechs Monaten endete die Behandlung und innerhalb von zwei Monaten stieg die Sterblichkeitsrate wieder auf 14,9 %. Die Behandlung wurde wieder aufgenommen und die Sterblichkeit fiel erneut auf 1,9 %. Eine Studie zur Behandlung des Porcinen Mastitis-Metritis-Agalaktie-Komplexes mit *Phytolacca* führte ebenfalls zu einem signifikant positiven Ergebnis; auch beim Menschen fand eine ähnliche Studie mit entsprechendem Resultat statt (Richter 1999). In einer weiteren Studie zu der Arznei *Sepia* wurde eine Milchviehherde von 120

Tieren in vier zufällig ausgewählte Gruppen aufgeteilt, die unterschiedliche Kombinationen von Arznei und Placebo erhielten. Alle in einer kommerziellen Milchviehherde wichtigen Parameter wie Konzeption, Zwischenkalbezeit und Abkalberate zeigten nach der Behandlung mit *Sepia* eine statistisch signifikante Verbesserung (Williamson et al. 1991, 1995).

Eine doppelt verblindete Pilotstudie zum kombinierten Einsatz von *Arsenicum album* und schulmedizinischer Medikation bei der Behandlung von Neugeborenendiarrhö bei Kälbern lieferte ermutigende Ergebnisse (Kayne und Rafferty 1994). Eine ähnliche Doppelblindstudie zu Durchfall bei Kindern ergab ebenfalls statistisch signifikante Resultate zugunsten der Homöopathie. Die Methodik dieser Studie berücksichtigte die individuelle Natur der homöopathischen Verschreibung, und es wurde eine Vielzahl von Arzneien entsprechend den individuellen klinischen Symptomen eingesetzt (Jacobs et al. 1994).

Eine Pilotstudie an der veterinärmedizinischen Fakultät der Universität von Bristol verglich die homöopathische und schulmedizinische Behandlung von atopischer Dermatitis bei Hunden. Bei allen beteiligten Hunden lag eine gesicherte Diagnose gemäß anerkannter klinischer Parameter und Laborwerte vor. Zwanzig Hunde wurden von einem erfahrenen Tierarzt homöopathisch behandelt; fünf von ihnen zeigten eine derartige Besserung, dass die Behandlung entsprechend den festgelegten Kriterien als erfolgreich eingestuft wurde. Bei anderen Hunden kam es zwar auch zu einer Besserung, die jedoch nicht ausreichte, um die genannten Kriterien zu erfüllen. Der Leiter der Studie, ein schulmedizinischer Dermatologe, sagte aber, dass die Ergebnisse »die Notwendigkeit einer großen randomisierten Studie zum Einsatz der Homöopathie bei der caninen atopischen Dermatitis zeigen« (Hill et al. 2009).

Andere Forschungsansätze

Wie bereits erwähnt stellen Blindversuche zwar ein nützliches Werkzeug dar, sie haben aber auch Nachteile und Grenzen. Die evidenzbasierte Medizin (EBM) wurde folgendermaßen definiert: »Integration der besten Forschungsergebnisse in die klinische Erfahrung zur bestmöglichen Versorgung des Patienten« (Sackett 2000). Für die Veterinärmedizin bedeutet das: »Eine evidenzbasierte Veterinärmedizin ist die Anwendung der besten relevanten Evidenz in Verbindung mit klinischer Expertise, um die bestmögliche Entscheidung für einen tierischen Patienten zu treffen. Außerdem müssen die Umstände jedes einzelnen Patienten und die Umstände und Wertvorstellungen des Tierbesitzers/Pflegers berücksichtigt werden, wenn eine evidenzbasierte Entscheidung getroffen werden soll« (Everitt 2012). In ähnlicher Weise äußert sich Michael Rawlins, der damalige Vorsitzende des National Institute for Clinical Excellence (die Behörde im Vereinigten Königreich, die für die Beurteilung der Wirksamkeit von Medikamenten im National Health Service zuständig ist): »Die randomisierten kontrollierten Studien (RCT), die lange als Goldstandard der Evidenz galten, sind unverdientermaßen auf ein Podest gestellt worden. Dass sie an der Spitze der Hierarchie für den Nachweis einer Evidenz stehen, ist nicht gerechtfertigt; Hierarchien sind illusorische Werkzeuge, um eine Evidenz zu bestimmen. Sie sollten durch eine Vielfalt von Herangehensweisen ersetzt werden, bei denen die Gesamtheit der Beweisgrundlage analysiert wird.« Das bedeutet, dass durch das alleinige Verlassen auf Studien und Versuche sehr viel wertvolle Information aus anderen Bereichen nicht berücksichtigt wird. Die Weltgesundheitsorganisation WHO wird dem gerecht, indem sie die folgende Hierarchie für das Vorliegen einer Evidenz aufstellt:

- 1a Evidenz aus der systematischen Durchsicht von RCTs
- 1b Evidenz aus mindestens einer RCT
- 2a Evidenz aus mindestens einer gut aufgebauten, nicht-randomisierten, kontrollierten Studie
- 2b Evidenz aus mindestens einer gut aufgebauten, quasi-experimentellen Studie
- 3 Evidenz aus gut aufgebauten, nicht-experimentellen deskriptiven Studien, wie z. B. Vergleichsstudien, Korrelationsstudien und Fallkontrollstudien
- 4 Evidenz aus den Berichten von Expertenkomitees und/oder der klinischen Erfahrung anerkannter Autoritäten.

Dies hat für jedes medizinische System Gültigkeit und zieht die Entwicklung zusätzlicher Techniken nach sich. Dazu zählen z. B. epidemiologische Studien, randomisierte Vergleichsstudien und klinische Auditierungen. Bei epidemischen Erkrankungen sind auch »Vorher und nachher«-Studien wertvoll. Eine verbesserte Standardisierung der Studienprotokolle wird die Zuverlässigkeit der Ergebnisse weiter erhöhen; allerdings untermauern die bereits vorliegenden Resultate schon sehr stark die Wirksamkeit der Homöopathie. Es gab »Vorher und nachher«-Studien zu Ausbrüchen von Zwingerhusten und Staupe in Zwingerhaltungen, bei denen Nosoden eingesetzt wurden, und deren Ergebnis eine Verminderung der Krankheitshäufigkeit um 97,9 % resp. 62,6 % war. An der zweiten Studie waren 13.000 Hunde in einem Zeitraum von 3 Jahren beteiligt (Day 1987; Saxton 1991). Eine ähnliche Studie an Kälbern, die zur Schlachtung ins Ausland transportiert wurden und *Nux vomica* erhielten, ergab vergleichbare Resultate, wobei die angewandten Parameter hier die Erholungszeit nach der Fahrt und die Fleischqualität nach der Schlachtung waren (Mahe 1987). Das Ergebnis einer Vergleichsstudie von individuell ausgewählten homöopathischen Arzneien und Medroxyprogesteron-Injektionen zur Behandlung von Unsauberkeit bei Katzen fiel statistisch signifikant zugunsten der Homöopathie aus (Knaff 2000). Sowohl bei dieser Studie als auch der oben angeführten Untersuchung zu Zwingerhusten war ein interessanter Zusatzaspekt zu verzeichnen: Eine schulmedizinische Vorbehandlung konnte sich nachteilig auf die Wirksamkeit der nachfolgenden homöopathischen Behandlung auswirken. Hunde, die mit einem intranasalen Impfstoff gegen *Bordetella bronchiseptica* geimpft worden waren, zeigten im Vergleich mit ungeimpften Hunden eine verminderte Antwort auf die anschließend verabreichte Nosode (Day 1987); auch Katzen, bei denen eine schulmedizinische Vorbehandlung erfolgt war, zeigten eine verminderte Reaktion auf die nachfolgende homöopathische Behandlung (Elliott 1992; Knaff 2000).

Eine Studie zur homöopathischen Behandlung des Cushing-Syndroms bei Hunden und Pferden unter standardisierten Bedingungen ergab eine ausgezeichnete Reaktion in 80 % der Fälle mit Remission der klinischen Symptome. 10 % sprachen schlecht und 10 % gar nicht auf die Behandlung an (Elliott 2001). Viele dieser Tiere waren vorher erfolglos schulmedizinisch behandelt worden.

Eine Anwendungsbeobachtung bei Bullen mit Reproduktionsstörungen ergab eine statistisch signifikante Verbesserung der Spermaqualität nach individueller homöopathischer Behandlung (De Souza 2012).

Im Humanbereich nehmen Auditierungen einen immer größeren Raum ein. Dabei werden zum einen Patienten-Fragebögen ausgewertet, um die subjektive Reaktion auf die Behandlung zu beurteilen. Zum anderen fließen wenn möglich auch objektive Kriterien mit ein. Fallaufzeichnungen können ebenfalls eine Rolle spielen, entweder allein oder in Verbindung mit anderen Quellen. Die Bewertung der Reaktion erfolgt innerhalb eines gesteckten Rahmens und reicht von ausgezeichnet bis hin zu schlecht, sodass einheitliche Aussagen getroffen werden können (Heger 2001). Diese Methoden zeigen insgesamt sehr positive Ergebnisse für die Homöopathie. Eine über sechs Jahre laufende klinische Studie der Ambulanz des Homöopathischen Krankenhauses in Bristol, an der 6.500 Patienten teilnahmen, die von Schulmedizinern überwiesen worden waren, ergab bei 70,7 % eine klinische Besserung bei einer ganzen Bandbreite von chronischen Erkrankungen (Spence 2005). Diese Resultate entsprechen jenen aus kleineren Studien des Tunbridge Wells Homeopathic Hospital, wo 74 % von 1.372 Patienten von einer Besserung berichteten (Clover 2000), sowie des Liverpool Department of Homeopathic Medicine, die eine Verbesserung bei 76 % von 1.100 Patienten zeigten (Richardson 2001). Eine Pilotstudie, an der acht Tierarztpraxen mit 534 Hunden und Katzen teilnahmen und bei der ähnliche Auditierungsmethoden angewendet wurden, ergab eine Besserung in 80,1 % der Fälle (Mathie et al. 2006). Besonders erfolgreich schnitt dabei die Behandlung von atopischer Dermatitis, Arthritis, Epilepsie und Hyperthyreose bei Katzen ab. Darauf folgte eine ähnliche Studie mit 234 Pferden und 12 Tierärzten, die eine signifikante Besserung in 86,7 % der Fälle zeigte (Mathie et al. 2010). Beim Menschen bezieht die Beurteilung auch das subjektive Empfinden des Patienten ein, daher bedürfen einige Aspekte noch der Anpassung an die veterinärmedizinischen Gegebenheiten. Eine Möglichkeit wäre u. U., die subjektive Beurteilung des Tierbesitzers einfließen zu lassen. In jedem Fall ist eine solche Bewertung in beiden Disziplinen möglich.

Eine Meta-Analyse bietet sich an, um die gesamte Forschung zu durchleuchten; dazu wird ein minimaler methodischer Rahmen gesteckt, den die Publikationen erfüllen müssen. Tun sie dies nicht, werden sie ausgeschlossen, um sicherzugehen, dass nur qualitativ hochwertige Studien miteinander verglichen werden. Auch im Hinblick auf die Homöopathie gab es solche Arbeiten (Bol 1998; Kleijnen et al. 1991; Linde 1994, 1998). Sie alle wurden von Schulmedizinern durchgeführt und mit konventionellen Techniken analysiert – und alle fielen mit positivem Ergebnis für die Homöopathie aus. Eine Studie jüngeren Datums hat diese Ergebnisse wieder angezweifelt (Shang et al. 2005), obwohl bereits zum Zeitpunkt ihres Erscheinens ernstzunehmende Einwände im Hinblick auf die dabei angewandte Methodik erhoben wurden (Walach et al.; Linde und Jonas; Fisher et al.; Dantas. Alle in *Homeopathy* 2005). Die anschließende Neubewertung von Shangs Arbeit ergab, dass seine ursprünglichen Schlussfolgerungen falsch waren und dass die Qualität der in den früheren Studien einbezogenen homöopathischen Versuchsanordnungen höher als die konventioneller Untersuchungen war (Rutten und Stolper 2008).

Die homöopathische Forschung wird oft wegen der schlechten Qualität ihrer Methodik kritisiert. Einzelne Studien sind zweifelsohne nicht fehlerfrei, aber die Meta-Analyse hat gezeigt, dass die Fehlerquote nirgendwo so hoch ist wie im konventionellen Bereich.

Die Zukunft

Manchmal behaupten schlecht informierte Kreise, dass die Homöopathie sich keiner kritischen Analyse unterziehen möchte. Die obigen Erläuterungen haben in aller Kürze dargelegt, dass dies nicht der Wahrheit entspricht. Es liegen bereits zahlreiche Forschungsarbeiten vor, allerdings hat eine systematische Durchsicht der Literatur einen Mangel an qualitativ hochwertigen Studien im veterinärmedizinischen Bereich enthüllt (Mathie et al. 2014). Zwischen 1981 und 2014 gab es nur 52 Studien an landwirtschaftlichen Nutztieren; 28 davon fielen positiv für die Homöopathie aus (Doehring und Sudrum 2016), und von diesen waren nur bei 13 homöopathische Aspekte in den Versuchsaufbau und die Versuchsdurchführung eingeflossen. Die Forschung geht aber in den verschiedenen Bereichen stetig weiter. 2009 und 2010 widmeten sich zwei ganze Ausgaben der Zeitschrift *Homeopathy* verschiedensten Aspekten der Grundlagenforschung; sie gingen dabei sogar bis ins Jahr 1923 zurück (Homeopathy 2009, 2010). Es wurde eine veterinärmedizinische Datenbank eingerichtet, die ständig erweitert wird (www.homeopathicvet.org), und die CORE-Hom-Datenbank gewährt Zugang zu qualitativ hochwertigen Forschungsarbeiten allgemein zur Homöopathie. Der modernen Forschung gelingt immer mehr der Brückenschlag zwischen der Homöopathie und der Schulmedizin. Vor allem der Bereich der Immunologie ist hier eine große Unterstützung (Grange und Denman 1993). In diesem Zusammenhang empfehlen wir das Buch »The Emerging Science of Homeopathy« von Bellavite und Signorini (2002). Es hat sich auch gezeigt, dass die Ergebnisse reproduzierbar (Reilly 1994) und unter Laborbedingungen nicht auf Säugetiere beschränkt sind (Bastide 1994; Youbicier-Simo 1993). Es muss eindeutig noch weiter geforscht werden, dennoch konnte bereits zweifelsfrei bewiesen werden, dass die Homöopathie eine ernstzunehmende und wirkungsvolle therapeutische Methode darstellt. Weitere Studien sollten allerdings so aufgebaut werden, dass sie der therapeutischen Realität entsprechen, damit wirklich aussagekräftige Ergebnisse erzielt werden. Die homöopathische Theorie zur Funktionsweise des Körpers als Ganzes ist eine Erklärung für die vermeintlich unterschiedlichen Ergebnisse mancher Studien (Hyland 2002). Das soll nicht heißen, dass die wissenschaftlichen Maßstäbe weniger streng angelegt werden sollten, sondern dass die Suche

nach der echten wissenschaftlichen Wahrheit nicht durch ein strenges Korsett von Regeln eingeschränkt werden darf. Man könnte sogar so weit gehen zu behaupten, dass, wenn man die strengen Anforderungen, die in der Forschung an die Homöopathie gestellt werden, auf alle medizinischen Bereiche anwendete, mindestens 50 % aller bewährten schulmedizinischen Prozeduren über Nacht verbannt würden!

Es wird viel über den sogenannten Placebo-Effekt und seinen Einfluss auf die Ergebnisse von Studien diskutiert. Viele Mediziner aus dem homöopathischen Sektor führen die positiven Ergebnisse bei Tieren ins Feld, da sie sagen, dass es bei Tieren keinen Placebo-Effekt gibt. Das entspricht vielleicht nicht ganz der Wahrheit, v. a.im Hinblick auf unsere Heimtiere, wo eine enge energetische und emotionale Verbindung zwischen dem Tier und seinem Besitzer besteht. Allerdings bestünde ein weitaus fruchtbarerer Forschungsweg darin, zwei oder mehr Behandlungsarten direkt miteinander zu vergleichen anstatt standardmäßig gegen ein Placebo. Dieser Ansatz hat auch schon einige Befürworter in der Schulmedizin, da wirklich vieles für ihn spricht.

Ein weiterer Aspekt, der gegen den Placebo-Effekt angeführt werden kann, ist der Einsatz der Homöopathie in der Pflanzenforschung, in der wiederum ganz andere Anforderungen gelten als beispielsweise in Tierversuchen. In diesem Bereich wurden etliche Studien durchgeführt. So wurde z. B. die präventive Wirkung von homöopathischen Zubereitungen von *Cina* bei einem Befall der Pflanzen mit Wurzelgallenälchen mit positivem Ergebnis untersucht; ähnliche Resultate wurden mit Santonin erzielt (Sukul et al. 2006; Datta 2006).

Die Homöopathie ist aber keine abstrakte Wissenschaft, sondern eine praktische therapeutische Methode. Die Grundprinzipien der Homöopathie wurden durch die Grundlagenforschung ausreichend dargestellt und belegt. Es gibt auch eine Reihe plausibler Erklärungsmodelle, an denen allerdings noch weiter gearbeitet werden muss. Die Forschung sollte sich aber vorrangig auf den klinischen Bereich und weniger auf das Labor konzentrieren, da die ultimative Prüfung für jedes therapeutische System ein geheilter Patient ist.

QUELLEN

- *Armstrong, S. E. (2008): The Placebo Response – Friend or Foe. Homeopathic Professionals Teaching Group Handout*
- *Bastide, M. et al. (1985): Activity and chronopharmacology of very low doses of physiological immune inducers.* Immunology Today **6**, *234*
- *Bell, I. R., u. M. Koithan (2012): A model for homeopathic remedy effects: low dose nanoparticles, allostatic cross adaptation and time dependent sensitisation in a complex adaptive system.* BMC Complementary Altern Med **12**, *191*
- *Bellavite, P., u. A. Signorini (2002): The Emerging Science of Homeopathy. Berkley: North Atlantic Books*
- *Bellavite, P. et al. (2014): High dilution effects revisited parts 1&2.* Homeopathy **103**, *4-43*
- *Belon, P. et al. (1999): Inhibition of human basophil degranulation by successive histamine dilutions: Results of a European multi-centre trial.* Inflamm Res **48** *(Suppl. 1), 17-18*
- *Belon, P. et al. (2004): Histamine dilutions modulate basophil activity. Inflamm Res* **53**, *181-188*
- *Benveniste, J. (1988): Basophil degranulation in relation to increasing dilutions of anti-IgE antibodies.* Nature **333**, *816-818*
- *Berchieri, A.Jr. et al. (2006): Evaluation of isopathic treatment of Salmonella enteritidis in poultry.* Homeopathy **95**, *94-97*
- *Bignamini, M. et al. (1987): Controlled double blind trial with Baryta carb 15c verses placebo in hypertensive patients.* BHJ **76**, *114*
- *Bol, A. (1998): New meta-analysis of randomised controlled trials in homeopathy: Efficacy of Homeopathy is more than placebo effect.* Holmint R&D Newsletter *1/98.*
- *Bonamin, L. V. (Ed.): Signals and Images. Springer Science and Business Media B. V.*
- *Bonamin, L. V. et al. (2002): Very high dilutions of dexamethasone inhibit its pharmacological effects in vivo.* BHJ **90**, *198-203*
- *Bornoroni, C. (1991): Synergism of action between indoleacetic acid and highly diluted solutions of CaCO2 on the growth of oat coleoptiles.* Berlin J Res Homeopathy **1** *(4/5), 275*
- *Botha, I., u. A. H. A. Ross (2008): A nuclear magnetic resonance spectroscopy comparison of 3c trituration derived and 4c trituration derived remedies.* Homeopathy **97**, *196-201*
- *Bourkas, P. (1996): The measurements of the homeopathic remedies.* Eur Journal of Classical Homeopathy **1**, *34*
- *Briones, F. (1989): Effect of Barium carb., Calcium carb., and Calcium phosphoricum on the weight of pigs with retarded growth.* Int J Vet Hom **4**
- *Ibid (2000):* BJH **89** *(2)*
- *Brown, V., u. M. Ennis (2001): Flow-cytometric analysis of basophil activation: inhibition by histamine at conventional and homeopathic concentrations.* Inflamm Res **50** *(Suppl. 2), 47-48*
- *Camerlink, I. et al. (2010): Homeopathy as replacement to antibiotics in the case of Escherichia coli diarrhoea in neonatal piglets.* Homeopathy **99**, *57-62*
- *Cazin, J. et al. (1991): Study of the effects of decimal and centesimal dilutions of arsenic on the retention and mobilisation of arsenic in the rat.* Hum Toxicol **6**, *315*
- *Chikramane, P. et al. (2010): Extreme homeopathic dilutions retain starting material: a nanoparticulate perspective.* Homeopathy **99**, *231-242*
- *Clausen, J. et al. (2011): Review of the use of high potencies in basic research on homeopathy.* Homeopathy **100**, *288-292*
- *Clover, A. (2000): Patient benefit survey. Tunbridge Wells Homeopathic Hospital.* BHJ **89**, *68-72*
- *Conforti, A. et al. (1993): Effects of high dilutions of histamine and other natural compounds on acute inflammation in rats.* Omeomed **92**, *Editrice compositori Bologna, 163*
- *Datta, S. C. (2006): Effects of Cina on root-knot disease of Mulberry.* Homeopathy **95**, *98-102*
- *Day, C. (1984): Control of stillbirths using homoeopathy.* Veterinary Record **114**, *216*
- *Ibid (1985): Clinical trials in bovine mastitis using dystocia prevention.* Proceedings of LMHI Congress *Lyon*
- *Ibid (1986): Nosodes for prevention.* Int J Vet Hom **1**
- *Ibid (1987): Isopathic prevention of kennel cough.* Int J Vet Hom **2**, *57*
- *Del Giudice, E. et al. (1988): Water as a free electric dipole laser.* Physical Research Letters **61**, *1085-88*
- *Desai, V. et al. (1992): Anti-inflammatory activity of Arnica on rat paw oedema.* 3rd IAVH congress *Münster*
- *Doehring, C., u. A. Sundrum (2016): Efficiency of homeopathy in livestock according to peer-reviewed publications from 1981-2014.* group.bmj/vt103779/veterinary record **11**
- *Eid, P. et al. (1993): Applicability of homeopathic Caulophyllum during labour.* BHJ **82**, *245*
- *Elia et al. (2004): Permanent physico-chemical properties of extremely diluted aqueous solutions of homeopathic remedies.* Homeopathy **93** *(3), 144-150*
- *Elliot, M. F. (1992): Hormones and Homeopathy.* BAHVS conference
- *Ibid (2001): Cushing's Disease. A new approach to therapy in equine and canine patients.* BHJ **90** *(1)*
- *Endler, P. et al. (1991): Effects of highly diluted succussed Thyroxine on metamorphosis in highland frogs.* Berlin Journal Research into Homeopathy **1** *(3), 151*

- *Ibid (2010): Repetitions of fundamental research models for homeopathically prepared dilutions beyond 10x-23: a bibliometric study.* Homeopathy **99**, *25-36*
- *Engineer, S., S. Vakil u. L. A. Engineer (1990): Study of antibody formation by Baptista tinctoria mother tincture in Experimental animals.* BHJ **79**, *109*
- *Epstein, S. (2013): The Evidence Base for Homeopathy.* BAHVS conference
- *Everitt, S. (2012): Report of RCVS Trust symposium on Evidence Based Medicine.* RCVS newsletter
- *Fisher, P. (2004): A landmark for basic research in homeopathy.* Homeopathy **93** *(3)*
- *Ibid (2006): Special Issue: The memory of water.* Homeopathy **96** *(3)*
- *Ibid (2007): Editorial.* Homeopathy **95**, *(1)*
- *Ibid (2009): The singer, the song, or both?* Homeopathy **98**, *75-76*
- *Ibid (2009): Editorial.* Homeopathy **98**, *183 – 298*
- *Ibid (2010): Editorial.* Homeopathy **99** *(1), 3 – 84*
- *Ibid (2014): Editorial.* Homeopathy **103** *(1)*
- *Ibid (2015): Editorial.* Homeopathy **104** *(2)*
- *Ibid (2015): Editorial.* Homeopathy **104** *(4)*
- *Fisher, P., A. Greewood, E. C. Huskisson et al. (1989): Effect of homeopathic treatment on fibrositis.* BMJ August
- *Grange, J., u. A. Denmam (1993): A microdose-mediated immune modulation, A possible key to a scientific re-evaluation of homeopathy.* BHJ **82**, *113*
- *Guajardo-Bernal, G. et al (1996): Growth promoting effect of Sulphur 201c in pigs.* BHJ **85**, *15-21*
- *Guillemain, J. et al. (1987): Pharmacologie de l'infintesimal. Application aux dilutions homeopathiques.* Homeopathie **4**, *35*
- *Harisch, G., u. M. Kretschmer (1988): Smallest zinc quantities affect the histamine release from peritoneal mast cells in rats.* Experientia **44**, *761*
- *Hill, P. B., J. Hoare et al. (2009): Pilot study of the effects of individualised homeopathy on the pruritus associated with atopic dermatitis in dogs.* Vet Rec **164**
- *Homint R & D Newsletters:*
- *Bol 1998*
- *Bukhsh 1999*
- *Heger 2001*
- *Knaff 2000*
- *Richter 1999*
- *Hyland, M. E., u. G. T. Lewith (2002): Oscillatory effects in a homeopathic clinical trial: an explanation using complexity theory, and the implications for clinical practice.* Homeopathy **91**, *145-149*
- *Jacobs, J. et al (2000): Treatment of acute childhood diarrhoea with homeopathic medicine.* Paediatrics **93**, *719*
- *Kaptchuk, T. J. (1997): Early use of blind assessment in a homeopathic scientific experiment.* BHJ **86**
- *Kayne, S., u. A. Rafferty (1994): The use of Arsenicum album 30c to complement conventional treatment of neonatal diarrhoea in calves.* BHJ **83**, *202*
- *Kleinen, J., P. Knipschild u. G. ter Riet (1991): Clinical trials of homeopathy.* Brit Med J **302**, *316-323*
- *Lancet Editorial (1994):* Lancet **344**, *1585*
- *Lancet (2005): Correspondence in reply to the above from Walach et al.; Linde u. Jonas; Fisher et al.; Dantas. Letters in issues of Dec 17, 24, 31,* Lancet **366**
- *Lapp, C., L. Wurmser u. J. Ney (1955): Mobilisation de l'arsenic fixe chez le cobaye sous l'influence des doses infintesimales d'arseniate.* Therapie **10**, *625*
- *Linde, K. et al. (1997): Are the clinical effects of homeopathy placebo effects? A meta-analysis of placebo-controlled trials.* Lancet **350**, *834*
- *Lopez, B. B. (1998): Preliminary research for testing Baptisia Tinctoria 30c effectiveness against Salmonellosis in first and second quality broiler chickens.* BJH **87**, *131-134*
- *Mahe, F. (1987): Evaluation of the effect of a collective homeopathic cure on morbidity and the butchering qualities in fattening calves.* Int J Vet Hom **2**, *13*
- *Mathews, R. et al. (2006): Water. The Quantum Elixir.* New Scientist
- *Mathie, R. et al. (2006): Prescribing outcomes of homeopathy in UK veterinary practice: a prospective, research-targeted, pilot study.* RLHH research conference – *A global perspective, 131-132*
- *Ibid (2006): Homeopathic prescribing for chronic conditions in equine veterinary practice in the UK.* Vet Rec **166**, *234-237*
- *Mathie, R., u. J. Clausen (2014): Veterinary homeopathy: systematic review of medical conditions studied by randomised placebo controlled trials.* Vet Rec **175**, *3732-381*
- *Ibid (2015): Veterinary homeopathy: Systemic review of medical conditions studied by randomised trials controlled by other than placebo.* BMC veterinary research **11**, *236*
- *Ibid (2016): Veterinary homeopathy: meta-analysis of randomised placebo-controlled trials.* Homeopathy **104**, *3-8*
- *Montagnier, L. et al. (2009): Electromagnetic signals are produced by aqueous nanostructures derived from bacterial DNA sequences.* Interdiscip Science; Computational Life Science **1**, *81-90*
- *Nirmal, C. et al. (1987): Differentiation of potencies of Agaricus Muscarius by experimental catalepsy.* BHJ **76**, *122-125*

- *Paterson, C., u. P. Dieppe (2005): Characteristics and incidental (placebo) effects in complex interventions such as acupuncture.* BMJ **330**, *1202-1205*
- *Poitevin, B. (1995): Mechanism of action of homeopathic medicines.* BHJ **38**, *32*
- *Reilly, D. (1993):* Proceedings of BAHVS conference *Carlisle*
- *Reilly, D. et al. (1994): Is evidence for homeopathy reproducible.* Lancet **344**
- *Richardson, W. R. (2001): Patient benefit survey: Liverpool Regional Department of Homeopathic Medicine.* BJH **90**, *158-162*
- *RLHH (2006):* Proceedings of congress »Improving the success of homeopathy – a global perspective«
- *Robinson, K. (1992) Hormesis. The Arndt-Schulz law rediscovered.* Homeopathic Links **1**
- *Roy, R. et al. (2005): The structure of liquid water; novel insights from materials research; potential relevance to homeopathy.* Material Research Innovations **9**, *557-608*
- *Rutten, A. L.B (2014): Knowing what we are talking about. The CORE-Hom database on clinical research in homeopathy is an important advance.* Homeopathy **103** *Editorial*
- *Rutten, A. L. B., u. C. F. Stolper (2008): The 2005 meta-analysis of homeopathy: The importance of post-publication data.* Homeopathy **97**, *169-177*
- *Sackett, D. L. et al. (2000): Evidenced Based Medicine. How to practice and teach EBM. Churchill Livingstone*
- *Samarth, V. R. et al. (2002): Effect of homeopathic drug* (Calc. Phos.) *on the performance of broilers.* Indian Veterinary Journal **79**, *402-404*
- *De Souza, M. F. A. (2012): The effect of individualized homeopathic treatment on the semen quality of bulls with reproductive disorders: a case series.* Homeopathy **101**, *241-245*
- *Saxton, J. G. G. (1991): Use of distemper nosode in disease control.* Int J Vet Hom **5**, *8*
- *Schiff, M. (1995): The Memory of Water. Wellingborough: Thorsons*
- *Searcy, R., u. G. Guajardo (1994): Papers on homeopathic research.* American Holistic Veterinary Medicine Association Conference
- *Searcy, R., O. Reyes u. G. Guajardo (1995): Control of sub clinical bovine mastitis.* BHJ **84**, *67*
- *Shang, A. et al. (2005): Are the clinical effects of homeopathy placebo effects? Comparative study of placebo controlled trials of homeopathy and allopathy.* Lancet **366**, *726-732*
- *Singh, P., u. H. Chabra (1993): Topological investigation of the water/ethanol system and its implications for the mode of action of homeopathic medicines.* BHJ **82**, *164*
- *Spence, D. et al.: Homeopathic treatment for chronic disease: a 6-year university hospital outpatient observational study.* J Alt & complementary Med. **11**, *793-798*
- *Sukul, N. C. et al. (2006): Amelioration of root-knot disease of Lady's finger plants by potentised Cina and Santonin.* Homeopathy **95**, *144-147*
- *Temgire, M. K. et al. (2016): Establishing the interfacial nano-structure and elemental composition of homeopathic medicines based on inorganic salts: a scientific approach.* Homeopathy **105**, *160-172*
- *Towsey, M., u. M. Hasan (1995): Homeopathy. A biophysical point of view.* BHJ **34**, *218*
- *Vakil, A., Y. Vakil u. A. Nanabhai (1989): Elevation of serum globulin levels in Chelidonium majus provers.* BHJ **78**, *97*
- *Van Galen, E. (1994): Homeopathy and morphic resonance.* BHJ **83**, *63-67*
- *Varshney, P., u. R. Naresh (2005): Comparative efficacy of homeopathic and allopathic systems of medicine in the management of clinical mastitis of Indian dairy cows* Homeopathy **94**, *81-85*
- *Veterinary Research Database www.homeopathicvet.org*
- *Walach, H. et al. (2008): Homeopathic pathogenetic trials produce more specific than non specific symptoms: results from two double blinded placebo controlled trials.* J Psychopharmacol **22**, *543-552*
- *Wassenhaven, M. V. et al. (2017): Nuclear magnetic resonance characterisation of traditional homeopathically manufactured copper* (*Cuprum metallicum*) *and plant* (*Gelsemium* sempervirens) *medicines and controls.* Homeopathy **106**, *223-239*
- *Werner, C. et al. (2010): Efficacy of homeopathic and antibiotic treatment strategies in cases of mild and moderate bovine clinical mastitis.* J of Dairy Research **10**, *1017*
- *Williamson, A. V. et al. (1991): A study using Sepia 200c given prophylactically post partum to prevent anoestrus problems in the dairy cow.* BHJ **80**, *149*
- *Ibid (1995): A trial of Sepia.* BHJ **84**, *14-20*
- *Youbicier-Simo, B. et al. (1993): Effects of embryonic bursectomy and in-ovo administration of highly diluted bursin on adenocorticotropic and immune response of chickens.* Int Jour of Immunotherapy **9**, *169*

3

Die Arzneien

Ein Neuling in der Homöopathie kann leicht in Verwirrung geraten, wenn es um die Begriffe »Medizin« (im Sinne von Medikament) und »Arznei« (im Sinne von Heilmittel) geht. In der Schulmedizin ist immer von Medizin die Rede, während in der Homöopathie grundsätzlich der Terminus Arznei verwendet wurde und wird. Heutzutage wird auch häufiger der Begriff »homöpathisches Mittel« gebraucht.

Das Wort Arznei soll/te nicht nur den Unterschied zur Allopathie unterstreichen, sondern vielmehr die Tatsache betonen, dass die Wirkungsweise der Homöopathie darin besteht, die Selbst*heil*ungskräfte des Körpers zu unterstützen. Dagegen dienen schulmedizinische Medikamente überwiegend der Beseitigung von bestehenden Symptomen und damit verbundenen physiologischen und pathologischen Veränderungen.

Herkunft der Arzneien

Theoretisch kann eine homöopathische Arznei aus jeder Substanz hergestellt werden, sei sie nun tierischer, pflanzlicher oder mineralischer Herkunft. Diese grobe Unterteilung kann noch weiter differenziert werden, aber im Grunde gibt es keine Grenzen für das heilende Potenzial eines Stoffes, das durch die homöopathische Aufbereitung freigesetzt werden kann. Die Quellen können wie folgt eingeteilt werden:

Tierisch. Entweder wird das ganze Tier verwendet, wie z. B. bei *Apis mellifica*, wo eine ganze Honigbiene verarbeitet wird, oder ein Produkt eines bestimmten Tieres dient als Ausgangsmaterial, beispielsweise ein Schlangengift. Darüber hinaus sind zwei weitere Arten von Arzneien tierischen Ursprungs: *Sarkoden* werden aus gesundem Gewebe wie z. B. den Eierstöcken hergestellt, während *Nosoden* aus erkranktem Gewebe, krankhaften Absonderungen oder Krankheitserregern zubereitet werden.

Pflanzlich. Es werden unterschiedliche Teile oder die gesamte Pflanze verarbeitet.

Mineralisch. Diese entstammen einer Vielzahl von Quellen. Die Mehrheit wird in ihrem natürlichen Zustand verwendet, aber es können auch menschengemachte Stoffe wie z. B. Chemikalien oder schulmedizinische Medikamente verarbeitet werden. Es existieren auch homöopathische Arzneien aus Röntgenstrahlen oder sogenannten Imponderabilien, also reinen Energiequellen wie z. B. Sonne und magnetischen Kräften.

Es gibt verschiedene homöopathische Arzneibücher (Pharmakopöen), in denen die Standards für die Herstellung der Arzneien festgelegt sind. Trotz geringgradiger Unterschiede in den einzelnen Ländern herrscht doch breite Übereinstimmung hinsichtlich der Fertigung homöopathischer Zubereitungen und es wird an einer länderübergreifenden Standardisierung gearbeitet. Dabei erfolgt nicht nur eine Kontrolle des Ausgangsmaterials, sondern es wird auch detailliert festgelegt, welcher Teil einer Pflanze oder eines Tieres verwendet wird, wie ein Mineral zu isolieren und das homöopathische Arzneimittel herzustellen und zu lagern ist.

Herstellung der Arzneien

Viele Ausgangssubstanzen sind in ihrem materiellen Zustand hochgiftig. Das bedeutet aber nicht, dass das daraus hergestellte homöopathische Arzneimittel ähnlich toxisch ist. Tatsächlich haben die meisten Giftstoffe in homöopathischer Form außerordentliche Heilkräfte. Aber auch Stoffe, die sich am anderen Ende der Skala befinden und praktisch inert sind, können sich in extrem wirksame Heilmittel verwandeln. Der Vorgang der Herstellung der homöopathischen Arznei spielt für diese Veränderung eine ganz entscheidende Rolle. Dieser Prozess wird auch als *Potenzierung* bezeichnet, und, wie der Name schon sagt, werden die Heilkräfte der Ausgangssubstanz dadurch verstärkt. Der Vorgang der Potenzierung läuft in zwei essenziellen Phasen ab – der Verdünnung und einer Prozedur, die als *Verschüttelung* bekannt ist.

Die Homöopathie ist eine Therapieform, die mehr mit der Energie von Stoffen als mit ihrer physischen Form arbeitet. Das Ziel der Potenzierung besteht daher darin, die im Ausgangsmaterial gefangene Energie freizusetzen und ihre verwendbare Form in der Arznei zu speichern. Durch diesen Vorgang werden die Heilungskräfte des Stoffes festgehalten und vermehrt, während die schädlichen Aspekte der materiellen Form eliminiert werden.

Die Potenz des Endprodukts wird numerisch in Abhängigkeit vom Verdünnungsgrad ausgedrückt. Hahnemann fand heraus, dass die Wirksamkeit einer Arznei mit ihrem Verdünnungsgrad zunahm, vorausgesetzt, sie wurde auch verschüttelt. Moderne Forschungen zeigen, dass die Anzahl der Schüttelschläge einen direkten Einfluss auf die Wirksamkeit einer Arznei hat (Betti et al. 2017). Es gibt drei gebräuchliche Verdünnungsskalen: Zum einen die Dezimalskala mit einer Verdünnung von 1:10, die v. a. auf dem europäischen Festland Verwendung findet und mit dem Symbol »D« bezeichnet wird. In Großbritannien wird diese Skala zwar auch teilweise eingesetzt, in der Hauptsache werden aber Centesimalpotenzen mit einem Verdünnungsverhältnis von 1:100 und der Kennung »C« verschrieben. Diese Skala geht ursprünglich auf Hahnemann zurück, während die Dezimalskala später von anderen Homöopathen entwickelt wurde. Im alltäglichen Gebrauch wird das »C« oft weggelassen und nur die Zahl angegeben. Daneben gibt es noch eine dritte Reihe von Verdünnungen, die auch als Q – (Quinquagintamillesimal-) Potenzen oder häufiger als LM – (50 Millesimal-) Potenzen bezeichnet werden, da das Verdünnungsverhältnis hier 1:50.000 beträgt. Sie stellen Hahnemanns letzte Entwicklung im Hinblick auf die Potenzen dar und werden in der 6. Auflage des *Organon* erstmalig beschrieben. Der Hauptunterschied zu den anderen Potenzskalen liegt in der Verdünnungsmethode. Hahnemann kam zu dem Schluss, dass die Anzahl der Schüttelschläge bei der Herstellung einer Arznei einen wesentlichen Einfluss auf die Wahrscheinlichkeit des Auftretens heftiger Reaktionen beim Patienten hatte. Daher war sein erklärtes Ziel, eine Arzneiform zu erschaffen, die sanfter, gleichwohl ebenso wirksam war; dies erreichte er durch einen hohen Verdünnungsgrad ohne die entsprechende Anzahl von Schüttelschlägen, die bei den anderen Verdünnungsskalen vonnöten gewesen wäre. Abschließend kann man aber sagen, dass jeder Verdünnungsskala stets das Prinzip der Potenzierung durch eine Kombination aus Verdünnung und Verschüttelung zugrunde liegt.

Damit eine Verdünnung überhaupt möglich ist, muss das Ausgangsmaterial anfangs in Lösung gebracht werden. Das Lösungsmittel ist dabei ein Ethanol-Wasser-Gemisch, und die erste Lösung wird auch als *Urtinktur* bezeichnet und mit dem Symbol »0« versehen. Einige Urtinkturen werden auch arzneilich zur lokalen Anwendung eingesetzt, aber in den meisten Fällen werden sie zu den eigentlichen homöopathischen Arzneien weiterverarbeitet.

Von Natur aus lösliche Stoffe stellen kein Problem dar, aber unlösliche Stoffe müssen zuerst einem Prozess unterzogen werden, der auch als *Trituration* (Verreibung) bezeichnet wird. Darunter versteht man die heftige Verreibung der Substanz mit Milchzucker (Laktose) in einem je nach Skala feststehenden Mengenverhältnis. Dies geschieht normalerweise in drei Stufen und soll dazu führen, dass die energetische Essenz des Ausgangsstoffes auf den Milchzucker übertragen wird. Die energetisierte Laktose kann dann in Lösung gebracht werden und entspricht in diesem Stadium der Potenz C 3 auf der Centesimalskala.

Für die Herstellung von D – und C-Potenzen wird ein Tropfen der Urtinktur mit 9 resp. 99 Tropfen des Lösungsmittels vermischt. Diese Mischung wird dann verschüttelt (siehe unten) und somit die Potenz D 1 bzw. C 1 hergestellt. Ein Tropfen dieser ersten Potenz wird anschließend wieder mit 9 bzw. 99 Tropfen des Lösungsmittels vermischt, erneut verschüttelt, worauf man bei der zweiten Potenz angelangt ist. Dieser Vorgang kann so oft wie nötig wiederholt werden.

Im Falle der LM-Potenzen ist der erste Schritt unabhängig vom Ausgangsmaterial immer eine Verreibung. Wie bereits erwähnt, wird durch die Trituration die Potenz C 3 hergestellt. Aus dieser wird dann mit 65 mg der Verreibung und 500 Tropfen (30 ml) des Lösungsmittels eine flüssige Verdünnung hergestellt, die sogenannte *Ur-Potenz*. Das Lösungsmittel besteht dabei aus 100 Tropfen Alkohol und 400 Tropfen Wasser. Die Ur-Potenz wird mit 100 Tropfen Alkohol vermischt, verschüttelt, und von dieser Lösung wird wiederum 1 Tropfen verwendet, um 500 Globuli zu befeuchten; damit erhält man die Potenz LM 1. Ein Körnchen davon wird zu 100 Tropfen Alkohol gegeben und der Vorgang des Verschüttelns und Befeuchtens wird wiederholt, um die Potenz LM 2 zu erhalten. Der ganze Prozess wird bis zur LM 30 wiederholt. Bei der Herstellung jeder neuen Potenz erfolgen 100 Schüttelschläge. Die Bezeichnung dieser Skala rührt daher, dass das Verdünnungsverhältnis immer 1:50.000 beträgt. Die LM 30 ist die höchste Potenz, die eingesetzt wird, da Hahnemann der Ansicht war, dass kein Körper fähig ware, auf eine noch stärkere Arznei als diese zu reagieren.

Es liegt auf der Hand, dass alle beschriebenen Methoden sehr schnell extrem hohe Verdünnungen ergeben. Die Potenz C 30 entspricht einer Verdünnung von 10^{-60}, und dabei handelt es sich in der Praxis noch nicht einmal um eine besonders hohe Potenz. Die M (C 1.000) und 10 M (C 10.000) werden regelmäßig eingesetzt, gelegentlich sogar noch höhere Potenzen. Kriterien hinsichtlich der Wahl der passenden Potenz werden in Kapitel 8 besprochen.

Wäre die Herstellung homöopathischer Arzneien lediglich eine Frage der Verdünnung, hätten die Kritiker der Homöopathie zweifelsohne Recht (siehe Kapitel 2); aber genau hier kommt der alles entscheidende Vorgang der Verschüttelung ins Spiel.

Einfach ausgedrückt, handelt es sich dabei um nichts weiter als das heftige Schütteln der Lösung nach jedem weiteren Verdünnungsvorgang. Dennoch spielt dieser Schritt bei der Herstellung der Arznei eine ganz entscheidende Rolle. Hahnemann betont in zwei Artikeln, die 1801 und 1827 veröffentlicht wurden, wie wichtig sowohl das Verschütteln als auch die Verreibung sind, um die vollständige Vermischung aller Bestandteile der potenziellen Arznei sicherzustellen (*Gesammelte kleine Schriften*). Der homöopathischen Theorie zufolge wird durch das Schütteln das energetische Muster der Ausgangssubstanz auf das Lösungsmittel übertragen; dass dieses Muster tatsächlich als »Erinnerung« gespeichert wird, konnte experimentell nachgewiesen werden (Tschulakow 2005). Wasser scheint in diesem Zusammenhang ein unabdingbarer Faktor zu sein, und Victor Schauberger konnte durch seine Arbeit in der ersten Hälfte des 20. Jahrhunderts die einzigartige Natur sowohl der charakteristischen physikalischen Eigenschaften als auch der Dynamik von Wasser darstellen, ebenso wie den Einfluss von wirbelförmigen Bewegungen auf den natürlichen Zustand dieses Elements (Alexandersson 1982; Coats 1996). Es wurde weiterhin nachgewiesen, dass Wasser Informationen als Energiemuster speichern kann, vorausgesetzt, dass sich die Moleküle in Clustern anordnen und dass die in dieser Form gespeicherte Energie die physikalischen Charakteristika von Wasser beeinflussen kann (Torres 2002). Es gibt noch mehr mögliche Erklärungen für das »Gedächtnis des Wassers« (siehe Kapitel 2), aber auf jeden Fall besteht kein Zweifel daran, dass es sich bei diesem Phänomen um eine praktische Realität handelt.

Hahnemann hatte eine klare Vorstellung davon, wie die Verschüttelung vonstattengehen musste. Es sollte kein wildes und willkürliches Schütteln sein, sondern eine kräftige rhythmische Bewegung in der Vertikalen. Es ist sehr wahrscheinlich, dass diese Bewegung spiralförmige Bewegungen und die Entstehung von Wirbeln induziert, die wiederum notwendig sind, damit sich die erforderlichen Cluster bilden können. Es konnte nachgewiesen werden, dass bei Turbulenzen Wirbel unterschiedlicher Größe entstehen, die sich im fortwährenden Fluss befinden, und dass sich die Energie von den größeren zu den kleineren Wirbeln hinbewegt. Die Art und Weise des Schüttelns beeinflusst wiederum den energetischen Abdruck und entsprechend die Wirbelbildung (Torres 2002). Es ist interessant, dass es bei der Wiederholung der in Kapitel 2 beschriebenen Arbeit von Benveniste zur

Herstellung von ultraverdünnten Lösungen primär um die Erzeugung von Wirbeln ging und weniger um die traditionelle Methode des Verschüttelns (Belon 2004). Sobald der energetische Abdruck erfolgt ist, wird er zwar gespeichert, aber der Vorgang des Verschüttelns muss bei der Herstellung der nächsten Verdünnungsstufe wiederholt werden, damit das energetische Muster auch auf diese übertragen wird. Liegt die Konzentration der Lösung allerdings unterhalb der Avogadroschen Zahl, gibt es natürlich keine Trennung zwischen Lösungsmittel und zu lösendem Stoff mehr, da keine Moleküle des Ausgangsstoffes mehr enthalten sind. Aus homöopathischer Sicht ist dieser Punkt ohnehin ohne jegliche Bedeutung. Es geht immer nur und ausschließlich um die in der Ausgangssubstanz enthaltene Energie, und durch den Vorgang der Verschüttelung wird diese Energie freigesetzt und vermehrt, sodass sie ihre heilkräftige Wirkung entfalten kann. Wie bereits erwähnt, geht man auch davon aus, dass die Verreibung ebenfalls mehr ist als nur das gründliche Vermischen mit Milchzucker, und dass das feine Vermahlen gleichermaßen eine entscheidende Rolle bei der Übertragung des Energiemusters spielt. Obwohl der wissenschaftliche Beweis noch aussteht, muss bei der Verreibung irgendeine Form des Energietransfers stattfinden, da ansonsten die nachfolgenden Phasen der Verdünnung und Verschüttelung keine wirksame Arznei ergäben, was sie aber definitiv tun.

Das folgende Diagramm illustriert den Vorgang der Arzneiherstellung.

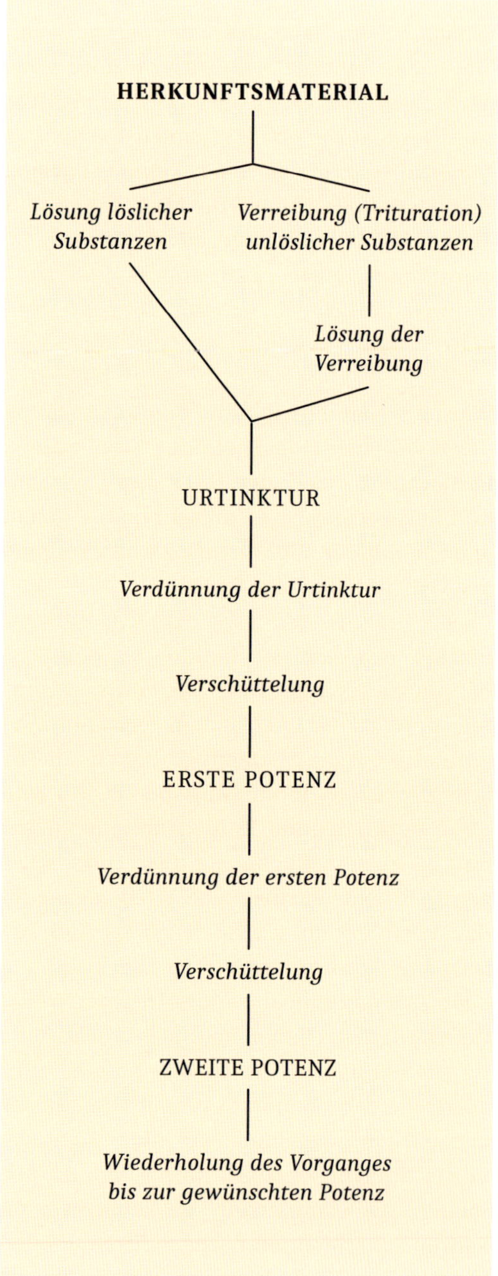

Im Laufe der Jahre wurden zahlreiche Gerätschaften entwickelt, um hohe Verdünnungsstufen herzustellen und die mechanische Herstellung homöopathischer Arzneien zu ermöglichen. Die Details zu den meisten dieser Vorrichtungen spielen hier keine Rolle, da sie keine weite Verbreitung erfuhren, aber zwei Methoden verdienen nähere Erwähnung. Die erste wurde 1829 von dem russischen Homöopathen Korsakov entwickelt. Sie erlaubt die schnellere Herstellung höherer Potenzen, da über den gesamten Herstellungsvorgang nur ein einziges Fläschchen verwendet wird (sog. Einglasmethode), im Gegensatz zu der Methode Hahnemanns, bei der für jeden Verdünnungsschritt eine separate Phiole benötigt wird (sog. Mehrglasmethode). Die erste Potenz wird wie eine normale Centesimalpotenz hergestellt, aber dann wird für jede weitere Verdünnungsstufe das Fläschchen geleert und die geringe Flüssigkeitsmenge, die darin verbleibt, bildet den Ausgangspunkt für den nächsten Verdünnungsschritt. Die dadurch gewonnene Verdünnung unterscheidet sich möglicherweise geringfügig von der, die man durch die Originalmethode Hahnemanns erhalten würde; solcherart hergestellte Arzneien werden durch den Buchstaben »K« gekennzeichnet, also beispielsweise 200K. Arzneien, die mittels der Originalmethode Hahnemanns hergestellt wurden, erhalten manchmal den Zusatz »H«, also z. B. D 6H oder C 30H. Wird nichts anderes vermerkt, gilt immer die Hahnemannische Methode als vorausgesetzt. Die Methode nach Korsakov wird immer noch angewendet, ist in Frankreich aber inzwischen verboten. Dies ist allerdings mehr auf allgemeine Restriktionen im Hinblick auf die Anwendung hoher Potenzen zurückzuführen, die 1965 in Kraft traten, als auf mögliche Defizite dieser Methode.

Die zweite Variante wurde 1869 von Fincke entwickelt und ist unter der Bezeichnung *Fluxion* bekannt. Dabei handelt es sich ebenfalls um eine Einglasmethode, und der potenzierende Effekt entsteht dadurch, dass Wasser unter Turbulenzen in das Fläschchen eingespritzt wird. Diese Methode wird allgemein als nicht so zuverlässig wie die anderen erachtet, obwohl der schottische Arzt Skinner (1825-1906) einen Dauerfluxionsapparat entwickelte, der auch heute noch mancherorts in Gebrauch ist.

Neben den beschriebenen Methoden zur Herstellung homöopathischer Potenzen gibt es noch eine Technik, die unter dem Namen *Plussing* bekannt ist. Hierbei handelt es sich nicht um die Herstellung einer Arznei in großen Mengen, sondern um eine Methode, mit der die Potenz einer Einzeldosis im Verlauf der Behandlung geringfügig gesteigert wird. Gemäß Hahnemann erhöht diese leichte Anpassung der Potenz bei jeder Anwendung die Wirksamkeit der Arznei und gleichzeitig auf sanfte Weise den kurativen Stimulus. Es gibt zahlreiche Varianten dieser Technik, die vom Patienten bzw. Tierbesitzer durchgeführt werden können; allen gemeinsam ist aber, dass die initiale Dosis der Arznei in Wasser aufgelöst und dann eingenommen bzw. verabreicht wird. Der kleine Flüssigkeitsrest, der im Glas verbleibt, bildet die Grundlage für die nächste Einnahme, vor der wieder Wasser hinzugefügt und umgerührt wird. Dieser Vorgang wird vor jeder weiteren Einnahme wiederholt. Obwohl es eine gewisse Übereinstimmung mit der Korsakov-Methode gibt, ist die Verdünnung beim Plussing doch sehr viel ungenauer und es wird auch weniger stark verschüttelt, sodass die Potenz nur in sehr geringem Maße erhöht wird. Eine alternative Methode, die in Akutfällen gerne angewandt wird, besteht darin, die Arznei in Wasser aufzulösen, und vor jeder Gabe zu verschütteln. Diese Technik wird gewöhnlich auch bei der Anwendung von LM-Potenzen gewählt.

Das Arzneimittelbild

In Kapitel 1 wurde dargestellt, dass das Grundprinzip »Möge Ähnliches mit Ähnlichem behandelt werden« das Herzstück der Homöopathie bildet. Um dieses Prinzip aber auch umsetzen zu können, muss man zuerst einmal wissen, welche (krankmachenden) Wirkungen eine bestimmte Substanz *auf gesunde Individuen* zeigt, um so die Symptomatik zu erhalten, die später mit dem Krankheitsbild eines Tieres in Übereinstimmung gebracht werden kann. Dieses Wissen wird allgemein auch als »Arzneimittelbild« bezeichnet und stammt im Wesentlichen aus den folgenden drei Quellen:

Die erste Quelle ist die sogenannte **Arzneimittelprüfung.** Dabei wird die zu prüfende Substanz gesunden freiwilligen Testpersonen verabreicht, und die sich daraufhin entwickelnden Symptome werden notiert. Hahnemann erteilte genaue Anweisungen für die Durchführung einer Prüfung, und er selbst sowie seine unmittelbaren Nachfolger prüften viele der großen Mittel, die wir auch heute noch einsetzen. Seither werden nach wie vor zahlreiche Prüfungen durchgeführt, zum einen mit neuen Mitteln, zum anderen aber auch mit bereits bekannten Arzneien. Moderne Prüfungsmethoden umfassen Aspekte wie Kontrollgruppen, Randomisierung, Blind – und Doppelblindstudien etc. Nachdem Zweifel an der Validität der frühen Arbeiten laut wurden, konnten diese neueren Ansätze die grundsätzliche Genauigkeit und Zuverlässigkeit der Originalbeobachtungen weitestgehend bestätigen, auch wenn manche Einzelheiten berichtigt werden mussten. Arzneimittelprüfungen werden am Menschen durchgeführt, womit sich die Frage nach der Übertragbarkeit auf die Tiere stellt. Allerdings zeigt die Erfahrung, dass die Ergebnisse, von wenigen Ausnahmen abgesehen, tatsächlich auf das Tier übertragen werden können; dies wird überdies durch experimentelle Forschungen bestätigt (Kapitel 13).

Die **Toxikologie** stellt eine weitere wertvolle Informationsquelle dar, da Berichte von versehentlichen Vergiftungen zusätzliche Daten liefern. Viele schulmedizinische Medikamente haben eine ganze Reihe von Nebenwirkungen, und auch wenn es sich hier streng genommen nicht um Gifte im eigentlichen Sinne handelt, können diese Nebenwirkungen durchaus Anhaltspunkte für die mögliche Anwendung dieser Medikamente als homöopathische Arzneien geben. So ist beispielsweise ein Risiko der Langzeitanwendung von *Kaliumbromid* bei Epilepsie das Auftreten einer Hautreaktion. Das homöopathische Mittel *Kalium bromatum* wird oft eingesetzt, um Hauterkrankungen unterschiedlicher Genese zu behandeln.

Die **klinische Erfahrung** steuert viele Erkenntnisse zu den Arzneien bei. Ein Wesenszug der Homöopathie ist die Tatsache, dass Wirkungen und positive Effekte auch in Bereichen auftreten können, die mit der

derzeitigen Beschwerde in keinem direkten Zusammenhang stehen. So kann beispielsweise die erfolgreiche Behandlung einer Fortpflanzungsstörung auch zur Verbesserung anderer Beschwerden des Patienten führen, z. B. einer Arthritis; dies kann wiederum bedeuten, dass diese Arznei zukünftig u. U. vermehrt zur Behandlung von Arthritiden eingesetzt wird.

Informationen, die durch den Einsatz moderner Diagnoseverfahren wie z. B. Röntgen – oder Blutuntersuchungen gewonnen werden, sind ebenfalls von Bedeutung. Zudem hilft die klinische Erfahrung dabei, Informationen aus anderen Quellen zu bestätigen und Erkenntnisse darüber zu gewinnen, welche Art von Patient am besten auf bestimmte Arzneien anspricht.

Auch Erfahrungen aus anderen Therapiebereichen, beispielsweise der Pflanzenheilkunde, können das Verständnis erweitern. Allerdings darf man sich nicht zu sehr darauf verlassen, da sich die Wirkungssphäre einer potenzierten Substanz sehr von der ihrer Ausgangssubstanz unterscheiden kann.

Des Weiteren trägt es oft sehr zum Erkenntnisgewinn bei, wenn man die individuelle Arznei im Kontext einer Gruppe mit gemeinsamen Charakteristika und Entwicklungstendenzen betrachtet. Hier kommen die sogenannten Reiche, aus denen eine Arznei stammt, oder auch ihre Position im Periodensystem (entwickelt von Jan Scholten) ins Spiel. Die allgemeinen Merkmale der Pflanzen – oder Tiergruppe, zu der die Arznei gehört, können das Arzneimittelbild ebenfalls erweitern. Aus diesen Quellen stammt das Konzept von der *Essenz* einer Arznei, die sich mehr auf die zugrundeliegenden charakteristischen Themen und Verhaltensmuster der Gruppe konzentriert als auf die detaillierten Zeichen und Symptome, die das »A und O« der Materia medica bilden.

Die so gewonnenen Arzneimittelbilder können zu Beginn abschreckend und widersprüchlich erscheinen. Zum einen gibt es gewaltige Unterschiede in Bezug auf die Menge an Informationen für die einzelnen Arzneien. Ein Grund dafür liegt in der Tatsache, dass einige der sogenannten kleineren Mittel nie gründlich geprüft wurden und die zur Verfügung stehenden Informationen hauptsächlich der klinischen Erfahrung entstammen, die sich oft auf bestimmte Körperbereiche und Erkrankungen konzentriert. Am anderen Ende der Skala finden wir Arzneien mit umfangreichen Prüfungen und Erkenntnissen aus einer langjährigen praktischen Anwendung. Diese werden oftmals als sogenannte *Polychreste* bezeichnet und haben ein dermaßen großes Wirkungsspektrum, das alle Ebenen und Systeme des Körpers umfasst, dass die klinischen Anwendungsbereiche sehr breit gefächert sind. Diese Arzneien werden in der täglichen Praxis für eine Vielzahl von Erkrankungen mit den unterschiedlichsten schulmedizinischen Bezeichnungen eingesetzt.

In der Materia medica dieser Mittel findet man offensichtliche Widersprüche, beispielsweise Verstopfung und Durchfall, trockenen und feuchten Husten etc. Hier muss man sich darüber klar werden, dass die Arzneien die verschiedensten Stadien einer Erkrankung repräsentieren können; alle Symptome sind Teil des Ganzen und die augenscheinlichen Ungereimtheiten spiegeln dies wider. Die Essenz der Arznei zieht sich jedoch durch das ganze Bild. Daneben sollte man bedenken, dass nicht jedes Symptom der Arznei beim Patienten vorhanden sein muss, um die Arznei erfolgreich verschreiben zu können.

Die klinische Erfahrung liefert darüber hinaus Hinweise auf Arzneimittelbeziehungen, wobei in diesem Zusammenhang Bezeichnungen wie »komplementär«, »feindlich«, »folgt gut auf«, »Antidot« etc. verwendet werden. Diese können insbesondere in chronischen Fällen hilfreich sein, wenn es um die zweite bzw. Folgeverschreibungen geht. Allerdings gilt dies nur, *wenn das erste Mittel eine Wirkung gezeigt hat*, und wenn sich die Symptomatik in der einen oder anderen Weise verändert hat.

Schließlich gibt es auch noch das Konzept von den akuten und chronischen Arzneien. Dieses sagt etwas über den Einsatz und die Beziehungen der entsprechenden Mittel unter bestimmten Umständen aus. So wird beispielsweise *Bryonia* als das »Akutmittel« von *Natrium muriaticum* bezeichnet. Dies bedeutet, dass ein Patient, der für seine chronischen Beschwerden *Natrium muriaticum* bekommt (und auch darauf anspricht), bei akuten Beschwerden oft *Bryonia* benötigt. Im Umkehrschluss kann man *Natrium muriaticum* auch als das »chronische Mittel« von *Bryonia* bezeichnen, und Patienten, die bei einer akuten Erkrankung gut auf *Bryonia* reagiert haben, werden erfahrungsgemäß bei chronischen Beschwerden mit großer Wahrscheinlichkeit auch gut auf *Natrium muriaticum* ansprechen.

Aufbewahrung und Umgang mit den Arzneien

Da homöopathische Arzneien im Wesentlichen energetischer Natur sind, sind hinsichtlich ihrer Aufbewahrung und Anwendung zahlreiche Faktoren zu berücksichtigen, die bei schulmedizinischen Medikamenten keine solche Rolle spielen. Allerdings wird sich eine nachteilige Beeinflussung der Arzneien primär in einem Wirkungsverlust äußern und nicht in irgendwelchen schädlichen Auswirkungen auf den Patienten. Wie schulmedizinische Medikamente auch sollten homöopathische Arzneien in einer trockenen Umgebung aufbewahrt werden. Ein gemäßigter Temperaturbereich ist ebenfalls empfehlenswert. Die Meinungen bzgl. des Einflusses von Hitze gehen auseinander; die einen sagen, dass Temperaturen bis 65° C keinen Schaden anrichten, auf der anderen Seite gibt es jedoch Hinweise darauf, dass bereits Temperaturen um 49° C fatal sein können. Je länger die Exposition andauert, umso gravierender sind die Folgen. Daher sollte man lieber auf der sicheren Seite bleiben und jegliche längere Aufbewahrung in einem erhöhten Temperaturbereich vermeiden. Betrachtet man das andere Temperaturextrem, so ist eine Aufbewahrung bei Kühlschranktemperaturen zwar nicht unbedingt schädlich, aber auch nicht notwendig, und das elektromagnetische Feld des Kühlschranks kann sich möglicherweise nachteilig auf die Arzneien auswirken. Einfrieren der Arzneien sollte ebenfalls vermieden werden. Wurden homöopathische Arzneien 15 Minuten lang einem Magnetfeld von 50 Hz ausgesetzt, wurde ihre Wirkung zunichtegemacht (Benveniste 1994). Homöopathische Arzneien sollten bei einer Temperatur zwischen 5 und 37,5° C aufbewahrt werden. Auch Licht, Handhabung, starke Gerüche und elektrische Felder können die Wirkung homöopathischer Arzneien signifikant nachteilig beeinflussen. Homöopathika sind besonders lichtempfindlich und sollten deshalb in dunklen Behältnissen aufbewahrt werden. Auch wenn Plastikgefäße für die Abgabe zulässig sind, sollte die langfristige Aufbewahrung in getönten Glasflaschen oder Glasröhrchen erfolgen. Aber auch dann ist die Lagerung in Schränken oder Schubladen der in offenen Regalen vorzuziehen.

Die Arzneien sollten so wenig wie möglich berührt werden, da die Energie der betreffenden Person die Arznei beeinflussen kann.

Stark riechende Substanzen zerstören die Arzneiwirkung. Daher sollte ein Kontakt mit Knoblauch, Kampfer, Pfefferminz und flüchtigen Stoffen vermieden werden.

Mikrowellen, Computer und andere Strahlungsquellen wie z. B. auch Handys haben sehr wahrscheinlich einen negativen Einfluss auf homöopathische Arzneien, weshalb auch hier ein enger Kontakt vermieden werden sollte.

Das Endergebnis der oben beschriebenen Arzneimittelherstellung ist eine flüssige Zubereitung in einer bestimmten Potenzhöhe. Diese kann dann zu anderen Verabreichungsformen weiterverarbeitet werden.

Orale Verabreichungsformen sind Tabletten, Pillen, Globuli oder Pulver. Die gemeinsame Grundlage ist hier Milchzucker, der mit der Arznei imprägniert wurde. Gelegentlich wird auch Saccharose oder Stärke verwendet. Der einzige Unterschied liegt in der Größe, wobei Pillen zwischen Tabletten und Globuli einzuordnen sind. Die flüssige Zubereitung der potenzierten Arznei kann ebenfalls oral in Tropfenform verabreicht werden.

Die gebräuchlichste und wirksamste Art der Verabreichung erfolgt über eine Schleimhaut, meistens die Mund-/Maulschleimhaut, es eignet sich aber auch jede andere Lokalisation. Eine flüssige Zubereitung der Arznei kann direkt auf die Schleimhaut im Vulva – bzw. Vaginalbereich gesprüht oder als Nasenspray eingesetzt werden. Diese Methode ist besonders gut geeignet, wenn es um die Behandlung einer Herde geht.

Injektionen stellen eine weitere Möglichkeit dar, jedoch beschränkt sich ihr Einsatz hauptsächlich auf landwirtschaftliche Nutztiere; diese Methode erleichtert die Handhabung und stellt sicher, dass jedes Tier eine angemessene Dosis erhält. Theoretisch könnte die Medikation über Futter oder Trinkwasser hygienische Probleme aufwerfen, was mit Injektionen vermieden wird, allerdings konnte in der Praxis in dieser Beziehung kein großer Vorteil durch den Einsatz von Injektionen festgestellt werden.

In der Homöopathie steht die Dosis einer Arznei in keinem direktem Zusammenhang mit dem Körpergewicht des Patienten (siehe Kapitel 8);

unabhängig davon, wie groß die tatsächliche physikalische Größe einer einzelnen Gabe ist, der Körper behandelt sie wie eine Dosis. Das bedeutet, dass eine Einzelgabe i. d. R. aus einer Tablette oder Pille, 1 Gramm Pulver oder 2-3 Tropfen einer flüssigen Zubereitung besteht. Werden die Arzneien oral verabreicht, wirken sie besser, wenn sie über die Schleimhaut resorbiert werden, als wenn sie sofort hinuntergeschluckt werden.

Die normale Anweisung zur Einnahme der Arznei, die der menschliche Patient erhält, lautet, dass er die Tablette unter der Zunge zergehen lassen soll, bis sie sich vollkommen aufgelöst hat. Der Mund sollte dabei keine Reste von Speisen oder Getränken enthalten. Viele Behandler fordern eine Zeitspanne von mindestens einer halben Stunde vor und nach der Einnahme der Arznei, in der nichts anderes mit der Mundschleimhaut in Kontakt kommen soll. Daneben werden oft Dinge wie Tee, Kaffee, Alkohol etc. für die Zeitdauer der homöopathischen Behandlung verboten.

Von einem Tier kann man nicht fordern, dass es die Arznei unter der Zunge zergehen lassen soll. Auch haben viele der oben genannten Beschränkungen beim Tier keine Bedeutung. Allerdings sind die dahinterstehenden Prinzipien auch auf das Tier anwendbar und können bzw. sollten auch befolgt werden. Die Maulhöhle sollte so sauber wie möglich sein, und stark riechende Substanzen sollten vermieden werden. Wenn beispielsweise ein Pferd nach der Mittelgabe zur Belohnung Pfefferminze bekommt, kann und wird dies die Wirkung der Arznei stören. Auf der anderen Seite hat eine Knoblauchkapsel, die direkt in den Magen befördert wird, keinen nachteiligen Einfluss. Bei den größeren Haustieren wie z. B. Pferden kann man dafür sorgen, dass die Maulhöhle sauber ist, indem man die Arznei außerhalb der Fütterungszeiten verabreicht.

Das Aufbringen von Pulver oder einer zerdrückten Tablette auf die Maulschleimhaut simuliert so gut wie möglich das Zergehenlassen unter der Zunge. Es sind auch Tabletten erhältlich, die sich sehr rasch auf-

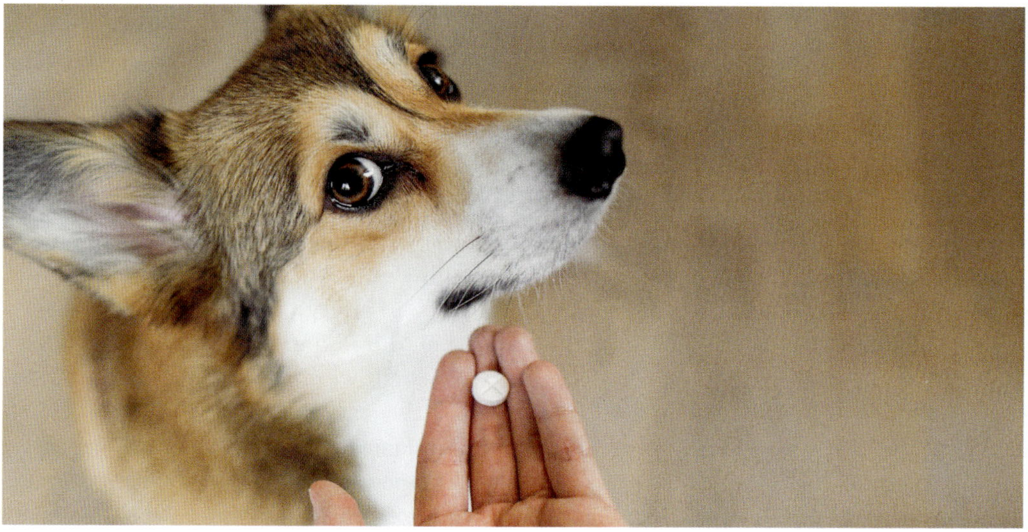

lösen, was beim Tier enorme Vorteile hat. In jedem Fall wird der Speichel die Laktose sehr schnell auflösen, sodass es zu einer raschen Resorption über die Schleimhaut kommt. Die Tatsache, dass das Körpergewicht keine Rolle spielt, bedeutet auch, dass ein geringer Verlust aus dem Maul unerheblich ist. Da bei vielen Tieren größere Schwierigkeiten bestehen, sie dazu zu bewegen, eine Tablette herunterzuschlucken, als irgendetwas in ihr Maul zu stecken, ist die Verabreichung homöopathischer Arzneien damit oftmals einfacher als bei Medikamenten anderer Art.

Bei Tieren, bei denen die oben beschriebene Methode zu schwierig, gefährlich oder nicht praktikabel ist, muss zwangsläufig ein Kompromiss eingegangen werden. Erscheint es notwendig, die Arznei in ein wenig Futter zu verstecken, sollte die Maulhöhle wenigstens ansonsten sauber sein, und der »Köder« sollte geschmacksneutral sein. Obst mit einem hohen Wassergehalt kann verwendet werden, da sich die Arznei in der Flüssigkeit auflöst und damit rasch resorbiert wird. Die Arznei sollte nicht gründlich in das Futter eingerührt werden, um es zu kaschieren, sondern auf der Oberfläche belassen werden, damit man einigermaßen sicher sein kann, dass sie als Erstes mit der Schleimhaut in Kontakt kommt. Das Trinkwasser kann ebenfalls ein nützlicher Träger sein.

Wählt man diese Methode, muss man unbedingt sicherstellen, dass alle zugänglichen Wasserquellen mit der Arznei versehen werden. Bei Vögeln in Käfighaltung, aber auch bei Herdentieren ist diese Art der Applikation oft am sinnvollsten. Das Ziel besteht darin, die Energie der Arznei auf das Wasser zu übertragen; daher ist die Größe der Dosis nicht so entscheidend wie in der Schulmedizin. Als Richtwert reicht eine Dosierung von 0,25 ml pro Liter aus.

Natürlich können sich solche Kompromisse auf die Wirksamkeit der Arznei auswirken. So ist beispielsweise die Einwirkung von Licht ein höchst schädlicher Faktor. Es stellt sich auch die Frage, inwieweit eine regelmäßige Einnahme bei Verabreichung über das Trinkwasser überhaupt gegeben ist. Auch wenn es gelegentlich passiert, dass eine Arznei aufgrund der Verabreichungsmethode versagt, hat es in den meisten Fällen doch den Anschein, als käme es eher zu einer Verminderung der Wirksamkeit als zu einem völligen Wirkungsverlust. Man kann es in solchen Fällen natürlich auch auf die gewählte Potenz, Behandlungsdauer und Interpretation der Resultate schieben, aber diese können entsprechend modifiziert werden. Entscheidend ist, dass man die Arznei irgendwie in den/die Patienten hineinbekommt. In Kapitel 8 finden Sie ausführlichere Hinweise zur Dosierung.

QUELLEN

- *Alexandersson, O. (1982): Living Water. Viktor Schauberger and the secrets of natural energy. Bath: Gateway Books*
- *Benveniste, J. (1994): Further biological effects induced by ultra high dilutions. Inhibition by a magnetic field. In: Endler, P. C., u. J. Schulte: Ultra high dilution. Dordrecht: Klewer Academic Publishers*
- *Betti, L. et al. (2017): Number of succussion strokes affects effectiveness of ultra-high-diluted arsenic on* in vitro *wheat germination and polycrystalline structure obtained by droplet evaporation method.* Homeopathy **106**, *47-54*
- *Choudhary, H. (2017): 50-Millesimal Potency in Theory and Practice. 3. Aufl. New Delhi: Jain*
- *Coats, C. (1996): Living Energies. Viktor Schauberger's work explained. Bath: Gateway Books*
- *Dantas, F, (1996): A critique of provings* BHJ **85**,*2*
- *Torres, J. L. (2002): On the physical basis of succession.* Homeopathy **91**, *221-224*
- *Tschulakow, A. V. et al. (2005): A new approach to the memory of water.* Homeopathy **94**, *247-247*

4

Die Krankheit – Allgemeines

Die Lebenskraft

Hahnemanns Erfahrungen mit der Homöopathie warfen die unvermeidliche Frage auf, welche Dynamik hinter einem Krankheitsprozess in einem Organismus steckt. Als Antwort darauf entwickelte er ein Paradigma, mit dem er seine Beobachtungen erklären konnte. Er postulierte, dass Gesundheit und Krankheit von einem Gleichgewicht abhängen, das er als »Dynamis« bezeichnete. Diese stellt eine energetische Manifestation dar, die eine fundamentale Kontrolle über jeden Aspekt des Organismus ausübt und ihn so in einem harmonischen Zustand hält. Eine Bedrohung der Gesundheit führt zu einer dynamischen Verstimmung der Lebenskraft, die in Form von Symptomen zum Ausdruck kommt. Dieses Konzept von der »Dynamis« wurde auch mit den Begriffen »Lebensenergie« oder »Lebenskraft« umschrieben, wobei Letzterer wahrscheinlich am häufigsten gebraucht wird.

Der Unterschied zwischen der Homöopathie und der Schulmedizin besteht darin, dass Krankheit aus homöopathischer Sicht eine Verstimmung der Lebenskraft darstellt und nicht mit den dadurch erzeugten Symptomen gleichzusetzen ist. Benennt man nun die Krankheit mittels ihrer Symptome, erklärt dies nicht, was sich dabei eigentlich im Organismus abspielt. Jeder Versuch, die Krankheit zu behandeln, muss demnach auf die Lebenskraft einwirken; sobald sich diese wieder in einem harmonischen Zustand befindet, werden auch die Krankheitssymptome verschwinden. Diese Wiederherstellung des Gleichgewichts der Lebenskraft kann durch die Gabe einer passenden homöopathischen Arznei erreicht werden.

Um das homöopathische Krankheitsverständnis besser begreifen zu können, ist es von entscheidender Bedeutung, dass man erkennt, was bei einem Patienten eigentlich genau das zu Heilende ist. Aus dem oben Gesagten ergibt sich, dass die Verstimmung bzw. das Ungleichgewicht der Lebenskraft wieder in den Normalzustand zurückgeführt werden muss, um Heilung zu erzielen. Die schulmedizinische Behandlung mit antipathischen oder allopathischen Medikamenten beseitigt einfach nur die Symptome, ohne die notwendige Wirkung auf die Lebenskraft zu haben. Dies ist zumindest unproduktiv, oft genug aber auch kontraproduktiv. Näheres dazu in Kapitel 5.

Gefahren für die Lebenskraft

Da es sich bei der Lebenskraft um einen dynamischen Mechanismus handelt, folgt daraus, dass sie durch jegliche andere dynamische Kraft aus dem Gleichgewicht gebracht werden kann. Mentale und emotionale Schockerlebnisse, körperliche Verletzungen und Umwelteinflüsse können alle solch ein Ungleichgewicht und in der Folge Krankheitssymptome hervorrufen. Der Verlust eines menschlichen oder tierischen Gefährten stellt genau wie Eifersucht auf ein neues Familienmitglied einen potenten Krankheitsauslöser dar, und das dadurch verursachte Ungleichgewicht der Lebenskraft kann zu körperlichen Symptomen führen. In ähnlicher Weise kann ein körperlicher Angriff, wie z. B. ein Verkehrsunfall, Prellungen verursachen, und umweltbedingte Einflüsse wie kalter Wind können die Lebenskraft ebenfalls so durcheinanderbringen, dass sich Symptome einer Erkrankung der oberen Atemwege entwickeln. Infektionskrankheiten beeinflussen die Lebenskraft gleichermaßen. Für das homöopathische Verständnis ist aber entscheidend, dass man begreift, dass die pathogene Wirkung von Infektionserregern wie Staupeviren oder Felinen Caliciviren darin besteht, die Lebenskraft aus dem Gleichgewicht zu werfen, worauf diese entsprechende Symptome zutage fördert. Jeder Organismus wird von der ihm eigenen und einzigartigen Lebenskraft regiert; die Konsequenz dieser Individualität ist die, dass jeder Organismus anders auf eine bestimmte Störung reagieren kann. Dies lässt sich beispielsweise bei einem Ausbruch von Hundestaupe beobachten, der bei den Tieren einer Gruppe teilweise völlig unterschiedliche Verläufe zeigt. Daraus lässt sich die logische Schlussfolgerung ableiten, dass zwei Patienten, die aus schulmedizinischer Sicht an ein und derselben Krankheit leiden, unter Umständen vollkommen unterschiedliche homöopathische Arzneien benötigen.

Aus orthodoxer Sicht ist es hilfreich, die Mechanismen zu betrachten, die an der Entstehung einer Krankheit beteiligt sind; das Immunsystem ist dabei wahrscheinlich der Bereich, auf den man als Erstes stößt. Störungen des Immunsystems machen sicherlich einen Großteil der Erkrankungen aus, die in der Tierarztpraxis vorgestellt werden, egal ob es sich um akute oder chronische Infektionskrankheiten oder allergische Erkrankungen wie z. B. Atopie handelt. Auch die Anzahl der Autoimmunerkrankungen nimmt stetig zu, und selbst bei einigen endokrinen Störungen wurde inzwischen eine autoimmunologische Grundlage nachgewiesen (Dodds 1997). Allerdings wäre es allzu einfach, das Immunsystem mit Hahnemanns Lebenskraft gleichzusetzen, und würde gleichzeitig bedeuten, dass man das Konzept vom energetischen in den materiellen Bereich verschiebt. Außerdem hätte man damit keine Erklärung mehr für die emotionalen Krankheiten (»Verhaltensstörungen«), denen wir bei unseren tierischen Patienten so häufig begegnen. Eine mögliche Erklärung wäre, dass das Ungleichgewicht der Lebenskraft über die »Psychoneuroendokrine Immunachse« (PNEI) zum Ausdruck kommt. Die »zentrale Störung« der PNEI-Achse führt zu den für den Behandler sichtbaren Symptomen. Dieses Modell ist durchaus attraktiv und stellt eine gute Möglichkeit dar, der Lebenskraft im schul – und veterinärmedizinischen Kontext Gestalt zu verleihen (z.B. Sankaran 1992). In jüngerer Zeit gewinnt allerdings die Wissenschaft der Biodynamik zunehmend an Bedeutung; hier spielt insbesondere die Fraktion der Nanopartikel eine große Rolle. Als modernes Äquivalent für Hahnemanns Dynamis kommt die sogenannte »extrazelluläre Matrix« in Frage (Marzotto 2016), ein fibrilläres Netzwerk, das die Zellen eines Organismus umgibt und über die Form von Zellen, Organen, Haut, Fett, Muskeln, Sehnen, Nerven und Gefäßen entscheidet. Darüber hinaus transportiert es chemische Stoffe, Hormone, Fette etc., formt die Struktur des Körpers und gestaltet das, was wir als Organe und Muskel – und Skelettsystem kennen (Armstrong 2017).

Kehren wir nun aber wieder zu Hahnemanns Sichtweise und der Frage zurück, was geschieht, wenn die Lebenskraft bedroht wird: Ist die Belastung stark genug, gerät die Lebenskraft aus dem Gleichgewicht. Dies setzt wiederum einen Prozess in Gang, der zur Expression von Symptomen als Ausdruck dieses Ungleichgewichts führt. Es liegt im Interesse der Lebenskraft als aufsichtführende und erhaltende Kraft des Organismus, diese Symptome auf weniger wichtige, meist äußerliche Bereiche des Körpers zu beschränken. Die Haut oder die Nasenschleimhäute stellen geeignete Ebenen dar, um eine Bedrohung gleich zu Beginn zu überwinden. Wenn das Ungleichgewicht hier aber nicht wieder ins Lot gebracht werden kann, kommt es zu einer weiteren Schwächung der Lebenskraft und wichtigere Organe wie die Leber oder Lunge werden ebenfalls angegriffen. Schließlich schlägt die Krankheit auch auf die wichtigsten Organe wie Herz oder Gehirn, und der Patient kann daran sterben.

Heringsche Regel

Diese oben beschriebene Bewegung der Krankheit nach innen findet ihr Gegenstück in der Heringschen Regel. Diese geht auf Constantin Hering (1800-1880) zurück und wurde vermutlich von Kent abschließend formuliert. Sie besagt, dass Heilung:

- von innen nach außen
- von oben nach unten (in der Tiermedizin vom Kopf zum Schwanz und vom Körper zu den Extremitäten)
- von wichtigeren zu weniger wichtigen Organen

stattfindet, und dass:

- Symptome in der umgekehrten Reihenfolge ihres Auftretens verschwinden.

In einfachen Fällen lässt sich dieses Phänomen bei Tieren unter homöopathischer Behandlung sehr gut beobachten. Ist ein Fall komplizierter, entweder weil schon so viel Zeit verstrichen ist oder eine langdauernde schulmedizinische Behandlung stattgefunden hat, stellt sich die Sache möglicherweise nicht ganz so eindeutig dar. Nichtsdestotrotz ist das Verständnis der Heringschen Regel unabdingbar, um das homöopathische Krankheitskonzept zu begreifen, aber auch für ein effektives Fallmanagement.

Nach den obigen Ausführungen dürfte klar sein, dass Krankheit in diesem Zusammenhang nicht länger benannt oder mit einfachen

Begriffen beschrieben werden kann. Das Ungleichgewicht der Lebenskraft lässt sich nicht beobachten oder etikettieren, aber den Beweis für ihr Vorhandensein bilden die Symptome. Mit »Symptom« ist hier alles gemeint, was sich beim Patienten verändert hat. Außerdem wird sich jede Störung der PNEI-Achse auf all ihre Anteile auswirken. Daraus folgt, dass sich bei allen Krankheiten neben den körperlichen Symptomen auch Veränderungen der mentalen Sphäre und »allgemeinen« Symptome einstellen werden: Die Durstlosigkeit und Apathie der Katze mit einer Calicivirus-Infektion sind genauso Teil des Symptomenkomplexes wie das Niesen und die Zungengeschwüre. Im homöopathischen Sprachgebrauch wird diese Gesamtsymptomatik auch als »Totalität« der Symptome bezeichnet – oder anders ausgedrückt, der homöopathische Fall besteht nicht nur aus den Symptomen, deretwegen das Tier vorgestellt wird, sondern aus allen Symptomen, die dieses Individuum zeigt.

Die Homöopathie zielt auf die Wiederherstellung des Gleichgewichts der Lebenskraft ab und setzt einen Prozess in Gang, der schließlich zur Elimination der Symptome führt. Dies steht in völligem Gegensatz zu den meisten schulmedizinischen Behandlungen in der Veterinärmedizin, wo es darum geht, die Symptome direkt zu bekämpfen. Aus homöopathischer Sicht stellt der Einsatz von entzündungshemmenden, durchfallstoppenden, immunsuppressiven Medikamenten wie z. B. Kortikosteroiden und selbst Antibiotika eine bloße *Unterdrückung* der Symptome dar und keine Behandlung des Ungleichgewichts der Lebenskraft – bzw. in modernen Begriffen ausgedrückt – der zentralen Störung der PNEI-Achse oder Funktionsstörung der Extrazellularmatrix.

Aus Sicht des Homöopathen werden die Symptome durch diese Unterdrückung nur noch tiefer in den Organismus getrieben. Ist die Lebenskraft noch stark genug, wird sie versuchen, die Symptome an anderer Stelle nach außen zu befördern, und zwar möglichst auf derselben Ebene: So folgt beispielsweise auf die Behandlung einer Hautveränderung mit einer Cortison-Salbe eine Otitis externa. Ist die Lebenskraft nicht mehr kräftig genug, werden tiefer liegende Organe angegriffen, beispielsweise der Darm oder die Lunge. Die Folgen solcher Unterdrückungen sind überaus real; man begegnet ihnen in jeder Tierarztpraxis, wenn man sich nur die Zeit nimmt, genau anzuschauen, wie sich die Symptomatik bei einem chronisch kranken Patienten im Laufe der Zeit entwickelt hat. Damit wollen wir nicht die positiven Seiten der modernen Tiermedizin kleinreden, die sie manchmal zu bieten hat, aber wenn man sich mit der Homöopathie befasst, muss man sich über die Folgen einer unterdrückenden medizinischen Behandlung im Klaren sein. Nur dann kann man die entsprechenden Schritte einleiten, um diese rückgängig zu machen.

Nur eine Krankheit zu einer Zeit

Ist eine Krankheit das Ergebnis einer Verstimmung oder eines Ungleichgewichts der Lebenskraft, folgt daraus, dass nur ein Krankheitsmuster zu einem bestimmten Zeitpunkt vorliegen kann. Wird die Lebenskraft dann so stark bedroht, dass das Ungleichgewicht weiter verstärkt wird, allerdings auf andere Weise, tritt eine neue Symptomatik auf und die ursprünglichen Symptome können in den Hintergrund gedrängt werden. Sobald die neue Krankheit überstanden ist oder geheilt wurde, kehren die alten Symptome zurück. Dieses Phänomen ist in der Praxis zu beobachten, wenn beispielsweise ein Hund, der an einer chronischen Hauterkrankung leidet, eine akute Gastroenteritis entwickelt. Die Hautsymptome klingen oft für die Zeitdauer der Gastroenteritis ab, aber sobald diese überstanden ist, kehrt der Juckreiz zurück.

Es ist wichtig, sich in Erinnerung zu rufen, dass jedes Ungleichgewicht der Lebenskraft Symptomenkomplexe hervorrufen kann, die in der Schulmedizin als unterschiedliche Krankheitsentitäten klassifiziert werden, wie z. B. Pyodermie und Kolitis; aus homöopathischer Sicht sind beide Teil desselben Krankheitskomplexes, sofern sie gleichzeitig vorliegen.

Das oben Gesagte setzt voraus, dass die neue krankmachende Kraft stärker ist als die alte. Wäre sie es nicht, wäre der Patient vor ihr geschützt. Wenn wir noch einmal auf unser Beispiel von dem Hund mit chronischem Juckreiz zurückkommen, hieße das Folgendes: Wenn die ursprüngliche Krankheit stark genug, sprich tief genug verwurzelt ist, ist die Wahrscheinlichkeit sehr viel geringer, dass dieser Patient an leichtem epidemischen virusbedingten Durchfall oder an Zwingerhusten erkrankt, wie es andere, »gesündere« Hunde tun. Es sei noch einmal betont, dass die Beobachtungen in der Praxis diese These untermauern. Ein interessantes historisches Beispiel liefern die medizinischen Aufzeichnungen aus den Irrenanstalten des 18. Jahrhunderts, in denen berichtet wird, dass die Insassen erstaunlich wenig andere Krankheiten aufwiesen. Gemütskrankheiten repräsentieren eine tiefere Krankheitsebene als körperliche Erkrankungen und sind damit per definitionem »stärker«.

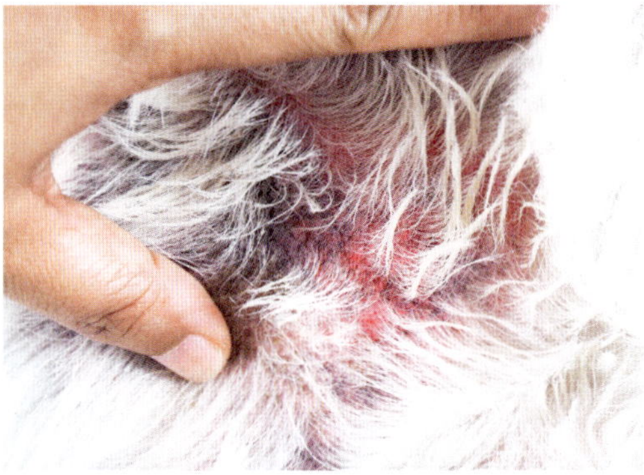

In Paragraph 40 des *Organon* räumt Hahnemann allerdings ein, dass es in seltenen Fällen auch möglich ist, dass sich zwei gleichzeitig auf den Organismus einwirkende Krankheiten, die zwar ähnlich stark, aber ausreichend unähnlich sind, zu einer komplizierten Erkrankung verbinden können. Ein Patient, der an chronischer Kolitis leidet, könnte demnach gleichzeitig auch ein Hornhautgeschwür entwickeln, ohne dass dieses einen Einfluss auf die Darmsymptome hat.

Die obigen Ausführungen bilden die Grundlage für das Konzept, wonach bei einem Patienten Krankheits-»Schichten« vorliegen können, da schwächere Krankheiten durch stärkere unterdrückt werden. Wenn durch die homöopathische Behandlung der aktuelle Symptomenkomplex verschwindet, kommen die Symptome der vorherigen Erkrankung zum Vorschein. Dieses Phänomen der »Rezidivierung« (des Wiederauftretens), wie es auch genannt wird, lässt sich bei einem Tier, das erfolgreich homöopathisch behandelt wurde, oft beobachten. Manchmal verschwindet der nun zutage getretene Symptomenkomplex spontan, manchmal wiederum muss auch er homöopathisch behandelt werden; die Verschreibung erfolgt dann anhand der neuen Symptome. Mehr dazu in Kapitel 7.

Gemäß Hahnemann drängt von zwei ähnlichen Krankheiten die Stärkere die Schwächere in den Hintergrund oder löscht sie aus; demnach könnte man die Wirkung einer homöopathischen Arznei als die einer ähnlichen, aber stärkeren Krankheit betrachten. Das Ziel der Arzneigabe besteht folglich darin, die Wirkung der tatsächlichen Erkrankung auf die Lebenskraft auszuschalten und damit der Lebenskraft zu ermöglichen, in einen harmonischen Zustand zurückzukehren. Die homöopathische Arznei wiederum hört aufgrund ihrer dynamischen Natur auf zu existieren, nachdem ihre Wirkung erloschen ist.

Primäre und sekundäre Wirkung

Hahnemann verbrachte viel Zeit mit der Beobachtung der Wirkung von orthodoxen und homöopathischen Arzneien auf den menschlichen Organismus. Er kam zu dem Schluss, dass die Wirkung auf einem Wechselspiel von Aktion und Reaktion beruhte. Die initiale Wirkung der Arznei auf den Organismus ist stark genug, um eine störende Kraft auszuüben und selbst Symptome hervorzurufen. Dies wird auch als **primäre Wirkung** der Arznei bezeichnet; sie ist zum größten Teil auf die direkte Arzneiwirkung zurückzuführen, und die Lebenskraft hat nur einen geringen Anteil daran. Die Lebenskraft spielt dabei auch nur eine passive Rolle, reagiert dann aber sehr rasch auf die Wirkung der Arznei. Dies ist die **sekundäre Wirkung** (oder auch **Gegenwirkung**), und dort, wo es in der Natur einen solchen Effekt gibt, ist er der primären Wirkung genau entgegengesetzt. Als Beispiel zitierte Hahnemann gerne den Kaffee, der zur Anregung getrunken wird: Sobald der primäre, stimulierende Effekt wieder nachgelassen hat, fühlt sich der Patient schläfriger als zuvor; dies ist auf die sekundäre Reaktion der Lebenskraft zurückzuführen, die

entgegengesetzt zur Arzneiwirkung ist. Diese Schläfrigkeit kann geraume Zeit anhalten, und der einzige Weg, sie zu überwinden, besteht darin, erneut und noch mehr Kaffee zu trinken. Ein weiteres Beispiel ist die langdauernde Verstopfung, die sich nach der Anwendung eines Abführmittels einstellen kann. Dadurch lässt sich auch das in der Tierarztpraxis weit verbreitete Phänomen erklären, dass immer höhere Dosen von schulmedizinischen Medikamenten benötigt werden, um die therapeutische Wirkung aufrechtzuerhalten. Die Primär – und Sekundärwirkung homöopathischer Arzneien ist hingegen meist so schwach, dass sie weitgehend unbemerkt abläuft, und die einzige Wirkung, die letztendlich beobachtet wird, ist die sanfte Rückkehr in den Normalzustand, da die Lebenskraft wieder harmonisch arbeitet. Allerdings kann es bei empfindsamen Patienten nach der Arzneigabe manchmal zu einer vorübergehenden Verschlimmerung der Symptome kommen, die auch als »Erstverschlimmerung« oder »homöopathische Verschlimmerung« bezeichnet wird (mehr dazu in Kapitel 8). Diese Reaktion könnte man auch »kurative Sekundärwirkung« nennen, um sie von der sekundären Gegenwirkung nach der Gabe von materiellen Dosen von Medikamenten zu unterscheiden. Die sekundäre Gegenwirkung tritt auf, wenn die gegensätzlichen Phänomene in der Natur Teil der natürlichen Prozesse innerhalb eines physiologischen Gleichgewichts darstellen, wie z. B. Durchfall und Verstopfung. Die kurative Sekundärwirkung dagegen setzt ein, wenn das Gleichgewicht im Krankheitsfall gestört ist und wiederhergestellt werden muss.

Dem homöopathischen Konzept von Krankheit und Heilung zufolge handelt es sich somit um einen dynamischen Prozess, in dem das Ungleichgewicht der kontrollierenden Lebenskraft eine zentrale Rolle spielt; die Konsequenz daraus ist, dass der Organismus Symptome entwickelt, über die sich dieses Ungleichgewicht manifestiert. Eine korrekt verschriebene homöopathische Arznei stellt eine ähnliche dynamische Kraft dar, die die Lebenskraft in einen harmonischen Zustand zurückführt. Dadurch wird ein regenerativer Prozess in Gang gesetzt, der letztendlich zum Verschwinden der Symptome führt. Die Beobachtung, dass die Symptome vollständig verschwunden sind, ist eine Bestätigung für den Behandler, dass der Patient geheilt ist.

Mehr zur Wirkung von homöopathischen Arzneien auf den Organismus aus moderner wissenschaftlicher Sicht ist im *Praxisbuch Tierhomöopathie* nachzulesen.

QUELLEN

- *Armstrong, S. (2017): Can homeopathic medicines alter gene expression?* BAHVS Congress *Leeds*
- *Gregory, P. (2016): Praxisbuch Tierhomöopathie. Kandern: Narayana*
- *Dodds, J. (1997): Autoimmune thyroiditis and polyglandular autoimmunity of purebred dogs.* Can Pract. **22** *(1), 18-19*
- *Marzotto, M., C. Bonafini, D. Olioso et al. (2016): Arnica montana stimulates extracellular matrix gene expression in a macrophage cell line differentiated to wound-healing phenotype.* PLOS ONE *doi.org/10.1371/journal.pone.0166340*
- *Sankaran, R. (2003): Das geistige Prinzip der Homöopathie. 4. Aufl. Bombay: Homeopathic Medical Publishers*

5

Die Krankheit – Manifestationen der Krankheit

Die Natur der Krankheit

Krankheiten können in zwei Hauptkategorien eingeteilt werden. Zum einen gibt es die akuten Krankheiten, die plötzlich beginnen, einen schnellen Verlauf nehmen und in den meisten Fällen innerhalb relativ kurzer Zeit entweder überstanden sind oder zum Tod führen. Manchmal entwickelt sich daraus aber auch eine chronische Erkrankung, was oftmals darauf zurückzuführen ist, dass das Hauptaugenmerk bei der Behandlung auf bestimmte Symptome statt auf die Krankheit als Ganzes gerichtet wurde.

Zum anderen haben wir die chronischen Krankheiten. Aus schulmedizinischer Sicht ist das Hauptkriterium, damit eine Erkrankung als chronisch bezeichnet werden kann, dass sie über einen längeren Zeitraum besteht. Damit verbunden ist meist die Annahme, dass eine chronische Krankheit unheilbar ist und im besten Falle eine Palliation erzielt werden kann. Es ist ungemein wichtig, dass man sich stets des Unterschieds zwischen einer echten Heilung und der Linderung von Symptomen bewusst ist, da letztere nicht notwendigerweise auch kurativ ist. Als Beispiel sei die langfristige Anwendung von entzündungshemmenden Medikamenten genannt, die i. d. R. nur lindert, aber keine echte Heilung herbeiführt.

Die Homöopathie vertritt im Hinblick auf chronische Krankheiten eine andere Sichtweise. Zwar spielt auch hier der Zeitfaktor eine Rolle, aber viel wichtiger ist der Aspekt, dass es sich um ein tiefgreifendes Ungleichgewicht der Dynamik des Organismus handelt, das sich klinisch in mehr als einem System manifestiert; dies kann entweder gleichzeitig oder auch zu unterschiedlichen Zeiten geschehen.

Schulmedizinisch würden bei einem Patienten beispielsweise drei verschiedene Erkrankungen diagnostiziert: Arthritis als erste, periodische Kolitis als zweite und vielleicht noch ein Ekzem als dritte. Jede Beschwerde wird in eine andere Schublade gesteckt und jede als eigenständige Entität wahrgenommene Erkrankung separat behandelt. Im Gegensatz dazu sieht die Homöopathie alle Zeichen und Symptome als Hinweise auf die eigentliche, zugrundeliegende Krankheit und versucht, das fundamentale Ungleichgewicht zu behandeln, indem sie den Patienten als Ganzes betrachtet.

Manchmal kommt es auch zum akuten Aufflackern einer chronischen Erkrankung. Es ist wichtig, einen solchen Zustand von einer echten akuten Krankheit zu unterscheiden, denn auch wenn es vielleicht notwendig ist, ihn genauso zu behandeln wie eine solche, so darf die Verbindung zu dem bestehenden tiefsitzenden chronischen Geschehen nicht vergessen werden.

In einer Hinsicht ist die homöopathische Behandlung stets gleich, unabhängig davon, ob man es mit einer akuten oder chronischen Erkrankung zu tun hat: Das Ziel besteht immer darin, die Arznei zu finden, die das *Simillimum* darstellt – also jenes Mittel, dessen Arzneimittelbild die größte Übereinstimmung mit der Gesamtheit der Symptome des Patienten zeigt. Allerdings wird der Schwerpunkt bei einer akuten Krankheit meist mehr auf die lokalen Symptome gelegt.

Das soll nicht heißen, dass die allgemeinen und Gemütssymptome wertlos sind; alle diesbezüglichen Veränderungen im Vergleich zum Normalzustand können sogar von besonderer Bedeutung sein. Aber die Natur einer akuten Erkrankung bringt es mit sich, dass die Symptomatik oft beschränkt ist – und meistens drängt auch die Zeit. Daher wird die Verschreibung i. d. R. hauptsächlich anhand der wichtigsten Symptome vorgenommen, die mit den Charakteristika der entsprechenden Arznei in Übereinstimmung gebracht werden. Jedes Tier kann potenziell von einer akuten Krankheit ergriffen werden, sodass wir es mit einem breiten Spektrum von Altersstufen und Vitalitätsgraden der Patienten zu tun haben. Junge und ansonsten gesunde Tiere haben eine starke Lebenskraft, die sehr heftig auf die Bedrohung reagiert und in diesem Zuge viele klare Symptome produziert. Schwächere Tiere mit einer weniger starken Lebenskraft werden entsprechend ein weniger gut definiertes Krankheitsbild präsentieren.

Im Gegensatz dazu hat die Lebenskraft bei einer chronischen Erkrankung schon eine gewisse Schwächung erfahren, und auch wenn das Spektrum der Zeichen und Symptome, die für die Arzneiwahl herangezogen werden können, einer größeren Zahl von Körpersystemen entspringt, ist die Symptomatik nichtsdestotrotz oft nicht so klar und eindeutig wie bei einer akuten Krankheit.

Bei der Behandlung dieser beiden Krankheitstypen spielen unterschiedliche Erwägungen hinsichtlich der Potenz und Häufigkeit der Gabe eine Rolle, auf die wir in Kapitel 8 näher eingehen werden. An dieser Stelle wollen wir nur darstellen, wie man im Bemühen um eine Heilung des Patienten am besten vorgeht.

An anderer Stelle wurde bereits erwähnt, dass die Homöopathie noch nie irgendetwas geheilt hat – alles, was sie tut, ist, die *Selbstheilung*skräfte des Körpers zu unterstützen. Unter diesem Aspekt lässt sich auch das grundlegende Prinzip der Homöopathie zusammenzufassen: Die Zeichen und Symptome, die als Grundlage für die Arzneiwahl dienen, sind Ausdruck der Versuche des Körpers, sein inneres Gleichgewicht, sprich den Zustand der Gesundheit wiederherzustellen. Die dabei produzierten Symptome sind das Ergebnis der Einwirkung der Lebenskraft auf die körpereigenen Systeme; legt man sie der Arzneiwahl zugrunde, werden durch die Behandlung genau die Bereiche stimuliert, die am besten dazu geeignet sind, eine Heilung herbeizuführen. Der Körper versucht dabei, die Heilung in Übereinstimmung mit der Heringschen Regel ablaufen zu lassen (Kapitel 4); berücksichtigt der Therapeut jederzeit die Hinweise, die ihm der Körper gibt, ist sichergestellt, dass die größte aller medizinischen Maximen – die *Natur zu unterstützen* – befolgt wird.

Tritt Fieber, eine Entzündung oder irgendein anderes Zeichen der Reaktion des Körpers auf, so sieht die Schulmedizin diese zum einen als Ausgangspunkt, um eine Diagnose zu stellen, und zum anderen als Symptome, die beseitigt werden müssen, *damit* eine Heilung erzielt wird. Homöopathisch betrachtet sind sie Wegweiser zur passenden Arznei und werden *als Folge* der Heilung beseitigt.

Alle Reaktionen des Körpers im Falle einer Bedrohung zielen nur auf eines ab: die Wiederherstellung der Gesundheit. Um dies zu erreichen, werden ausschließlich positive Wege beschritten: So führt beispielsweise eine erhöhte Körpertemperatur zu einer

Steigerung der Phagozytose und ist damit ein Zeichen für die Bemühungen des Körpers, wieder gesund zu werden. Zu hohes Fieber kann allerdings unter bestimmten Umständen verheerende Folgen haben, sodass entsprechende Maßnahmen ergriffen werden müssen, um es zu senken; im Allgemeinen behindert die künstliche Unterdrückung von Fieber jedoch die Genesung.

Wie bereits in Kapitel 4 erwähnt, besagt die Heringsche Regel, dass die Reaktionen des Körpers darauf ausgerichtet sind, einen Krankheitsprozess möglichst weit entfernt von den lebenswichtigen Organen nach außen zu bringen. Dies zeigt sich in ganz extremer Weise, wenn die Behandlung einer Erkrankung, die ursprünglich ein lebenswichtiges Organ betraf, dazu führt, dass Symptome auf der Haut erscheinen, denn diese stellt, was das Überleben angeht, das unwichtigste Organ von allen dar. Dieselbe nach außen gerichtete Bewegung des Krankheitsprozesses kann natürlich auch unabhängig von einer Behandlung ablaufen, wenn sich der Körper erfolgreich gegen eine Bedrohung wehrt. In jedem Fall kommt es dabei entweder zu einer eindeutigen physischen Läsion oder zu einer rein funktionellen Störung wie z. B. Juckreiz und gleichzeitig zu einer Besserung in den von der Krankheit betroffenen tieferen Systemen. Beide Male handelt es sich um eine aktive Manifestation der Heringschen Regel.

Die Natur versucht immer, ein möglichst oberflächlich gelegenes Ventil für den Krankheitsprozess zu öffnen, aber wenn dies nicht gelingt, kommt die Erkrankung auf einer tieferen und potenziell folgenschwereren Ebene zum Ausdruck. Jede Störung des natürlichen Vorgangs des Nachaußenbringens behindert die kurativen Bemühungen des Körpers und führt dazu, dass der Krankheitsprozess gezwungen ist, in andere Richtungen auszuweichen, die zwangsläufig zu den tiefergelegenen und wichtigeren Organen führen und dort entsprechende Symptome hervorrufen.

Dies bedeutet, dass jede Behandlung, die lediglich darauf abzielt, ein Symptom zu beseitigen, ohne zu hinterfragen, warum genau dieses Symptom vorliegt, und ohne das Gesamtbild zu berücksichtigen, mit großer Wahrscheinlichkeit zu einer *Unterdrückung* des natürlichen Heilungsprozesses führen wird. Erfolgt eine solche Behandlung im Rahmen einer akuten Erkrankung, resultiert daraus möglicherweise die Erzeugung eines chronischen Krankheitszustandes. Gleichermaßen führt die unterdrückende Behandlung einer bereits bestehenden chronischen Erkrankung zu einer weiteren Verfestigung und Vertiefung des Krankheitsprozesses.

Man sollte immer daran denken, dass die Gefahr einer Unterdrückung nicht nur bei einer schulmedizinischen Behandlung besteht, sondern auch bei vielen anderen »natürlichen« Therapieformen. Auch die Homöopathie kann die natürliche kurative Reaktion blockieren, wenn die Arznei aufgrund weniger Symptome ausgewählt wird, die lediglich einen Teilbereich der Erkrankung und nicht ihre Gesamtheit widerspiegeln. Die Linderung der Symptome ist dann oft nur palliativ, und die fortgesetzte Gabe der Arznei kann in der Folge zu einer echten Unterdrückung und damit Vertiefung der Krankheit führen. Daneben muss man auch bei der Kombination von mehreren unterschiedlichen Therapien aufpassen, dass es nicht zu einer Unterdrückung kommt.

Auch bei gesunden Tieren kann eine Unterdrückung erfolgen, wenn Medikamente gegeben oder andere Maßnahmen ergriffen werden, die sich störend auf die normalen Körperfunktionen auswirken oder diese kontrollieren. Dies spielt hauptsächlich auf dem Gebiet der Fortpflanzung eine Rolle (siehe Kapitel 21), aber auch in anderen Bereichen kann damit großer Schaden angerichtet werden. Die Anwendung von Medikamenten oder auch chirurgische Eingriffe, um eine normale physiologische Funktion zu kontrollieren, ist bereits eine Form von Unterdrückung. Selbst die künstliche Stimulation von Körpersystemen kann das natürliche Gleichgewicht stören, und der Einsatz von Prostaglandinen etc., um die Fortpflanzungsaktivität zu steigern und zu regulieren, kann auf lange Sicht zu Problemen führen. In manchen Fällen mag es berechtigte Gründe für solche Maßnahmen geben, wie z. B. bei der chirurgischen Kastration, aber auch dann sollte man sich darüber im Klaren sein, welche Auswirkungen sie auf die Fähigkeit des Patienten haben können, im Krankheitsfall normal zu reagieren.

Zwar betreffen die meisten Probleme, die infolge solcher Prozeduren entstehen und in der Tierarztpraxis vorgestellt werden, Heimtiere wie Hund und Katze, das bedeutet aber nicht, dass Nutztiere nicht genauso unter diesem Missbrauch leiden. Der einzige Unterschied besteht darin, dass die Haltungsbedingungen und kommerziellen Erwägungen i. d. R. nicht dazu angetan sind, die Bedeutung und Folgen solcher Maßnahmen für das individuelle Tier in irgendeiner Weise zu berücksichtigen. Tatsächlich ist es meist so, dass das individuelle Tier in der Nutztierhaltung einen so geringen Wert hat, dass es entweder schon routinemäßig entsorgt wird, bevor sich eine Krankheit manifestieren kann, oder spätestens mit dem Auftreten von Symptomen gekeult wird.

Krankheitskonzepte

Die unterschiedlichen Sichtweisen der Schulmedizin und Homöopathie im Hinblick auf chronische Krankheiten wurden bereits erwähnt. Eine Säule der Schulmedizin ist der reduktionistische Ansatz, infolgedessen eine Konzentration auf die Pathologie stattfindet. Dadurch geht der Blick auf die Gesamtheit des Krankheitsprozesses verloren; auch die wahre Beziehung zwischen Funktion und Pathologie findet in der Schulmedizin keine Berücksichtigung. All diese Dinge sind in der Homöopathie wiederum von entscheidender Bedeutung. Aus schulmedizinischer Sicht kommt erst die Pathologie und dann die Fehlfunktion, wohingegen in der Homöopathie eine Fehlfunktion der Pathologie vorausgehen und diese sogar verursachen kann. Dieses Durcheinander hat zwei Konsequenzen: Zum einen wird die Linderung der Symptome mit Heilung verwechselt, was zur Palliation führt. Zum anderen herrscht in der Schulmedizin der Irrglaube, dass die Linderung der Symptome die Vorstufe zur Heilung ist.

Betrachtet man Krankheit in diesem Licht, wird die Beseitigung der Krankheitssymptome

zum erklärten Behandlungsziel. Um dies zu erreichen, wurden entsprechende Medikamente entwickelt, sprich entzündungshemmende und fiebersenkende Medikamente und in gewisser Weise auch Antibiotika. Antibiotika haben natürlich berechtigte Einsatzgebiete, die auch im Einklang mit der Forderung stehen, die Natur zu unterstützen. Korrekt angewendet, erstreckt sich die Behandlung mit Antibiotika aber nur über einen kurzen Zeitraum; werden sie dagegen beispielsweise bei der Sekundärinfektion einer chronischen Hauterkrankung langfristig eingesetzt, so zielt die Behandlung lediglich darauf ab, die vermeintliche Krankheit zu kontrollieren. Dadurch wird der weitere Heilungsverlauf blockiert, insbesondere wenn gleichzeitig auch noch entzündungshemmende Medikamente gegeben werden. Infolgedessen wird der Krankheitsprozess weiter nach innen in Richtung der lebenswichtigen Organe verdrängt. Da solche »Hautfälle« in Wahrheit Teil eines größeren chronischen Krankheitsbildes sind, ist das Endergebnis eine Verschlechterung der Krankheit als Ganzes.

Die oben beschriebene schulmedizinische Wahrnehmung der Symptome kann auch dazu führen, dass eine akute Erkrankung zu einer chronischen wird. Wie wir in Kapitel 4 bereits erläutert haben, ist die durch die Lebenskraft angeregte Entwicklung der Symptome Ausdruck der Reaktion des Körpers auf eine Bedrohung, die er unter Kontrolle bringen möchte. Diese Reaktion kann zum Beispiel im Rahmen einer akuten Infektion eine Erhöhung der Körpertemperatur beinhalten, die wiederum mit Muskel – und Kopfschmerzen einhergeht (es besteht kein Grund anzunehmen, dass diese Symptome beim Tier nicht auftreten). Wenn die Behandlung primär darauf ausgerichtet ist, diese Symptome zu beseitigen, so kann es dabei auch zu einer künstlichen Senkung des (wünschenswerten) Fiebers kommen, wodurch der Körper in seiner Fähigkeit, selbst mit der Bedrohung fertigzuwerden, eingeschränkt wird. Dies ist genauso eine Form der Unterdrückung wie alle anderen, die wir bereits beschrieben haben, und wird gleichermaßen zu einer nach innen gerichteten Bewegung des Krankheitsprozesses führen. Daher kann die übermäßige Sorge um eine sofortige Linderung der Beschwerden des Patienten im Hinblick auf eine echte und vollständige Heilung durchaus kontraproduktiv sein.

Natürlich ist es aber auch zwingend notwendig, unnötiges Leiden zu vermeiden, und dies stellt zweifellos so gut wie immer einen Hauptbeweggrund für das therapeutische Handeln dar. Allerdings liegen Welten zwischen *notwendigem Unwohlsein* und *unnötigem Leiden*, und es ist sicher nicht im Interesse des Patienten, wenn man, um Ersteres zu vermeiden, eine kurzfristige Palliation erzielt, die langfristig zur Entstehung einer chronischen Krankheit und anhaltendem Leiden führt. Es liegt nicht in der Natur der Dinge, dass ein Individuum niemals krank wird, sondern dass es in der Lage ist, wieder zu genesen und gesund zu sein. Es ist ungeheuer wichtig, dass man realisiert, dass jede Behinderung des natürlichen kurativen Prozesses in der Zukunft zu Problemen führen kann.

Hier hat die Homöopathie viele Vorteile zu bieten. Da korrekt gewählte Arzneien die natürlichen Vorgänge im Körper unterstützen und beschleunigen, wird durch ihren Einsatz bei akuten Krankheiten die Entstehung chronischer Probleme verhindert, während der Patient gleichzeitig die notwendige Linderung erfährt. Diese erfolgt jedoch nicht durch Unterdrückung der zeitweise vielleicht recht unangenehmen Beschwerden, sondern im Rahmen einer echten Heilung. Dies muss auch keineswegs ein langdauernder Prozess sein. In Paragraph 2 des *Organon* sagt Hahnemann: »Das höchste Ideal der Heilung ist schnelle, sanfte, dauerhafte Wiederherstellung der Gesundheit«. Dies ist bei akuten Krankheiten meist ein gut zu erreichendes Ziel.

Im Falle von chronischen Krankheiten ist eine schnelle Heilung dagegen oft nicht so einfach zu bewerkstelligen. Die für die Heilung notwendige Zeitdauer steht dabei meist in einem direkten Verhältnis zu dem Ausmaß an unterdrückenden Behandlungen, die der Patient bereits erhalten hat. Unter Homöopathen kursiert die Faustregel, dass für jedes Jahr schulmedizinische Therapie ein Monat homöopathische Behandlung gerechnet werden muss. Dies ist zwar keine feste Regel und sollte auch nicht als solche zitiert werden, lässt aber erahnen, welche Probleme auf den homöopathischen Therapeuten zukommen können.

Ein weiterer Hinweis auf die erfolgreiche homöopathische Behandlung einer chronischen Erkrankung ist das Wiederauftreten alter Symptome (Heringsche Regel, siehe Kapitel 4). Auch diese können ein gewisses Unbehagen oder Unannehmlichkeiten verursachen, und gerade dann ist es wichtig, sich daran zu erinnern, dass der kurative Prozess nicht gestoppt werden darf, nur damit diese normalerweise vorübergehenden Beschwerden schnellstmöglich beseitigt werden.

Hahnemanns Konzept von den chronischen Krankheiten

Obwohl Hahnemann und seine Nachfolger auf der Grundlage des Simillimum-Prinzips viele Patienten heilen konnten, hatten sie doch auch zahlreiche Fälle, in denen die offensichtlich gut gewählten Arzneien nicht die erwartete Wirkung zeigten, oder wo die anfängliche Besserung nicht von Dauer war. Darüber hinaus kehrte die Krankheit oft in einer noch stärkeren Form zurück oder es trat eine neue Gruppe von Symptomen auf, nachdem die ursprüngliche Erkrankung scheinbar geheilt war. Zuerst dachte man, dies läge allein an der bis dato noch kleinen Anzahl ausreichend geprüfter Arzneien, aber die Situation verbesserte sich auch nicht, als mehr Mittel zur Verfügung standen. Damit war klar, dass noch andere Faktoren eine Rolle spielen mussten. Hahnemanns Beobachtung, dass viele Krankheiten in einer modifizierten Form mit einigen neuen Symptomen zurückkehrten, ließ ihn schlussfolgern, dass er es in diesen Fällen nicht mit einer gut definierten und leicht zu klassifizierenden Erkrankung zu tun hatte, sondern in Wahrheit nur ein Aspekt einer tiefgreifenden zugrundeliegenden Störung sichtbar gewesen war. Nach weiteren zwölf Jahren Forschung veröffentlichte er seine *Miasmentheorie* zu den chronischen Krankheiten, mit der sich die in der Praxis beobachteten Phänomene erklären ließen.

In Kapitel 11 gehen wir ausführlich auf diese Theorie ein. Ihr zufolge sind alle chronischen Krankheiten die Folge von einem oder mehreren grundlegenden Einflüssen (Miasmen), die in abnormer Weise auf die Lebenskraft einwirken. Hahnemann identifizierte drei dieser Einflüsse und nannte sie *Psora, Sykose* und *Syphilis.* Diese Bezeichnungen entsprachen Krankheiten, die zu jener Zeit sehr weit verbreitet waren. Die *Psora* war dabei mit der Krätze gleichzusetzen (zu Hahnemanns Zeit umfasste »Krätze« weitaus mehr verschiedene Hauterkrankungen als nur den heute unter diesem Namen bekannten spezifischen Milbenbefall), die *Sykose* mit der Gonorrhö und die *Syphilis* mit der gleichnamigen Syphiliserkrankung in ihrer schulmedizinisch anerkannten Form. Aufgrunddessen werden die Miasmen auch heute noch oft nur in Verbindung mit einer Infektion betrachtet, wobei Hahnemanns Vorstellungen allerdings sehr viel weiter reichten. Er glaubte, dass die Unterdrückung normaler Reaktionen des Körpers der ausschlaggebende Faktor für die Entstehung von chronischen Krankheiten war, und dass der eigentliche Fehler darin lag, dass die Natur der im Körper ablaufenden Heilungsvorgänge nicht verstanden wurde.

Hahnemann war der Ansicht, dass die Ärzte der Antike in vielen Fällen versucht hatten, Krankheiten korrekt zu behandeln, was aber aufgrund ihrer begrenzten Möglichkeiten oft zu einer Unterdrückung und in der Folge zur Entwicklung einer chronischen Krankheit führte. Vielmehr klagte er aber seine Zeitgenossen wegen ihrer irregeleiteten und schädlichen Praktiken an, womit er sich natürlich nicht sonderlich beliebt machte! Hahnemann behauptete, dass ihre Maßnahmen dazu führten, dass die Krankheit nach innen getrieben statt nach außen befördert wurde, wie es von der Natur eigentlich vorgesehen war; hier lag der entscheidende Unterschied zwischen den beiden Sichtweisen.

Diese Miasmentheorie führte zur Spaltung der Homöopathenschaft. Einige Ärzte gaben die Homöopathie ganz auf, da sie die Richtung, in der diese sich entwickelte, nicht mehr akzeptieren konnten. Andere glaubten zwar, dass Hahnemann mit seinen früheren Anschauungen richtig lag, nun aber zu weit ging, und so arbeiteten sie einfach weiter wie zuvor und erzielten einige Erfolge, aber auch sehr viele Misserfolge. Eine dritte Gruppe war von der Theorie vollkommen überzeugt und baute sie in ihre Arbeit ein.

Diese Strömungen setzten sich unter den Homöopathen bis heute fort, und so gab es auch Zeiten, in denen die Miasmentheorie weitgehend ignoriert wurde. Selbst Hering als einer von Hahnemanns treuesten Anhängern zweifelte zeitweise an der Richtigkeit und Bedeutung dieser Theorie, war später aber von ihr überzeugt. Anfangs glaubte er, dass es unerheblich war, »ob ein Arzt die Theorie akzeptiert, so lange er immer die möglichst ähnliche Arznei wählt«. Auch heute gibt es noch bekannte Homöopathen, die an der Bedeutung der Miasmentheorie und ihrer Rolle bei der Verschreibung zweifeln.

Es besteht kein Zweifel, dass man die Homöopathie ausüben kann, ohne die Miasmentheorie als wichtiges Instrument in seine Arbeit einzubauen, und viele kompetente Homöopathen machen es auch so. Befürworter der Theorie glauben, dass diese Therapeuten vielleicht nicht aktiv nach miasmatischen Gesichtspunkten vorgehen, diese aber dennoch bei der Verschreibung berücksichtigen. J.H. Allen schreibt in seinem Buch über die Miasmen, dass die Miasmentheorie so etwas in der Art ist wie »der Unterschied zwischen intelligenter Kriegsführung und einem Kampf in völliger Finsternis, denn das, was wir an unseren Patienten erkennen, ist lediglich ein kleines Fragment einer tiefsitzenden Erkrankung«.

Der anfängliche Gedanke, dass Probleme und Versagen bei der Behandlung die Folge des begrenzten Spektrums an Arzneien waren, die Hahnemann und seinen Kollegen zur Verfügung standen, wird auch heute noch von manchen Homöopathen aufrechterhalten (z.B. Massimo Mangialavori); sie glauben, dass ein größeres Verständnis von den bereits vorhandenen Arzneien und verbesserte Verschreibungstechniken die Probleme lösen werden. Andere wiederum sind der festen Überzeugung, dass das Spektrum an Verschreibungsmethoden durch die wertvollen neuen Einsichten in die wahre Natur der Arzneien (einschließlich ihrer miasmatischen Natur [JS]), die von Homöopathen wie Vithoulkas, Sankaran und Scholten formuliert wurden, dramatisch erweitert wurde, und dass dies signifikante Auswirkungen auf die erfolgreiche Behandlung von chronischen Krankheiten hat.

Moderne Erkenntnisse im Hinblick auf pathologische Prozesse bestätigen ebenso wie die jüngsten Entwicklungen in der Genetik die Stichhaltigkeit von Hahnemanns Grundvorstellungen von der Natur chronischer Krankheiten. Viele Erkrankungen, denen heutzutage bekannte genetische Defekte zugrunde liegen, können mit der Psora gleichgestellt werden. Auch die neuesten Erkenntnisse in der Asthmaforschung zeigen in dieselbe Richtung wie die miasmatische Betrachtungsweise. Die klinische Erfahrung lässt darauf schließen, dass miasmatische Einflüsse von einer Generation zur nächsten weitergegeben werden können, wobei dies nicht gemäß den Mendelschen Gesetzen, sondern auf andere Weise erfolgt. Obwohl noch eine gewisse Uneinigkeit hinsichtlich der detaillierten Interpretation dieser Konzepte herrscht, macht sich zunehmend die Überzeugung breit, dass es sich bei der Miasmentheorie um ein wertvolles Hilfsmittel bei der homöopathischen Verschreibung handelt.

QUELLEN

- *Allen, J.H. (2010): Die chronischen Miasmen. 3. Aufl. Nendeln: Barthel & Barthel*
- *Cole, J., u. R. Dyson (1997): Classical Homeopathy Revisited. West Wickham: Winter Press*
- *Saxton, J.G. (2018): Leitfaden Miasmen. 3. Aufl. Kandern: Narayana*

6

Erhebung der Symptome

Zeichen und Symptome

Diese beiden Begriffe haben eine leicht unterschiedliche Bedeutung. Zeichen sind objektiv zu erfassen, Symptome hingegen oft eher subjektiv. Allerdings gibt es im alltäglichen Sprachgebrauch oft Überschneidungen, wobei Zeichen meist in dem Begriff »Symptome« enthalten sind; nichtsdestotrotz ist es gut, wenn man den Unterschied im Hinterkopf behält. Man kann sagen, dass es in der Schulmedizin eher um Zeichen als um Symptome geht, während sich die Homöopathie mindestens genauso auf die Symptome wie auf die Zeichen konzentriert, wenn nicht sogar noch mehr. Allerdings stellt sich in der Veterinärhomöopathie das Problem, dass ein Großteil der subjektiven Elemente eines Falles nicht erfasst werden kann. Es lassen sich zwar durchaus einige verlässliche Rückschlüsse ziehen, aber grundsätzlich wird man sich bei der Verschreibung zwangsläufig mehr auf die Zeichen stützen als dies in der Humanhomöopathie der Fall ist.

Ein großer Unterschied zwischen der Schulmedizin und der Homöopathie im Hinblick auf Krankheiten und damit auch die Fallaufnahme besteht darin, dass sich die Schulmedizin auf die Dinge konzentriert, die bei einer Krankheit standardmäßig auftreten; im Gegensatz dazu liegt der Fokus in der Homöopathie auf den Aspekten, die bei dem jeweiligen Individuum einzigartig sind. Die gesamte homöopathische Fallaufnahme dient dem Zweck, eine Verschreibung vorzunehmen, die so individuell wie nur möglich auf den Patienten zugeschnitten ist. Daher wird vieles von dem, was für den Homöopathen von Bedeutung ist, vom schulmedizinischen Tierarzt als irrelevant abgetan. Das Gegenteil ist allerdings nicht der Fall. Der homöopathische Tierarzt berücksichtigt auch die schulmedizinische Diagnose und alle Zeichen, die zu dieser geführt haben, wird ihnen aber eine geringere Priorität einräumen als seine schulmedizinischen Kollegen. Aus homöopathischer Sicht erhält ein Zeichen oder Symptom nur dann eine echte Bedeutung, wenn ein individueller Aspekt damit verbunden ist.

Aus dem oben Gesagten folgt, dass viele Zeichen und Symptome, die der schulmedizinische Tierarzt zur Diagnosestellung heranzieht, für den homöopathischen Tierarzt nur von geringem Wert sind. Es sind meist sogenannte gewöhnliche oder *pathognomonische* Zeichen oder Symptome, wie z. B. Durchfall, Konjunktivitis etc., die in den meisten Fällen bei einer bestimmten Erkrankung auftreten.

Damit werden für den Homöopathen auch die Zeichen interessant, die in der Mehrzahl der Fälle einer definierten Erkrankung auftreten, aber in einem bestimmten Fall nicht vorhanden sind. So geht beispielsweise eine Pyometra fast immer mit gesteigertem Durst einher; dieses Symptom ist damit für die homöopathische Verschreibung von geringem Wert. Hat man nun aber einen Fall von Pyometra, bei dem kein erhöhtes Durstgefühl besteht, kann dies von großer Bedeutung sein.

Am anderen Ende der Skala befinden sich die sogenannten *auffallenden, sonderlichen, ungewöhnlichen und eigenheitlichen* Symptome. Dabei handelt es sich um Aspekte, die in einem individuellen Fall einzigartig sind. In der Schulmedizin werden solche Symptome i. d. R.

ignoriert oder als nicht bedeutsam degradiert, da sie nicht in das Standardschema passen, das die Grundlage für die konventionelle Herangehensweise bildet.

Für den Homöopathen wird ein Symptom hingegen umso bedeutungsvoller, je weniger es sich durch den Krankheitsprozess erklären lässt. Damit zählt die o. g. Gruppe von Symptomen zu den wichtigsten überhaupt.

Diese beiden Extreme – pathognomonische Symptome auf der einen und auffallende, sonderliche, ungewöhnliche und eigenheitliche Symptome auf der anderen Seite – bilden die Endpunkte der sogenannten Hierarchie der Symptome; diese dient in der Homöopathie der Gewichtung der in einem Fall gewonnenen Informationen. Beginnt man am oberen Ende, stellt sich diese Hierarchie wie folgt dar:

Auffallende, sonderliche, ungewöhnliche und eigenheitliche Symptome

Hahnemann stufte diese Symptome als die wichtigsten von allen ein, da sie das Maximum an Individualisierung darstellen. Paragraph 153 des *Organon* besagt, dass »vorzüglich diesen (Symptomen), sehr ähnliche, in der Symptomenreihe der gesuchten Arznei entsprechen (müssen), wenn sie die passendste zur Heilung sein soll«. Daher entscheiden oft genau diese Symptome über die Arzneiwahl.

Geistes – und Gemütssymptome

Diese Symptome betreffen das Temperament und die Persönlichkeit des Patienten. Dazu zählen Ängste und Phobien, Vorlieben und Abneigungen auf der mentalen Ebene, Ärger, Eifersucht, Erregbarkeit, Sozialverhalten etc. Beschreibt ein Mensch solche Symptome bei sich, beginnt er oft mit »ich«, ein Tierbesitzer hingegen mit »er« oder »sie«, wenn es um sein Tier geht.

Der Gemütszustand in Gesundheit ist ebenso von Interesse wie der im Krankheitsfall, und alle Veränderungen, die sich infolge der Erkrankung einstellen, sind noch viel wichtiger. Gemütssymptome, die auf eine bestimmte Ursache zurückgeführt werden können, sind ebenfalls sehr hoch zu bewerten. In diesem Zusammenhang spricht man von »Causa«, »Kausalität« oder »Niemals gesund seit« und bezeichnet damit eine signifikante Verbindung zwischen Ereignissen in der Vergangenheit und dem derzeitigen Beschwerdebild.

Allgemeinsymptome

Der Schwerpunkt liegt hier auf den körperlichen Charakteristika des Patienten, und auch hier sind die Merkmale im gesunden Zustand gleichermaßen wichtig wie die im Krankheitsfall. Ein Mensch verwendet zur Beschreibung solcher Symptome bei sich selbst meist »mein«, und ein Tierbesitzer leitet die entsprechende Information zu seinem Tier mit »sein« oder »ihr« ein; dies weist darauf hin, dass das beobachtete Phänomen das ganze Tier betrifft und nicht nur einen bestimmten Körperteil. Beispiele für solche Symptome sind die Reaktionen des Körpers auf bestimmte Temperaturbereiche oder das Verlangen nach bzw. die Abneigung gegen bestimmte Nahrungs-/Futtermittel. Zeigt ein Hund Heißhunger auf Kartoffelchips, könnte dies auf ein Verlangen nach Salz zurückzuführen sein, das man wiederum als Allgemeinsymptom verwenden könnte. Allerdings könnten auch andere Inhaltsstoffe anziehend wirken, weshalb man sich absolut im Klaren darüber sein muss, wonach genau das Verlangen besteht, bevor man es für die Anamnese heranzieht. Wie bereits bei den Gemütssymptomen beschrieben, sind auch hier alle Veränderungen, die im Rahmen der Erkrankung auftreten, von besonderer Bedeutung.

Ein Allgemeinsymptom, das in der Homöopathie gerne verwendet wird, ist die Seitenbeziehung; diese wird bei den jeweiligen Arzneien mit »rechtsseitig« oder »linksseitig« bezeichnet. Das bedeutet, dass ein Individuum eine auffällige Tendenz zeigt, im Krankheitsfall Symptome auf einer bestimmten Körperseite zu entwickeln. So treten beispielsweise bei Erkrankungen, die als Arznei *Phosphorus* benötigen, die Symptome vorwiegend auf der linken Seite des Körpers auf. Selbst im gesunden Zustand vermeidet es der *Phosphorus*-Typus, auf der linken Seite zu liegen. Allerdings darf man es mit der Seitenbeziehung auch nicht übertreiben. Es gibt auch Erkrankungen, die auf der einen Seite beginnen, im weiteren Verlauf aber auf die andere Seite übergreifen. Dies stellt tatsächlich auch ein typisches Merkmal mancher Arzneien dar.

Lokalsymptome

Diese Symptome betreffen v. a. die derzeitige(n) Beschwerde(n) und die damit verbundene Pathologie. Für den Schulmediziner sind diese Symptome am wichtigsten, ebenso wie für den Patienten oder Tierbesitzer.

Für die homöopathische Verschreibung spielen sie zwar auch eine gewisse Rolle, haben aber nicht die Bedeutung wie die oben genannten Symptomgruppen.

Pathognomonische Symptome

Diese sind aus homöopathischer Sicht am unwichtigsten, auch wenn die schulmedizinische Diagnose meist auf ihnen beruht. Sie sind im Allgemeinen zu vage, um für die homöopathische Arzneifindung eine Rolle zu spielen. Nur wenn sie individualisiert werden können, gewinnen sie an Bedeutung. Kann beispielsweise ein Durchfall oder Augenausfluss genau hinsichtlich seiner Farbe, Menge etc. beschrieben werden, kann er in der Hierarchie der Symptome aufsteigen.

Modalitäten

Eine Modalität ist kein Symptom, sondern ein Faktor, der ein Zeichen oder Symptom beeinflussen kann. Modalitäten sind ein wichtiger Bestandteil jedes Arzneimittel – und Krankheitsbildes; aus diesem Grund sollte der Homöopath versuchen, jedem Symptom wenn möglich eine entsprechende Modalität zuzuordnen. Nehmen wir zum Beispiel ein Tier, das zu Blähungen neigt. Die weitere Befragung ergibt, dass diese Tendenz nach der Futteraufnahme stärker ausgeprägt ist. Damit ist in diesem Fall »schlimmer nach dem Essen« die entsprechende Modalität der Blähungsneigung.

Eine Modalität führt entweder zu einer Verschlimmerung oder einer Besserung des entsprechenden Symptoms. Dies wird mithilfe der Symbole »>« für eine Besserung, und »<« für eine Verschlimmerung dargestellt.

Die Modalitäten, die in der Veterinärhomöopathie am häufigsten verwendet werden, betreffen die Bereiche Temperatur, Bewegung, Futteraufnahme, Zeit, Berührung (Druck) und das Wetter.

Modalitäten können auf allen Ebenen vorkommen, wobei sich derselbe Faktor auf verschiedenen Ebenen unterschiedlich auswirken kann. So kann beispielsweise eine Hautreizung durch Wärme verschlimmert werden, wobei das Tier als Ganzes Wärme liebt. Letzteres stellt ein eigenständiges Allgemeinsymptom dar, während die Verschlimmerung der Haut durch Wärme die Modalität eines Lokalsymptoms ist. Es kann aber auch sein, dass das Tier als Ganzes keine Hitze verträgt und auch die Haut durch Wärme verschlimmert wird. Hier handelt es sich dann um die Modalität eines Allgemeinsymptoms.

Begleitsymptome

Begleitsymptome sind Symptome, die der Patient hat, die aber in keinem direkten Zusammenhang mit der derzeitigen Hauptbeschwerde zu stehen scheinen. Sie werden ebenfalls einer der oben beschriebenen Gruppen zugeordnet, aber für die Interpretation und Analyse eines Falles ist es wichtig zu wissen, dass es sich um Begleitsymptome handelt.

Sie können einen anderen Bereich und manchmal auch eine andere Ebene als die Hauptsymptome betreffen, und je unwahrscheinlicher und unerklärlicher ihr Auftreten ist, desto wertvoller werden sie. Oft sind sie von der Sorte, die in der Schulmedizin als irrelevant betrachtet wird, und ein Beispiel dafür, dass man in der Homöopathie manchmal um die Ecke denken muss.

Nehmen wir als Beispiel einen Hund mit rezidivierendem akutem Durchfall, wobei jede Episode mit einer heftigen Entzündung des linken Ohres einhergeht. Die Beteiligung des linken Ohres ist ein Begleitsymptom des Durchfalls. Aus homöopathischer Sicht existiert wahrscheinlich eine Arznei, in deren Arzneimittelbild eine solche Verbindung beschrieben ist, während es in der Schulmedizin keine plausible Erklärung dafür gibt, warum ausgerechnet diese beiden Symptome gemeinsam auftreten.

Vollständige Symptome

Vollständige Symptome sind dadurch charakterisiert, dass sie vier Komponenten haben: Lokalisation, Ätiologie, Modalität und Empfindung. Letztere ist in der Tiermedizin oft nur schwer zu ermitteln, aber allgemein kann man sagen, dass ein Symptom umso signifikanter und für die Verschreibung nützlicher wird, je vollständiger es ist.

»Keynote«-Symptome/ Schlüsselsymptome

Streng genommen handelt es sich dabei eher um Merkmale einer Arznei als eines Patienten, aber es ist angebracht, sie an dieser Stelle mit aufzuführen. Ein Schlüsselsymptom ist ein sehr stark ausgeprägtes Merkmal einer Arznei, das in jeder Beschreibung dieser Arznei besonders betont wird. Ein Beispiel ist die für *Bryonia* typische Verschlimmerung durch Bewegung. Liegt diese Modalität in einem Fall vor, spricht dies ganz klar für die Verordnung dieser Arznei, auch wenn bei der endgültigen Mittelwahl natürlich auch noch andere Merkmale berücksichtigt werden.

Die Fallaufnahme/Anamnese

Die Anamnese ist der Schlüssel zu einer erfolgreichen homöopathischen Praxis, denn das Herzstück der homöopathischen Methode ist die Fähigkeit, Symptome mit bekannten Arzneimittelbildern in Übereinstimmung zu bringen. Die vielfältige tierärztliche Tätigkeit, die sowohl Heim – als auch Nutztiere umfasst, bedingt gewisse Unterschiede in der Anamnesetechnik gegenüber der Humanhomöopathie, aber die Notwendigkeit, das Simillimum zu finden, gilt auch hier. Dabei gilt es zwei Grundprinzipien zu berücksichtigen:

1. Es gibt keine unwichtigen Informationen.
2. Keine Information ist besser als eine falsche.

Der Begriff »unvoreingenommener Beobachter« wird manchmal verwendet, um die ideale Rolle des Arztes bei der Fallerhebung zu beschreiben. Es besteht immer die Versuchung, sich von dem, was die Tierbesitzer als die wichtigsten Aspekte der Erkrankung ansehen, leiten zu lassen. Dabei handelt es sich so gut wie immer um die Lokalsymptome und, wie bereits erwähnt, die aus homöopathischer Sicht weniger wichtigen Merkmale des Falles. Manche Tierbesitzer neigen auch dazu, das, was sich in einem Fall abspielt, verstandesmäßig zu erklären. Diese Erklärungen sind jedoch mit Vorsicht zu betrachten – zum einen, weil sie sehr persönliche Interpretationen der Besitzer darstellen, und zum anderen, weil ihre Bedeutung für die Verschreibung meist sehr begrenzt ist, da sie keine weiteren relevanten Informationen liefern. In der Tierhomöopathie besteht zudem die Gefahr, die Einstellung zu entwickeln, dass eine Verschreibung ohnehin anhand der Lokalsymptome erfolgen muss, da die Gemüts – und Allgemeinsymptome zu schwierig zu ermitteln sind. Dies stimmt zwar in manchen Fällen, dennoch sollte man sich diese Denkweise *nicht* zu eigen machen.

Dem Anfänger erscheint es meist schwierig, sich ein Bild von den Gemüts – und Allgemeinsymptomen zu machen, allerdings ist es das oft gar nicht. Wie in der Humanhomöopathie erhöhen sich die Chancen auf eine erfolgreiche Verschreibung, wenn die höheren Ebenen der Gemüts – und Allgemeinsymptome bei der Arzneifindung einbezogen werden. Der Schlüssel zu einer erfolgreichen Anamnese liegt in einer guten Beobachtungsgabe und Kommunikation. Man sollte auch immer bedenken, dass zwischen dem Tierbesitzer und seinem Tier eine Beziehung besteht, die u. U. nützliche Informationen liefern kann. Die Art dieser Beziehung lässt sich oft durch Beobachtung erfassen und indem man das, was der Besitzer äußert, hinterfragt.

Natürlich spielt auch die Beziehung zwischen dem Tierarzt und dem Tierbesitzer eine Rolle, ebenso wie die zwischen Tierarzt und Patient. Diese drei Interaktionen allein können schon für interessante Erkenntnisse sorgen!

Der akute Fall

Akutfälle treten in allen tierärztlichen Praxen auf; insbesondere Nutztiere fallen in diese Kategorie, da hier allein schon ökonomische Gesichtspunkte eine tragende Rolle spielen. Wie bereits erläutert, entstehen akute Krankheiten meist relativ schnell und gehen i. d. R. mit einer recht deutlichen Symptomatik einher.

Die Verschreibung erfolgt hauptsächlich anhand der aktuellen Zeichen und Symptome, die mit den wesentlichen Merkmalen einer Arznei abgeglichen werden. Es handelt sich meist überwiegend um Lokalsymptome und ein paar leicht zu erkennende Allgemeinsymptome, die den dominanten körperlichen Charakteristika des Patienten entsprechen. Die Gemütssymptome werden nicht in demselben Maße herangezogen wie bei chronischen Fällen. Sie dürfen allerdings auch nicht ignoriert werden, und wenn man sie erkennen kann, sollte man sie auch verwenden, da deutlich ausgeprägte Gemütssymptome sehr hilfreich sein können. Besonders nützlich sind alle Veränderungen eines Gemüts – oder Allgemeinsymptoms, die im Rahmen der Erkrankung aufgetreten sind. Daher sollte man versuchen, neben den körperlichen Zeichen auch solche Aspekte herauszufinden.

Der chronische Fall

Die meisten chronischen Fälle, die in der Praxis vorgestellt werden, entfallen auf den Heimtier – und Pferdebereich. Das bedeutet nicht, dass bei Nutztieren grundsätzlich keine chronischen Krankheiten auftreten oder deren Entstehung und Verlauf anders ist, sondern dass die Haltungsbedingungen und der Zweck, zu dem diese Tiere überhaupt gehalten werden, die Möglichkeiten zur Behandlung etwaiger Krankheiten stark einschränken. Im chronischen Fall geht es um das Überleben des Einzeltieres, was in vielerlei Hinsicht die Antithese zur Nutztierhaltung darstellt.

Der erste entscheidende Aspekt ist die Zeit. In chronischen Fällen ist es wichtig, alle Aspekte auf allen Ebenen zu berücksichtigen, da die besten Verschreibungen auf der Grundlage der Gesamtheit der Symptome erfolgen. Daher sollte für die Erstanamnese, sprich die erste homöopathische Konsultation, mindestens eine Stunde veranschlagt werden, manchmal sogar mehr. Folgekonsultationen können auch mehr Zeit in Anspruch nehmen als in der Schulmedizin, da es sich als notwendig erweisen kann, viele Dinge noch einmal abzufragen, um sicherzustellen, dass die Informationen, die für die erste Verordnung verwendet wurden, tatsächlich korrekt sind. Dies ist besonders wichtig, wenn es nicht wie erwartet zu einer Besserung gekommen ist. Diese Zeit ist allerdings gut investiert, denn wenn man gleich zu Beginn die richtige Richtung einschlägt, kann man später viel Zeit sparen.

Jeder homöopathische Tierarzt entwickelt – aufbauend auf bestimmten grundlegenden Richtlinien – seine eigene Anamnesetechnik. Manche Behandler lassen vor der Konsultation einen Fragebogen ausfüllen. Das hat zweifellos einige Vorteile, kann aber einen Verlust an Flexibilität mit sich bringen. Und wenn man die Antworten nicht im Einzelnen durchgeht, besteht die Gefahr, dass einem genau solche Details und Informationen entgehen, die für die homöopathische Verschreibung so wichtig sind. Mit einem weniger starren Schema lässt sich diese Wiederholung aller Antworten vermeiden, allerdings muss die Anamnese schon eine gewisse Struktur aufweisen, damit sichergestellt ist, dass nichts vergessen wird.

Der Patient bzw. Patientenbesitzer sollte während der Konsultation die Hauptrolle spielen. Der Tierarzt muss zwar eine gewisse Richtung vorgeben, sollte den Ablauf aber nicht übermäßig beeinflussen. Man sollte sich auch hüten, dem Besitzer irgendwelche Worte in den Mund zu legen, da er immer dazu neigen wird, die Frage zu bestätigen!

Die meisten Patienten zeigen auch die Tendenz, Themen zu vermeiden, bei denen sie befürchten, vom Tierarzt einen Rüffel zu bekommen. Daher lautet die Antwort auf die Frage: »Was ist sein/ihr liebstes Leckerli?« oft: »Wir geben ihm/ihr niemals welche.« Die Realität sieht oft ganz anders aus, aber die Leute glauben, dass Tierärzte nichts davon halten, wenn Tiere Leckerchen bekommen (oder im Bett ihrer Besitzer schlafen etc.). Stellen Sie klar, dass alle »Enthüllungen« ohne Wertung aufgenommen werden.

Beginnen Sie mit der Familienhistorie. In der Tiermedizin stellen solche Informationen eher eine Ausnahme dar, da die meisten Tiere angeschafft werden, ohne dass irgendetwas zu ihrem familiären Hintergrund bekannt ist. Allerdings sollte dieser Aspekt nicht ignoriert werden; v. a. bei den landwirtschaftlichen Nutztieren kann er sehr hilfreich sein, da hier die Zucht meist strikt kontrolliert wird. Dies gilt natürlich gleichermaßen für die Zucht von Heimtieren.

Als Nächstes sollte die vollständige medizinische und soziale Vorgeschichte des Patienten aufgenommen werden. Impfungen, Kastration, Wurmkuren, Flohbehandlungen etc. sind ebenso wichtig wie Informationen, ob im Anschluss daran irgendwelche Reaktionen aufgetreten sind, da diese eine mögliche Ursache für die derzeitige Erkrankung oder Entgleisungen des Immunsystems sein können. Kann der Krankheitsbeginn auf ein bestimmtes Ereignis oder bestimmte Umstände zurückgeführt werden, sollte dem nachgegangen werden (»Niemals gesund seit«), da es sich um einen

wesentlichen Teil des Gesamtbildes handelt und möglicherweise den Weg für die Behandlung ebnet. Frühere Unfälle und/oder Erkrankungen müssen ebenfalls erfasst werden. Beschränken Sie sich dabei nicht nur auf einschneidende Ereignisse – auch Hinweise, wie z. B. dass auch kleine Wunden immer schlecht abheilen, können sehr nützlich sein.

Angaben zu allen früheren und derzeitigen schulmedizinischen Behandlungen müssen ebenso im Detail erfragt werden.

Wie bereits erwähnt, ist es bei den tierischen Patienten genauso wichtig, mentale Aspekte zu erfassen, wie beim Menschen. Natürlich können einige Bereiche nicht verlässlich beurteilt werden, es bleiben aber viele Aspekte, die durchaus eingeschätzt werden können. Deshalb sind Fragen zur Persönlichkeit des Patienten in jedem Fall Teil der Anamnese. Dies kann sich schwierig gestalten, da man den Besitzer dahin bringen muss, dass er sein Tier beschreibt, ohne sich in Sentimentalitäten oder Wunschvorstellungen zu ergehen. Auf Fragen wie »Wie würden Sie sein/ihr Temperament beschreiben?« folgen oft Antworten wie

»Goldig!« oder »Absolut perfekt!«, was nicht sonderlich hilfreich ist. Manchmal sind solche Antworten aber ein guter Ausgangspunkt, wenn man anschließend nachfragt, was genau der Besitzer mit goldig oder perfekt eigentlich meint. Eine weitere Möglichkeit besteht darin, hypothetische Situationen zu beschreiben und den Besitzer zu fragen, wie sich sein Tier seiner Meinung nach verhalten würde. So kann der Tierarzt anhand seiner Kenntnisse über das tierische Verhalten das Temperament seines Patienten einschätzen und gleichzeitig Vermenschlichungen vorbeugen. Statt die Frage zu stellen: »Ist Ihr Hund aggressiv gegenüber anderen Tieren?«, fragt man: »Wenn sich ein anderer Hund nähert, wie wird Ihr Hund dann wohl reagieren?«

Als Nächstes kommen die Allgemeinsymptome. Von den höherwertigen Symptomen sind diese oft am nützlichsten und oft auch einfacher zu erfassen als die Gemütssymptome. Die Allgemeinsymptome betreffen den Patienten sowohl im gesunden Zustand als auch im Krankheitsfall; dabei ist einer etwaigen Beeinflussung dieser Symptome durch die Krankheit besondere Beachtung zu schenken.

Zum Schluss kommen die lokalen Zeichen und Symptome. Viele davon werden die Grundlage für die schulmedizinische Diagnose bilden. Aus homöopathischer Sicht sind sie ebenso wie pathognomonische Symptome von begrenztem Wert. Wenn ihnen allerdings eine Modalität zugeordnet werden kann, gewinnen sie an Bedeutung. So sind Steifheit und Gelenkschmerzen sehr häufige Symptome bei Arthritis; wenn aber ermittelt werden kann, dass sie sich bei feuchtem Wetter verschlimmern, werden sie homöopathisch verwertbar.

Die Situation in der Herde/im Zwinger/in der Tierpension

Hier stellt sich entweder das Problem einer akuten Krankheit, die zahlreiche Tiere einer Gruppe auf einmal erfasst, oder einer dauerhaft bestehenden Situation, in der immer wieder einzelne Tiere akut erkranken. Letzeres stellt weder im homöopathischen noch im schulmedizinischen Sinne eine echte chronische Erkrankung dar, auch wenn es oft als solche beschrieben wird.

Im erstgenannten Fall wird die betroffene Gruppe eine ganze Bandbreite von Symptomen zeigen; einige davon werden bei allen Tieren auftreten, andere bei den meisten, aber nicht bei allen, und manche wiederum beschränken sich auf wenige oder sogar einzelne Tiere. Die individuelle Anamnese der Einzeltiere ist in einer solchen Situation meist unpraktisch. Daher ist es das Ziel, eine Arznei zu finden, welche die Symptomatik abdeckt, die von der ganzen Gruppe gezeigt wird. Wie erwähnt sind die pathognomonischen Symptome dabei nur von begrenztem Wert, weswegen man sich auf die verschiedenen Symptome konzentrieren wird, die von Untergruppen innerhalb der gesamten Gruppe gezeigt werden. Verbindet man diese so, als stammten sie von einem einzigen Tier, findet man zu einem Mittel, das zwar nicht für jedes Tier die perfekte Übereinstimmung bietet, aber gut genug passt, um der ganzen Gruppe zu helfen. Je mehr Symptome man dabei verwenden kann, umso größer ist natürlich die Übereinstimmung. Daher ist es auch hier notwendig, alle Ebenen der Symptome wie oben beschrieben abzufragen; in der Praxis ist es allerdings oft so, dass die Lokalsymptome stärker vertreten sind als die Gemüts – und Allgemeinsymptome.

In dem oben genannten zweiten Fall können die einzelnen akut erkrankten Tiere zwar individuell behandelt werden, es gibt zudem aber noch irgendeinen zugrundeliegenden Faktor, der ebenfalls herausgefunden und behandelt bzw. behoben werden muss. Dabei kann es sich natürlich um einen reinen Haltungsfehler handeln, der genauso wie bei einer schulmedizinischen Behandlung korrigiert werden müsste. Es besteht aber auch die Möglichkeit, dass ein aus homöopathischer Sicht relevanter Aspekt vorliegt, beispielsweise ein miasmatischer Einfluss; dieser muss ebenfalls behandelt werden, wenn man die Situation langfristig in den Griff bekommen will. Die Anamnese umfasst auch hier wieder v. a. die Lokalsymptome, aber im Vergleich mit einer echten akuten Erkrankung spielt die familiäre, soziale und medizinische Vorgeschichte der Gruppe eine größere Rolle, und die Frage nach einer möglichen Kausa ist von besonderer Bedeutung. So lässt es sich bedingt durch das Haltungssystem oft nicht vermeiden, dass es innerhalb der Herde durch Zu – und Abgänge zu Veränderungen kommt, was wiederum das Auftreten bestimmter Erkrankungen begünstigen kann und auch bei der Arzneiwahl berücksichtigt werden muss.

Die Gemüts – und Allgemeinsymptome einzelner Tiere sollten nicht ignoriert, aber auch nur einbezogen werden, sofern sie passend erscheinen. Zeigt die Mehrheit der Gruppe ähnliche mentale Charakteristika, beispielsweise Überempfindlichkeit oder Unterwürfigkeit, kann dies bei der Wahl der passenden Arznei von Bedeutung sein.

Manchmal kann man eine ganze Herde so betrachten, als handelte es sich um ein einziges Tier. Hier wählt man Zeichen aus, die sowohl das Krankheitsmuster als auch den Hintergrund der Gruppe repräsentieren, auch wenn sie nicht bei jedem einzelnen Tier vorliegen. Die gewählte Arznei wird dann den größten Teil des Krankheitsbildes abdecken. Diese Vorgehensweise ähnelt der bei echten akuten Krankheiten, bezieht aber mehr die Faktoren ein, die das Problem auf einer breiteren und tieferen Ebene beinflussen.

Fallstricke und Interpretation

Bei der Anamnese darf man nicht vergessen, dass man die Informationen von dritter Seite erhält, sprich vom Tierbesitzer oder Betreuer. Manchmal ist das sehr hilfreich, z. B. wenn ein Landwirt seine Tiere wirklich gut kennt. Andererseits können die Informationen auch sehr subjektiv und irreführend sein, weil der Tierhalter seine eigene Interpretation mit einbringt. Was den Gemütsbereich angeht, so besteht immer die große Gefahr der Vermenschlichung, da der Besitzer seine eigenen Gefühle auf das Verhalten des Tieres überträgt. Verkompliziert wird das Ganze noch durch den Umstand, dass das Tier in einer Umgebung lebt, die von den Bedürfnissen und Vorlieben des Besitzers geprägt ist. Vielleicht erzählt der Besitzer, dass sein Tier nicht nahe am Ofen oder an der Heizung sitzt, wenn es die Möglichkeit dazu hat. Dies darf aber nicht automatisch als Abneigung gegen Wärme interpretiert werden. Es kann sein, dass im Haus gut geheizt wird, weil der Besitzer es so möchte, und dass das Tier zwar eine Vorliebe für

Wärme hat, diese aber bereits durch die normale Umgebungstemperatur abgedeckt wird. Eine Abneigung gegen Wärme lässt sich nur abschätzen, wenn das Tier aktiv kühlere Plätze aufsucht. Ein weiteres Beispiel wäre ein Tier, das eigentlich kühle Plätze bevorzugt, aber an einer Wärmequelle sitzenbleibt, weil sich sein Besitzer dort aufhält und es dessen Aufmerksamkeit sucht. Deshalb sollte man Gemüts – und Allgemeinsymptome niemals nur anhand eines einzigen Merkmals beurteilen.

Je nachdem, wie empfänglich ein Tierbesitzer für Werbung ist oder welchen religiösen oder philosophischen Glaubenssätzen er unterworfen ist, kann dies einen großen Einfluss auf die Fütterung des Tieres haben. Dies führt dazu, dass wir oft nur eingeschränkte Informationen zu diesem Thema erhalten; außerdem kann eine mangelhafte Ernährung ein Heilungshindernis darstellen.

Wenn es darum geht, Modalitäten von Lokalsymptomen zu erfassen, kann es sein, dass der Fall nicht so klar ist, wie es zuerst den Anschein hat. Nehmen wir als Beispiel einen Juckreiz, der abends schlimmer sein soll. Hier kann tatsächlich eine zeitliche Modalität vorliegen, es sind aber auch noch andere Gründe denkbar:

1. Die Besitzer kommen erst am Abend zur Ruhe und haben dann Zeit und Muße, ihr Tier zu beobachten. Es kann also sein, dass das Kratzen sie dann mehr stört als sonst, weil sie versuchen zu entspannen. In diesem Fall gibt es also in Wahrheit keine entsprechende Modalität.
2. Die Besitzer drehen die Heizung hoch, wenn sie sich hinsetzen, um sich auszuruhen. Es handelt sich also in Wahrheit um eine Wärmemodalität.
3. Das Tier wird abends gefüttert, und das verschlimmert den Juckreiz.
4. Zu dieser Zeit wird mehr mit dem Tier gespielt und es häufiger berührt, was den Juckreiz verschlimmert.

Trotzdem ist es in den meisten Fällen möglich, eine Menge wichtiger und hilfreicher Informationen zu erhalten. Das nächste Problem ist aber, wie man diese Informationen interpretiert, um den maximalen Nutzen daraus zu ziehen.

Die Zeichen und Symptome werden wie bereits beschrieben gewichtet: erst die auffallenden, sonderlichen, ungewöhnlichen und eigenheitlichen Symptome, dann die Gemüts – und Allgemeinsymptome und schließlich die Lokalsymptome. Im Idealfall kann man Symptome aus allen Ebenen in die Analyse einbeziehen, aber es gibt auch Fälle, in denen dies nicht möglich ist und man sich zwangsläufig an das halten muss, was einem zur Verfügung steht. Dann muss die Behandlung beginnen, ohne dass ein vollständiges Bild vorliegt, was dazu führt, dass die gewählte Arznei oft eher ein Simile als ein Simillimum ist. Nichtsdestotrotz wird sie das Bild ausreichend verändern, sodass bei der zweiten Konsultation ein besser passendes Mittel verschrieben werden kann.

Für die Interpretation stellt der Einfluss einer bereits erfolgten schulmedizinischen Medikation auf das bestehende Krankheitsbild ein sehr großes Problem dar. Die Anwendung von NSAID (nichtsteroidalen Antiphlogistika) bei Arthritis verhindert oft, dass sich das eigentliche Muster der Bewegungsstörungen manifestiert. Modalitäten in Bezug auf die Bewegung, sprich Besserung (>) oder Verschlechterung (<) durch Bewegung, sind in solchen Fällen besonders nützlich, aber wenn der Patient bereits Medikamente erhält, sind solche Informationen meist nicht zu bekommen. In extremen Fällen wird das wahre Krankheitsbild durch die derzeitige Medikation vollständig unterdrückt, und solange es sich nicht zeigt, kann keine akkurate Verschreibung erfolgen. In Fällen, wo das Absetzen der schulmedizinischen Medikamente zum Wiederauftreten inakzeptabler Symptome führen könnte, wie z. B. bei einer Epilepsie, die derzeit unter Kontrolle ist, muss sich die erste Fallanalyse auf Gemüts-, Allgemein – oder Begleitsymptome stützen, die nichts mit dem schulmedizinisch definierten Krankheitsbild zu tun haben. In anderen Fällen stellt das derzeitige Bild eine Mischung aus eigentlichen Krankheitssymptomen und medikamenteninduzierten Symptomen (den Nebenwirkungen dieser Medikamente) dar, die erst einmal voneinander getrennt werden müssen.

Manchmal kann die Medikamentenwirkung allerdings auch hilfreich für die Interpretation sein. Wenn aus der Vorgeschichte des Patienten ersichtlich ist, dass er grundsätzlich nicht viel trinkt, und die Anwendung von Kortikosteroiden den Durst nicht steigert, kann man daraus den Schluss ziehen, dass die Rubrik »durstlos« als Allgemeinsymptom in diesem Fall eine berechtigte Rolle spielt.

Echte »auffallende, sonderliche, ungewöhnliche und eigenheitliche« Symptome sind per definitionem keineswegs häufig zu finden, aber wenn doch, dann sind sie wie Goldkörner. Wir hatten einmal einen Fall, in dem eine Katze zu Beginn ihrer Erkrankung einen Lederfetisch für sich entdeckte, wobei die Krankheit damit in absolut keinem Zusammenhang stand – bei jeder sich bietenden Gelegenheit legte sie sich auf etwas Ledernes, spielte damit, leckte daran oder versuchte sogar, es zu fressen!

Ein Symptom, dem man normalerweise wenig Beachtung schenken würde, kann durch unerwartete oder ungewöhnliche Reaktionen an Bedeutung gewinnen. So würde man beispielsweise bei einem Hund mit langem, dichtem Fell eine ausgeprägte Vorliebe für Wärme höher gewichten als bei einem Vertreter einer kurzhaarigen Rasse, wie z. B. einem Whippet. Ähnlich verhält es sich bei einem Jagdhund, der nicht schussfest ist.

Des Weiteren sind Dinge, die der Besitzer *spontan* berichtet und stark betont, grundsätzlich erst einmal von größerer Bedeutung als Informationen, die ihm buchstäblich aus der Nase gezogen werden müssen.

Ein Punkt, bei dem man sich unbedingt in Acht nehmen sollte, ist die Annahme, dass alle Tiere einer bestimmten Rasse hinsichtlich ihrer Gemüts – und Allgemeinsymptome gleich sind. Dies ist besonders wichtig, wenn es um die Wahl des Konstitutionsmittels geht (Kapitel 9). Es stimmt zwar, dass Angehörige einer Rasse eine ganze Reihe von Merkmalen teilen, die mit einer bestimmten Arznei korrespondieren, aber es wird immer Ausnahmen und Unterschiede in der Intensität geben. Die sanfte, liebevolle Natur der Golden Retriever oder die Überschwänglichkeit der Irischen Setter kann den Arzneien *Pulsatilla* bzw. *Phosphorus* entsprechen, aber man darf nicht davon ausgehen, dass alle Tiere dieser Rassen grundsätzlich auch diesem

Typus entsprechen. Rassecharakteristika sollten immer berücksichtigt werden, aber je typischer das Merkmal ist, desto weniger Gewicht erhält es. Je mehr ein Merkmal aber vom allgemeinen Durchschnitt abweicht, desto signifikanter wird es. Ein Pitbull-Terrier, der vor allen anderen Hunden Angst hat, wäre beispielsweise etwas sehr Ungewöhnliches.

Miasmatische and konstitutionelle Symptome

Hier handelt es sich nicht um weitere Arten von Symptomen, sondern um eine andere Methode der Klassifikation als oben beschrieben. Nachdem ein Fall aufgenommen wurde, wird man erkennen, dass es Symptome gibt, die zusammengenommen ein bestimmtes Muster ergeben, welches auf einen bestimmten Konstitutionstypus oder einen miasmatischen Einfluss hinweist. Beides kann gleichzeitig in einem Fall vorliegen und sich auch in gewisser Weise überlagern. Das Konzept von der Konstitution und wie damit gearbeitet werden kann, wird in Kapitel 9 näher erläutert. Im Augenblick genügt es, dieses Konzept als eine Möglichkeit zu beschreiben, wie man den grundlegenden Typus des Patienten interpretieren kann. Dabei spielen insbesondere Gemüts – und Allgemeinsymptome eine herausragende Rolle, und die körperliche Verfassung ist ebenfalls wichtig. Eine ausgeprägte Vorliebe für Wärme weist auf bestimmte Arzneien hin, während eine starke Abneigung wiederum andere Mittel nahelegt. Gleichermaßen wird man bei einem Tier mit einem schweren Körperbau an andere Mittel denken als bei einem feingliedrigen Tier.

Wir können allerdings nicht oft genug betonen, dass die Mittelwahl niemals nur aufgrund eines einzigen Zeichens oder Symptoms erfolgen sollte, sondern immer auf der Basis aller zur Verfügung stehenden Informationen.

Miasmatische Symptome geben Hinweise auf bestimmte miasmatische Einflüsse bzw. Reaktionsweisen des Körpers (siehe auch Kapitel 11). Innerhalb der Hierarchie der Symptome können sie auf jeder Ebene auftreten; wichtig für die Verschreibung ist dabei, ob sie auf eine Dominanz eines bestimmten Miasmas schließen lassen.

Konstitutionelle und miasmatische Symptome sind zwar mehr für die Analyse des Falles von Bedeutung als für die eigentliche Fallerhebung, aber es ist wichtig, sie im Hinterkopf zu behalten.

Beobachtung

All das oben Gesagte geschieht zusätzlich zu der normalen schulmedizinischen Anamnese; eine vollständige körperliche Untersuchung des Patienten ist unerlässlich. Diese kann Aspekte ans Tageslicht bringen, die von rein homöopathischer Bedeutung sind. So weist beispielsweise der erkrankungsunabhängige Umstand, dass der Patient eine Rötung im Bereich aller Körperöffnungen zeigt, auf eine mögliche Arznei hin (*Sulphur*).

Genaue Beobachtung ist das Schlüsselelement in der Anamnese, und es wäre ein Fehler, erst im Behandlungsraum damit zu beginnen. Je nach Tierart ergeben sich erste Anhaltspunkte bereits im Wartebereich oder auf dem Weg in die Praxis. Bei Tierarten wie z. B. Katzen, die sich in einem Transportkorb befinden, spielt das Verhalten in dem Behältnis eine ebenso große Rolle wie die Reaktion des Tieres, wenn es herausgenommen wird. Im Behandlungsraum sollte sich das Tier idealerweise frei bewegen können, während sich der Tierarzt mit den Besitzern über den Fall unterhält. So bekommt der Tierarzt einen Eindruck vom Temperament des Tieres und kann sich in Verbindung mit der Beurteilung des Besitzers ein recht verlässliches Bild machen.

Die Beobachtung des Tieres in der vertrauten Umgebung kann manchmal auch sehr hilfreich sein. Die moderne Praxis kommt zwar immer mehr davon ab, aber ein »Hausbesuch« kann wertvolle Informationen liefern und sollte nicht von vornherein ausgeschlossen werden.

Auch in Bezug auf die körperliche Ebene spielt die Beobachtung eine große Rolle, da sie helfen kann, subjektive Interpretationen des Besitzers zu bestätigen oder zu widerlegen. Bei der homöopathischen Verschreibung sind die genaue Art etwaiger Absonderungen und das exakte Erscheinungsbild der Pathologie von außerordentlicher Bedeutung. Kann sich der Tierarzt selbst von der Farbe einer Absonderung oder der Härte eines Knotens überzeugen, erhöht dies nicht nur die Chance auf eine möglichst akkurate Verordnung, sondern erleichtert auch die Beurteilung des weiteren Verlaufs. Man eignet sich schnell ein eigenes Bewertungsschema für bestimmte Symptome an, und selbst wenn in den gängigen Nachschlagewerken etwas anderes stehen sollte, bringt man auf diese Weise eine gewisse Konsistenz in die eigene Arbeit und gerät nicht unnötig in Verwirrung.

Konventionelle Untersuchungen und Diagnosen

In der Schulmedizin und Homöopathie gibt es gewisse Unterschiede in der Interpretation der in der Anamnese erhobenen Befunde. Die Schulmedizin verwendet die Informationen, um eine standardisierte Diagnose zu stellen und dem Krankheitsprozess einen offiziell anerkannten Namen zu geben. Am anderen Ende der Skala steht die folgende Äußerung mancher Homöopathen: »Der Name Ihrer Krankheit interessiert mich nicht, und der Name Ihrer Arznei hat Sie nicht zu interessieren.«

In der Schulmedizin entscheidet die Diagnose über die Art und Richtung der Behandlung. In der Homöopathie stellt sie nur einen Ausgangspunkt für den Therapeuten dar, um die richtige Behandlung zu bestimmen – sie sollte aber auch nicht ignoriert werden.

Die in den vorherigen Kapiteln dargestellten Unterschiede im Krankheitsverständnis der beiden Richtungen sind der Grund für diese verschiedenartigen Herangehensweisen. Die Schulmedizin sieht in den Zeichen und in etwas geringerem Maße auch in den Symptomen die eigentliche Krankheit. Aus homöopathischer Sicht handelt es sich bei den Zeichen um die Endprodukte des Krankheitsprozesses, während die Symptome diesen Prozess in dem jeweiligen Individuum repräsentieren. In der Schulmedizin führt die Pathologie zur Fehlfunktion; in der Homöopathie führt die Fehlfunktion zur Pathologie. Pathologische Befunde sind lediglich ein weiterer Teil der Gesamtsymptomatik, die wiederum eine Manifestation des funktionellen Ungleichgewichts im System des Patienten ist.

Dieser Unterschied gilt ebenso für akute Erkrankungen. Während der Schulmediziner einen Fall von Staupe wie jeden anderen betrachtet und entsprechend behandelt, handelt es sich für den Homöopathen um einen für den jeweiligen Patienten einzigartigen Fall von Staupe mit Absonderungen in unterschiedlicher Farbe und Menge, einer ganz bestimmten Art von Durchfall, einer Verschlimmerung zu unterschiedlichen Tageszeiten und anderen individualisierenden

Merkmalen, die letztendlich über die Mittelwahl entscheiden. (Einzelheiten dazu im nächsten Kapitel.)

Der Unterschied liegt allein in der Perspektive; der Homöopath stellt den Wert der gewonnenen Informationen erst einmal nicht in Frage. Die schulmedizinische Diagnose ist in der modernen homöopathischen Praxis ein integraler Bestandteil des Gesamtbildes und Ausgangspunkt für die Individualisierung. Sie sagt eine Menge über den Krankheitsprozess aus, aber wenn man sich zu sehr an ihr orientiert, wird sie schnell zur Zwangsjacke.

Hahnemann entwickelte seine Vorstellungen und das homöopathische Konzept in einer Zeit, als es die meisten diagnostischen Hilfsmittel, derer wir uns heute bedienen, noch gar nicht gab. Man wusste nichts über Bakterien und Infektionen, auch wenn Hahnemann sie bereits 80 Jahre vor der Entwicklung der Erregertheorie durch Pasteur und Koch vorhergesagt hatte (Heilung der asiatischen Cholera und Schützung vor derselben (1831) – *Gesammelte kleine Schriften*). Auch wenn dies bedeutet, dass solche Dinge in den ursprünglichen Schriften und Prüfungen keine Erwähnung finden, heißt es nicht, dass die modernen Entwicklungen und die Homöopathie von vornherein antagonistisch oder nicht kompatibel sind. Das Herzstück der Homöopathie, wonach »Ähnliches durch Ähnliches geheilt wird«, besagt, dass es wünschenswert ist, so viel wie möglich über die Krankheit, aber auch über die Arznei in Erfahrung zu bringen. Der entscheidende Unterschied zwischen den beiden Medizinsystemen liegt darin, dass es in der Schulmedizin nicht für notwendig erachtet wird, dass der Behandler alles über die individuellen Aspekte eines Falles weiß.

In Paragraph 14 des *Organon* schreibt Hahnemann: »Es giebt nichts krankhaftes Heilbare und nichts unsichtbarer Weise krankhaft verändertes Heilbare im Innern des Menschen, was sich nicht durch Krankheits-Zeichen und Symptome dem genau beobachtenden Arzte zu erkennen gäbe...« Und in Paragraph 15 sagt er: »Das Leiden der krankhaft verstimmten, geistartigen, unsern Körper belebenden Dynamis (Lebenskraft) im unsichtbaren Innern und der Inbegriff der von ihr im Organism veranstalteten, äußerlich wahrnehmbaren, das vorhandene Uebel darstellenden Symptome, bilden nämlich ein Ganzes, sind Eins und Dasselbe.«

Auch wenn er sich dabei auf den Menschen bezieht, so treffen Hahnemanns Vorstellungen doch ebenso auf das Tier zu; wenn man bedenkt, dass es nun möglich ist, auf eine Weise in das Innere des Körpers zu »sehen«, die zu Hahnemanns Zeit unvorstellbar war, wird klar, dass es kein Problem darstellt, die modernen Entwicklungen mit der grundlegenden homöopathischen Philosophie in Einklang zu bringen. Die mithilfe der modernen diagnostischen Möglichkeiten erhobenen Befunde decken sich absolut mit Hahnemanns Konzept von der Gesamtheit der Symptome. Erkenntnisse aus solchen Untersuchungen ergänzen auch die vorhandenen Arzneimittelbilder und erweitern damit das Anwendungsspektrum dieser Mittel.

QUELLEN

- *Clover, A. (1989): Homeopathy reconsidered. London: Victor Gollancz*
- *Kaplan, B. (2004): Die Kunst der Fallaufnahme. Stuttgart: MVS*
- *Saxton, J. G. (1998): Diagnosis, the love-hate relationship.* Proceedings LIGA conference *Amsterdam*

7

Abgleich der Symptome

Die Materia medica

Hat man entsprechend der Ausführungen in Kapitel 6 schließlich alle Symptome des Falles erhoben, ist der nächste Schritt, eine homöopathische Arznei zu finden, deren Arzneimittelbild die größtmögliche Übereinstimmung mit diesen Symptomen aufweist.

Die entsprechenden Informationen sind in den zahlreichen Nachschlagewerken zu finden, aus denen die homöopathische Materia medica besteht. Diese wird beständig überarbeitet, auf den neuesten Stand gebracht und erweitert, da es immer wieder neue Erkenntnisse zu bereits bekannten Arzneien gibt, aber auch neue Mittel erforscht werden.

Hahnemanns *Fragmenta De Viribus Medicamentorum Positivis* und *Materia Medica Pura* bestanden durchweg aus Auflistungen von Symptomen, die in den Prüfungen aufgetreten waren; die Arzneimittelprüfungen waren dabei immer mit materiellen Dosen der jeweiligen Arznei durchgeführt worden. In *Die chronischen Krankheiten* hingegen sind Symptomlisten enthalten, die aus Prüfungen mit der Potenz C 30 stammen.

Der erste englische Beitrag zur homöopathischen Materia medica war Hughes *Cyclopaedia of Drug Pathogenesy*, die 1884 veröffentlicht wurde. Hughes war sehr skeptisch, was sowohl Hahnemann als auch die höheren Potenzen anging, und nahm es auf sich, alles außer den toxischen Symptomen und den Prüfungssymptomen, die aus Prüfungen von materiellen Dosen der Arznei an gesunden Prüfern stammten, wieder aus der Materia medica zu eliminieren. Im Gegensatz dazu begannen andere Autoren, solche Symptome besonders zu betonen, die sich in der Praxis als nützlich erwiesen hatten; das vielleicht einflussreichste Werk war hier Herings *Guiding Symptoms of our Materia Medica*, das 1879 veröffentlicht wurde. Hier wurden die Informationen in einer Weise präsentiert, die das Lesen sehr viel einfacher machte und gleichzeitig die am besten verifizierten Symptome betonte. Diese Bemühungen um eine benutzerfreundlichere Gestaltung der Materia medica wurden von anderen Autoren, wie z. B. Henry C. Allen, fortgeführt, in dessen *Keynotes* die wichtigsten Merkmale einer Arznei auf nur wenigen Seiten aufgeführt werden; dabei sind die charakteristischsten Symptome durch Fettdruck hervorgehoben.

Der große englische Homöopath John H. Clarke veröffentlichte 1900 sein dreibändiges Werk *Dictionary of Materia Medica*; dieses ist eine Zusammenstellung der Informationen von anderen Autoren nebst seinen eigenen Erfahrungen, und die Aufnahme von Anekdoten aus der Praxis macht es zu einem sehr viel besser lesbaren Werk als die meisten frühen Veröffentlichungen.

Schließlich ging James T. Kent aber noch einen großen Schritt weiter und begann damit, die Arzneien in einem erzählenden Stil zu beschreiben. So konnte sich der Leser ein Bild von dem Patienten machen, der diese Arznei benötigte. Kents *Lectures on Materia Medica* (1904) ist nach wie vor ein Standardwerk. Kents Stil wurde von Margaret L. Tyler in ihrem Buch *Homoeopathic Drug Pictures* noch erweitert; dieses ist in einer solchen Weise geschrieben, dass es zur Bettlektüre vieler aufstrebender Homöopathen avancierte. Douglas Gibsons *Studies of Homoeopathic Remedies* ist ähnlich gut lesbar. Es entwickelte sich die Tendenz, zunehmend die Gemütssymptome der Arzneien zu betonen; dieser psychoanalytische Ansatz wurde von Georgos Vithoulkas (*Essenzen homöopathischer Arzneimittel*), Catherine Coulter (*Portraits of Homeopathic Medicines*) und Philip Bailey (*Psychologische Homöopathie*) noch weiter vorangetrieben. Besonders das letztgenannte Werk zeigt einen Weg auf, die Arzneien von ihrer psychologischen Seite zu verstehen; hat man diese erst einmal erfasst, kann sie als Rahmen für weitere Details des Arzneimittelbildes dienen, die man dann besser in Erinnerung behält.

Rajan Sankaran hat in seinem Buch *Die Seele der Heilmittel* einen ähnlichen Ansatz gewählt, allerdings korrespondieren die Arzneimittel hier mit einer grundlegenden Wahnidee, die den Patienten veranlasst, sich in der ihm eigenen Art und Weise zu verhalten. Es mag zwar schwierig sein, dieses Konzept auf Tiere zu übertragen, nichtsdestotrotz kann das so gewonnene Arzneiverständnis auch in der Tierhomöopathie von großem Nutzen sein. Sankaran hat im Laufe der Zeit eine ganze Buchreihe zur Materia medica veröffentlicht, in der die Arzneien aus der Perspektive der sogenannten »Empfindungsmethode« beschrieben werden; als Beispiel sei hier das dreibändige Werk *Einblicke ins Pflanzenreich* genannt. Andere Werke stellen die Materia medica aus taxonomischer Sicht dar, beispielsweise *Plants – Homeopathic and Medicinal Uses from a Botanical Family Perspective* von Vermeulen und Johnston. Jan Scholten entwickelte wiederum ein anderes Konzept, indem er das Periodensystem der Elemente studierte und jedem Element entsprechend seiner Position bestimmte Charakteristika zuordnete. Anhand dieser und der dazugehörigen Kationen und Anionen konnte er – mit bemerkenswerter Genauigkeit – die therapeutischen Eigenschaften der Salze und Mineralien festlegen. Seine Bücher *Homöopathie und Mineralien, Homöopathie und die Elemente* und die nachfolgenden Werke stellen diese Konzepte in aller Ausführlichkeit dar. Dieser Ansatz wurde auch in Sankarans Methode integriert.

Es gab zahlreiche Versuche, die Materia medica auf ein Maß zu komprimieren, das ein leichteres Nachschlagen im Sinne von *Keynotes* ermöglichte. W. Boerickes *Handbuch der homöopathischen Arzneimittellehre* von 1927 enthält zu jeder Arznei eine kurze Einleitung, auf der die nachfolgenden, sehr kurz und prägnant gehaltenen Beschreibungen aufbauen. Die charakteristischsten Symptome der Arznei sind dabei in Kursivdruck dargestellt. S. R. Phataks *Homöopathische Arzneimittellehre* (1977) ist ähnlich strukturiert, da es sich aber um ein moderneres Werk handelt, werden die Gemütssymptome ausführlicher dargestellt.

Roger Morrisons *Handbuch der homöopathischen Leitsymptome und Bestätigungssymptome* (1993) wurde in jüngerer Zeit verfasst und zählt daher zu den moderneren Werken.

Frans Vermeulen fasste einen Großteil der wichtigsten Werke zu seiner *Konkordanz der Materia Medica* zusammen; dieses Buch wurde und wird von vielen Homöopathen berechtigterweise als ein Standardwerk der heutigen homöopathischen Materia medica angesehen. Mittlerweile wurde es aber von Vermeulens jüngeren Büchern *Synoptische Referenz, Neue Synoptische Materia Medica Band 1* und *Synoptische Materia Medica Band 2* abgelöst. *Prisma – Das Arcanum der Materia Medica ans Licht gebracht* ist ein weiteres Werk von Vermeulen, das besonders auf die Parallelen zwischen den homöopathischen Arzneimittelbildern und den Substanzen, aus denen sie gewonnen werden, eingeht. Dieser Ansatz hilft dem modernen Homöopathen, ein weitreichenderes Verständnis für die Arzneien zu entwickeln. Inzwischen ist daraus das vierbändige Werk *The Ultimate Prisma Collection* entstanden.

Robin Murphy hat ebenfalls eine umfangreiche Arzneimittellehre mit dem Titel *Nature's Materia Medica* veröffentlicht, die sich von den meisten anderen Werken dahingehend unterscheidet, dass die Körperteile hier nicht nach dem traditionellen und allgemein üblichen Kopf-zu-Fuß-Schema, sondern in alphabetischer Reihenfolge aufgeführt sind.

Die obigen Ausführungen zeigen, dass die homöopathische Materia medica seit Hahnemann bis heute eine enorme Weiterentwicklung erfahren hat – von einer unstrukturierten Auflistung von Prüfungssymptomen nach der Einnahme materieller Dosen der Substanzen bis hin zu Ansätzen, die es dem Studenten der Homöopathie erlauben, sich für eine bestimmte Arznei ein herausstechendes Konzept herauszugreifen, um so sein Mittelverständnis zu erweitern. Dadurch wird das Studium der homöopathischen Materia medica nicht nur viel interessanter, sondern auch um einiges einfacher. Jeder kann sich dabei die Ansätze herausgreifen, die ihm am meisten zusagen. Die jüngeren und sehr verschiedenartigen Zugänge zur Materia medica beispielsweise von Vithoulkas, Scholten und Sankaran lassen ein großes Maß an Flexibilität zu, wie jemand die Arzneimittel lernt, begreift und schließlich auch einsetzt. Allerdings beruhen auch die heutigen, überaus anschaulichen Beschreibungen der homöopathischen Materia medica nach wie vor auf der klassischen Triade von Prüfungen, toxikologischen Studien und klinischer Erfahrung. Nur auf diese Weise kann die Materia medica die Zeit als zuverlässige Informationsquelle für den praktizierenden Homöopathen überdauern.

Tiermedizinische Materia medica

Bis vor kurzem existierten nur sehr wenige Informationen im Sinne einer veterinärhomöopathischen Materia medica. Viele Jahre lang war das einzige verfügbare Werk in englischer Sprache ein dünnes Büchlein mit dem Titel *A Veterinary Materia Medica* von George MacLeod. Leider ist es dermaßen kurz gefasst und auf die Pathologie fokussiert, dass es für den ernsthaften Studenten der Veterinärhomöopathie nur von sehr begrenztem Nutzen ist. Hilfreiche Kapitel zur Materia medica findet man in Days *Homoeopathic Treatment of Small Animals* und anderen Büchern dieser Art, aber die darin enthaltenen Beschreibungen sind i. d. R. kurz gehalten. Don Hamiltons *Homeopathic Care for Cats and Dogs* enthält einen nützlichen Abschnitt zur Materia medica und Atjo Westerhuis *Homöopathie für Hunde* hat ein ausgezeichnetes Kapitel zu »Homöopathischen Typen«. Jüngeren Datums ist Tim Couzens *Das Pferde-Homöopathie-Buch* mit einem umfassenden Abschnitt zur Materia medica. Einer von uns (PG) ist Autor des Buches *Praxisbuch Tierhomöopathie* mit einem ausführlichen Teil zu den sogenannten »Mustern«, hinter denen sich homöopathische Arzneimittelbilder verbergen.

Die International Association for Veterinary Homeopathy betreibt ein laufendes Projekt mit der Zielsetzung, eine *Materia Medica Homoeopathica Veterinaria* zu entwickeln. Die ersten zwei Bände sind schon auf Deutsch und Französisch erschienen, und die englische Version steht den Mitgliedern bereits als Download zur Verfügung. Dieses Projekt ist derzeit vielleicht das vielversprechendste im Bereich der Veterinärhomöopathie. Da sich diese aber gleichermaßen weiterentwickelt wie andere medizinische Bereiche und auch die Humanhomöopathie, sind in Zukunft zweifellos weitere Veröffentlichungen auf dem tiermedizinischen Sektor zu erwarten.

In der Zwischenzeit liefert die homöopathische Materia medica aus dem Humanbereich aber auch schon genügend Informationen für die tierärztliche Verschreibung. Mit ein wenig Erfahrung ist es recht einfach, die Symptome vom Menschen auf das Tier zu übertragen, und mit etwas Fantasie kann der Veterinärhomöopath selbst komplexere Konzepte wie die Gemütszustände und Wahnideen gewinnbringend einsetzen.

Die Repertorien

Die Materia medica in ihrer heutigen Form erlaubt es uns, die Arzneien leichter und umfassender zu verstehen; nichtsdestotrotz haben wir noch einen Berg Arbeit vor uns, bevor wir auch nur versuchen können, die Symptome unseres Patienten mit dem Bild einer passenden homöopathischen Arznei in Übereinstimmung zu bringen.

Bereits Hahnemann erkannte die Notwendigkeit, ein System zu entwickeln, um die Informationen leichter sortieren zu können. Daher bestand der zweite Teil seiner *Fragmenta* aus einem Symptomenverzeichnis oder auch »Repertorium«, mit dessen Hilfe jedem Symptom die Arzneien zugeordnet werden konnten, die sich bei diesem Symptom als hilfreich erwiesen hatten. Ein Repertorium ist demnach ein Nachschlagewerk, das Symptome unter als »Rubriken« bezeichneten Überschriften auflistet. In jeder Rubrik sind wiederum all die Arzneien aufgeführt, die zu diesem Symptom passen. So enthält beispielsweise die Rubrik »Gemüt – Angst – Menschenmenge, in einer« in der 5. Auflage des *Synthesis* 11 Arzneien, und die Rubrik »Magen – Schmerz – Trinken, nach« umfasst 31 Mittel. Nimmt man nun mehrere Rubriken, die den wichtigsten Symptomen des Patienten entsprechen, wird man feststellen, dass einige Arzneien in den meisten, wenn nicht gar in allen Rubriken vertreten sind, während andere nur in einer oder zwei Rubriken auftauchen. Unter den Arzneien, die in der Mehrzahl der Rubriken stehen, befinden sich mit großer Wahrscheinlichkeit diejenigen, die in diesem Fall angezeigt sind. Die endgültige Arzneiwahl erfolgt dann mithilfe der Materia medica. Damit bietet das Repertorium eine einfache Möglichkeit, die Arzneiwahl einzuengen und dabei das am besten passende Mittel herauszufinden. Auf Hahnemanns Werk folgten noch viele weitere, darunter von Boenninghausens *Repertorium der Antipsorischen Arzneien* (1833) und Constantine Lippes *Repertory to the more Characteristic Symptoms of the Materia Medica* (1880). Allerdings war es auch hier wieder einmal Kent, der das Repertorium so weiterentwickelte, dass es zu einem unentbehrlichen und praktischen Teil der homöopathischen Verschreibungstechnik wurde. Wie bereits Boenninghausen gewichtete er die Arzneien innerhalb einer Rubrik, je nachdem, für wie signifikant er sie für das jeweilige Symptom hielt. In Kents *Repertorium der homöopathischen Arzneimittel* (1899) haben Arzneien in Fettdruck die höchste Wertigkeit; Kursivdruck weist auf eine mittlere und Normaldruck auf die geringste Bedeutung hin. Das Kentsche Repertorium wurde seither umfassend korrigiert und erweitert; ein Beispiel ist Künzlis *Kent's Repertorium Generale* (1987). Nichtsdestotrotz stellt es weiterhin die Grundlage für die meisten modernen Repertorien dar. Ein daraus resultierendes Erbe ist die Tatsache, dass ein Großteil der Terminologie der Repertorien in gewisser Weise archaisch geblieben ist. Mit diesen teilweise recht altmodischen Wendungen sollte man sich tunlichst vertraut machen, will man den größtmöglichen Nutzen aus dem Repertorium ziehen. In der Praxis stellt dies allerdings kein allzu großes Handicap dar.

In Übereinstimmung mit den meisten Arzneimittellehren folgt auch der Aufbau von Kents Repertorium einer bestimmten anatomischen Reihenfolge: Das erste Kapitel ist »Gemüt«, das zweite »Kopf«, und die folgenden Kapitel sind anderen anatomischen Strukturen oder Systemen gewidmet; die Reihenfolge ist dabei relativ logisch gewählt. Das letzte Kapitel umfasst »Allgemeines« und enthält die meisten Modalitäten. Die Struktur innerhalb eines Kapitels folgt einer festgelegten, meist alphabetischen Ordnung, allerdings gibt es auch Bereiche mit unterschiedlicher Anordnung. So stehen Unterrubriken eines Symptoms im Allgemeinen in der nachstehenden Reihenfolge: Zeit, andere Modalitäten, Lokalisation, Charakteristisches. Entsprechend steht im Kapitel »Rektum« unter der Rubrik »Durchfall« zuerst der Eintrag »abends« und dann »Kaffee, nach«; im Kapitel »Kopf« kommt die Rubrik »Schmerz – Schlaf – bessert« vor »Schmerz – Stirn, in«, und diese wiederum vor »Schmerz – stechend«. Dieses Format hat weltweite Anwendung gefunden und ist auch im *Synthesis* enthalten. Nur Murphy verwendet in seinem Repertorium (1993) wie oben erwähnt eine alphabetische Reihenfolge der Körpersysteme, da er diese für logischer und leichter anwendbar hält. Er hat zudem viele neue Kapitel aufgenommen und benutzt eine modernere Terminologie. Neue Kapitel sind beispielsweise »Kinder«, »Umwelt«, »Schultern« und »Knöchel« (die beiden letztgenannten sind in den Kentschen Repertorien im Kapitel »Extremitäten« enthalten).

Kents Gewichtung entspricht einer numerischen Zuordnung: Arzneien in Fettdruck erhalten die Zahl 3, solche in Kursivdruck eine 2 und Mittel in Normaldruck eine 1. Die Summe all dieser Zahlen für eine

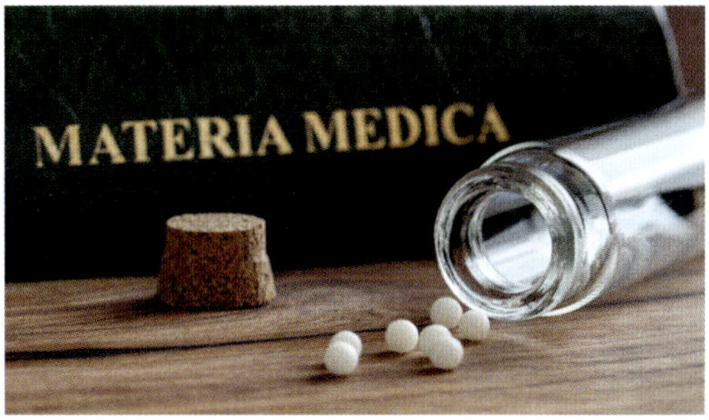

Arznei aus den verschiedenen Rubriken sagt etwas über ihre mögliche Bedeutung in dem vorliegenden Fall aus. Für jede Arznei gibt es somit zwei relevante Zahlen: Erstens die Anzahl der Rubriken, in denen sie vertreten ist, und zweitens die Summe der Gradzahlen aus all diesen Rubriken. Ist das Ergebnis beider Zahlen hoch, kommt die entsprechende Arznei als mögliches Mittel in Frage; es muss aber betont werden, dass durch die Repertorisation und Fallanalyse erst einmal nur eine Liste möglicher Arzneien erstellt wird und eine Verschreibung niemals allein aufgrund der Repertorisation erfolgen sollte. Wurden die Rubriken gut gewählt, sollte sich die passende Arznei unter den ersten sechs bis acht Mitteln befinden; es sei aber noch einmal darauf hingewiesen, dass die endgültige Wahl erst getroffen werden sollte, nachdem eine Bestätigung mithilfe der Materia medica erfolgt ist.

Manuell kann die Repertorisation mithilfe von Gitterpapier erfolgen: Die Rubriken werden über den Spalten und die Namen der Arzneien auf der linken Seite notiert. Die Gradzahlen werden in den entsprechenden Kästchen und die Gesamtsumme auf der rechten Seite eingetragen. Es gibt Vordrucke, in denen die häufigsten Arzneien bereits eingetragen sind und noch genügend Platz für andere Mittel ist, die möglicherweise in der Repertorisation auftauchen.

1	Gemüt – Gewissenhaft	**5**	Magen – Durst – kleine Mengen, auf – oft; und
2	Gemüt – Ruhelosigkeit – nachts – Mitternacht – nach	**6**	Extremitäten – Zucken – Schlaf – Einschlafen, beim
3	Allgemeines – Wärme – kann nicht warm werden	**7**	Haut – Jucken – Kratzen – blutet; muss kratzen bis es
4	Allgemeines – Luft – Seeluft, Luft am Meer – agg.	**8**	Haut – Hautausschläge – abschuppend

	1	2	3	4	5	6	7	8			1	2	3	4	5	6	7	8	
ACONITUM			1		1	1		1	4/3	**IGNATIA**									
ALOE										**IPECAC.**			2						
ALUMINA	1		3			2	1		7/4	**IODUM**	1			1				1	3/3
ANTIM. CRUD.			2																
ANTIM. TART.					1			1		**KALI. BICH.**	1		3						
APIS			2		1			1		**KALI. CARB.**	2		3		1				6/3
ARGENT. NIT.	1		2																
ARNICA										**LACHESIS**			2					1	
ARSEN. ALB.	3	3	2	2	3	3	3	2	**21/8**	**LYCOPODIUM**	1	1	2		1				5/4
AURUM	1		2					2											
										MAG. CARB.			1			1		2	4/3
BARIUM CARB.			3				2	1	6/3	**MERC. CORR.**								1	
BELLADONNA					2	2		3		**MERC. SOL.**		1	2					2	5/3
BRYONIA		1		1															
										NAT. MUR.	2		2	3		2		1	**10/5**
CALC. CARB.			3			1		2	6/3	**NAT. SULPH.**	1								
CALC. FLUOR.			2							**NIT. AC.**		2	3				1		6/3
CALC. PHOS.	1		3							**NUX VOM.**	2		3						
CANTHARIS								1											
CAUSTICUM	2		3					1	6/3	**PHOSPHORUS**	1		3				1	2	7/4
CHAMOMILLA	1					2		1		**PSORINUM**			3				2	3	8/3
CHINA			2		2														
COLCHICUM			2		2					**PULSATILLA**	1				1	1	2	2	7/5
COLOCYNTH.							2	2											
CUPRUM	1			1				1		**RHUS TOX.**		3	3	2	1			2	11/5
DROSERA										**SEPIA**	1		2	3				3	9/4
DULCAMARA			3					2		**SILICEA**	1	1	3	1				2	8/5
										STAPHYSAGRIA	1		2					2	5/3
FERRUM			3					1		**SULPHUR**	1	1	2		2			2	8/5
GELSEMIUM										**THUJA**	1		3					1	5/3
GRAPHITES	2		3			2		2	9/4	**TUB. BOV.**			2	2	1				5/3

Die Abbildung zeigt ein vereinfachtes Beispiel für eine Repertorisation im Fall eines Terriers mit atopischer Dermatitis. Der Patient war im Hinblick auf sein makelloses äußeres Erscheinungsbild extrem pingelig; er zeigte nächtliche Unruhe, fror sehr schnell und hatte gesteigerten Durst, allerdings immer nur auf kleine Mengen. Ein Begleitsymptom waren nervöse Zuckungen der Gliedmaßen beim Einschlafen. Der Juckreiz war so heftig, dass sich der Hund oft kratzte, bis es blutete, und die Hautveränderungen gingen mit starker Schuppenbildung einher. Alle Symptome verschlimmerten sich am Meer. Die Repertorisation ergab ganz klar *Arsenicum album* als Mittel der Wahl, und dieses führte zu einer vollständigen Heilung aller Symptome. Allerdings wurde dieser Fall nur als Beispiel für die Technik der Repertorisation gewählt. In der Praxis erfolgt die Arzneiwahl i. d. R. nach Abgleich der Materia medica mit den in der Repertorisation führenden Mitteln, und es ist eher selten, dass das Ergebnis so eindeutig ist wie in diesem Beispiel. Der Vordruck für die Repertorisation wurde ebenfalls entsprechend vereinfacht und enthält weniger Mittel als normal; aber selbst im Normalfall wären nur die gängigsten Arzneien darin enthalten. Die freien Zeilen erlauben das Einfügen weiterer Mittel, sollte sich dies in einem bestimmten Fall als notwendig erweisen. In der Praxis wird diese manuelle Methode heutzutage nur noch sehr selten eingesetzt, da Computerrepertorien (siehe unten) ihr schon lange den Rang abgelaufen haben. Aber sie stellt eine gute Übung dar, um den geschickten Umgang mit dem Repertorium zu erlernen.

Außerdem ist eine solch umfangreiche Analyse des Falles nicht immer unbedingt nötig; je nach Geschick und Erfahrung des Therapeuten bedarf es vielleicht nur weniger Symptome (zwei oder drei), die zusammengenommen die Essenz des Falles widerspiegeln. Manchmal gibt es auch die eine Rubrik, die sozusagen dem Fall schlechthin entspricht. Eine andere Möglichkeit ist, dass der Behandler einfach nur die Rubriken nachschlägt, mit denen er nicht vertraut ist, um so die benötigte Arznei zu finden. Um solche Abkürzungen nehmen zu können und dennoch durchweg gute Resultate zu erzielen, muss der Therapeut viel Erfahrung haben und die Materia medica sehr gut kennen. Aber auf diese Weise stellt das Repertorium sowohl ein Werkzeug zum schnellen Nachschlagen im Behandlungsraum als auch ein Hilfsmittel für eine tiefgehende Analyse eines Falles dar.

Computer-Repertorisation

Eine umfangreiche manuelle Analyse kostet sehr viel Zeit, weswegen es bereits 1892 die ersten Versuche gab, den ganzen Vorgang mithilfe von Lochkarten zu vereinfachen. Mit Beginn der Computer-Ära fand ein enormer Sprung in der Repertorisationstechnik statt. CARA, RADAR und MacRepertory (ursprünglich nur für Apple Macintosh konzipiert, aber inzwischen auch für IBM verfügbar) zählen zu den marktführenden Programmen und werden weltweit eingesetzt. RADAR ist unter dem Titel *Synthesis* auch in Buchform erhältlich. Jedes System hat seine eigenen einzigartigen Charakteristika, und jeder Hersteller bietet verschiedene Pakete an, die individuell auf die unterschiedlichen Bedürfnisse der Therapeuten zugeschnitten sind.

Computerprogramme erlauben innovative und einfallsreiche Analysestrategien, und die Symptome können in unterschiedlicher Weise gewichtet werden. So kann beispielsweise ein Symptom, das deutlich ausgeprägt ist und von einiger Wichtigkeit zu sein scheint, vielleicht sogar ein auffallendes, sonderliches, ungewöhnliches und eigenheitliches Symptom ist, die Wertigkeit 4 erhalten, während ein Symptom, das gewöhnlich oder nicht besonders stark ausgeprägt ist, die Wertigkeit 1 bekommt. Die Wertigkeit 4 würde die Analyse auf das entsprechende Symptom lenken. Dadurch lässt sich der individuelle Krankheitszustand des Patienten in der Repertorisation exakter abbilden. Es gibt auch noch weitere Möglichkeiten, mit denen ein Computerrepertorium genauere Ergebnisse erzielt als die manuelle Repertorisation. So beherrschen i. d. R. die »Polychreste« (große Mittel, die ein breites Symptomenspektrum abdecken) das Ergebnis der Analyse; alle kleineren Arzneien, die in einem Fall nützlich sein könnten, gehen dabei unter. Die Computerrepertorisation lässt die Unterdrückung der Polychresten zu, wodurch kleinere Mittel in den Fokus des Homöopathen rücken können. Ein Paket kann auch verschiedene unterstützende Systeme enthalten, wie z. B. das Vithoulkas-Expertensystem in RADAR, das die Erfahrung von George Vithoulkas bei direkten Befragungen nutzt, falls das Ergebnis der Repertorisation keine klaren Hinweise auf eine passende Arznei liefert. Dazu gibt es sein »Kompass-System«, das den Behandler durch den gesamten Prozess führt.

Wie bei jedem Computersystem ist auch die Qualität dieser Programme nur so gut wie die der eingespeisten Informationen; dies gilt ohnehin ganz allgemein für die Repertorisation. Daher ist es weitaus besser, nur ein paar gut gewählte Rubriken zu nehmen, deren Bedeutung für den Fall zweifelsfrei feststeht, als eine lange Liste von Rubriken, die eher allgemeiner oder subjektiver Natur sind. Rubriken wie »Magen – Durst« (mit 378 Arzneien in RADAR) oder »Magen – Appetit – fehlend« (307 Arzneien) sind praktisch wertlos, wenn es darum geht, einen Fall zu individualisieren; dahingegen sind Rubriken wie »Allgemeines – Abmagerung – Heißhunger mit Abmagerung« (35 Arzneien) oder »Extremitäten – Schmerz – Bewegung, bei – amel.« (35 Arzneien) von sehr viel größerem Wert [Anmerkung: »amel.« ist die englische Abkürzung für ameliorates = bessert und »agg«. für aggravates = verschlimmert]. Die Rubrik »Magen – durstlos – begleitet von – Mundes; Trockenheit des« (ein auffallendes, sonderliches, ungewöhnliches und eigenheitliches Symptom mit nur zwei Mitteln) wäre noch ungleich viel wertvoller. Drei oder vier Rubriken in der Art der drei zuletzt Genannten reichen oft für eine akkurate Repertorisation aus. Natürlich ist die Versuchung, zahlreiche Rubriken zu verwenden, bei der Computerrepertorisation sehr viel größer, als wenn das Ganze mühsam per Hand mit Bleistift und Papier erfolgt! Dies ist der Grund dafür, warum dem Studenten der Homöopathie empfohlen wird, die Repertorisation anfangs manuell durchzuführen. Dadurch entwickelt er ein gewisses Geschick in der Auswahl der Rubriken, die den Fall in seiner Individualität repräsentieren.

Je mehr Rubriken in die Analyse aufgenommen werden, desto unspezifischer wird diese ausfallen, sodass am Ende nur noch die großen Polychreste übrig bleiben, da sie die meisten Symptome haben und deshalb in der Mehrzahl der Rubriken vertreten sind. Genau dies steckt hinter dem geflügelten Wort: »Am Ende kommt sowieso *Sulphur* heraus.«

Wann immer möglich sollte eine homöopathische Verschreibung auf Grundlage der Gesamtheit der Symptome vorgenommen werden; daher lautet eine allgemeine Grundregel, dass für eine akkurate Repertorisation Gemüts-, Allgemein – und Lokalsymptome einbezogen werden sollten. Wenn sich der Behandler bei jedem Symptom fragt, wie deutlich es beim Patienten ausgeprägt ist und welche Rolle es spielt, um den individuellen Krankheitszustand dieses speziellen Patienten genau abzubilden, kann er eine entsprechende Gewichtung vornehmen. Dadurch wird die Repertorisation weiter verfeinert und das Ergebnis der Analyse fällt noch exakter aus.

Eine Erweiterung der Computeranalyse sind Programme wie *Reference Works* von MacRepertory oder die *Encyclopedia Homeopathica* von RADAR, die Bibliotheken mit Werken zur Materia medica und entsprechenden Suchfunktionen darstellen. In der Vergangenheit hinkten die Repertorien hinsichtlich der Aufnahme neuer Informationen immer der Materia medica hinterher; daher wurde die Befürchtung laut, dass solche Materia medica-Suchprogramme die Repertorien womöglich ablösen könnten. Dies hat sich jedoch nicht bestätigt, da das Repertorium nun kontinuierlich auf den neuesten Stand gebracht werden kann, buchstäblich Tag für Tag und Rubrik für Rubrik. Damit enthält es zu jedem Zeitpunkt die derzeit genauesten und umfassendsten Informationen. Natürlich ist es dem Computerzeitalter zu verdanken, dass solche Programme Einzug in die Homöopathie halten konnten; mit ihrer Hilfe hat die homöopathische Fallanalyse derartige Fortschritte gemacht, dass sie aus dem Arbeitsalltag eines modernen Homöopathen kaum noch wegzudenken sind.

Tiermedizinische Repertorien

Genauso wie die Tierärzte die Materia medica aus der Humanhomöopathie auf ihre Bedürfnisse zugeschnitten haben, so ist

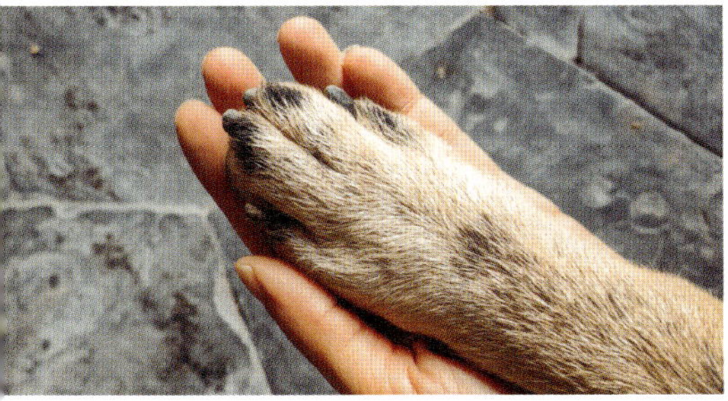

dies auch im Hinblick auf das Repertorium geschehen. Es gibt zwar Abschnitte, mit denen der Veterinärhomöopath nichts anfangen kann, wie z. B. die Rubriken zum Schmerzcharakter, und aufgrund anatomischer Unterschiede bestehen auch gewisse Schwierigkeiten in der Übertragbarkeit von Rubriken aus den Bereichen »Hände« und »Füße« auf »Vorderpfoten und «Hufe«. Nichtsdestotrotz kann das Repertorium aus der Humanhomöopathie auch in der Tierhomöopathie genutzt werden, und sowohl das Kentsche Repertorium als auch dessen Nachfolger stellen seit vielen Jahren unverzichtbare Werkzeuge für den Veterinärhomöopathen dar. Allerdings wurde auch der berechtigte Ruf nach einem speziellen Veterinärrepertorium laut.

MacLeods *Veterinary Materia Medica* enthält ein kleines Repertorium, und viele Bücher zur homöopathischen Behandlung von Tieren, die im allgemeinen Buchhandel erhältlich sind, sind in der Art eines Repertoriums aufgebaut. Jedoch bis vor kurzem gab es noch kein umfassenderes Werk in diesem Bereich. Matthew Glencross hat in seinem *Veterinary Repertory* Informationen aus zahlreichen veterinärmedizinischen Texten zusammengefasst; es ist in dem Buch *Therapeutics of Veterinary Homeopathy* von B. P. Madrewar enthalten, aber selbst dieses ist immer noch sehr rudimentär.

Sehr viel praktischer ist dagegen das 2012 erschienene *Repertory of Veterinary Homeopathy* von Jack Hoare. Noch jünger und sehr viel umfangreicher ist *Das große Repertorium der Tierheilkunde* von Richard Pitcairn und Wendy Jensen, das folgendermaßen beschrieben wird: »Ein modernes homöopathisches Repertorium, das auf den Tierpatienten zugeschnitten ist; es basiert auf dem Repertorium von Boger-Boenninghausen und enthält wertvolle Ergänzungen von Kent und vielen anderen.«

Ein rein veterinärhomöopathisches Repertorium hat zwangsläufig den Nachteil, dass es nicht sonderlich viele Gemütssymptome enthalten kann, da wir nie genau wissen können, welche Emotionen sich hinter dem beobachteten Verhalten verbergen. Auf der anderen Seite haben viele Veterinärhomöopathen ihre eigenen Methoden entwickelt, wie sie den Gemütszustand ihrer tierischen Patienten beurteilen können, weshalb sie das Kapitel »Gemüt« in den herkömmlichen Repertorien nicht missen möchten. Das Computerrepertorium stellt ein ideales Instrument dar, um die begrenzte Anzahl von Symptomen, die dem Veterinärhomöopathen zugänglich sind, mit der immensen Fülle von Symptomen zu verbinden, die beim Menschen erhoben wurden. Sowohl RADAR (bzw. das *Synthesis* in Buchform) als auch MacRepertory (das auf dem *Complete*-Repertorium aufbaut) enthalten Veterinärprogramme, die aus den Humanprogrammen und veterinärmedizinischen Ergänzungen bestehen; viele berühmte Veterinärhomöopathen auf der ganzen Welt sind an diesem wichtigen Projekt beteiligt. Das *New World Repertory* ist im Wesentlichen das Veterinärprogramm von MacRepertory in Buchform. Angesichts dieser gewaltigen Entwicklungen wird es nicht mehr lange dauern, bis es ein vollständiges Repertorium gibt, das auf die spezifischen Bedürfnisse des Veterinärhomöopathen zugeschnitten ist.

Ebenen der Verschreibung

Zwar stellt die Repertorisation auf der Grundlage der Gesamtheit der Symptome die homöopathische Verschreibung in ihrer höchsten Form dar, aber sie ist keinesfalls der einzige Weg, um eine passende Arznei für einen bestimmten Patienten zu finden. Andere Methoden, die ebenfalls zu einer erfolgreichen Verschreibung führen können, sind nachstehend aufgeführt. Sie sind vor allem dann sehr hilfreich, wenn die Zeit knapp ist oder nur wenige Informationen zur Verfügung stehen; trotzdem sei noch einmal darauf hingewiesen, dass die Arznei immer noch so weit wie möglich mit der Symptomatik des Patienten übereinstimmen muss. Wenn man also auf der Basis einer klinischen Diagnose verschreibt, sind die empfohlenen Arzneien deswegen relevant, weil die spezifische Symptomatik der namentlich benannten Erkrankung so häufig mit der Symptomatik im tatsächlichen Krankheitsfall übereinstimmt.

1 LOKALE VERSCHREIBUNG. Die Verschreibung erfolgt aussschließlich anhand der Lokalsymptome. Es sollte wenigstens eine klare Modalität vorliegen, aber selbst wenn dies nicht der Fall ist, kann die Homöopathie auf dieser Ebene trotzdem erfolgreich eingesetzt werden.
Beispiel: Ein Jack Russell Terrier leidet an Arthritis mit Verschlimmerung durch kaltes und feuchtes Wetter und Besserung durch fortgesetzte Bewegung. Er erhält *Rhus toxicodendron* aufgrund der Lokalsymptome und Modalitäten.

2 ORGANSPEZIFISCHE VERSCHREIBUNG. Viele homöopathische Arzneien haben bekannte Wirkungen, die auf ein bestimmtes Organ beschränkt oder dort besonders ausgeprägt sind. Korrespondiert die Pathologie eines Patienten damit, kann diese Art der Verschreibung sehr erfolgreich angewendet werden. Bei Leber – und Nierenerkrankungen wird häufig dieser Ansatz gewählt.
Beispiel: Ein New Forest Pony leidet an einer chronischen Lebererkrankung. Es erhält *Chelidonium majus*, da dieses Mittel für seine positive Wirkung auf die Leber bekannt ist.

3 PATHOLOGISCHE VERSCHREIBUNG. Hier ist der pathologische Prozess wegweisend. Es gibt Arzneien für Blutungen, Fieber oder Quetschungen, deren Arzneimittelbild exakt mit der Pathologie übereinstimmt.
Beispiel: Eine Europäisch Kurzhaarkatze wird angefahren und erleidet multiple Prellungen. Sie erhält *Arnica montana,* eine spezifische Arznei für Quetschungen.

4 FUNKTIONELLE VERSCHREIBUNG. Dies ist eine Sonderform der lokalen Verschreibung, bei der die Regulation der Funktion eines Organs im Mittelpunkt steht. Wenn sich beispielsweise die funktionelle Störung vorwiegend in Form von Krämpfen äußert, kann man eine bestimmte Gruppe von Arzneien in Erwägung ziehen, bei denen Krämpfe ein ausgeprägtes Merkmal darstellen. Auch wenn ein Organ nicht richtig arbeitet, kann ein homöopathisches Mittel zur Regulation eingesetzt werden.
Beispiel: Ein Greyhound leidet an anfallsweisen Krämpfen. Er bekommt *Cuprum metallicum*, eine Arznei, in deren Arzneimittelbild Krämpfe einen Schwerpunkt bilden.

5 BEWÄHRTE INDIKATIONEN. Den Erfahrungsschatz, der sich im Laufe der Zeit in der Human – und Tierhomöopathie angesammelt hat und stetig wächst, kann man sich zunutze machen, indem man schaut, bei welchen Erkrankungen welche Arzneien mit Erfolg angewendet wurden. Hat eine bestimmte Krankheit wiederholt auf bestimmte Mittel angesprochen, kann dies die Mittelsuche u. U. abkürzen. Die Mehrzahl der Arzneien, die im zweiten Teil dieses Buches genannt werden, wurde auf dieser Grundlage ausgewählt. Man sollte auch immer daran denken, dass Informationen zu Begleiterscheinungen der Erkrankung in gleicher Weise verwendet werden können.
Beispiel: Ein Jagdpferd mit einer Kreuzkraut-Vergiftung erhält *Lycopodium clavatum*, eine Arznei, die sich bei dieser Erkrankung bewährt hat.

6 KAUSALITÄT. Einer der einfachsten und direktesten Wege der Arzneifindung führt über die Ursache der Erkrankung zur passenden Arznei. Die Repertorien enthalten Rubriken wie »Gemüt – Beschwerden von – Kummer« oder »Allgemeines, Durchnässung«. Ist der Auslöser der Erkrankung bekannt, lässt sich das richtige Mittel für den Patienten oft sehr schnell finden. Eine Erweiterung dieses Konzepts stellt der sogenannte »Niemals gesund seit«-Faktor (NGS) dar. Tierbesitzer benutzen oft diesen Ausdruck, und wenn ein solches Phänomen identifiziert werden kann, führt die Behandlung dieses Zustandes, so als läge er immer noch vor, oft zum Erfolg.
Beispiel: Eine erwachsene Siamkatze ist nach dem Verlust ihres Wurfgeschwisters depressiv und inappetent. Sie bekommt *Ignatia amara*, das ein Hauptmittel bei Kummer ist.

7 KEYNOTES/SCHLÜSSELSYMPTOME. Ein Schlüsselsymptom ist so klar und spezifisch, dass es auf eine sehr kleine Anzahl von Arzneien oder sogar auf nur eine einzige Arznei hinweist. Dabei kann es sich um ein lokales, allgemeines oder Gemütssymptom oder auch um eine Modalität handeln. Es kann auch etwas weniger Konkretes sein und ein allgemeines Thema des Mittels repräsentieren.
Beispiel: Eine Border Collie-Hündin leidet an plötzlichen Lähmungserscheinungen. Sie erhält *Phosphorus* aufgrund des Schlüsselsymptoms »plötzlicher Beginn«.

8 MIASMATISCHE VERSCHREIBUNG. Die Identifikation des bei einem Patienten vorherrschenden Miasmas kann die Anzahl in Frage kommender Mittel ebenfalls einschränken. Legt man nur Hahnemanns ursprüngliche drei Miasmen zugrunde, schrumpft die Anzahl möglicher Arzneien ebenfalls. Wie wir in den Kapiteln 11 und 12 noch sehen werden, kann ein deutlich ausgeprägtes miasmatisches Muster bei einem Patienten den Einsatz der entsprechenden miasmatischen »Nosode« notwendig erscheinen lassen.
Beispiel: Ein Hund mit Atopie bekommt *Tuberculinum bovinum*, da die Symptomatik dem tuberkulinischen Miasma entspricht.

9 TAXONOMISCHE ZUORDNUNG DER ARZNEI. Man weiß seit Langem, dass Arzneien in Abhängigkeit von ihrem Ausgangsmaterial klassifiziert werden können. Deshalb kann es ein hilfreicher Ausgangsspunkt sein, den Patienten einer der drei Kategorien »Pflanze, Tier oder Mineral« zuzuordnen. Die weitere taxonomische Klassifikation kann immens wertvoll sein, und es wird intensiv in diesem Bereich geabeitet. Scholtens Arbeit mit dem Periodensystem und Sankarans Ausführungen zu den Familien, wie z. B. den Ranunculaceae oder den Schlangengiften, sind nur zwei Beispiele für diesen Ansatz.

Beispiel: Ein alter Terrier-Mischling bellt in der Nacht und hält damit seine Besitzer wach. Er bekommt *Cenchris contortrix*, eine Arznei aus Schlangengift. Der Hund ist lebhaft und ehrgeizig – Charakteristika von Tiermitteln – und er ist eifersüchtig und misstrauisch – Charakteristika von Schlangenmitteln.

10 KONSTITUTIONELLE VERSCHREIBUNG. Hier erfolgt die Verschreibung nicht nur aufgrund der bestehenden Symptome, sondern der Schwerpunkt wird auf die grundsätzlichen körperlichen und mentalen Charakteristika des Patienten im gesunden Zustand gelegt. Näheres dazu in Kapitel 9.
Beispiel: Ein Cavalier King Charles Spaniel mit Kolitis erhält *Pulsatilla nigricans*. Der Hund ist mild, sanft, nachgiebig, liebenswürdig und durstlos – Charakteristika des *Pulsatilla*-Konstitutionstypus.

Abschließend möchten wir anmerken, dass zwar alle oben beschriebenen Wege bewährte Methoden sind, um das richtige Mittel für einen bestimmten Patienten zu finden, aber sie nichtsdestotrotz lediglich Hilfsmittel darstellen. Die abschließende Entscheidung sollte erst nach intensiver Recherche in der Materia medica gefällt werden.

8

Die Verschreibung in der Praxis

Das Problem erkennen

Der erste Schritt auf dem Weg zur Verschreibung einer homöopathischen Arznei besteht darin, zu erkennen, um was für eine Art von Erkrankung es sich bei dem zu behandelnden Zustand eigentlich handelt, denn dies hat einen Einfluss auf die Wahl der Potenz und die Häufigkeit der Verabreichung. Die erste Gruppe bilden die akuten oder perakuten Fälle, die ganz plötzlich auftreten und oft lebensbedrohlich sind. Je nach Dringlichkeit der Situation gibt es innerhalb dieser Gruppe natürlich auch noch Abstufungen, aber grundsätzlich ist sofortiges Handeln angezeigt. Infektionen, Vergiftungen, Verletzungen etc. fallen in diese Gruppe. Das andere Extrem sind die chronischen Erkrankungen, die langsamer beginnen und aus homöopathischer Sicht oft mit einer Beteiligung mehrerer Körpersysteme einhergehen. Irgendwo dazwischen liegen die Fälle, in denen eine chronische Erkrankung akut auflodert.

Im Akutfall wird für kurze Zeit eine oder eine kleine Anzahl von Arzneien benötigt. Im Idealfall reicht ein Mittel aus. Bei Einzeltieren oder auch Gruppen von Heim – und Nutztieren, die an einer epizootischen Erkrankung leiden, kann dies der Fall sein, wenn der Erreger eine relativ begrenzte Bandbreite an Symptomen verursacht. In manchen Fällen ist es allerdings nicht möglich, aufgrund der verfügbaren Informationen das Simillimum klar zu erkennen, und zusätzlich läuft dem Behandler die Zeit davon. Deshalb ist die Gabe von zwei Mitteln zur gleichen Zeit in der Praxis durchaus vertretbar, auch wenn sie nicht im selben Augenblick eingegeben werden sollten. Man sollte zumindest einige Minuten zwischen den einzelnen Gaben verstreichen lassen, ideal wären zehn Minuten, auch wenn dies nicht immer möglich ist. Arzneien, die die Genesung nach einer Verletzung und/oder Operation unterstützen sollen, werden oft über einen etwas längeren Zeitraum gegeben, obwohl es sich auch hier im Grunde um einen akuten Fall handelt. Bei enzootischen Krankheiten wird die Symptomatik stärker von der individuellen Konstitution des/der Tiere/s beeinflusst als bei epizootischen Erkrankungen. Daher ist es in einer Gruppe von Tieren u. U. nicht möglich, eine Arznei zu finden, die das gesamte Bild abdeckt. In solchen Fällen kann es notwendig sein, insgesamt zwei oder vielleicht auch drei Mittel einzusetzen, um so eine Art »Gruppensimillimum« zu bekommen; hier werden alle Mittel gleichzeitig gegeben. Sie entsprechen alle bestimmten Aspekten der Gruppensymptomatik und ihre Arzneimittelbilder sind sich meist sehr ähnlich bzw. überlappen sich hinsichtlich ihrer Schlüsselsymptome und wichtigsten Merkmale, aber ihre Wirkungsschwerpunkte sind etwas unterschiedlich. Dies kann folgendermaßen dargestellt werden:

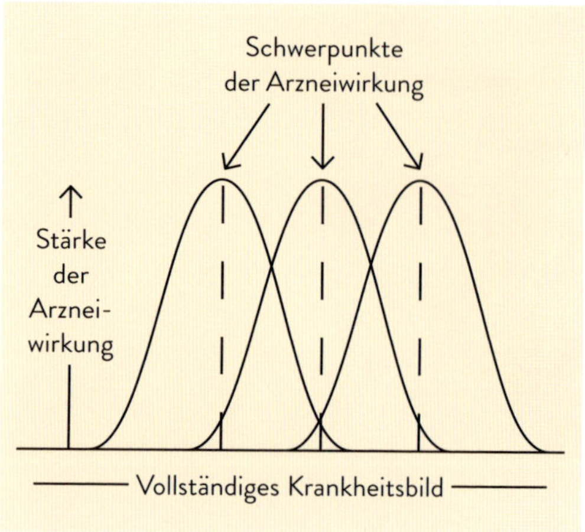

Im chronischen Krankheitsfall werden oft mehrere Arzneien nacheinander über einen längeren Zeitraum gegeben. Eine akute Episode im Verlauf einer chronischen Erkrankung wird im Wesentlichen wie eine akute Krankheit behandelt, mit dem Unterschied, dass meistens keine Lebensgefahr besteht.

Überlegungen zur Dosierung

Der erste und wichtigste Punkt ist der, dass die Dosierung homöopathischer Arzneien nicht vom Körpergewicht abhängt. Die entscheidenden Faktoren sind die Schwere der Erkrankung und die natürliche Widerstandskraft des Patienten. Das bedeutet, dass Tiere mit einem völlig unterschiedlichen Gewicht dieselbe Anzahl von Tabletten, Pillen oder einer anderen Verabreichungsform erhalten können. Daraus folgt, dass auch bei landwirtschaftlichen Nutztieren keine Rücksicht auf unterschiedliche Gewichtsklassen genommen werden muss. Wie bereits in Kapitel 3 erläutert, behandelt der Körper jede Gabe unabhängig von ihrer Größe in energetischer Hinsicht als eine einzige Dosis. Daher ist eine Tablette oder Pille genauso wirksam wie eine größere Anzahl, die auf einmal verabreicht wird. Die Kombination aus der *Potenz* der Arznei und der *Häufigkeit* der Verabreichung macht die Dosierung aus, und wie in Kapitel 3 beschrieben, nimmt das Heilungspotenzial einer Arznei mit der Höhe ihrer Potenz zu. Je akkurater die Verschreibung ist, desto mehr trifft dies zu. Weiterhin muss die Stärke der Lebenskraft des Patienten berücksichtigt werden. Dafür gibt es natürlich keine absoluten Werte, sondern sie muss in jedem Fall individuell beurteilt werden.

Dahinter steckt die Absicht, der Energie der Krankheit mit einer gleichartigen Heilungsenergie zu begegnen.

Erkrankt ein ansonsten gesundes Tier akut, wird oft ein hohes Maß an Energie freigesetzt, um der Bedrohung eine kräftige Reaktion entgegenzusetzen; dies führt meist zur Ausprägung eindeutiger Symptome. Eine solche Reaktion ist ein Zeichen für eine robuste Lebenskraft und dafür, dass diese eine kräftige Stimulation verträgt. Die homöopathische Dosierung soll die energetische Situation widerspiegeln, weshalb eine hohe Potenz in häufiger Wiederholung gegeben wird. So erhält beispielsweise ein ansonsten gesundes Tier bei einem akuten Trauma alle 5 bis 10 Minuten *Arnica* in der Potenz M. Bei einer akuten Infektion mit einer Körpertemperatur von 40°C kann *Belladonna* in einer ähnlichen Dosierung angezeigt sein; die Heilungsenergie einer niedrigeren Potenz wie z. B. der C 30 wäre selbst in der gleichen Häufigkeit angewendet nicht ausreichend, um die Krankheit zu bekämpfen. Sie müsste dann in noch sehr viel kürzeren Zeitabständen gegeben werden, um die gleiche Energie zu entwickeln wie eine hohe Potenz, und selbst dann wäre die Reaktion wahrscheinlich immer noch nicht genauso befriedigend.

In den oben genannten Beispielen erhält der Körper einen starken Heilreiz in häufiger Wiederholung.

Wenn die Lebenskraft allerdings geschwächt ist, sei es aufgrund einer bereits bestehenden

Vorerkrankung (z.B. Nierenversagen) oder weil der Patient seiner Krankheit erliegt, kann eine solche Vorgehensweise kontraproduktiv sein. Hier bleibt die Häufigkeit der Gabe evtl. gleich, aber die Potenz wird deutlich niedriger gewählt, u. U. sogar bis hinunter zur C 6. Der Körper erhält so sanftere Heilreize, auf die er auch reagieren kann, während gleichzeitig durch die häufige Gabe sichergestellt ist, dass der Heilungsprozess anhält.

Bei einer chronischen Erkrankung, in der das Ungleichgewicht weniger stark ausgeprägt ist, aber sehr tief sitzt, wird man D – und C-Potenzen nicht in der gleichen Häufigkeit verabreichen, aber stattdessen möglicherweise die Potenz erhöhen. Die LM-Potenzen können aufgrund ihrer besonderen Zubereitung sehr viel regelmäßiger und langfristiger gegeben werden; man beginnt mit der niedrigsten Potenz (LM 1) und geht dann je nach Bedarf auf der Skala immer einen Schritt weiter. Weiter unten gehen wir auf die Faktoren ein, die für die Potenzwahl maßgeblich sind. Aus energetischer Sicht läuft das Wechselspiel von Bedrohung und Reaktion in solchen Fällen gedämpfter ab, und meist ist auch eine größere Bandbreite von Organen betroffen. Darüber hinaus besteht das Grundproblem, dass der Körper nicht mehr in der Lage ist, den Krankheitsprozess umzukehren. Dies kann, wie in Kapitel 4 erläutert, auf eine Unterdrückung, oder aber auf eine von Natur aus schwache Lebenskraft zurückzuführen sein. Eine fortwährende unterdrückende Behandlung führt letztendlich auch zu einer Schwächung der Lebenskraft. Daher muss die Dosierung so ausgelegt sein, dass sie die Lebenskraft anregt, aber nicht überfordert, gleichzeitig aber den Heilungsprozess vorantreibt. Dabei muss man oft Schritt für Schritt vorgehen und die einzelnen Schichten entsprechend der Heringschen Regel nacheinander bereinigen; der Körper muss auf jeder Ebene ausreichend Zeit bekommen, sich selbst zu heilen. In der Praxis bedeutet das, dass die Arznei nur in seltenen Gaben verabreicht wird, sodass jede Dosis ihre volle Wirkung entfalten kann, bevor die Arznei wiederholt oder gewechselt wird. Hier reden wir von Intervallen, die sich im Bereich von Wochen oder Monaten bewegen.

Das akute Aufflackern einer chronischen Erkrankung fällt in den Bereich zwischen den beiden oben genannten Extremen. Das akute Element verlangt nach einer häufigeren Anwendung, während der geschwächte Zustand gegen eine zu heftige Behandlung rebelliert. In solchen Fällen wird man häufig einen Verabreichungsmodus wählen, welcher der aus der Schulmedizin bekannten zwei – oder dreimal täglichen Einnahme entspricht.

Diese Übereinstimmung ist natürlich rein zufällig. Es liegt auf der Hand, dass die Hintergründe der Dosierungsregimes in der Schulmedizin und Homöopathie vollkommen unterschiedlich sind.

Ein weiterer großer Unterschied zwischen den beiden Systemen besteht darin, dass die Behandlung in der Schulmedizin bis zu ihrem Ende fortgeführt wird, selbst wenn die Symptome schon längst abgeklungen sind, während die homöopathische Behandlung sofort ausgesetzt wird, sobald sich eine Besserung zeigt, und solange diese anhält, auch nicht fortgesetzt wird. Kommt es nach einer einzigen Gabe zum vollständigen Verschwinden der Symptome, ist das alles, was nötig ist. Kommt die Besserung vor der vollständigen Heilung zum Stillstand oder tritt ein Rückfall auf, wird die Arznei wiederholt. Selbst wenn anfangs mehrere Gaben verabreicht wurden, kann jetzt eine Dosis reichen, um den Fall weiter in die richtige Richtung zu bewegen. Dabei wird häufig die sogenannte »geteilte Einzeldosis« eingesetzt: Darunter ist die Verabreichung von drei Einzelgaben im Abstand von 12 Stunden über einen Zeitraum von 24 Stunden zu verstehen. Eine Alternative ist die Gabe von einer Dosis einmal täglich über drei Tage. In der Homöopathie geht es darum, den Boden für eine natürliche Heilreaktion zu bereiten und diese, falls nötig, immer wieder aufzufrischen und in Schwung zu halten, bis eine vollständige Heilung erfolgt ist. Bei landwirtschaftlichen Nutztieren, wo es oft schwierig ist, die Reaktion der Einzeltiere zu beurteilen, wird oft ein bestimmter Behandlungszeitraum festgelegt, der allerdings möglichst kürzer als länger sein sollte (maximal 4-5 Tage).

Die Art und Weise der Verabreichung hängt von der zu behandelnden Tierart und der genauen Natur des Problems ab. Der entscheidende Punkt ist die Resorption der Energie des Arzneimittels über eine saubere Schleimhautoberfläche. Die Maulhöhle wird am häufigsten genommen, da sich hier die Arznei im Speichel auflöst. Auch die Nasen – und Vaginalschleimhaut bieten sich an, wobei hier meist mit Sprays gearbeitet wird. Das Trinkwasser kann ebenfalls als Medium genutzt werden und stellt bei einer Herdenbehandlung oft die einzige praktikable Möglichkeit dar. Die Häufigkeit der Verabreichung hängt dabei vor allem von den oben beschriebenen Faktoren ab, allerdings muss man aufgrund der Haltungsbedingungen mitunter Kompromisse eingehen.

Überlegungen zur Potenz

Allgemein lässt sich sagen, dass es wichtiger ist, die richtige Arznei zu wählen als die richtige Potenz. Die falsche Arznei wird keinerlei Wirkung zeigen, während das richtige Mittel, in einer zu niedrigen Potenz gegeben, immer noch eine gewisse Wirkung haben wird; zudem kann die Dosierung der korrekten Arznei durch Wechsel der Potenz oder Änderung der Häufigkeit der Gabe angepasst werden. Das soll nicht heißen, dass die Potenz unwichtig wäre, sondern lediglich, dass sie nach der Arzneiwahl an zweiter Stelle steht.

Je höher die Potenz, desto größer ist ihr kuratives Potenzial. Gleichzeitig gilt, je höher die Potenz, desto weniger Spielraum bleibt für einen Fehler in der Arzneiwahl. Das Wirkungsspektrum einer Arznei steht im *umgekehrten* Verhältnis zu ihrer Potenz. Das bedeutet, dass eine niedrige Potenz eine oberflächlichere Wirkung auf eine größere Bandbreite von Symptomen hat, während die Wirkungstiefe einer Arznei *direkt* proportional zu der Höhe ihrer Potenz ist. (Zur Erinnerung: Potenzskalen sind nicht linear.) Eine hohe Potenz der korrekten Arznei rückt direkt und schnell zur Wurzel des Problems vor. Eine

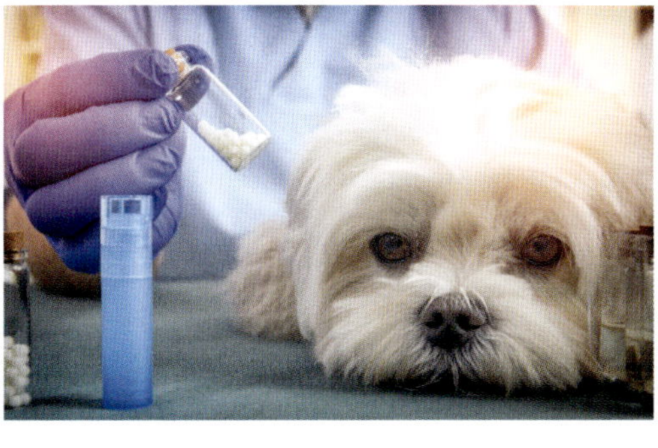

niedrige Potenz der korrekten Arznei hingegen wird zwar auch eine gewisse nutzbringende Wirkung haben, aber nur selten stark genug sein, um eine Heilung zu bewirken. Eine hohe Potenz der falschen Arznei hat überhaupt keine positive Wirkung. Selbst wenn diese Arznei dem richtigen Mittel ähnlich ist, ist ihr Wirkungsspektrum aufgrund der hohen Potenz so eingeschränkt, dass sie nicht zum Kern des Problems vordringen kann. Das Bild einer tiefen Potenz dieser Arznei dagegen wird sich mit dem des Simillimum teilweise überschneiden, sodass sie durchaus eine gewisse heilsame Wirkung haben kann. Die Situation ist analog zum Einsatz einer Donnerbüchse im Vergleich mit einem Hochpräzisionsgewehr.

Eine Grundregel der Potenzwahl lautet: »Je sicherer sich der Verschreiber hinsichtlich seiner Arzneiwahl ist, desto höher kann die Potenz sein.« Diese Sicherheit bei der Arzneiwahl wird nur durch Berücksichtigung der hochrangigen Symptome erreicht. Verlässliche Gemüts – und Allgemeinsymptome sind hier essenziell. Werden Verordnungen vorrangig aufgrund von Lokalsymptomen getroffen, sollten lieber niedrige oder mittlere Potenzen eingesetzt werden.

Es gibt aber auch noch andere Faktoren, die einen Einfluss auf die Potenzwahl haben. Die energetische Dynamik des Krankheitsprozesses ist wie bereits erwähnt außerordentlich wichtig. Eine fortgeschrittene Pathologie ist oft ein Hinweis auf eine geschwächte Lebenskraft; hier sollten niedrige Potenzen zum Einsatz kommen. Im Gegensatz dazu haben bösartige Prozesse zwar oft eine hohe lokale Energie, aber nichtsdestotrotz sollten nur niedrige bis mittlere Potenzen gewählt werden, da das Risiko einer Überstimulation zu groß ist. Man sollte immer überlegen, auf welcher Ebene der gewünschte Effekt eintreten soll. Zielt die Verschreibung auf eine lokale Ebene ab, wird gewöhnlich eine niedrigere Potenz eingesetzt. Selbst wenn die Arznei korrekt gewählt ist, kann es sein, dass eine hohe Potenz keine Wirkung bei einer lokalen Läsion zeigt. Zielt die gewünschte Wirkung dagegen auf eine tiefere oder die Verhaltensebene ab, wird man eine höhere Potenz in Erwägung ziehen.

Eine hohe Potenz hat eine in die Tiefe reichende Wirkung, die bis zum Kern des Falles vordringt und eine grundsätzliche Änderung der Funktionen des gesamten Systems in Gang setzt; dagegen hat eine niedrige Potenz zwar ein breiteres Wirkungsspektrum, aber eine oberflächlichere Wirkung. Wird eine ganze Herde behandelt, ist eine mittlere Potenz (C 30) meist am praktischsten.

Gelegentlich wird eine besondere Zubereitungsform eingesetzt – der sogenannte »Potenzenakkord«. Er wurde erstmalig 1913 vorgestellt und in der zweiten Hälfte des 20. Jahrhunderts weiterentwickelt. Dahinter steckt die Idee, mit einer Gabe verschiedene Potenzen einer Arznei zu verabreichen. Dadurch soll ähnlich einem musikalischen Akkord eine größere Resonanz im Organismus hervorgerufen werden, da jede Potenz auf der ihr am meisten entsprechenden Ebene innerhalb des Krankheitsprozesses wirken kann, von der Gemütsebene bis hinunter zur Lokalebene. Eine weitere mögliche Erklärung (die von JS favorisiert wird) ist, dass die auf den Körper einwirkende Resonanz immer der Stärke der Lebenskraft des einzelnen Patienten zu genau diesem Zeitpunkt entspricht. Wiederholte Gaben des Potenzenakkords erlauben dem Körper, immer die jeweilige Potenz zu wählen, die seinen momentanen Bedürfnissen auf dem Weg zur

Heilung entpricht. Dies spiegelt Hahnemanns Empfehlung wider, die Potenz mit jeder Gabe leicht zu verändern. Die Wirkung ist nicht dieselbe wie bei der Verabreichung von Einzelgaben einer Arznei in aufsteigenden Potenzen, und es hat sich gezeigt, dass die Wirkung schneller einsetzt, länger anhält und tiefer greift (Julian 1977). Potenzenakkorde sind nicht sehr weit verbreitet, aber diejenigen, die sie anwenden, berichten von guten Resultaten, v. a. bei chronischen Krankheiten. Sie sollen weniger Erstverschlimmerungen hervorrufen (Pedalino 2006), was auch unsere Erfahrung ist (JS). Außerdem haben Potenzenakkorde ähnliche Vorteile wie die LM-Potenzen, was die Option der kontinuierlichen Verabreichung und ihre Einsatzmöglichkeit in Fällen, die intensiv schulmedizinisch vorbehandelt sind, angeht.

Bei der Behandlung von Heimtieren wie Hamstern, Meerschweinchen, Vögeln etc. werden erfahrungsgemäß höhere Potenzen benötigt, um eine entsprechende Reaktion hervorzurufen. Dies liegt am schnelleren Stoffwechsel dieser Tierarten, der dazu führt, dass die Energie der Arzneien unabhängig von der Krankheit eher verbraucht ist.

Es gibt einige Arzneien, die ihre Wirkungsrichtung in Abhängigkeit von der Potenz ändern. *Hepar sulphuris calcareum* und *Mercurius* fördern Eiterungen in niedrigen Potenzen und hemmen sie in hohen Potenzen. Zum Glück für das Gedächtnis des Homöopathen handelt es sich eher um Ausnahmen als um die Regel!

Die verschiedenen homöopathischen Traditionen unterscheiden sich geringfügig in ihrer Einstufung von niedrigen, mittleren und hohen Potenzen; als allgemeine Regel gelten aber Potenzen bis zur C 12 als niedrig, Verdünnungsstufen zwischen der C 12 und C 30 als mittlere Potenzen, und alles über C 30 als Hochpotenz.

Für die Dezimalskala gilt diese Einteilung entsprechend (< D 12, D 12 – D 30, > D 30), aber nicht für die LM-Potenzen. Bei der Behandlung mit LM-Potenzen gibt es diese Kategorien von niedrigen und hohen Potenzen nicht; die Therapie beginnt i. d. R. mit der LM 1 und wird dann, falls erforderlich, mit kontinuierlich ansteigenden Potenzen fortgeführt.

Zahlreiche Vorteile sprechen für die LM-Potenzen. Zum einen besteht selbst bei langfristiger Anwendung ein geringeres Risiko für Verschlimmerungen und unerwünschte Reaktionen. Das bedeutet aber nicht, dass dabei niemals irgendwelche Nebenwirkungen auftreten können. Weiterhin wird postuliert, dass sie in Fällen, in denen eine massive schulmedizinische Vorbehandlung und damit Unterdrückung erfolgt ist, zu besseren Ergebnissen mit weniger Störungen führen. Schließlich werden sie in Fällen mit einer weit fortgeschrittenen Pathologie von vielen als sicherer und wirksamer erachtet als die anderen Skalen.

Arzneien aus gesundem Drüsengewebe (Sarkoden) können eingesetzt werden, um die Funktion der entsprechenden Drüse beim Patienten entweder zu stimulieren oder zu hemmen; die Potenzwahl ist abhängig von der gewünschten physiologischen Wirkung. Hier verhält es sich *anders* als oben beschrieben, denn der Wechsel von tiefen zu hohen Potenzen erfolgt bei der Potenz C 7. Niedrige Potenzen unterhalb der C 7 werden gegeben, wenn man die Drüse stimulieren möchte, und Potenzen oberhalb der C 7, wenn die Drüse in ihrer Funktion gehemmt werden soll.

Die Anwendung einer Arznei in aufsteigenden Potenzen dient oft dazu, den Heilungsprozess in Gang zu halten; es gibt manchmal aber auch Situationen, in denen die Verminderung der Potenz einen stagnierenden Prozess wieder in Bewegung bringt. Dies hängt möglicherweise mit dem reaktiven Potenzial der Lebenskraft zusammen. Auf jeden Fall gibt es Arzneien, allen voran *Conium*, bei denen die Behandlung mit stetig aufsteigenden Potenzen zu einer Wirkungsverstärkung führt. Diese Vorgehensweise kann überdies in Fällen angezeigt sein, wo es notwendig ist, eine ursprünglich starke Lebenskraft, die vorübergehend einen Dämpfer erlitten hat, langsam wiederherzustellen, beispielsweise bei einem Hund, der aufgrund von Parvovirose kollabiert ist.

Interpretation der Reaktion

Die erste Frage ist, *wann* man die Reaktion auf die Arznei beurteilt. Im Akutfall muss eine schnelle Reaktion erfolgen, und zwar innerhalb weniger Minuten bei einem anaphylaktischen Schock bis hin zu wenigen Stunden in nicht ganz so akuten Fällen. Die Reaktion sollte eindeutig sein und zu einer Rückkehr in den Normalzustand oder zumindest zu einer klar erkennbaren Besserung führen. Zeigen die ersten Gaben keine Wirkung, sollte die Arznei gewechselt werden. Als Faustregel gilt, dass es nach maximal 4 Gaben zu einer Reaktion kommen sollte. Zwar richten 4 Gaben der falschen Arznei keinen Schaden an, aber man sollte bedenken, dass sich der Zustand des Patienten weiter verschlechtern kann, da er de facto keine Behandlung erhält.

Um die Reaktion auf die Behandlung beurteilen zu können, muss man unbedingt den zu erwartenden normalen Verlauf der Krankheit kennen. Bei akuten Erkrankungen erfolgt die Beurteilung der Reaktion relativ bald nach der Arzneigabe.

Bei chronischen Krankheiten gilt das Gegenteil. Die Homöopathie wirkt, indem sie die körpereigenen Reaktionen anregt; nachdem die Stimulation erfolgt ist, muss der Körper Zeit bekommen, diese Reaktionen ablaufen zu lassen. Die Dosierung kann dabei sehr gering sein, vielleicht nur eine einzige Tablette oder drei Tabletten in zwölfstündigem Abstand (»geteilte Einzeldosis«, siehe oben). Die erste Beurteilung aber sollte frühestens nach zwei Wochen erfolgen, vorausgesetzt, in der Zwischenzeit sind keine Reaktionen aufgetreten, die dem Besitzer Sorgen bereiten. Dabei kann eine Reaktion, die der Besitzer als besorgniserregend empfindet, in Wahrheit eine sehr begrüßenswerte

Entwicklung darstellen. Es kann immer das Phänomen einer homöopathischen Erstverschlimmerung auftreten. Darunter ist die augenscheinliche Verschlimmerung aller bestehenden Zeichen und Symptome zu verstehen, bei der es sich tatsächlich um einen Teil der Heilwirkung handelt und die deshalb grundsätzlich begrüßenswert ist. Daher ist es wichtig, dem Patientenbesitzer den Unterschied zwischen der Schulmedizin und der Homöopathie im Hinblick auf die Interpretation etwaiger Reaktionen auf die Arzneimittelgabe zu erklären.

Mögliche Reaktionen

Bei einer chronischen Erkrankung sind mehrere Reaktionen möglich. Allerdings muss man in einem Fall, der bereits schulmedizinisch vorbehandelt ist, auch immer daran denken, dass es neben der Reaktion auf die homöopathische Arznei auch zu Veränderungen der Symptomatik kommen kann, die auf das Absetzen oder eine veränderte Dosierung der schulmedizinischen Medikamente zurückzuführen sind.

A. **KEINE VERÄNDERUNG IN IRGENDEINER RICHTUNG.** Die wahrscheinlichste Erklärung ist, dass die falsche Arznei gewählt wurde. Dann muss der Fall noch einmal analysiert und eine neue Arznei gewählt werden. Bevor man jedoch diese Erklärung akzeptiert, sollte man den Tierbesitzer noch einmal fragen, wie er das Mittel genau verabreicht und lagert (Kapitel 3). Die Besitzer sind manchmal sehr erfinderisch, was die Dosierungsanweisungen angeht, und ihre eigenen Techniken können die Wirkung der Arznei u. U. stören. Wenn man dies gemacht hat und immer noch dieselbe Arznei angezeigt erscheint, muss man nach einem möglichen Heilungshindernis suchen. Dabei kann es sich um ein Ereignis in der Vorgeschichte des Tieres, eine Infektion, Impfung, ein mentales Trauma, routinemäßige medizinische Maßnahmen oder chirurgische Eingriffe etc. handeln. Dabei gilt es stets zu bedenken, dass in der Homöopathie Dinge wichtig sein können, die in der Schulmedizin als irrelevant abgetan werden, da kein offensichtlicher Zusammenhang mit dem derzeitigen Problem besteht. Auch routinemäßige prophylaktische Maßnahmen wie systemische Flohbehandlungen können die Reaktionsfähigkeit des Körpers nachteilig beeinflussen. Findet man solch eine Blockade, muss man diese beseitigen, indem man entweder die Routinemedikation absetzt oder eine andere Arznei verabreicht, bevor man zu der ersten zurückkehrt. Eine weitere Möglichkeit ist, dass zwar das Mittel richtig, aber die gewählte Potenz viel zu niedrig war. In diesem Fall hat zwar eine Reaktion stattgefunden, diese war aber so schwach, dass sie unbemerkt geblieben ist.

B. **KEINE VERÄNDERUNG AUF DER KÖRPERLICHEN EBENE, ABER EINE DEUTLICHE BESSERUNG IM MENTALEN BEREICH.** Dies ist ein Hinweis darauf, dass sich die Dinge in die richtige Richtung bewegen und dabei gemäß der Heringschen Regel ablaufen. Die Gemütsebene, die grundsätzlich wichtiger ist als die körperliche Ebene, reagiert als Erstes. Die gewählte Arznei sollte in derselben Potenz weitergegeben werden, aber vor einer Wiederholung muss ihr Zeit gegeben werden, ihre volle Wirkung zu entfalten. Die Zeitspanne variiert in Abhängigkeit vom Tier und von der Arznei; die Angaben in der Standardliteratur zur

Wirkungsdauer der Arzneien können dabei nur als allgemeiner Anhaltspunkt dienen. Sicherheit gibt allein die Beobachtung des Tieres. Wenn die Arzneiwahl hauptsächlich auf der Grundlage von Gemütssymptomen erfolgt ist, sollte man sich den Fall u. U. noch einmal genau ansehen, um sicherzugehen, dass alle Aspekte abgedeckt wurden.

C. **STETIGE BESSERUNG ALLER ASPEKTE DES FALLES.** Die korrekte Arznei wurde in der richtigen Potenz gegeben. Die Arznei darf nicht gewechselt werden. Hält die Besserung an, wartet man mit der Beurteilung des Falles, bis sie nachlässt. Kommt sie zum Stillstand, bevor die Heilung abgeschlossen ist, bleibt aber auf dem erreichten Level erhalten, wiederholt man die Arznei in derselben Potenz.

D. **UMFASSENDE BESSERUNG, DIE VOR DER ENDGÜLTIGEN HEILUNG ZUM STILLSTAND KOMMT UND DANN IN EINE TEILWEISE REGRESSION ÜBERGEHT ODER IN DEN URSPRÜNGLICHEN ZUSTAND ZURÜCKKEHRT.** Die Arznei ist richtig, aber die Potenz ist falsch. Wiederholen Sie die Arznei, aber in einer anderen Potenz. Meist ist eine höhere Potenz angezeigt, aber manchmal muss man auch mit der Potenz heruntergehen, um den Fall wieder in Bewegung zu bringen. Leider gibt es keinen einfachen Weg, dies vorherzusagen; deshalb verfährt man in der Praxis meistens so, dass man die Potenz erhöht, da dies bei weitem am häufigsten angezeigt ist.

E. **ANFÄNGLICHE VERSCHLIMMERUNG, GEFOLGT VON EINER STETIGEN BESSERUNG.** Hier war die Arznei richtig, sie wurde aber in einer zu hohen Potenz gegeben, sodass es zu einer Erstverschlimmerung (siehe unten) gekommen ist. Es besteht auch die Möglichkeit, dass es am Anfang zu einer Verschlimmerung der bestehenden Symptome bei gleichzeitiger Verbesserung des Gemütszustandes des Patienten kommt. Da die mentalen Aspekte eines Falles Vorang haben, unternimmt man nichts, solange die Besserung anhält. Kommt sie zum Stillstand, bevor die Heilung abgeschlosssen ist, wiederholt man die Arznei in einer niedrigeren Potenz.

F. **ERHEBLICHE BESSERUNG, ABER EINIGE SYMPTOME BLEIBEN ZURÜCK.** Hier wartet man, bis die Besserung vollkommen zum Stillstand gekommen ist. Die Arznei ist korrekt. Falls nötig, wird sie wiederholt.

G. **BESSERUNG DER BESTEHENDEN SYMPTOME, ABER WIEDERERSCHEINEN FRÜHERER SYMPTOME.** Dies ist die Heringsche Regel in Aktion (Kapitel 4). Die Arznei ist korrekt. Man wartet ab, da die alten Symptome i. d. R. ohne weitere Behandlung vorübergehen. Falls für das Wohlbefinden des Patienten unbedingt erforderlich, kann man unterstützende Maßnahmen ergreifen; dazu kann es manchmal notwendig sein, kurzzeitig eine andere Arznei einzusetzen.

H. **GEWISSE BESSERUNG, ABER AUFTRETEN NEUER SYMPTOME.** Die Arznei hat neue Symptome zutage gefördert, die vorher nicht da waren. Das kann da-

ran liegen, dass eine frühere Medikation diese Symptome unterdrückt hatte, oder dass in dem Fall anfangs nur ein Aspekt mit wenigen Symptomen sichtbar war. Hier handelt es sich Hahnemann zufolge um eine sogenannte »einseitige Krankheit«. Die Arznei hat eine neue Schicht der Krankheit ans Licht gebracht, und nun muss eine andere Arznei gewählt werden, die das neue Bild abdeckt.

I. **KEINE VERÄNDERUNG DER BESTEHENDEN SYMPTOME, ABER AUFTRETEN NEUER SYMPTOME, DIE VORHER NOCH NIE DA WAREN.** Dies weist auf eine mangelhafte Arzneiwahl hin. Die neu auftretenden Symptome sind Symptome der Arznei, nicht der Krankheit. Je mehr neue Symptome auftreten, desto schlechter war die Arzneiwahl. Analysieren Sie den Fall noch einmal von Neuem und wählen Sie ein anderes Mittel.

Wenn man die Reaktion auf eine Arznei beurteilt, ist es wichtig, dass man sich alle Aspekte des Falles noch einmal genau anschaut. Wie bereits erwähnt, neigen die Tierbesitzer dazu, sich auf das Zeichen oder Symptom zu fokussieren, das ihnen am meisten Sorge bereitet. Zusätzlich haben sie meistens schon Erfahrungen mit der Wirkung schulmedizinischer Medikamente auf ihre Tiere gemacht. Diese Wirkung mag zwar unterdrückender Art gewesen sein, aber soweit es den Besitzer betrifft, hat sie die bestehenden Symptome schnell und in manchen Fällen auch vollständig beseitigt. Sie beurteilen die Wirkung der homöopathischen Behandlung anhand dieser Messlatte. Daher kann es durchaus vorkommen, dass der Besitzer zuerst berichtet, dass es »überhaupt keine Veränderung« gegeben hat, man aber bei genauerem Nachfragen erfährt, dass es bei einer ganzen Reihe von Aspekten des Falles zu einer erheblichen Besserung oder Veränderung gekommen ist.

Darüber hinaus muss man bedenken, dass die Dinge zwar immer gerne in »Schwarz und Weiß« dargestellt werden, wir es aber oft mit einer Grauzone zu tun haben. Daher gilt die folgende Grundregel: *Wenn man sich nicht sicher ist, stoppt man die Arznei und wartet ab.*

Klinische Arzneimittelprüfungen

Das Thema Prüfungen fand bereits im Zusammenhang mit der Feststellung des Wirkungsspektrums einer Arznei Erwähnung. Allerdings ist es auch möglich, dass ein Patient im Verlauf der Behandlung Prüfungssymptome entwickelt. Dann treten Symptome auf, die im Arzneimittelbild enthalten, aber nicht Teil des Krankheitsbildes sind. Dafür gibt es zwei mögliche Gründe.

Der erste ist, dass der Patient besonders empfindlich auf die Arznei reagiert. Bei diesen Tieren (und Menschen) können niedrige und höhere Potenzen gleichermaßen eine solche Reaktion hervorrufen. Aufgrund der Empfindlichkeit findet gleichzeitig auch eine kurative Wirkung statt. Am besten wartet man einfach ab, denn in den meisten Fällen werden sowohl die Prüfungs – als auch die Krankheitssymptome abklingen. Wenn man das Gefühl hat, dass die Beschwerden zu groß sind und man etwas unternehmen sollte, kann man die Arznei antidotieren (siehe unten). Wenn man abgewartet hat, die Heilung aber nicht vollständig ist, kann man evtl. eine ähnliche Arznei in niedriger Potenz einsetzen, um den kurativen Prozess wieder in Schwung zu bringen. Ist die ursprüngliche Arznei immer noch deutlich angezeigt, kann die assoziierte Darmnosode gegeben werden (Kapitel 13).

Der zweite Grund für eine klinische Prüfung ist die übermäßige Gabe einer Arznei, die bereits erfolgreich Beschwerden beseitigt hat. Dies ist eines der Probleme, die sich aus der einfachen Verfügbarkeit homöopathischer Arzneien ergeben, selbst wenn es sich nur um niedrige Potenzen handelt. Hat ein Tier mit Arthritis eine Woche lang morgens und abends eine Tablette *Rhus toxicodendron* bekommen und dies eine gute Wirkung gezeigt, denkt der Besitzer vielleicht, dass eine Tablette dreimal täglich über einen unbegrenzten Zeitraum sicherlich noch eine viel bessere Wirkung haben wird! Im weiteren Verlauf entwickelt das Tier dann einen unangenehmen Hautausschlag, der Teil des Arzneimittelbildes von *Rhus toxicodendron* ist und nichts mit der eigentlichen Beschwerde zu tun hat. Gleichzeitig kann es auch gut sein, dass sich die ursprünglichen Beschwerden wieder verschlimmern. Auch bei landwirtschaftlichen Nutztieren kann es zu einer Überdosierung von homöopathischen Arzneien kommen, wenn der Landwirt versucht, dauerhafte Probleme wie z. B. Mastitiden in den Griff zu bekommen, womit er die ganze Angelegenheit aber nur verschlimmert. Unerfahrene Tierärzte tappen oft in dieselbe Falle, nicht unbedingt, weil sie die Dosis erhöhen, sondern weil sie die Arznei über einen zu langen Zeitraum geben lassen. Dann muss die Arznei zuallererst einmal abgesetzt werden.

Danach wartet man ab, worauf die Beschwerden meist sehr rasch abklingen werden; die fortgesetzte Überdosierung der Arznei hat einen künstlichen Krankheitszustand aufrechterhalten, und sobald der Reiz aufhört zu wirken, kann der Körper in seinen vorherigen Zustand zurückkehren (Kapitel 4). Sollte die Reaktion dennoch anhalten, kann es in seltenen Fällen notwendig sein, sie zu antidotieren.

Palliation

Mit homöopathischen Arzneien kann man genauso palliativ behandeln wie mit schulmedizinischen Medikamenten. Bei chronischen Krankheiten wie z. B. Arthritis ist mehr vielleicht auch nicht möglich. Zwar sollte das Behandlungsziel immer eine Heilung sein, aber in manchen Fällen ist aufgrund der fortgeschrittenen Pathologie, oder weil der Organismus durch eine vorhergehende Medikation zu sehr geschwächt ist, nur noch eine Palliation zu erzielen. Vom Tierschutzaspekt aus betrachtet ist auch dies begrüßenswert, da die Homöopathie – korrekt angewendet – den Vorteil hat, dem Tier Linderung zu verschaffen, ohne dass Nebenwirkungen wie bei schulmedizinischen Medikamenten auftreten. Allerdings muss man sich immer vergegenwärtigen, dass es sich nur um eine Palliation handelt und entsprechende Folgen haben kann. Wie in Kapitel 5 erläutert, besteht hinsichtlich der Definition von chronischen Krankheiten ein großer Unterschied zwischen der Homöopathie und der Schulmedizin. Die Schulmedizin setzt die Beseitigung von Symptomen mit einer Heilung gleich. Im Gegensatz dazu stellt die Diagnose »Arthritis« für den Homöopathen keine eigenständige Entität dar, sondern nur einen Aspekt des gesamten Krankheitsbildes. Fokussiert man sich bei der Behandlung, gleich welcher Art diese auch ist, allein auf die lokalen Zeichen dieses einen Aspekts, wird der ganze Rest des Krankheitsprozesses ignoriert, was durchaus zu dessen Verschlimmerung führen kann. Flüchtet man sich zu schnell in die Palliation, kann es gut sein, dass eine eigentlich heilbare Erkrankung zu einer unheilbaren wird, weil eine Unterdrückung stattgefunden hat.

Sobald aber feststeht, dass es bei der Behandlung – aus welchen Gründen auch immer – um eine Palliation geht, und die erste Verschreibung erfolgreich war, sollte man sich keinesfalls auf eine Dosierung schulmedizinischer Art einlassen, da es sonst zu einer klinischen Prüfung wie oben beschrieben kommen kann. Nach dem ersten Durchgang sollte die Behandlung gestoppt und erst wieder aufgenommen werden, wenn die Symptome zurückkehren. Dabei muss man nicht abwarten, bis die Beschwerden wieder in voller Stärke bestehen, sondern nur, bis die ersten Anzeichen für einen Rückfall auftreten. Man sollte sich unbedingt notieren, wie viel Zeit zwischen dem Ende der initialen Behandlung und dem Zeitpunkt, an dem die Behandlung wieder aufgenommen werden muss, verstrichen ist. Es wird auch in der Regel nicht nötig sein, den gesamten Behandlungsdurchgang noch einmal zu wiederholen, sondern meist reichen eine oder zwei Gaben aus. Sobald man die Symptome wieder unter Kontrolle hat, muss man erneut abwarten, bis die ersten Anzeichen für eine Verschlimmerung auftreten. Auch hier wird wieder die Zeit notiert und das Mittel ein – oder zweimal wiederholt. Auf diese Weise kann man abschätzen, wie häufig die Arznei tatsächlich benötigt wird. Wenn sich ein durchgehendes Muster herauskristallisiert, kann man das Wiederauftreten der Symptome verhindern, indem man am Tag vor der erwarteten Verschlechterung eine Gabe der Arznei verabreicht. Es kann durchaus sein, dass das Mittel einmal täglich gegeben werden muss, weil seine Energie so schnell verbraucht ist, aber das Tier muss uns zeigen, dass dies auch tatsächlich so ist. In anderen

Fällen liegen größere Abstände zwischen den einzelnen Gaben, und es kann auch saisonale Unterschiede hinsichtlich der einzuhaltenden Intervalle geben. Grundsätzlich besteht aber keine Gefahr, dass eine klinische Prüfung auftritt, wenn das Tier zeigen durfte, in welcher Dosierung es die entsprechende Arznei benötigt.

Erstverschlimmerung

Eine Erstverschlimmerung ist in der Homöopathie nicht mit den unerwünschten Erscheinungen gleichzusetzen, die wir aus der Schulmedizin kennen, und man sollte die Tierbesitzer auch unbedingt auf den großen Unterschied zwischen diesen beiden Medizinsystemen hinweisen. In der Schulmedizin ist eine Verschlimmerung gleichbedeutend mit einer Verschlechterung des Krankheitszustandes, die umso schlimmer ist, wenn sie trotz der Behandlung auftritt. In der Homöopathie ist eine Erstverschlimmerung immer die Folge der Behandlung und im Hinblick auf die Prognose ein sehr gutes Zeichen. Daher wird sie auch oft als *therapeutische Erstverschlimmerung* bezeichnet.

Die homöopathische Arznei regt den Körper an, das durch die Krankheit verursachte Ungleichgewicht zu korrigieren. Die Lebenskraft wirkt auf der körperlichen Ebene über das, was in der Schulmedizin psycho-neuro-endokrines System bezeichnet wird. Die Zeichen und Symptome, die der Arzneiwahl zugrundegelegt werden, sind die äußerlichen Manifestationen der Bemühungen des Körpers, sich selbst zu heilen. Daher ist eine Verstärkung dieser Manifestationen infolge der Behandlung gleichbedeutend mit einer Steigerung der kurativen Bemühungen.

In der Realität kommt es bei jeder erfolgreichen Verschreibung zu einer Erstverschlimmerung, diese ist aber im besten Falle so leicht, dass sie unbemerkt vorübergeht. In der Tiermedizin kann man davon ausgehen, dass der Besitzer oder Pfleger eine ernsthafte Verschlimmerung bemerken wird. Diese tritt meist dann auf, wenn die Arznei zwar korrekt, aber die gewählte Potenz zu hoch ist und die Lebenskraft einen zu heftigen Reiz erfahren hat. Ist der Patient besonders empfindlich, kann eine Erstverschlimmerung bereits bei einer niedrigen Potenz auftreten.

Eine häufige Begleiterscheinung einer Erstverschlimmerung auf der körperlichen Ebene ist eine Verbesserung des Gemütszustandes des Patienten.

Weil die Arznei zwar richtig ist, aber zu einer Überstimulation führt, tritt eine Erstverschlimmerung erwartungsgemäß sehr früh im Behandlungsverlauf auf – meist nach nur einer oder zwei Gaben. Als Faustregel gilt: Je früher die Erstverschlimmerung auftritt, desto exzessiver war die Potenz. Der wichtigste Schritt ist nun, **DIE BEHANDLUNG ZU STOPPEN UND ABZUWARTEN.** Da es sich um eine Überstimulation der erwünschten Wirkung handelt, wird sie rasch abklingen; danach geht es dem Patienten auf allen Ebenen besser. Wird die Behandlung hingegen fortgesetzt, hält die Reaktion an und kann sogar pathologische Ausmaße annehmen.

Obwohl eine Erstverschlimmerung in der Mehrzahl der Fälle begrüßenswert ist, gibt es einige Situationen, in denen sie schädlich sein kann, insbesondere wenn eine fortgeschrittene Pathologie vorliegt. Bei bösartigen Veränderungen muss man besondere Vorsicht walten lassen, und auch bei Epilepsie kann eine Erstverschlimmerung schwerwiegende Folgen haben. Hier spielt wie bereits erwähnt die Frage der Potenz eine besondere Rolle.

Bei chronischen Krankheiten tritt manchmal eine Variante der oben beschriebenen Erstverschlimmerung auf, die als *externalisierende Erstverschlimmerung* bezeichnet wird. Hier kommt es als Reaktion auf die Arznei zu einer deutlichen Verschlimmerung der bestehenden Hautsymptome, und gleichzeitig treten an anderen Stellen des Körpers neue Läsionen auf. Dennoch sieht man auch hier eine Besserung des Allgemeinbefindens wie bei einer normalen Erstverschlimmerung. Sie tritt meist in Fällen auf, wo eine Unterdrückung des Krankheitsbildes stattgefunden hat. So kann beispielsweise eine Erkrankung, die sich unter suppressiver Therapie als Otitis externa manifestiert hat, nach der Gabe einer passenden homöopathischen Arznei zu einer generalisierten Hauterkrankung weiterentwickeln. Diese zeigt an, dass die Arznei korrekt war und nun das volle Krankheitsbild in Erscheinung tritt. Sie ist auch ein Hinweis darauf, dass die Reaktion des Körpers im Einklang mit der Heringschen Regel von innen nach außen abläuft. Auch sie stellt eine begrüßenswerte Reaktion dar, aber meistens dauert es etwas länger, bis sie abgeklungen ist, als bei einer normalen akuten therapeutischen Erstverschlimmerung; es kann auch durchaus sein, dass weitere lokale Arzneien als Teil der Behandlungsstrategie eingesetzt werden müssen.

Antidotierung von Arzneien

Es gibt zahlreiche äußere Faktoren, die die Wirkung homöopathischer Arzneien stören können. In diesem Kontext ist aber die Antidotierung der Wirkung einer homöopathischen Arznei mithilfe eines anderen homöopathischen Mittels gemeint, dessen Arzneimittelbild gegensätzlich zu dem der ersten Arznei ist. Gleichzeitig müssen beide Arzneimittelbilder aber auch ein gewisses Maß an Ähnlichkeit aufweisen, da eine künstliche Krankheit durch eine andere ersetzt werden soll. In der Materia medica findet man zahllose Hinweise auf solche Interaktionen und zweifellos existieren auch einige von ihnen, aber andere wiederum treffen nicht zu. Allerdings sollte man die Möglichkeit im Hinterkopf behalten.

Ein weiterer Aspekt dieses Phänomens ist die Möglichkeit, gezielt eine Prüfung bzw. Erstverschlimmerung zu antidotieren. Allgemein ist es besser, solche Reaktionen wenn möglich von alleine abklingen zu lassen, aber manchmal muss man auch eingreifen. Die Wirkung des Antidots kann dabei vollständig oder partiell sein, sie wird aber in jedem Fall ausreichen, um die Situation unter Kontrolle zu bringen. Manchmal gibt es ein spezifisches Antidot für eine Arznei, aber einige Mittel haben eine allgemeine antidotierende Wirkung. *Nux vomica*, *Camphora* und *Coffea* sind drei Arzneien, die hier oft eingesetzt werden, und von ihnen hat wiederum *Camphora* das breiteste antidotierende Spektrum. Die gewählte Potenz sollte eine mittlere sein, wobei die C 30 der Standard ist, und die Verabreichung sollte »kurz und knackig« erfolgen – 3 Gaben in 24 Stunden (geteilte Einzeldosis).

Eine weitere Möglichkeit ist die erneute Gabe derselben Arznei, allerdings in einer sehr viel höheren Potenz. Dabei muss man aber sehr vorsichtig vorgehen, und diese Methode darf auch *nicht* bei Patienten eingesetzt werden, bei denen die Erstverschlimmerung die Folge einer intrinsischen Überempfindlichkeit war.

Die zweite Verschreibung

Bei der zweiten Verschreibung handelt es sich nicht um den zweiten Versuch, die richtige Arznei zu finden, sondern um die Arznei, die verordnet wird, nachdem die erste eine Wirkung gezeigt hat. Die Wahl hängt von der Bewertung der Reaktion auf das erste Mittel ab. Wie bereits erläutert, erfordert die Analyse große Sorgfalt, da diese Reaktion einen weiteren Hinweis auf die Stärke der Lebenskraft geben kann. Das Ergebnis kann auch lediglich ein Wechsel der Potenz und nicht der Arznei sein. Der vielleicht häufigste Fehler in der homöopathischen Praxis ist die zu früh vorgenommene zweite Verschreibung. Die Vorzüge einer *POSITIVEN INAKTIVITÄT* können gar nicht genug betont werden. Sobald die Heilungsreaktion im Körper in Gang gesetzt wurde, beginnt sich das bestehende Bild zu verändern; dies kann aber nur so schnell gehen, wie die körpereigenen Reaktionen es zulassen und ist daher ein ganz individueller Prozess. Wird ein Fall zu früh wieder aufgenommen, bedeutet das, dass die neue Verschreibung auf der Grundlage einer noch nicht abgeschlossenen Reaktion und damit sich immer noch ändernden Symptomatik erfolgt. Infolgedessen wird die Verschreibung nicht so akkurat ausfallen, wie sie eigentlich sollte, aber noch viel schlimmer ist, dass damit die Entwicklung des ganzen Falles gefährdet sein kann.

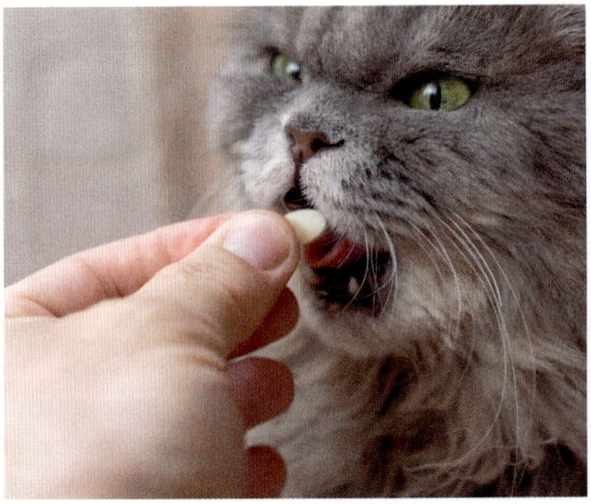

Die Verschreibung von Einzelmitteln und Komplexmitteln

Die Fülle von Verschreibungsmethoden in der Homöopathie kann für den Anfänger sehr verwirrend sein; um die verschiedenen Ansätze verstehen zu können, ist es notwendig, die ihnen zugrundeliegenden Prinzipien zu begreifen.

Die Einzelmittelverschreibung folgt dem klassischen, von Hahnemann festgelegten Muster. Das später von Kent entwickelte Konzept von den Konstitutionsmitteln kann den Gedanken aufkeimen lassen, dass es in der Homöopathie darum geht, nur ein einziges Mittel zu verschreiben. Dem ist aber nicht so, und Hahnemanns Anweisung lautete ganz klar, *nur ein Mittel zu einer Zeit zu geben*, dessen Wirkung abzuwarten und zu beurteilen, und dann erst die Behandlung fortzusetzen. In seinen späteren Jahren ging er dazu über, die Arzneien gegebenenfalls schneller zu wechseln, aber er gab nach wie vor immer nur ein Mittel zu einer Zeit.

Seit der Einführung des konstitutionellen Ansatzes hat sich eine Verschreibungstechnik entwickelt, bei der neben dem Konstitutionsmittel (Kapitel 9) noch eine mehr auf die Pathologie ausgerichtete Arznei verordnet wird. Dies steht ebenfalls mit Hahnemanns Vorstellungen im Einklang, wonach verschiedene Arzneien das jeweilige Simillimum für unterschiedliche Aspekte des Falles sein können. Das ultimative Ziel ist immer, die Gesamtheit des Falles zu erfassen.

Bei der Anwendung von Arzneimischungen verhält es sich allerdings anders. Dahinter steckt die Idee, dass eine Mischung von Arzneien, die alle eine bekannte Wirkung auf ein bestimmtes System oder Organ haben, a) die benötigte Arznei enthält und b) eine synergistische Wirkung dieser Arzneien entfalten kann. Es handelt sich demnach im Wesentlichen um pathologisch ausgerichtete Verschreibungen, die i. d. R. aufgrund allgemeiner und nicht spezifischer Erwägungen getroffen werden. Hahnemann sprach sich vehement gegen diese Methode aus, sowohl im schulmedizinischen als auch im homöopathischen Bereich, da man seiner Meinung nach dabei nie wusste, welcher Bestandteil der Mischung wofür verantwortlich war, und es auch zu antagonistischen Effekten kommen konnte.

Diese Mischungen, auch als sog. Komplexmittel bezeichnet, sind auf dem europäischen Festland und teilweise im Vereinigten Königreich weit verbreitet und haben zweifellos auch eine Wirkung. Ein Haupteinsatzbereich sind akute Krankheiten, wo sie insbesondere von Laien eingesetzt werden, da es sich i. d. R. um freiverkäufliche Arzneimittel handelt. Es kann auch durchaus sein, dass sie in diesen Fällen die Genesung beschleunigen. Bei chronischen Krankheiten allerdings wirken sie oft nur palliativ oder sogar suppressiv. Wir verweisen an dieser Stelle auf den Abschnitt über die Palliation und ihre Auswirkungen auf den gesamten Krankheitsprozess weiter oben in diesem Kapitel. Damit eignet sich diese Methode nur sehr eingeschränkt für die Behandlung tiefsitzender chronischer Krankheiten.

Hinsichtlich der Anwendung solcher Mischungen sind noch viele Fragen unbeantwortet. Es ist anzunehmen, dass die Anzahl der enthaltenen Arzneien eine Rolle spielt, und wenn sie 3-4 übersteigt, erscheint die ganze Angelegenheit zunehmend fragwürdiger. Auch die Herstellungsmethode könnte signifikant sein: Dient eine Mischung der Urtinkturen der einzelnen Substanzen als Ausgangspunkt für die Potenzierung oder werden einfach nur die separat zubereiteten Potenzen anschließend miteinander vermischt? Letzteres ist wahrscheinlich die gängigste Methode. Es stellt sich auch die Frage nach der Kombination von Arzneien in verschiedenen Potenzen, was manche als eine extrem fragwürdige Praxis ansehen. Die Herstellung muss hier zwangsläufig durch Vermischung bereits fertig zubereiteter Potenzen erfolgen. Entsprechend der homöopathischen Philosophie wird der Körper nun auf die stärkere Kunstkrankheit, sprich auf die höhere Potenz reagieren, vorausgesetzt, es besteht eine gewisse Übereinstimmung zwischen der Arznei und der Krankheit. Dennoch kann man diesen Mischungen eine gewisse positive Wirkung nicht absprechen. Die einzige plausible Erklärung, die mit den Grundprinzipien der klassischen Homöopathie kompatibel wäre, wäre die, dass die Mischung eine ganz neue eigenständige Arznei darstellt, die noch nicht geprüft wurde. Viele bewährte Arzneien, v. a. solche pflanzlichen oder tierischen Ursprungs, enthalten eine Reihe von Substanzen, die in der Kombination für das klinische Bild verantwortlich sind. So enthält beispielsweise *Lycopodium* Tonerde (*Alumina*) und Kieselerde (*Silicea*), die beide auch eigenständige Arzneien mit gänzlich unterschiedlichen Arzneimittelbildern sind. Hahnemann äußert sich in der Fußnote zu Paragraph 273 des *Organon* zu diesem Thema und betont, dass die Wirksamkeit dieser pflanzlichen und tierischen Gemische darauf zurückzuführen ist, dass die verschiedenen Bestandteile in von der Natur vorgegebenen und nicht künstlich festgelegten Anteilen enthalten sind.

Solche Komplexmittel sind nicht dasselbe wie das oben erwähnte »Gruppensimillimum«. Bei Letzterem ist die Auswahl der Arzneien eng an das bestehende Krankheitsbild angelehnt, während die Komplexmittel aus eher allgemeinen Erwägungen heraus konzipiert werden. Damit fehlt ihnen das Element der Individualisierung, das den Kern der homöopathischen Methode bildet.

Drainage

Das Konzept von der Entgiftung ist ein elementarer Bestandteil vieler Therapieformen; in der Homöopathie wurde es erstmalig von französischen Homöopathen entwickelt, darunter v. a. Vannier (1880-1963). 1912 begann er, eine »organische Reinigung« als essenziellen Bestandteil einer jeden homöopathischen Behandlung zu propagieren.

Das Ziel einer Drainage besteht darin, die natürlichen Ausscheidungsorgane anzuregen, um die Elimination aller im Rahmen der Krankheit anfallenden »Toxine« sicherzustellen. Der Begriff »Toxine« ist in diesem Zusammenhang etwas weiter zu fassen als allgemein üblich.

Es zählen dazu:

a. künstliche äußere Reize, wie z. B. Tabak, Alkohol etc., aber auch alle schulmedizinischen Medikamente, die der Patient einnimmt;
b. mentale Faktoren wie Sorgen und Ängste, die einen belastenden Einfluss haben;
c. Krankheitserreger und die direkten Produkte schulmedizinisch benannter Krankheiten;
d. Stoffwechselprodukte des Körpers als Folge konstitutioneller und hereditärer Faktoren, beispielsweise einer Veranlagung zur vermehrten Bildung von Harnsäure.

Da per definitionem jeder Patient irgendeinem dieser oben genannten Einflüsse unterliegen muss, ist der dahinterstehende Gedanke, dass es notwendig ist, den Körper einer entsprechenden Reinigung zu unterziehen, bevor eine andere homöopathische Behandlung ihre volle Wirkung enfalten kann. Zu den Ausscheidungsorganen zählen in diesem Zusammenhang nicht nur Leber und Nieren, sondern auch Milz, Bauchspeicheldrüse, Haut und alle Schleimhäute. Auf einer sekundären Ebene ist auch das endokrine System an der Ausscheidung beteiligt, da es über die Hormone die oben genannten Organe funktionell stimuliert. Die toxischen Einflüsse können sowohl zu einer subklinischen Dysfunktion der Ausscheidungsorgane als auch zu einer direkten Beeinträchtigung eines bestimmten Organs führen.

Die Gabe einer korrekten homöopathischen Arznei setzt im Körper einen kurativen Prozess in Gang; dieser führt u.a. zu einer gesteigerten Elimination von Toxinen, die im Rahmen der Erkrankung entstehen. Dadurch nimmt die Belastung der Ausscheidungsorgane zu, was wiederum das Auftreten einer Erstverschlimmerung begünstigen kann. Die Anwendung eines geeigneten Drainagemittels zusätzlich zu einer weiteren gut gewählten Arznei soll dieses Risiko minimieren und darüber hinaus den Heilungsprozess beschleunigen.

Die Wahl des Drainagemittels erfolgt nicht allein aufgrund der Organaffinität, sondern auch, weil sein Arzneimittelbild einige Symptome des Falles beinhaltet, wenn auch nur auf der lokalen Ebene. (Es kann sich dabei auch um ein »Organmittel« handeln.) Diese Methode soll daher auch rein homöopathisch sein. Idealerweise bestehen auch noch andere Verbindungen zwischen dem Drainagemittel und der eigentlichen Arznei, z. B. als Komplementär – oder Folgemittel etc. Das Drainagemittel wird in einer niedrigen Potenz gegeben, meist einer Dezimalpotenz, und über einen längeren Zeitraum verabreicht als die eigentliche Arznei; diese wird dagegen in einer höheren Potenz entsprechend den allgemeinen Verschreibungsregeln gegeben.

Diese Technik wird in einigen Kreisen häufig eingesetzt und soll gute Ergebnisse erzielen. Sie hat bisher aber keine universelle Anwendung gefunden.

QUELLEN

- *Handley, R. (1997): In Search of the Later Hahnemann. Beaconsfield: Beaconsfield Publishers*
- *Julian, O. (1977): Trait de micro-immunotherapy dynamisee.* Libraire le Francois **1**
- *Maury, E. A. (2018): Drainage in Homeopathy. Saffron Walden: C. W. Daniel*
- *Pedalino, C. M. V. (2006): Homeopathic medicines in potency cords.* Cultura Homeopathica **16**
- *Saxton, J. G. (2017): Die Darmnosoden in der homöopathischen Praxis. 4. Aufl. Kandern: Narayana*

9

Konstitutionelle Verschreibung

Das Konzept von der homöopathischen Konstitution

Hahnemann schreibt in *Die chronischen Krankheiten* über die Arznei *Acidum nitricum*: »...mehr für Kranke von straffer Faser (Brünette), weniger für die von schlaffer Faser (Blondine) wohlthätig«.

Wie dieses Zitat zeigt, beobachtete bereits Hahnemann selbst, dass bestimmte homöopathische Arzneien bei gewissen Patiententypen, also Menschen mit einer bestimmten »Konstitution«, häufiger angezeigt waren. Das Konzept von der homöopathischen Konstitution geht daher davon aus, dass die mentalen, allgemeinen und physischen Charakteristika eines Patienten im gesunden Zustand bei der Wahl einer passenden homöopathischen Arznei für den Krankheitsfall hilfreich sein können. Eine logische Schlussfolgerung daraus wäre, dass Patienten mit bestimmten mentalen und allgemeinen Charakteristika bei einer Erkrankung oft an ähnlichen physischen Symptomen leiden; es könnte also tatsächlich möglich sein, anhand dieser Charakteristika vorherzusagen, welche physischen Symptome der Patient im Krankheitsfall wahrscheinlich entwickeln wird. Wenn wir also ein Tier haben, das fett und schwerfällig ist, Wärme sucht und Verlangen nach Eiern zeigt, besteht die große Wahrscheinlichkeit, dass es irgendwann Degenerationserscheinungen an den Gelenken zeigen wird, die mit Steifheit und Schmerzen einhergehen, durch nasskaltes Wetter verschlimmert und durch Bewegung gebessert werden.

Wenn wir diesen Faden weiterspinnen, können wir uns zwei Labrador Retriever vorstellen, die beide an Osteoarthrose leiden. Beide haben Exostosen an den Gelenken, zeigen Steifheit, und ihre Symptome verschlimmern sich bei nasskaltem Wetter und bessern sich durch Bewegung. Allerdings ist einer von ihnen übergewichtig, antriebslos und sucht aktiv Wärmequellen auf; der andere hingegen ist schlank, lebendig und mag keine Hitze. Der erste bräuchte *Calcium carbonicum*, der zweite *Calcium fluoratum*. Ausschlaggebend für diese Art der Verschreibung ist der Umstand, dass die Krankheitssymptome alleine nicht ausreichen würden, um zwischen den in Frage kommenden Arzneien zu unterscheiden; sind die Charakteristika des Tieres deutlich ausgeprägt, helfen sie dem homöopathischen Tierarzt, das passende Mittel zu finden.

Dies stellt in Kürze die Essenz der konstitutionellen Verschreibung dar; die Grundannahme besteht darin, dass die allgemeinen Charakteristika des Patienten, sofern sie klar erkennbar sind, bei der Wahl der korrekten homöopathischen Arznei für den Krankheitsfall helfen können.

In diesem Zusammenhang stellt sich natürlich die Frage, ob sich die Konstitution eines Tieres im Laufe seines Lebens ändern kann; die Erfahrung zeigt, dass dem so ist. So ist beispielsweise allgemein bekannt, dass sich ein jugendlicher *Pulsatilla*-Typus im mittleren Lebensalter in einen *Silicea* – oder *Sepia*-Typus verwandeln kann. Die scheue, ängstliche, nachgiebige und durstlose *Pulsatilla*, der leicht zu warm ist, wird zu einer frostigen und starrköpfigen *Silicea*, bleibt dabei aber scheu, oder sie entwickelt sich zu einer frostigen, durstigen, schnippischen und asozialen *Sepia*. Es scheint aber auch Tiere zu geben, deren Konstitution so stark ausgeprägt ist, dass sie ein Leben lang bestehen bleibt, sodass diese Tiere immer dieselbe Arznei benötigen, unabhängig davon, an welcher Krankheit sie leiden. Einer unserer Hunde (PG) beispielsweise sprach sein ganzes Leben lang immer wieder auf *Arsenicum album* an – z. B. bei einer chronischen Hauterkrankung, Durchfall, Chorea und altersbedingter nächtlicher Unruhe. Dies kommt allerdings eher selten vor, viel häufiger braucht ein Tier im Laufe seines Lebens eine Abfolge verschiedener homöopathischer Arzneien. Außerdem sollte man daran denken, dass nicht in jedem Krankheitsfall ein Konstitutionsmittel angezeigt ist. Bei chronischen Krankheiten hat die konstitutionelle Tendenz genügend Zeit, um in Erscheinung zu treten; zudem wird eine Verschreibung auf dieser Ebene mit großer Wahrscheinlichkeit in irgendeinem Stadium der Behandlung zwingend vonnöten sein. Dennoch kann ein Hund, der konstitutionelle Merkmale von *Calcium carbonicum* aufweist, eine akute Gastritis entwickeln, die *Arsenicum album* braucht; und bei einem Autounfall wird immer noch *Arnica* angezeigt sein. Man mag argumentieren, dass sich der konstitutionelle Zustand möglicherweise vorübergehend geändert hat, oder dass die akute Symptomatik die Konstitution einfach überlagert. Was bleibt, ist die Tatsache, dass sich die konstitutionelle Verschreibung überwiegend auf den Bereich der chronischen Erkrankungen beschränkt.

Die Vorteile der konstitutionellen Herangehensweise

Die Verschreibung auf der konstitutionellen Ebene hat gegenüber anderen Ansätzen eine Reihe von Vorteilen:

1. Die konstitutionelle Herangehensweise liefert deutlich mehr Informationen, die als Grundlage für die Verschreibung dienen können; dies kann in der Veterinärhomöopathie, wo im Vergleich zur Humanhomöopathie oft sehr viel dürftigere Angaben gemacht werden, oftmals entscheidend sein. So sind die Rubriken zum Schmerzcharakter beim Tier meist unbrauchbar, und auch die Wahnideen und Träume des Patienten dem Behandler nicht zugänglich. Die Totalität der bei einem Tier erhobenen Symptome ist daher meist sehr viel begrenzter als beim Menschen. Kann man jedoch die Charakteristika des Tieres im gesunden Zustand hinzuziehen, erhält man deutlich mehr Informationen, die eine umfassendere Analyse des Falles erlauben.

2. Verschreibungen auf konstitutioneller Basis haben oft eine tiefgreifende Wirkung, da das Konstitutionsmittel den Patienten auf einer zutiefst fundamentalen Ebene erreicht.

3. Die konstitutionelle Verordnung bietet eine einfache, aber effektive Möglichkeit der schnellen Verschreibung, und einige der berühmtesten Homöopathen, ob nun aus der Human - oder Veterinärmedizin, waren dafür bekannt, dass sie das richtige Mittel schon wussten, kaum dass der Patient den Behandlungsraum betreten hatte, allein durch seine körperliche Erscheinung und sein Verhalten.

Dennoch ist es wichtig, sich nicht einzig und allein auf dieses Konzept zu fokussieren. Die konstitutionelle Verschreibung erfordert ein gewisses Maß an Verallgemeinerung, und in einer Medizinform, wo die Individualisierung den Schlüssel zum Erfolg darstellt, kann die übermäßige Ausrichtung auf das konstitutionelle Bild des Patienten zu Misserfolgen und entsprechender Frustration führen. Sicherlich erfolgt die erste Verschreibung in einem chronischen Fall oft auf der konstitutionellen Ebene, v. a. wenn die Vorgeschichte des Patienten wertvolle Hinweise darauf liefert. Aber anschließend ist es ratsam, sein Augenmerk mehr auf die Veränderungen zu richten, die sich beim Patienten im Laufe der Behandlung einstellen, und die Folgeverschreibungen dementsprechend vorzunehmen, anstatt sich weiterhin zu sehr von der Konstitution des Patienten leiten zu lassen.

Bestimmung der Konstitution durch Repertorisation

Aus dem vorher Gesagten ergibt sich, dass für die Identifikation des Konstitutionsmittels Informationen zu den Charakteristika des Patienten in die Auswahl der Rubriken für die Repertorisation einbezogen werden müssen.

Dadurch hat man sehr viel mehr Informationen für die Fallanalyse zur Verfügung und einen entsprechend größeren Spielraum bei der Auswahl von Symptomen und Rubriken für die Repertorisation. Hier erhalten die Prinzipien für die Hierarchisierung der Symptome eine ganz besondere Bedeutung. Da die Konstitution zum großen Teil über die Gemüts - und Allgemeinsymptome definiert wird, haben diese Vorrang vor Lokalsymptomen. Gleichzeitig sind aber »auffallende, sonderliche, ungewöhnliche und eigenheitliche« Symptome am zuverlässigsten und haben daher höchste Priorität. Die Diskussion darüber, wie man die richtigen Rubriken für die Fallanalyse auswählt, liefert nach wie vor reichlichen Zündstoff; die nachstehenden allgemeinen Richtlinien sind aber allgemein akzeptiert:

1. Nicht zu groß: Je mehr Arzneien eine Rubrik enthält, desto weniger hilfreich ist sie für die Individualisierung des Patienten. Im Idealfall enthält die Rubrik 20-30 Arzneien, auf keinen Fall mehr als 100. Wenn es allerdings keine Alternative gibt, muss man manchmal auf große Rubriken zurückgreifen. Ein Beispiel wäre die Rubrik »Mangel an Lebenswärme«, die auf einen Patienten zutrifft, der die Wärme sucht.

2. Nicht zu klein: Rubriken, die nur eine oder zwei Arzneien enthalten, v. a. wenn diese in Normaldruck sind, sind oft unvollständig, sodass man Gefahr läuft, die Fallanalyse irrtümlich auf diese Mittel auszurichten. Allerdings können solche Rubriken dazu dienen, eine gewählte Arznei zu bestätigen.
3. Die Rubriken sollten mehrere Wertigkeitsgrade enthalten (fett, kursiv, normal, wie in Kapitel 7 erklärt). Sie erleichtern in der Analyse die Differenzierung ähnlicher Mittel.
4. Die gewählten Rubriken sollten möglichst genau den beobachteten Symptomen entsprechen. Insbesondere bei Gemütssymptomen eines Tieres kann es eine Reihe von passenden Rubriken geben, die sich nur geringfügig voneinander unterscheiden. Hier ist Sorgfalt vonnöten, um eine möglichst exakte Rubrik auszuwählen.
5. Die gewählten Rubriken sollten mit denjenigen Symptomen korrespondieren, die am stärksten und deutlichsten zutage treten.
6. Nicht zu viele Rubriken. Bei Computerprogrammen ist es so einfach, Rubriken hinzuzufügen, dass die Versuchung groß ist, weniger selektiv vorzugehen; allerdings werden wenige gut gewählte Rubriken sehr viel treffsicherere Ergebnisse liefern als eine Vielzahl nachlässig gewählter Rubriken. Grundsätzlich sollten ungefähr acht Rubriken die wichtigsten Aspekte eines Falles abdecken, oft reichen aber auch drei oder vier Rubriken aus, um die Essenz des Falles adäquat abzubilden.
7. Bei der Gewichtung der Rubriken in einem Computerrepertorisationsprogramm sollte man die Symptome stärker betonen, die der Patient am deutlichsten zeigt oder die »auffallend, sonderlich, ungewöhnlich und eigenheitlich« sind (§ 153); außerdem sollte man die Standardhierarchie anwenden, derzufolge die Gemütssymptome Vorrang vor den Allgemeinsymptomen, und diese Vorrang vor den Lokalsymptomen haben.

In diesem Kontext sei noch einmal darauf hingewiesen, dass das Ergebnis einer Repertorisation am genauesten ausfällt, wenn einige wenige markante Symptome oder Charakteristika, die beim Patienten klar zutage treten, sorgfältig mit mittelgroßen Rubriken in Übereinstimmung gebracht werden; bei Verwendung eines Computerrepertoriums sollten die ausgewählten Rubriken vor der Analyse präzise gewichtet werden.

Anwendung der konstitutionellen Verschreibung

Die Arzneien, die im Rahmen einer Konstitutionsbehandlung eingesetzt werden, stammen zwangsläufig so gut wie immer aus der Gruppe der großen Polychreste; die Anzahl der Mittel variiert dabei von Homöopath zu Homöopath, aber grob geschätzt kann man sagen, dass es 30 bis 40 allgemein anerkannte Konstitutionstypen gibt. Es ist Aufgabe des Homöopathen, die Anzahl der Konstitutionstypen, die er erkennt, stetig zu steigern.

Eine Verschreibung, die auf Grundlage der Konstitution des Patienten erfolgt, erreicht diesen auf einer sehr tiefen Ebene. Daher werden meistens nur wenige Gaben einer hohen Potenz über einen kurzen Zeitraum verabreicht. (Wir geben i. d. R. drei oder vier Dosen im Abstand von 12 Stunden.) Manchmal scheint das konstitutionelle Bild klar auf der Hand zu liegen, aber die Lokalsymptome werden nicht durch das Konstitutionsmittel abgedeckt. In diesem Fall kann man eine Hochpotenz nach konstitutionellen Gesichtspunkten verordnen und dann eine auf die Lokalsymptome ausgerichtete Arznei in tiefer Potenz folgen lassen. Einige Homöopathen vertreten die Meinung, dass man in einem solchen Fall nur das Konstitutionsmittel geben soll; andere sagen, dass es eine Arznei geben muss, die beide Bereiche abdeckt. Die Debatte über dieses umstrittene Thema wird schon seit jeher in der Human – und Veterinärhomöopathie geführt! Da ein Konstitutionsmittel so tiefgreifend wirkt, setzt die Reaktion oft nur langsam ein. Aus diesem Grunde propagieren einige den Einsatz derselben Arznei in unterschiedlichen Potenzen und erhoffen sich dadurch eine beschleunigte Verbesserung des Zustandes des Patienten; dabei wird entweder zuerst eine Hochpotenz gegeben, gefolgt von einer Tiefpotenz, oder umgekehrt. In ähnlicher Weise erfolgt bei einer »Mehrebenen«-Behandlung neben der Gabe des Konstitutionsmittels der Einsatz von organotropen Arzneien oder spezifischen Nosoden.

Sobald man etwas tiefer in dieses faszinierende Thema eintaucht, beginnt man unweigerlich, sich seine eigene Meinung darüber zu bilden, wie homöopathische Arzneien auf den Organismus wirken; bis dahin empfehlen wir, das Konzept von der »Konstitution« einfach als Tendenz eines Individuums zu betrachten, die mit einem spezifischen Muster von mentalen und allgemeinen Charakteristika gepaart ist und auf ein bestimmtes homöopathisches Mittel hinweist – nicht mehr, nicht weniger.

Einige weit verbreitete Konstitutionstypen

Viele Generationen der Tierzucht haben zur Selektion von Rassemerkmalen geführt, die oft Aufschluss über die Konstitution eines Tieres geben. Dies gilt insbesondere für Hunde, bei denen in den meisten Rassen ein bestimmter Konstitutionstyp vorherrscht. Dies bedeutet auf der einen Seite eine oftmals hilfreiche Möglichkeit zur Abkürzung auf dem Weg zur Arzneifindung, auf der anderen Seite aber auch einen recht gefährlichen Fallstrick. Natürlich stellen Rassecharakteristika wertvolle Aspekte zur Bestimmung der Konstitution eines Individuums dar, man sollte aber nicht vergessen, dass in jeder Rasse auch jeder Konstitutionstyp vertreten sein kann. Und gerade dann, wenn die Charakteristika eines Individuums völlig entgegengesetzt zu jenen sind, die man normalerweise bei dieser Rasse erwarten würde, sollte man ihnen noch mehr Aufmerksamkeit schenken, als wenn sie dem Standard entsprächen. Nichtsdestotrotz verbindet man bestimmte Rassen der einzelnen Tierarten mit spezifischen homöopathischen Arzneien; dies kann wiederum bei der Bestimmung der Konstitution eines Einzeltieres sehr hilfreich sein.

Arsenicum album

Arsenicum album ist ängstlich und überaus verfroren. Der *Arsenicum*-Hund betritt voller Angst den Behandlungsraum und kann in Panik ausbrechen, wenn er auf den Tisch gehoben wird. Ist er auf dem Arm, klammert er sich an seinen Besitzer und fängt an zu strampeln, wenn der Tierarzt sich nähert. Er ist so verängstigt, dass er womöglich zuschnappt; dies tut er aber nur aus Angst, besonders aus Angst davor, auf kleinem Raum eingepfercht zu werden und nicht entkommen zu können. Zuhause sitzt er praktisch auf dem Ofen und aalt sich stundenlang in der Mittagssonne. Ein *Arsenicum*-Patient ist sehr unruhig, v. a. nach Mitternacht; der nervöse alte Hund wandert herum und kommt nicht zur Ruhe, das Pferd mit Sommerekzem läuft im Stall hin und her. Diese nächtliche Verschlimmerung spiegelt sich in allen körperlichen Symptomen wider. Ob es sich nun um eine Gastroenteritis, Asthma oder Atopie handelt: Bei allen kommt es zu einer Verschlimmerung nach Mitternacht. Selbst wenn sich der *Arsenicum*-Hund augenscheinlich guter Gesundheit erfreut, wird er dennoch ab und an seinen Besitzer aus dem Bett scheuchen und aus unerfindlichen Gründen ziellos im Garten umherwandern. Pingeligkeit ist ebenfalls ein großes Thema: Das Rennpferd hält seine Box tipptopp sauber und lässt seine Kotäpfel nur in einer einzigen Ecke fallen. Auch die *Arsenicum*-Katze mit Nierenversagen hält sich selbst und ihre Katzentoilette weiterhin absolut sauber; dies kann sogar so weit gehen, dass sie die verunreinigte Streu zu einem ordentlichen kleinen Häufchen zusammenscharrt. Der *Arsenicum*-Hund weigert sich, durch Pfützen oder Schlamm zu laufen oder sein Fell auf andere Art und Weise zu verschmutzen. Wenn er doch einmal dreckig wird, verbringt er Stunden damit, sich akribisch zu putzen, bis er wieder in neuem Glanz erstrahlt.

Arsenicum mag Gesellschaft; Hunde wollen nicht allein gelassen werden und bellen oder jaulen, wenn sie allein im Haus bleiben müssen; Pferde geraten in helle Aufregung, wenn ihre Gefährten ohne sie weggehen. Daneben findet man Angst vor geschlossenen Räumen, wie z. B. Käfigen oder Autos; die für diesen Konstitutionstyp so charakteristische Unruhe kann durch derartige Beschränkungen ausgelöst werden. Was den Bereich Speisen und Getränke angeht, so besteht Durst auf kleine Mengen und eine Vorliebe für Obst und rohes Gemüse, im Grunde für kaltes Futter jeglicher Art. Kurz gesagt, *Arsenicum* ist verfroren, ängstlich, unruhig und pingelig, trinkt Wasser nur schlückchenweise und liebt Obst und Gemüse.

Sulphur

Sulphur ist heiß und übelriechend. Ein fetter, fauler Hund, der oft eine Vorgeschichte von chronischen Hautreizungen hat, den Tierarzt mit einem freundlichen Schwanzwedeln begrüßt, sich dann auf den kalten Boden plumpsen lässt und einschläft, das ist *Sulphur*. Stehen ist unbequem. Selbst wenn er erst vor kurzem gebadet wurde, riecht er unangenehm, und das Fell macht immer einen ungepflegten Eindruck. Eine Besitzerin beschrieb ihre *Sulphur*-Hündin mit den folgenden Worten: »Wenn ich sie gebürstet habe, sieht sie genau zehn Minuten lang wie aus dem Ei gepellt aus.« *Sulphur* hasst es, gebadet zu werden; er würde viel lieber so ungepflegt bleiben. *Sulphur* hat Rötung und Juckreiz am Anus und lässt faulig riechende Winde ab. Er hasst Wärme, und die Symptome werden durch Wärme auch verschlimmert. Deshalb sucht er immer nach einem kühlen Plätzchen; auf den kalten Fliesen in der Küche, im Schatten eines Baumes oder im Durchzug an der Tür. Die Schleimhäute sind dunkelrot, aber man hüte sich, einen genaueren Blick darauf zu werfen, denn *Sulphur* hat auch faulig stinkenden Atem, selbst wenn die Zähne und das Zahnfleisch sauber erscheinen. Es besteht eine Neigung zu Durchfall mit Erwachen um 5 Uhr morgens und dem dringenden Bedürfnis, nach draußen zu gehen und einen gelben durchfälligen Haufen abzusetzen.

Sulphur kann aber auch schlank und energiegeladen sein, sozusagen eine übermütige »Stimmungskanone«. Meistens jedoch gammelt er lieber im Haus herum, sucht sich ein kühles zugiges Plätzchen und wartet philosophisch auf die nächste Mahlzeit; dabei frisst er alles, was ihm vorgesetzt wird, egal ob süß, salzig oder gewürzt – der absolute Renner sind die Reste vom Curry, die er mit kaltem Wasser in langen Zügen hinunterspült.

Eigentlich ist *Sulphur* ein netter Kerl, den man gerne um sich hat, aber sein Geruch lässt seine Beliebtheit deutlich schrumpfen. Außerdem darf man von einem *Sulphur*-Tier keine moralische Unterstützung erwarten; es ist eher selbstsüchtig und wird kaum Notiz von Ihren Problemen nehmen, solange es ihm selbst gut geht.

Unbeschwert, aber egozentrisch, heiß und übelriechend, mit einer Vorliebe für gewürzte Speisen und einem beinahe unstillbaren Durst – das ist *Sulphur*.

Natrium muriaticum

Dieser Arzneimitteltypus tritt mit einer augenscheinlichen Aura von Unabhängigkeit in Erscheinung; »augenscheinlich« deshalb, weil ein Hauptmerkmal von *Natrium muriaticum* die Unterdrückung von Gefühlen ist, insbesondere von Kummer. Es wird oft als »das Katzenmittel schlechthin« bezeichnet, was vielleicht daran liegt, dass es tatsächlich das häufigste Konstitutionsmittel bei Katzen ist. Es passt zu der Katze, die offenbar wirklich keine Gesellschaft sucht; sie ist immer für sich allein, versteckt sich im Schrank oder draußen im Schuppen und kommt nur zu ihren Menschen, wenn sie selbst es will. Versucht man, sie zu streicheln oder auf den Arm zu nehmen, wehrt sie sich oder toleriert es nur für kurze Zeit.

Der Kontakt wird dann mit einem Biss oder Kratzer beendet, der besagt: »Jetzt reicht es!« Allerdings kann *Natrium muriaticum* sehr an einer einzigen Person oder einem anderen Tier hängen, und genau dieses Charakteristikum macht diesen Typus so verletzlich und anfällig für Kummer. Der Verlust eines tierischen oder menschlichen Gefährten (nicht zu vergessen den enormen emotionalen Stress, den ein Tier durchmacht, wenn es in ein neues Zuhause umsiedelt) kann ein solches Tier in eine schwere Depression treiben. Das Kinderpony, das weiterverkauft wird, weil sein Besitzer »zu groß« dafür geworden ist, zeigt seine *Natrium muriaticum*-Konstitution, indem es in der Ecke seiner Box steht, Augenkontakt vermeidet und bei Annäherung ausschlägt.

Allerdings kann der Kummer auch so gut unter Verschluss gehalten werden, dass der Besitzer nichts davon bemerkt, und erst wenn körperliche Symptome, wie z. B. eine Dermatitis, auftreten, lässt er sich retrospektiv erkennen. Die *Natrium muriaticum*-Katze oder auch der Hund schmollen ebenfalls; stecken Sie sie in eine Tierpension und Sie werden sich noch Tage danach schuldig fühlen, weil er oder sie Sie vollkommen ignoriert! *Natrium muriaticum* ist ein durstiges Mittel; es trinkt nicht in kleinen Schlückchen wie *Arsenicum*, sondern nimmt lange Züge in längeren Intervallen. Die Wärmemodalitäten können verwirrend sein: entweder frostig oder heiß, und obwohl *Natrium muriaticum*-Menschen die Sonne meiden, ist dies bei den Tieren nicht immer der Fall. Am häufigsten findet man vielleicht, dass das Tier drinnen die Wärme sucht, aber auch gerne draußen an der frischen Luft ist. *Natrium muriaticum* ist im Allgemeinen dünn, obwohl der Appetit meist gut ist; manchmal sieht das Tier aber aufgedunsen aus, so als wäre zu viel Flüssigkeit im Körper. Es besteht Verlangen nach Salzigem, wie z. B. Kartoffelchips, und nach Fisch. Die meisten *Natrium muriaticum*s mögen es nicht, wenn man in ihre Privatsphäre eindringt, und bei Hunden bedeutet das Augenkontakt. Sehen Sie einem *Natrium muriaticum* in die Augen und er wird seinen Blick abwenden; kommen Sie ihm körperlich zu nahe, kann er zuschnappen – es ist nur eine Warnung, lässt aber keinen Zweifel daran offen, dass dieses Tier seine Ruhe haben möchte. Das Verlangen nach Privatsphäre erstreckt sich auch auf den Harnabsatz; ein *Natrium muriaticum*-Tier wird nur selten Wasser lassen, wenn ihm irgendjemand dabei zusieht. Manchmal gilt dies auch für den Kotabsatz.

Natrium muriaticum ist also unabhängig, durstig und dünn und liebt salzige Speisen.

Calcium carbonicum

Der *Calcium carbonicum*-Hund betritt das Behandlungszimmer nur sehr gemächlich. Nachdem er den Tierarzt begrüßt hat, lässt er sich in einer Ecke fallen und rührt sich für den Rest der Konsultation nicht mehr. Er hat meist einen schweren Körperbau, einen großen, breiten Kopf und ist oft stark übergewichtig; dabei ist er offen und freundlich, allerdings auch ein wenig furchtsam und schüchtern.

Er ist sehr verfroren; im Winter kauert er sich vor den Ofen und ist kaum davon wegzubewegen. Wenn es kalt und nass ist, verspürt er überhaupt kein Verlangen, nach draußen zu gehen. Selbst in seinen besten Zeiten zieht er es vor, im Körbchen liegenzubleiben, und wenn es gelingt, ihn zu einem morgendlichen Spaziergang zu überreden, setzt er sich so widerstrebend in Bewegung, als sei es »einfach nicht die Mühe wert«.

Aber seine Freundlichkeit, gepaart mit einer inneren Angst, den Anschluss zu verlieren, bewirkt, dass er letztendlich doch Freude an der Bewegung hat, auch wenn seine Körpermasse und sein niedriger Energielevel im Allgemeinen bedeuten, dass er kein Hund ist, der den ganzen Tag herumrennt. Aufgrund seines schwachen Kreislaufs verträgt er oft keine Hitze, weshalb ihm harte Arbeit bei warmem Wetter oft sehr schwer fällt. Allerdings geht er immer gerne schwimmen. Er macht so gut wie nie Probleme, ist anderen Hunden gegenüber offen und freundlich und liebt Menschen – selbst Einbrecher.

Calcium carbonicum ist ein Nimmersatt; er frisst alles Essbare und genauso viele unverdauliche Dinge, wie zum Beispiel den Putz von der Wand oder Kohle aus dem Kohleeimer. Er zeigt oft Verlangen nach trockenen Nahrungsmitteln wie Brot. Mit einem unverwüstlichen Verdauungsapparat gesegnet, hat er nur selten eine Magenverstimmung; allerdings kann Milch ab und an zu einer Verschlimmerung führen, und es besteht eine Neigung zu Verstopfung. Paradoxerweise fühlt er sich oft besser, wenn er verstopft ist.

Hat er einmal Durchfall, sieht der Kot häufig aus wie Lehm und ist anfangs fest und dann immer weicher.

Wir können also festhalten, dass *Calcium carbonicum* offen, freundlich, ein großartiger Spielgefährte für die Kinder und einfach nur ein perfekter Familienhund ist. Bekommt er aber die Gelegenheit dazu, wird er den Mülleimer plündern. Außerdem gibt er einen miserablen Wachhund ab. Die *Calcium carbonicum*-Kuh ist die grobknochige Friesen-Kuh, die hinter der Herde hertrottet. Sie ist starrköpfig, aber *nicht* aggressiv, und hat eine außerordentlich hohe Milchleistung.

Phosphorus

Die *Phosphorus*-Hündin platzt voller Energie in das Wartezimmer, springt unaufhörlich am Tierarzt hoch und leckt ihn von oben bis unten ab. Sie ist dünn und hat einen tiefen Brustkorb, eine lange Schnauze, und ihre Fellfarbe ist oft rot oder leberfarben. Sie liebt Menschen und andere Hunde und kann niemals genug Aufmerksamkeit bekommen. Gleichzeitig kann sie auch ängstlich sein, was manchmal so weit geht, dass sie aggressiv erscheint und andere Hunde anbellt, vor allem, wenn sie an der Leine ist.

Die *Phosphorus*-Katze untersucht den Behandlungsraum erst einmal gründlich, bevor sie auf den Schoß der Tierärztin oder ihrer Besitzerin springt, oder sich an irgendjemandes Beine schmiegt und mit dem Kopf daran reibt. Viele *Phosphorus*-Katzen sind fuchsrot.

Phosphorus liebt Gesellschaft, und wird ein *Phosphorus*-Hund allein gelassen, bellt und heult er, oder er fängt an, das Haus auf den Kopf zu stellen, und macht Teppiche, Schuhe oder Möbel kaputt. Die *Phosphorus*-Kuh gerät in Panik, wenn sie auf dem Sammelplatz allein gelassen wird.

Sie hat leuchtende Augen, lange seidige Wimpern und oft ein ebensolches Fell.

Die *Phosphorus*-Hündin reagiert sehr empfindlich auf Lärm, Emotionen und atmosphärische Veränderungen; dies kann so weit gehen, dass sie bei einem drohenden Gewitter ängstlich den Schutz und Trost ihres Besitzers sucht. Wenn es an der Tür klingelt oder sie eine Pfeife oder Flöte hört, fängt sie oft an zu heulen. *Phosphorus* kann geradezu hellsichtig erscheinen, da sie genau weiß, wann ihr Besitzer nach Hause kommt, selbst wenn dies zu unregelmäßigen Zeiten passiert.

Phosphorus kann verfroren sein, genauso aber auch die Sonnenhitze unerträglich finden und sich dann in den Schatten eines Baumes oder in die kühle Küche flüchten.

Der Appetit ist gut, es besteht Verlangen nach Salzigem und vor allem nach Fisch. Trotz des guten Appetits nimmt sie selten an Gewicht zu. Sie hat Durst auf große Mengen kaltes Wasser, was sich darin zeigt, dass sie lieber aus Pfützen, Teichen und Wasserhähnen trinkt als aus ihrem Wassernapf.

Phosphorus ist also fröhlich, voller Energie, liebt es, Aufmerksamkeit zu bekommen und ist extrem verspielt, gleichzeitig aber auch empfindsam und ängstlich.

Pulsatilla

Pulsatilla ist weich, sanft, mild und nachgiebig. *Pulsatilla* ist fast immer weiblich, aber das schließt ihre Anwendung bei männlichen Individuen nicht aus, sofern deren Charakteristika diese Arznei anzeigen. Die *Pulsatilla*-Hündin wäre nur zu gerne nett und freundlich, aber sie ist ein bisschen zu schüchtern; deshalb klebt sie an ihrer Besitzerin und himmelt sie an. Wenn sie zu groß ist, um getragen zu werden, und man sich ihr nähert, rollt sie sich unterwürfig auf den Rücken und setzt vielleicht sogar etwas Urin ab. Oder sie versucht, sich zu entziehen, aber sobald sie überzeugt ist, dass sie unter Freunden ist, freut sie sich über die Aufmerksamkeit und sucht den Kontakt. Sie nimmt sehr leicht zu und erscheint dann mollig und knuddelig.

Pulsatilla mag mäßige Wärme; im Winter liegt sie vor dem Ofen und sucht Plätze auf, an denen die Sonne durch das Fenster oder in den Wintergarten scheint. Allerdings hat sie Verlangen nach frischer Luft und in einem stickigen Raum wird es ihr schnell zu warm. Deshalb sucht sie das kühle Lüftchen, das durch das Fenster oder unter der Tür hereinzieht. Bei strahlendem Sonnenschein findet man sie zwar draußen, aber geschützt vor der Sonne im Gebüsch oder unter dem Gartenstuhl.

Selbst bei heißem Wetter trinkt *Pulsatilla* nur sehr wenig. Ihr Appetit ist oft kapriziös und manchmal lässt sie mehr als einen Tag zwischen den Mahlzeiten verstreichen. Sie liebt kaltes Futter und kaut gerne auf Eisstücken herum oder leckt Eiscreme, auch wenn sie davon Magenbeschwerden bekommen kann, wie überhaupt von reichhaltiger Nahrung, insbesondere Fett.

Wie *Phosphorus* bleibt auch *Pulsatilla* nicht gerne allein und reagiert darauf, indem sie etwas kaputt macht, aber auf weit weniger spektakuläre Weise als *Phosphorus*. Sie schmollt auch, aber durch die dem *Pulsatilla*-Bild eigene Wechselhaftigkeit ist sie nur kurzzeitig eingeschnappt; so schnell wie ihre Verstimmung gekommen ist, genauso schnell ist sie auch wieder verschwunden, und *Pulsatilla* ist wieder fröhlich und gut gelaunt wie zuvor. *Pulsatilla* liebt Gesellschaft; wenn sie auf sich selbst gestellt ist, fühlt sie sich unsicher, deshalb folgt sie ihrem geliebten Frauchen wie ein Schatten, egal wohin dieses auch geht. Bekommt sie die Gelegenheit, schläft sie auf dem Bett ihrer Besitzerin oder einem bequemen Sessel.

Pulsatilla ist eine wunderbare Mutter, neigt dadurch aber auch zu Scheinträchtigkeiten, in denen sie ein Nest baut, Spielzeug in ihr Körbchen schleppt und große Mengen Milch bildet. *Pulsatilla*-Kühe sind daher willkommene Mitglieder einer Milchviehherde.

Zusammenfassend kann man also sagen, dass *Pulsatilla* schüchtern, weich, sanft und nachgiebig ist, Zuwendung liebt, durstlos ist und ein Verdauungssystem hat, das empfindlich auf reichhaltige Nahrung reagiert.

Lycopodium clavatum

Die Essenz von *Lycopodium* ist ein Mangel an Selbstbewusstsein, auch wenn dies nicht auf den ersten Blick erkennbar ist, da ein Tier mit dieser Konstitution versucht, seine Unsicherheit durch aggressives und selbstsicheres Verhalten zu kaschieren, v. a. wenn die Bedrohung durch ein Tier oder einen Menschen erfolgt, das bzw. der für schwächer oder anderweitig unterlegen gehalten wird. Ein Deutscher Schäferhund mit *Lycopodium*-Konstitution mobbt Hündinnen und kleinere Hunde, verhält sich gegenüber einem stärkeren Rüden aber unterwürfig. Er wird alles versuchen, was in seiner Macht steht, um seinen Besitzer zu dominieren, aber sobald die Hierarchie einmal etabliert ist, ist er extrem gehorsam. *Lycopodium* ist hochintelligent und lernt sehr schnell. Er hat ein ausgeprägtes Pflichtbewusstsein und gibt deshalb einen guten Wachhund ab, v. a. weil er an der Tür wie verrückt bellt, auch wenn er alles andere als mutig ist, sobald der Besucher eingetreten ist.

Die Schwachpunkte von *Lycopodium* sind die Leber, der Darm und die Harnwege. Man findet fast immer Beschwerden in einem dieser Bereiche, seien es intermittierender Durchfall, Blähungen und Magenprobleme oder auch rezidivierende Blasenentzündungen mit und ohne Steinbildung. Die schwache Leberfunktion zeigt sich bei Jungtieren in einer schlechten Gewichtszunahme und in der Unfähigkeit, morgens in die Gänge zu kommen. Zu dieser Zeit kann *Lycopodium* sehr schlecht gelaunt sein und ist kaum aus dem Bett zu bekommen. Im Gegenzug findet man eine allgemeine Besserung nach Mitternacht, die beinahe pathognomonisch für dieses Mittel ist (*Lycopodium* ist das einzige fettgedruckte Mittel in der Rubrik

»Mitternacht nach – amel.«. Ganz klassisch ist eine Verschlimmerung in der Zeit zwischen 16 und 20 Uhr.

Der Appetit ist oft schlecht, und nach einer Mahlzeit kommt es vielfach zu Blähungen. Das Tier frisst ein paar Häppchen und geht dann weg; etwas später kehrt es zurück, um erneut ein wenig zu sich zu nehmen. Es besteht ein ausgeprägtes Verlangen nach Süßem.

Die träge Kreislauffunktion von *Lycopodium* bedingt, dass das Tier grundsätzlich leicht friert, gleichzeitig aber auch schnell überhitzt und frische Luft oder kühle Liegeflächen aufsucht.

Lycopodium ist somit ein Feigling, der aber sehr unangenehm werden kann, wenn er sich bedroht fühlt. Er ist dünn und aufgegast und neigt zu Verdauungs – und Harnwegsbeschwerden.

Anmerkung: Ein Konstitutionstyp kann bei beiden Geschlechtern auftreten. Aus Gründen der besseren Lesbarkeit haben wir uns bei den obigen Beschreibungen jeweils auf ein Geschlecht beschränkt; dies sollte aber nicht als Hinweis aufgefasst werden, dass der entsprechende Konstitutionstyp nur bei Tieren dieses Geschlechts vorkommt.

LITERATUREMPFEHLUNGEN

Der größte Teil von Peter Gregorys Praxisbuch Tierhomöopathie *(»Die Muster«) ist den Konstitutionstypen gewidmet und nimmt insbesondere Bezug auf die psychologischen Themen. Vicki Mathisons Werk* Homöopathische Mittelbilder für Tiere *enthält Zusammenfassungen von Arzneimittelbildern, wobei der Schwerpunkt auf den Konstitutionstypen liegt; illustriert wird das Ganze durch sehr amüsante Cartoons. In Tim Couzens* Das Pferde-Homöopathie-Buch *ist die Materia medica für Pferde aus konstitutioneller Sicht aufbereitet.*

10

Heilungs-hindernisse

Paragraph 3 des *Organon*, der bereits in Kapitel 1 zitiert wurde, gibt ganz klar Hahnemanns Beobachtung wieder, dass es für eine erfolgreiche homöopathische Behandlung unerlässlich ist, alle Heilungshindernisse zu beseitigen. Dieses Grundprinzip gilt für jede Art von Heilkunde, aber aufgrund der energetischen Natur der Homöopathie unterscheiden sich die Hindernisse unter Umständen erheblich von jenen, die in der Schulmedizin eine Rolle spielen können.

Strukturelle Hindernisse

Darunter sind all jene körperlichen Zustände zu verstehen, die verhindern, dass eine homöopathische Arznei (oder auch jede andere Form von arzneilicher Therapie) ihre positive Wirkung entfalten bzw. maximal ausschöpfen kann. Es leuchtet ein, dass ein verletztes Bein ruhiggestellt werden muss; die Fraktur eines Röhrenknochens bedarf u. U. einer chirurgischen Fixation; schlecht sitzende Geschirre und Halsbänder müssen entfernt und eingewachsene Krallen gekürzt werden. Allerdings muss man auch möglichen zuchtbedingten Mängeln Aufmerksamkeit schenken; in einer Welt der Tierhaltung, in der über Generationen hinweg eine bewusste Selektion von genetischen Abnormitäten stattgefunden hat, gibt es zweifellos Grenzen für das, was mit einer homöopathischen Behandlung erreicht werden kann. Daneben gibt es auch noch die Auswirkungen von Haltungsmängeln, wie z. B. massive Zahnsteinbildung. Wir haben die Erfahrung gemacht, dass Hunde und Katzen, die ausschließlich mit Rohfutter ernährt werden, nie eine Zahnsanierung benötigen. Wenn allerdings ein Patient mit einer hochgradigen Peridontalerkrankung vorgestellt wird, die auf schlechte Zahnhygiene zurückzuführen ist, kann es u. U. erforderlich sein, diese zuerst chirurgisch anzugehen, bevor man überhaupt mit einer homöopathischen Behandlung beginnt, v. a. wenn man die gut dokumentierten allgemeinen Auswirkungen einer solchen Erkrankung bedenkt.

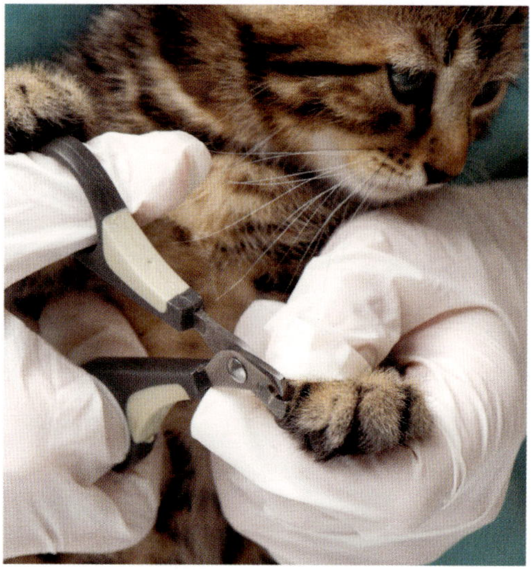

Vielleicht sollte man in diese Kategorie auch die Arbeitsbedingungen eines Patienten aufnehmen: Ein Hund, der aktiv Agility betreibt oder Schafe hüten muss, oder auch ein Pferd, das an drei Tage dauernden Turnieren teilnimmt, muss zuerst einmal von sämtlichen Aktivitäten entbunden werden, bevor man irgendeine Verbesserung seiner Probleme im Bereich des Bewegungsapparates erwarten kann.

Ernährung

Hahnemanns Beobachtung war für die damalige Zeit geradezu revolutionär; Faktoren wie schlechte Ernährung oder feuchte Lebensbedingungen waren so bedeutsam, dass sie eine Genesung verhindern konnten, die ansonsten durch die homöopathische Behandlung in Gang gesetzt worden wäre.

Natürlich sind auch wir der Meinung, dass eine mangelhafte Ernährung eines der wichtigsten Heilungshindernisse bei domestizierten Tieren ist – allerdings weicht unsere Defnition von einer mangelhaften Ernährung womöglich etwas von der Schulmeinung ab.

Um es ganz einfach auszudrücken: Die Verfütterung von jeglichem kommerziell erhältlichem, konserviertem Futter wird die Wirksamkeit einer homöopathischen Behandlung vermindern und unter bestimmten Umständen sogar ganz verhindern. Viele Forscher haben die positiven Auswirkungen von Frischfutter bei Kleintieren dokumentiert, darunter insbesondere Billinghurst und Lonsdale; diese beiden australischen Tierärzte haben unabhängig voneinander dieselbe Schlussfolgerung gezogen, dass Hunde und Katzen von Natur aus rohes Futter brauchen, v. a. rohe Knochen. Dies kann ein verarbeitetes Futtermittel natürlich nicht bieten. Tatsächlich gibt es zahlreiche Faktoren, die für die Rohfütterung sprechen; so wird beispielsweise der Bedarf an mehrfach ungesättigten Fettsäuren in der freien Wildbahn durch die Aufnahme des Mageninhalts von Pflanzenfressern gedeckt. In seinem Buch *Give Your Dog a Bone* (1993) (und seinen nachfolgenden Veröffentlichungen) zeigt Billinghurst einen einfachen Weg der Fütterung von Hunden auf; wir empfehlen diese Ernährungsweise schon seit über 20 Jahren, was eindeutig für ihre Effektivität spricht. Die Grundlage dieser Art der Fütterung, die oft auch als »BARF« – (bones and raw foods) Ernährung bezeichnet wird, ist ein hoher Anteil (bis zu 60 %) an rohen fleischigen Knochen.

Lonsdales stieß durch sein Interesse an der Zahnheilkunde bei Tieren auf dieses Thema. Er konnte sich nicht mit der hohen Zahl an Peridontalerkrankungen bei domestizierten Hunden und Katzen abfinden, insbesondere mit Hinblick auf deren Auswirkungen auf die allgemeine Gesundheit. Ihm erschien es offensichtlich, dass dieses Geschehen auf die flächendeckende Einführung von kommerziellem Dosen – und Trockenfutter zurückzuführen war.

Lonsdales Ansichten wurden vom tierärztlichen Berufsstand nicht ohne Weiteres übernommen, aber ein Ergebnis war eine Literaturstudie, die 1993 von Professor David Watson des Department of Veterinary Clinical Sciences der Universität Sydney durchgeführt wurde. Seine Schlussfolgerung war, dass es »eindeutige Hinweise dafür gibt, dass die Fütterung mit Weichfutter mit einer gesteigerten Häufigkeit und Schwere von Peridontalerkrankungen einhergeht.« Infolgedessen gab die Australian Veterinary Dental Association die Empfehlung heraus, zwei – bis dreimal pro Woche rohe Knochen zu geben, um die Zahnhygiene zu verbessern. In diesem Kontext möchten wir klarstellen, dass wir *jegliches* verarbeitetes Futter, sei es Dosen – oder Trockenfutter, als Weichfutter betrachten. Aus diesem Grund unterstützen wir die oben beschriebene Art

der Fütterung und ähnliche Philosophien. Es würde den Rahmen dieses Buches sprengen, detailliert auf die Fütterung von Kleintieren einzugehen, aber es besteht kein Zweifel, dass Fütterungsregimes, die sich ausschließlich auf kommerzielle »Komplettfuttermittel« verlassen, ein erhebliches Heilungshindernis darstellen. Das Gleiche gilt, wenn Pferdebesitzer zunehmend auf verarbeitete Futtermittel zurückgreifen. Und betrachtet man die Situation, in der sich Nutztiere befinden, wo aus Gründen der Produktionssteigerung konzentrierte Futtermittel verfüttert werden, die ganz und gar nicht dem Verdauungssystem von Wiederkäuern entsprechen, wird schnell klar, dass die Ernährung bei allen Haustieren einen signifikant limitierenden Faktor für den Erfolg einer homöopathischen Behandlung darstellen kann.

Nachdem all dies gesagt wurde, ist es aber auch so, dass es manchmal nicht möglich und unter Umständen auch nicht ratsam ist, die Ernährung eines Tieres vollkommen umzustellen; bei Nutztieren spielen ökonomische Faktoren eine große Rolle; bei anderen Tierarten ist vielleicht der Besitzer nicht willens, mehr Zeit und Mühe in die Zubereitung einer natürlicheren Ernährungsweise zu investieren; manche Tiere verweigern die Umstellung; andere vertragen den einen oder anderen Bestandteil nicht; viele ältere Tiere sind so an ihr Futter gewöhnt, dass ihr Verdauungsapparat keine radikale Veränderung mitmacht. Jedoch wird sich jede noch so kleine Veränderung, die weg von verarbeiteten in Richtung naturbelassene Futtermittel führt, positiv auswirken und sollte gefördert werden. Der wichtigste Punkt ist aber, dass sich der Tierarzt über die Bedeutung dieses Themas und die möglichen Folgen einer inadäquaten Ernährung im Hinblick auf die Wirksamkeit einer homöopathischen Therapie im Klaren ist.

Umwelt

Es ist eine allgemein anerkannte Tatsache, dass bestimmte Krankheiten durch gewisse Umweltfaktoren ausgelöst oder zumindest verschlimmert werden können. Atemwegserkrankungen bei Tieren, die in überfüllten und schlecht belüfteten Behausungen leben (oder deren Besitzer starke Raucher sind), und die Verschlimmerung von Arthritisschmerzen durch Feuchtigkeit sind nur zwei Beispiele. Daher ist es entscheidend, solche Faktoren bei der homöopathischen Behandlung von Tieren zu berücksichtigen.

Die Umwelt spielt aber nicht nur in physischer Hinsicht eine große Rolle; das mentale und emotionale Wohlbefinden ist gleichermaßen davon abhängig. Die Wirkung der Homöopathie bei »Verhaltensproblemen« wird alles andere als befriedigend ausfallen, wenn man der emotionalen Atmosphäre, in der der Patient lebt, keine Aufmerksamkeit schenkt. Einer von uns (PG) rettete einst einen King Charles Spaniel, der ins Haus kotete. Die Familie bestand aus einem alleinerziehenden Elternteil und zwei kleinen Kindern, die kaum zu bändigen waren. Das Problem löste sich nach dem Umzug des Tieres schlagartig in Wohlgefallen auf. In diesem Bereich ist es ratsam, sich die entsprechenden Kenntnisse anzueignen oder fachmännische Unterstützung zu holen, um das normale Verhalten und die Sozialstrukturen einer bestimmten Tierart beurteilen zu können. Dadurch versteht man sehr viel leichter, was ein Tier durchmacht, wenn sein emotionales Wohlbefinden gestört wird. Ein weiterer elementarer Faktor bei der homöopathischen Behandlung solcher Themen ist die Korrektur von ungeeigneten Trainingsmethoden und Haltungsbedingungen. Noch wichtiger ist die ganzheitliche Sichtweise der Homöopathie, wonach die Mehrheit der Krankheiten, wenn nicht sogar alle, auch einen mentalen und emotionalen Aspekt haben, und die veranlassende Ursache oftmals hier ihren Sitz hat. Wird nicht auch dem auslösenden emotionalen Stress Beachtung geschenkt, hat die homöopathische Behandlung höchstwahrscheinlich sehr viel weniger Erfolg und hilft möglicherweise sogar überhaupt nicht.

Orthodoxe Medizin

Es besteht wenig Zweifel daran, dass die meisten schulmedizinischen Medikamente die Wirkung homöopathischer Arzneien stören. Dies überrascht nicht, wenn man bedenkt, dass die Wirkung der meisten solchen Medikamente in direktem Widerspruch zur Homöopathie steht. Alles,

was eine Reaktion des Körpers unterdrückt, wirkt auch der Homöopathie entgegen, und betrachtet man die subtile energetische Natur der homöopathischen Arzneien, erscheint es nur logisch, dass solche starken Medikamente wie Kortikosteroide und NSAID (nichtsteroidale Antiphlogistika) ihre Wirkung antidotieren. Ob auch Antibiotika homöopathische Mittel antidotieren, ist umstritten; einige Forscher sind der Ansicht, dass Antibiotika und homöopathische Arzneien unter bestimmten Umständen möglicherweise synergistisch wirken. Andere wiederum vertreten die Meinung, dass Antibiotika einen dermaßen negativen Einfluss auf die Darmflora haben, dass der Patient nicht mehr in der Lage ist, adäquat auf eine homöopathische Behandlung zu reagieren. Allerdings hat die Homöopathie Möglichkeiten, mit diesem Problem umzugehen. Unserer Erfahrung nach hat eine kurzfristige Behandlung mit Antibiotika, vielleicht um eine akute Infektion oder das akute Aufflackern einer chronischen Erkrankung zu behandeln, keinen gravierend störenden Einfluss auf eine homöopathische Behandlung. Auf der anderen Seite scheint eine Langzeitbehandlung mit Antibiotika in hohen Dosen suppressiv zu wirken und kann somit die Reaktion auf homöopathische Arzneien stark beeinträchtigen.

Selbst eine Substitutionstherapie kann Probleme für den Veterinärhomöopathen mit sich bringen. Wir haben festgestellt, dass Patienten, die Schilddrüsenhormone bzw. ihre Analoga einnahmen, nicht immer so gut auf eine homöopathische Behandlung ansprachen, wie man eigentlich erwartet hätte.

Der vielleicht wichtigste Aspekt ist der, dass man sich darüber im Klaren sein muss, dass *jede* orthodoxe Medikation die Wirkung einer homöopathischen Arznei stören *kann*, und dass man dies entsprechend berücksichtigen sollte, wenn man solche Medikamente einsetzen möchte. Idealerweise sollten alle schulmedizinischen Medikamente vor Beginn der homöopathischen Behandlung abgesetzt werden; dies ist aber in vielen Fällen nicht möglich, beispielsweise bei einem Tier mit Atopie, das schon lange mit Kortikosteroiden behandelt wird. In solchen Fällen ist es ratsam, die orthodoxe Medikation allmählich zu reduzieren. Dies ist zum einen möglich, weil die homöopathische Arznei zu wirken beginnt, und zum anderen führt eine Reduktion der Dosis der orthodoxen Medikation dazu, dass die homöopathische Arznei besser ihre Wirkung entfalten kann.

Darüber hinaus muss ein eindeutiger »Niemals gesund seit«-Faktor (NGS), der auf die Behandlung mit einem schulmedizinischen Medikament zurückzuführen ist, unbedingt behandelt werden; dies kann z. B. durch die Gabe einer homöopathischen Potenz dieses Medikaments geschehen. Erfolgt dies nicht, wird eine andere homöopathische Arznei mit großer Wahrscheinlichkeit keine Wirkung zeigen.

Abschließend sei gesagt, dass es trotz des oben Gesagten manchmal den Anschein hat, als könne die Homöopathie auch während einer intensiven schulmedizinischen Behandlung wirken. Daher sollte man sie nie als unpassend abtun, nur weil ein Tier von konventionellen Medikamenten abhängig ist.

Impfungen

Übermäßiges Impfen kann ein dermaßen schwerwiegendes Heilungshindernis darstellen, dass diesem Thema ein eigenes Kapitel gewidmet ist (Kapitel 14).

Deshalb möchten wir an dieser Stelle nur so viel sagen, dass wir absolut davon überzeugt sind, dass eine Impfung bei manchen Patienten, die sich in homöopathischer Behandlung befinden, verheerende Auswirkungen haben kann. In solchen Fällen suchen wir das Gespräch mit den Tierbesitzern, damit diese eine wohlüberlegte Entscheidung hinsichtlich zukünftiger Impfungen treffen können und die Homöopathie maximal wirken kann. Alternativen wie routinemäßige Antikörpertiterbestimmungen und homöopathische Nosoden können – wenn angemessen – angeboten werden. All diese Themen werden in Kapitel 14 behandelt.

Frühere Infektionskrankheiten

Genau wie Impfungen ein Heilungshindernis darstellen können, gilt dies auch für spezifische Erkrankungen. Wenn z. B. die Symptome direkt im Rahmen einer bestimmten Viruserkrankung aufgetreten sind, kann es notwendig sein, erst die entsprechende Nosode zu verordnen, bevor die Arzneien, die nach homöopathischen (nicht isopathischen) Prinzipien gewählt werden, ihre volle Wirkung entfalten können. Auch hier suche man nach dem »NGS«-Faktor.

Operationen

Eine Grundannahme in der Homöopathie ist die, dass jedes Symptom ein Ausdruck der im Ungleichgewicht befindlichen Lebenskraft ist. Daraus folgt, dass die Entfernung eines Organs oder Bereiches, das bzw. der an diesem Ausdruck beteiligt ist, den Organismus nicht nur zwingt, sich andere Wege zu suchen, um dieses Ungleichgewicht zum Ausdruck zu bringen, sondern ihn auch noch unvollständig und damit im Nachteil zurücklässt. Die Entfernung der Mandeln oder Analdrüsen eines Tieres, um nur zwei der häufigsten Beispiele zu nennen, führt damit zur Entstehung eines Heilungshindernisses.

Im Falle der Analdrüsen ist dies ganz besonders offensichtlich; unserer Erfahrung nach sprechen Hunde, die einer solchen Operation unterzogen wurden, nicht sonderlich gut auf die homöopathische Therapie der Hautprobleme an, die sich nachfolgend unausweichlich zu entwickeln scheinen. Warum dies so ist, ist umstritten, aber eine einleuchtende Erklärung wäre, dass diese Drüsen sowohl eine exkretorische als auch eine sekretorische Funktion haben, und dass die Blockade dieser Funktionen den Körper zwingt, sich andere Portale zu suchen, über die er Toxine ausscheiden kann; in Frage kommen dafür beispielsweise das äußere Ohr oder die Haut. Es ist eine anerkannte Tatsache, dass Hunde, deren Analdrüsen verstopft sind, meistens gleichzeitig an einer Otitis externa leiden – ein weiterer Aspekt für die beschriebene Beziehung. Was auch immer dem nun genau zugrunde liegt, fest steht, dass die Entfernung der Analdrüsen ein massives Heilungshindernis darstellt und unbedingt vermieden werden sollte. Ähnliche Vorsicht sollte man bei der chirurgischen Entfernung eines jeden Organs walten lassen. Die Debatte reißt nicht ab, ob Hunde und Katzen wirklich routinemäßig kastriert werden sollten. Abgesehen von den sich verdichtenden Hinweisen auf die langfristigen Folgen für die Gesundheit des Tieres (wie z. B. eine Häufung von Kreuzbandrissen bei kastrierten Tieren) sind einige Veterinärhomöopathen der Ansicht, dass kastrierte Tiere oft eine längere homöopathische Behandlung brauchen als intakte Tiere. Mehr zu diesem Thema in Kapitel 21. An dieser Stelle möchten wir nur auf die möglichen Folgen eines solchen Eingriffs auf die Lebenskraft des Tieres hinweisen.

Miasmatische Einflüsse

Hahnemann entwickelte die Miasmentheorie, um sein Versagen bei der Langzeitbehandlung vieler seiner Patienten zu erklären. Natürlich verhält es sich auch in der Veterinärhomöopathie so, dass ein Patient mit einer starken miasmatischen Veranlagung u. U. schlechter auf die Behandlung anspricht als man eigentlich erwarten würde. Reagiert ein Patient nicht auf gut gewählte Mittel, kann es sich als notwendig erweisen, zuerst den miasmatischen Aspekt der Erkrankung zu behandeln, bevor die homöopathische Therapie ihr volles Potenzial entfalten kann. Mehr dazu in Kapitel 11.

Heilungshindernisse können in vielfältiger Form auftreten, und es ist Aufgabe des Veterinärhomöopathen, sich der Verschiedenartigkeit der Faktoren, welche die Reaktion des Tieres auf eine homöopathische Arznei hemmen oder verhindern können, bewusst zu sein.

Eine derart subtile Therapieform benötigt ein relativ klares Feld, in dem sie ihre Wirkung auf die Lebenskraft entfalten kann; daher lohnt es sich, Zeit in das Aufspüren etwaiger Heilungshindernisse zu investieren.

QUELLEN

- *Billinghurst, I. (1993): Give Your Dog A Bone. Bathurst: Billinghurst*
- *Lonsdale, T. (2001): Raw Meaty Bones: Promote Health. Windsor: Rivetco*
- *Watson, A. D. (1994):* Aust. Vet. J. **71** *(10), 313-8*

11

Miasmen und ihre Rolle im Krankheits- geschehen

Verständnis und Anwendung der Miasmen

In der modernen Terminologie entspricht die Miasmentheorie (Psoratheorie) einem Modell von den chronischen Krankheiten. Sie bietet eine Erklärung, wie der Körper funktioniert, wenn er mit einer Krankheit konfrontiert wird, und zeigt, wie diese Funktionen beeinflusst werden können, um die Gesundheit wiederherzustellen.

Das größte Hindernis für das Verständnis der Theorie besteht darin, dass die Terminologie immer noch im 19. Jahrhundert wurzelt. Der erste Begriff, der Verwirrung stiftet, ist allein schon »Miasma«. Es ist von dem griechischen Wort *»miasma«* abgeleitet, was so viel wie Beschmutzung oder Befleckung bedeutet. In einem Zeitalter, in dem es noch keine Mikroskope und Erregertheorien gab, wurde dieser Begriff im Allgemeinen verwendet, um schädliche Einflüsse zu beschreiben, die mit Krankheitsausbrüchen in Zusammenhang zu stehen schienen; diese Einflüsse umfassten auch das, was wir heutzutage als Infektionserreger kennen. Kombiniert man dies mit der Verbindung, die Hahnemann zur Krätze zog, und den venerischen Krankheiten, so entsteht der irrige Eindruck, dass es bei dieser Theorie primär um Infektionen geht.

Das Thema Beschmutzung in Art einer Fäulnis, die entfernt werden kann, stellt nur einen Teil des Bildes dar; der Begriff Befleckung hingegen impliziert etwas Beständigeres und länger Anhaftendes: Dieser Aspekt spiegelt vermutlich Hahnemanns Grundidee treffender wider.

Man muss sich auch in Erinnerung rufen, dass Hahnemann ein Kind seiner Zeit war, der im Rahmen der klinischen Erfahrungen und Krankheitsmuster eben dieser Zeit dachte und schrieb, und dem nur die damalige Terminologie zur Verfügung stand, um seine neuen Konzepte in Worte zu fassen. Um den tieferen Sinn und Wert seiner Ideen wirklich begreifen zu können, muss man auch seinen Umgang mit dieser Terminologie verstehen und sich darüber klar werden, dass die Miasmen im Wesentlichen eher funktionelle Konzepte als physische Entitäten darstellen.

Da die Miasmentheorie entwickelt wurde, um die manchmal unerwarteten und enttäuschenden Behandlungsergebnisse zu erklären, mit denen sich Hahnemann und seine Kollegen in diesen frühen Tagen auseinandersetzen mussten, haftet ihr manchmal etwas Negatives an. Es handelt sich im Grunde genommen aber um ein durchweg positives Konzept, mit dem sich diese unerwarteten Reaktionen erklären lassen, und dessen praktische Anwendung einen gangbaren Weg zur Behandlung vieler ansonsten unbeeinflussbarer Probleme eröffnet. Durch Berücksichtigung der miasmatischen Muster eines Falles gestaltet sich die Wahl einer passenden Arznei oftmals einfacher. Außerdem erlaubt die Beurteilung der sich verändernden Symptomatik aus miasmatischer Sicht dem Behandler zu verstehen, was genau passiert, wenn der Körper versucht, sich von der Krankheit zu befreien; damit kann er einen passenden Behandlungsplan erstellen, um den Körper in seinen Bemühungen zu unterstützen.

Hahnemanns Antwort auf das Problem mit den chronischen Krankheiten, wie in Kapitel 5 beschrieben, war die Miasmentheorie.

Wie bereits erläutert, identifizierte er drei Hauptmiasmen, die er aus Gründen, die wir später noch erklären werden, als *Psora, Sykose und Syphilis* bezeichnete. Die Beschmutzung oder Befleckung eines Individuums erfolgte dabei im Falle der Psora durch direkten Kontakt und bei den beiden anderen durch Geschlechtsverkehr. Diese brachte er später mit den Geschlechtskrankheiten Gonorrhö und Syphilis in Verbindung. Die Psora wurde als das wichtigste Miasma angesehen, und es wurde ihr die Fähigkeit zugesprochen, selbständig chronische Krankheiten verursachen zu können. Hahnemann war sogar der Ansicht, dass sieben Achtel aller chronischen Krankheiten auf die Psora zurückzuführen seien. Zudem sollte ihr Vorhandensein die notwendige Voraussetzung für das Anhaften der Sykose oder Syphilis sein. Weiterhin wurde die Meinung vertreten, dass eine chronische Erkrankung erst dann entstehen konnte, wenn eine akute Krankheit falsch oder erfolglos behandelt worden war (Kapitel 5).

In gewisser Weise ist die Definition der Miasmen nichts anderes als eine Klassifikation von körperlichen Reaktionen, die sowohl in Phasen der Gesundheit als auch der Krankheit stattfinden. Hahnemann befasste sich dabei vorwiegend mit der dynamischen Funktion bzw. Fehlfunktion des Körpers unter verschiedenen Bedingungen, während andere wiederum bei ihrer Art der Krankheitsklassifikation den Schwerpunkt mehr auf physische Aspekte legten.

Der deutsche Homöopath Grauvogl (1811-1877) entwickelte in den 1850ern noch einen anderen Ansatz zur Klassifikation der Krankheiten, wobei er aber auch das Miasmenkonzept miteinbezog. Obwohl sein Schwerpunkt darauf ausgerichtet war, bestimmte funktionelle Typen im offensichtlichen gesunden Zustand zu erkennen, und Hahnemann die Funktion des Körpers im Krankheitsfall in den Mittelpunkt seines Konzepts stellte, gibt es dennoch sehr große Ähnlichkeiten zwischen diesen beiden Sichtweisen.

Grauvogl postulierte drei Konstitutionstypen, die er mit einem bestimmten »biochemischen Zustand« in Verbindung brachte. Diese drei Typen unterschieden sich beispielsweise durch ihre Reaktionen auf bestimmte Wetterlagen, und jedem wurden verschiedene Symptome im Krankheitsfall zugeordnet.

Grauvogl benannte diese drei Typen folgendermaßen: die karbonitrogenoide Konstitution, die durch einen langsamen Stoffwechsel und schlechte Sauerstoffausnutzung charakterisiert war; die hydrogenoide Konstitution mit einer starken Affinität zu und Reaktion auf Wasser; und schließlich die oxygenoide Konstitution, die durch einen sauerstoffabhängigen und beschleunigten Metabolismus gekennzeichnet war. Er ging sogar so weit, diesen drei Typen bestimmte Arzneien zuzuordnen, die sich am besten für eine Behandlung im Krankheitsfall eignen sollten. Seine Klassifikation stimmte im Wesentlichen mit Hahnemanns Einteilung der Miasmen in Psora, Sykose und Syphilis überein; dies liegt vor allem daran, dass beide Ansätze auf der Interpretation der grundlegenden physiologischen Funktionen des Körpers beruhen. Während Grauvogls Ideen dem homöopathischen Konzept von der Konstitution ähneln (Kapitel 9) und Hahnemanns Vorstellungen mehr auf die Funktion (oder Fehlfunktion) des Körpers im Krankheitsfall ausgerichtet sind, beruhen doch beide grundsätzlich auf der Gesamtheit der physiologischen und psychologischen

Eigenschaften des Patienten, die die Grundlage dafür liefern, in welcher Form sich eine Krankheit manifestieren bzw. aufrechterhalten werden kann. Selbst Louis Pasteur (1822-1895), der an der Entwicklung der Erregertheorie maßgeblich beteiligt war, kam schließlich ebenfalls zu dem Schluss, dass das »Terrain« der entscheidende Nährboden für die Festsetzung einer Krankheit war.

Obwohl die Miasmentheorie aus den Erfahrungen am Menschen entwickelt und die Terminologie aus der Humanmedizin übernommen wurde, ist sie nichtsdestoweniger gleichermaßen auf die Tiere übertragbar. Die Grundvorstellung der Miasmentheorie sagt etwas über die grundlegende Dynamik in einem lebenden Organismus in Gesundheit und Krankheit aus. Damit ist es möglich, ein sykotisches oder syphilitisches Miasma bei einem Tier zu erkennen und zu behandeln, ohne dass dieses Tier jemals an einer Geschlechtskrankheit des Menschen gelitten hat; genauso kann das psorische Miasma bestehen, ohne dass ein klinischer Fall von Sarkoptesräude vorliegen muss.

Die Grundmiasmen

Psora

Der Name leitet sich von dem griechischen Wort »psora« ab, was so viel wie Juckreiz oder »Kratzkrankheit« bedeutet. In der modernen Schulmedizin ist es noch in der Bezeichnung Psoriasis enthalten. Als Definition ist dieser Name jedoch irreführend, da das homöopathische Konzept von der Psora sehr viel weiter reicht. Die Wurzel des griechischen Wortes liegt in dem hebräischen Begriff »tsorat«, der mit Einritzung, Mangel oder Verschmutzung übersetzt werden kann. Er wurde zur damaligen Zeit auf Lepra und andere Plagen angewendet, die von Zeit zu Zeit über die alten Völker zogen. Die Vorstellung von einem Mangel entspricht sehr viel mehr dem, was Hahnemann im Geiste vorschwebte als bloß Juckreiz – schließlich betrachtete er die Psora als eine intrinsische Schwäche, die sich zwar primär auf der Haut manifestierte, aber wenn dies verhindert wurde, in zunehmendem Maße die tiefergelegenen und wichtigeren Organe ergriff. Als ursprüngliche äußerliche Manifestation der Psora identifizierte er die Lepra, die sich seiner Ansicht nach später aufgrund verbesserter Hygiene und Ernährung in die Krätze verwandelte. (In diesem Zusammenhang sei daran erinnert, dass es zu Hahnemanns Zeit noch nicht die akkuraten diagnostischen Methoden gab, die heute gang und gäbe sind; deshalb umfasste die Diagnose Krätze möglicherweise eine ganze Band-

breite von Hauterkrankungen und nicht nur die spezifische Krätzeerkrankung, wie wir sie heutzutage kennen.)

Aufgrund der historischen Verknüpfungen, die Hahnemann zog, kam es zu der Fehlinterpretation, dass er Lepra und Krätze als Manifestationen der reinen Psora ansah, wohingegen er in ihnen tatsächlich nur die am häufigsten auftretenden und am wenigsten schädlichen Erscheinungsformen dieses Miasmas sah. Die Unterdrückung dieser externen Manifestationen hielt er dagegen für die Wurzel sehr viel schwerwiegenderer und innerlicher Krankheitserscheinungen.

Da seiner Meinung nach ein Fehler im Gleichgewicht der Reaktionsweise des Körpers den grundlegenden Aspekt dieses Miasmas bildete, vertrat er auch die Ansicht, dass es ohne die im Hintergrund schwelende Psora für die beiden anderen Miasmen unmöglich war, klinisch in Erscheinung zu treten. Sein Krankheitsverständnis, wonach Krankheit eher eine funktionelle Störung als eine pathologische Entität darstellte, führte ihn zu der Behauptung, dass die Psora das Miasma war, welches die Fähigkeit besaß, ein Maximum an funktioneller Störung mit einem Minimum an pathologischen Veränderungen hervorzurufen, und das von allen Miasmen das größte Potenzial für eine Störung der Körperfunktionen besaß. Heute würde man dies als Versagen der Homöostase und normalen Funktionsweise des Körpers übersetzen. Dieses Versagen wiederum führt zu der für das Miasma charakteristischen Schwäche und erlaubt den anderen beiden Miasmen, sich klinisch zu manifestieren. Bedenkt man die entscheidende Rolle, die das endokrine System in Bezug auf die Homöostase spielt, verwundert es nicht, dass viele Erkrankungen in diesem Bereich eine starke psorische Komponente aufweisen.

In allen Krankheitssituationen ist es die Psora, die zu einem Maximum an *funktioneller* Störung führt, während die Sykose *vermehrte* Absonderungen produziert und die Syphilis für die stärkste *physische Zerstörung* verantwortlich ist.

Sykose

Die Sykose wurde von Hahnemann mit der Gonorrhö in Verbindung gebracht, obwohl er klarstellt, dass die beiden nicht synonym sind. Er betrachtete die Sykose auch als das unwichtigste Miasma, zum Teil weil die Gonorrhö eine weniger ernsthafte Erkrankung war als die Syphilis. Außerdem lebte er zu der Zeit, als er seine Miasmentheorie entwickelte, in einem Kriegsgebiet. Von 1805 bis 1815 stand Deutschland im Mittelpunkt von Napoleons Bemühungen, Nordeuropa die französische Herrschaft aufzuzwingen. Aus diesem Grund zogen ständig Armeen durch die Region und das Auftreten von Gonorrhö in einem bestimmten Gebiet stand in direktem Zusammenhang mit dem Durchmarsch eines Heeres. Nach diesem Höhepunkt in den frühen Jahren des 19. Jahrhunderts kam es noch zu Hahnemanns Lebzeiten zu einem stetigen Abfall der Erkrankungen an Gonorrhö. Die wichtigsten Merkmale dieser Krankheit sind eine reichliche Absonderung aus dem Penis des Mannes, Infektion und Ausfluss aus der Zervix bei der Frau und das Auftreten sogenannter Feigwarzen, blumenkohlähnlicher, leicht blutender Warzen. Die Infektion tritt beim Mann häufiger auf als bei der Frau, aber bei der Frau kommt es eher zu ernsthaften Folgeerscheinungen. Der Name des Miasmas entspringt dem griechischen Wort »sykon«, das »Feige« bedeutet. Ähnlich wie bei der Psora war Hahnemann der Ansicht, dass der entscheidende Faktor bei der Entstehung des klinisch manifesten Miasmas die unzureichende Behandlung der materiellen Krankheit war. Im 18. Jahrhundert bestand erhebliche Verwirrung darüber, ob es sich nun um eine oder zwei Geschlechtskrankheiten handelte. Hahnemann vertrat stets die Meinung, dass es zwei waren, aber andere, darunter vor allem der englische Chirurg John Hunter (1728-1793), waren gegensätzlicher Ansicht. Daher bestand die Standardbehandlung aller venerischen Krankheiten in der systemischen Anwendung von Quecksilber (*Mercurius*), und dies auch meist noch in heroischen Dosen. Zwar ist Quecksilber ein homöopathisches und passendes Mittel zur Behandlung der Syphilis, aber für die Therapie der Gonorrhö ist es unpassend (allopathisch) und somit ungeeignet. Zudem bestand eine weit verbreitete Praxis darin, die Warzen zu entfernen. Diese Kombination führte dazu, dass die oberflächlichen Symptome beseitigt und unterdrückt wurden und der zugrundeliegende Krankheitsprozess weiter nach innen getrieben wurde. Die Folge war die Entwicklung einer Vielfalt von Krankheitserscheinungen mit Sitz tief innen im Körper.

Ein wesentliches Merkmal dieser Manifestationen war die exzessive Bildung von Gewebe und Absonderungen. Das Sprichwort, dass die »Gonorrhö der Vorläufer des Katarrhs« ist, fasst in vielerlei Hinsicht die Charakteristika dieses Miasmas zusammen: Reizung der Schleimhäute und daraus resultierende Absonderungen, Überproduktion von neuem Gewebe und allgemein die Neigung zu krankhaften Exzessen im ganzen Körper. Hahnemanns Einschätzung hinsichtlich der Bedeutung dieses Miasmas ist heute wahrscheinlich nicht mehr zutreffend und es kann gut sein, dass die Sykose inzwischen das einflussreichste aller Miasmen ist. Die klinischen Manifestationen der Sykose, die zu Hahnemanns Zeit am häufigsten auftraten, spielen heutzutage keine entscheidende Rolle mehr; dafür haben viele teilweise schwere Krankheiten, denen wir heute begegnen, wie zum Beispiel Krebs oder auch das Reizdarmsyndrom, eine ausgeprägte sykotische Komponente.

Syphilis

Hahnemann bezeichnete die Syphilis als das eigentliche Miasma der venerischen Krankheiten und erkannte die potenzielle Gefährdung des Lebens durch diese Infektion. Sie hat die weitreichendsten destruktiven Eigenschaften – sowohl im Hinblick auf die klinische Erkrankung als auch auf die Miasmen. Hahnemann betrachtete das Primärstadium als leicht zu behandelnde Krankheit und schrieb in *»Die chronischen Krankheiten«*: »...daß es kein chronisches Miasm, keine von einem Miasm entstandene, chronische Krankheit auf der Erde giebt, welche heilbarer und leichter heilbar wäre, als diese.« Wird dieses Stadium hingegen nicht adäquat behandelt, hat dies schwerwiegende Konsequenzen – die tertiäre Syphilis stellt eine tödlich endende Erkrankung dar. Zu Hahnemanns Zeit umfasste die Behandlung so gut wie immer auch die Entfernung des lokalen Schankers mit drastischen Mitteln, wodurch die Krankheit wieder einmal nach innen getrieben wurde.

Der Name ist von dem griechischen Wort »siphilos« abgeleitet, was so viel bedeutet wie verkrüppeln oder verstümmeln; dies beschreibt sehr treffend die Auswirkungen sowohl der Krankheit als auch des Miasmas auf den Körper. Letzteres könnte man auch als den »Selbstzerstörungsknopf« der Natur bezeichnen. Charakteristisch für dieses Miasma sind die physische Zerstörung des Gewebes und die Perversion der normalen Entwicklung. Wie bei den anderen Miasmen war Hahnemann auch hier der Meinung, dass das syphilitische Miasma das Ergebnis einer Unterdrückung der klinischen Erkrankung infolge einer inadäquaten Behandlung war. Allerdings umfasst das Vollbild des Miasmas mehr als nur das Bild der tertiären Syphilis.

Interpretationen der Theorie

Im Laufe der Jahre wurde die ursprüngliche Vorstellung, dass es sich bei den Miasmen ausschließlich um die Folgen spezifischer Infektionen handelt, abgewandelt, da klar wurde, dass Hahnemann selbst sie niemals in solch vereinfachter Form betrachtet hatte. In der Einführung zu »*Die chronischen Krankheiten*« erklärt er, dass es der Arzt bei dem gegenwärtigen Bild der Infektion »immer nur mit einem abgesonderten Theile eines tief liegenden Ur-Übels zu tun habe«. Am Ende des 19. Jahrhunderts tauchte eine weitere, von Moralvorstellungen geprägte Interpretation der Psoratheorie auf, die maßgeblich von Kent und William Boericke verbreitet wurde. Dabei bezogen sie sich auf die Originalthesen von Hahnemann im Hinblick auf die Rolle des Geschlechtsverkehrs bei der Entstehung von zwei der drei Miasmen. Beide Männer standen sehr unter dem Einfluss des schwedischen Wissenschaftlers und späteren Theologen Emanuel Swedenborg (1688-1772) und der nach seinen Lehren lebenden religiösen Sekte. Ihnen zufolge entsprach die Psora der jüdisch-christlichen Ursünde, während das sykotische und das syphilitische Miasma infolge sexueller Unreinheit und Promiskuität entstanden. Heutzutage werden die Miasmen meist als individuelle Neigung zu bestimmten Erkrankungen und als spezifische Reaktionsweise bei Belastungen aller Art verstanden. Derzeitige Fragestellungen behandeln die Art und Weise, in der die Miasmen das beeinflussen, was Pasteur als das »Terrain« bezeichnete. Man geht davon aus, dass die miasmatischen Eigenschaften eines Individuums zum einen durch Vererbung vorgegeben sind, sich zum anderen aber auch lebenslang durch den Einfluss von Infektionen, Belastungen etc. verändern können. Dies alles zusammengenommen kann wiederum auf die nächste Generation übertragen werden, sofern nicht vorher eine adäquate antimiasmatische Behandlung stattgefunden hat.

Die drei oben beschriebenen Grundmiasmen wurden von Hahnemann definiert; seither sind noch weitere hinzugekommen. So stellen z.B. das Krebsmiasma und das tuberkulinische Miasma heute anerkannte

klinische Entitäten dar und können nicht nur in Form der eigentlichen Erkrankung, sondern auch aufgrund ihrer Verhaltens – und physiologischen Muster identifiziert werden.

In jüngerer Zeit fügte Sankaran mit seinen »Untermiasmen« dem Miasmenkonzept einen vollkommen neuen Aspekt hinzu. Diese bezeichnete er als akutes, Malaria-, Ringflechte-, Typhus – und Lepra-Miasma und fügte sie linear zwischen die ursprünglichen Miasmen ein. Damit war nun eine Gesamtzahl von zehn Miasmen erreicht. Die Miasmen sollen dabei im Verlauf des Lebens jeweils einem anderen Stadium entsprechen; sie bleiben zwar in den ursprünglichen Rahmen der Miasmentheorie eingebettet, die neuen Miasmen werden aber als Zwischenstufen beispielsweise zwischen »Psora und Sykose« oder »Sykose und Syphilis« beschrieben, je nachdem, welche Variante passend erscheint. Sie werden somit nach schulmedizinisch anerkannten Krankheitsentitäten mit einer weitestgehend feststehenden Symptomatik benannt und können zusammen mit dem Krebs – und tuberkulinischen Miasma als Abbilder der drei Grundmiasmen betrachtet werden, die in einer feststehenden und beständigen Art und Weise zusammenwirken und damit ein erkennbares Krankheitsmuster produzieren.

Die Vorstellung von einer infektiösen Grundlage der Miasmen existiert nach wie vor in gewissem Maße, weshalb sich die Frage stellt, ob es nach einer Impfung oder Infektion nicht auch zur Entstehung von so etwas wie einem Staupe – oder Tollwut-Miasma kommen kann.

Manche Homöopathen formulieren die ganze Bandbreite möglicher Reaktionen bei Krankheit mithilfe der neuen Miasmen. Sankarans Thesen dienen dabei als Grundlage für den Vergleich mit den sich im Laufe des Lebens ständig verändernden physiologischen Prozessen und Anpassungsvorgängen. Dies kann die ganze Materie anfangs sehr verwirrend machen, aber man sollte immer bedenken, dass all diese Interpretationen nur Erklärungsversuche darstellen und Hahnemanns Konzept von den chronischen Krankheiten im Lichte der modernen Wissenschaft und Erkenntnisse darstellen. Wichtig ist auch, sich daran zu erinnern, dass im vollen Titel von »*Die chronischen Krankheiten*« das Wort »eigentümlich« vorkommt, das den Unterschied zwischen akuten und chronischen Krankheiten betonen soll; meiner (JS) Ansicht nach besteht die Gefahr, dass dieser Unterschied verwischt wird.

Ein Modell für die Miasmen

Gemäß Grauvogls und Hahnemanns Klassifikationen lassen sich die grundlegenden physiologischen Funktionsweisen in drei Typen einteilen. Zum einen besteht die Notwendigkeit einer umfassenden Kontrolle und Organisation aller Funktionen sowie der Erhaltung eines passenden inneren Milieus. Zum zweiten müssen neue Zellen und Gewebe gebildet werden, um beschädigte oder abgenutzte Teile zu ersetzen und spezielle Bedürfnisse zu bestimmten Zeiten zu erfüllen, beispielsweise im Rahmen der Fortpflanzung. Drittens und letztens müssen beschädigte Teile und Giftstoffe entfernt und Eindringlinge vernichtet werden. Der Körper arbeitet fortwährend auf allen drei Ebenen, und zwar sowohl in pathologischer als auch funktioneller Hinsicht. Das Zusammenspiel der Funktionen ist lebenswichtig und das Gleichgewicht ändert sich ständig in Abhängigkeit von den momentanen Erfordernissen; im gesunden Zustand wird aber stets ein fluktuierendes Äquilibrium aufrechterhalten.

Das bedeutet, dass keine der drei Funktionen über längere Zeit vorherrschen darf, auch wenn es Phasen gibt, in denen es notwendig ist, dass eine aktiver ist als die anderen. Ein Beispiel ist die Erhöhung der Körpertemperatur und die Steigerung der Phagozytose im Rahmen der Immunreaktion bei einer Infektion. Wenn diese Reaktion aber nicht wieder abnimmt, sobald sie nicht länger benötigt wird, oder wenn der Körper beginnt, ununterbrochen eine bestimmte übertriebene oder unpassende Reaktion zu zeigen, dann geht das essenzielle Gleichgewicht verloren. Die Folge ist, dass der Körper nur noch in einer unausgewogenen Art und Weise funktioniert, und dies manifestiert sich aus homöopathischer Sicht als Miasma.

Damit lassen sich die Miasmen als Störungen der grundlegenden physiologischen Funktionen des Körpers betrachten. Die Manifestation eines Miasmas kann dabei als Hinweis auf ein mangelhaftes Gleichgewicht gedeutet werden; die Aufrechterhaltung des Äquilibriums ist jedoch für die Gesundheit unabdingbar, und solange ein solches Ungleichgewicht im Körper herrscht, ist dieser unfähig, auf jegliche Belastung normal zu reagieren.

Jedes der drei Miasmen korrespondiert mit der übertriebenen Form einer der beschriebenen grundlegenden Körperfunktionen. In pathologischer Hinsicht ordnet man ihnen heutzutage die folgenden Hauptcharakteristika zu:

- **PSORA** Mangel, Atrophie, Versagen der Funktion
- **SYKOSE** Exzess
- **SYPHILIS** Destruktion, Perversion.

Eine überschießende Kontrolle und Homöostase wird zu Psora; die exzessive Neubildung von Gewebe manifestiert sich als Sykose, und die allzu enthusiastische Beseitigung von Abfallprodukten wird zu der destruktiven Kraft, die wir als Syphilis kennen.

In einem absolut gesunden Individuum (wenn es denn ein solches gibt) stehen die physiologischen Kräfte im Gleichgewicht zueinander und bleiben es auch. Dennoch handelt es sich um ein fluktuierendes Gleichgewicht, das permanent an die augenblicklichen Anforderungen angepasst wird. Allen Bedrohungen und körperlichen Bedürfnissen wird mit temporären Steigerungen derjenigen physiologischen Aktivitäten begegnet, die notwendig sind, um das Äquilibrium wiederherzustellen, und zwar in der Stärke und Reihenfolge, wie es die jeweilige Situation erfordert. Sobald das Problem erfolgreich bewältigt wurde, kehrt die Physiologie wieder in ihren vorherigen ausgeglichenen Ausgangszustand zurück. Dies geschieht im Rahmen der normalen Homöostase, aber auch bei akuten Infektionen.

Bei einer chronischen Erkrankung hingegen ist das Gleichgewicht der physiologischen Kräfte nachhaltig gestört, und eine Kraft hat die Vorherrschaft übernommen. Entsprechend ist auch die Reaktion in allen Situationen, die eine Neuanpassung erfordern, nicht mehr ausgewogen. Die anderen beiden Kräfte sind zwar weiterhin aktiv, aber ihre Bemühungen werden durch den dominanten Partner maskiert und verzerrt. Unter diesen Umständen ist der Körper nicht länger in der Lage, normal zu reagieren; stattdessen beantwortet er alle Herausforderungen mit einer Reaktion, die den nunmehr vorherrschenden Einfluss widerspiegelt. Somit können Miasmen als funktionelle Störungen der normalen Physiologie betrachtet werden, die aufgrund des Ungleichgewichts innerhalb des Systems pathologische Ausmaße angenommen haben.

Entstehung und Vererbung von Miasmen

Die Unterdrückung eines natürlichen Krankheitsprozesses, wie in Kapitel 5 beschrieben, bildet das Herzstück in der Entstehung der Miasmen. Um das normale Gleichgewicht der physiologischen Kräfte nach einer Erkrankung wiederherzustellen, muss der Heilungsverlauf der Heringschen Regel folgen. Solange dies gewährleistet ist, werden sich keine größeren Ungleichmäßigkeiten zwischen den physiologischen Kräften entwickeln. Wenn allerdings die normale zentrifugale Richtung der Heringschen Regel durch eine unpassende Behandlung blockiert wird, schaltet sich der Heilungsprozess erst ab und, hält die Blockade an bzw. wiederholt sie sich, kehrt sich um und treibt die Krankheit zurück auf eine tiefere Ebene. Die Blockade führt aber nicht nur zu einem Stillstand des Heilungsverlaufes, sondern auch zu einer gravierenden Störung des normalen Gleichgewichts zwischen den grundlegenden physiologischen Kräften. Durch die Umkehr des Heilungsprozesses wird dieses abnorme Gleichgewicht zur neuen Grundlage für zukünftige Anpassungsvorgänge, und da es in sich schon unnormal ist, sind auch die daraus resultierenden Anpassungen unnormal. So kommt es zur klinischen Manifestation eines Miasmas.

Die zweite Möglichkeit der Entstehung eines Miasmas bietet sich, wenn das System vor eine Herausforderung gestellt wird, die es nicht bewältigen kann, weil es sich noch in einem zu frühen Entwicklungsstadium befindet. Die Unreife des Systems bedeutet, dass es noch nicht über die notwendigen langfristigen Ausgleichsmechanismen zwischen den verschiedenen Funktionen verfügt. Außerdem liegt beim Jungtier aufgrund des Wachstums zwangsläufig eine erhöhte Zellneubildung vor. Erleidet das System in diesem Stadium einen schweren Schock, kann dies zu einem dauerhaften Ungleichgewicht zwischen den physiologischen Kräften führen und damit ein Miasma erzeugen. Dieses wiederum beeinflusst und beherrscht alle zukünftigen Reaktionen des Körpers auf jegliche Herausforderungen, die das Leben normalerweise mit sich bringt.

Zu guter Letzt wird ein System, das permanent mit derselben Belastung konfrontiert wird, jedesmal in der gleichen Weise darauf reagieren. Dies kann zu einer Konditionierung führen, sodass das System schließlich auf alle Herausforderungen in der gleichen Weise reagiert, ungeachtet dessen, ob die Reaktion nun angemessen ist oder nicht.

Die sogenannten »neuen« Miasmen, sprich die in jüngerer Zeit definierten klinischen Entitäten, von denen dem Krebsmiasma und dem tuberkulinischen Miasma die breiteste Anerkennung zuteil wird, können als Situationen betrachtet werden, in denen das funktionelle Ungleichgewicht in einem individuellen System zu einer feststehenden funktionellen Entität geworden ist und somit nicht mehr aus den drei einzelnen, aber miteinander verwobenen Kräften der Kontrolle, Neubildung und Entsorgung besteht. Die genaue Natur des Ungleichgewichts ist bei jeder Erkrankung, nach der ein neues Miasma benannt wurde, unterschiedlich, aber für die jeweilige Krankheit/das dazugehörige Miasma immer konstant. Warum sich dieses Ungleichgewicht etablieren kann, hängt von mehreren Faktoren ab. Ein Aspekt ist die überwältigende und dauerhafte Exposition einer Population, meist über viele Generationen hinweg, mit einer bestimmten Infektionskrankheit (z.B. Tuberkulose). Ein weiterer Faktor ist die kontinuierliche unterdrückende Behandlung einer Erkrankung. Charakteristisch für Krebs als Krankheit ist die Proliferation von abnormem Gewebe sowie die Invasion und Zerstörung von gesundem Gewebe. Die an diesen Vorgängen beteiligten miasmatischen Einflüsse sind die Sykose und Syphilis, daher wird Krebs miasmatisch als vorwiegend syphilitisch mit einem signifikanten sykotischen Element angesehen. Bei der Tuberkulose als Krankheit kommt es zu Auszehrung (»Schwindsucht«), Schwäche und dem Unvermögen, die Infektion zu überwinden und zu genesen. Miasmatisch betrachtet ist Auszehrung syphilitisch, Schwäche und Versagen hingegen psorisch, weshalb das Miasma eine Mischung aus Psora und Syphilis darstellt.

Aus der klinischen Erfahrung heraus weiß man, dass sowohl die individuellen grundlegenden Einflüsse als auch diese neuen feststehenden Entitäten von Generation zu Generation weitergegeben werden können. In vielen Familien leiden mehrere Mitglieder an Ekzemen, und jeder hat schon von sogenannten »Krebsfamilien« gehört, in denen immer wieder Krebsfälle auftreten, ohne dass man die Ursache dafür kennt. Die Genetik ist heute in der Lage, individuelle Gene zu identifizieren, die an diesem Geschehen beteiligt sind. Tatsächlich verstärkt sich das Muster durch die Weitergabe von einer Generation zur anderen noch. Darüber hinaus scheint es neben der nachgewiesenen genetischen Übertragung auch noch andere Mechanismen zu geben, mit denen miasmatische Einflüsse über die Generationen hinweg weitergegeben werden können; die Epigenetik liefert dahingehend plausible

Ansätze. Man vermutet, dass es durch den miasmatischen Einfluss in einem Individuum zu einer Modifikation der DNA kommt, die wiederum weitergegeben wird (Elliott 1996). Einem anderen Gedanken zufolge fungiert die DNA als eine Art elektromagnetischer Empfänger/Transmitter, und das, was über die Generationen hinweg weitergegeben wird, sind energetische Abdrücke (Subramanian 2001). Hier gibt es offensichtliche Ähnlichkeiten mit den Theorien zur Wirkungsweise von Hochpotenzen homöopathischer Arzneien, was die Tatsache unterstreicht, dass wir es in der Homöopathie eher mit Energien und Funktionen zu tun haben als mit Materie and Pathologie.

Wie man ein Miasma erkennt

Um die Miasmen als praktische Werkzeuge nutzen zu können, muss man in der Lage sein, die Muster der einzelnen Miasmen zu erkennen. Dabei gilt es zu beachten, dass es in jedem Fall Symptome geben wird, die nicht in das jeweilige Muster passen, da sie auf die Aktivität der anderen Kräfte zurückzuführen sind. Außerdem ist es möglich, dass zwei Miasmen zur gleichen Zeit aktiv sind. Allerdings wird eines von ihnen stärker ausgeprägt sein und entsprechend wird dessen Muster die gesamte Symptomatik beherrschen. Wie bei anderen Verschreibungsstrategien auch ist es bei der Arzneiwahl immer notwendig, die derzeitige Symptomatik zu berücksichtigen. Im Verlauf der (erfolgreichen) Behandlung kann sich das Muster ändern, wenn das dominante Miasma unter Kontrolle ist und nun ein anderes seinen Platz einnimmt. Dann erfolgt auf der Grundlage des neuen Bildes unter Berücksichtigung des aktuell vorherrschenden Miasmas eine neue Verschreibung. Liegt ein ausgeprägtes miasmatisches Muster vor, bildet es auch immer einen Teil der Symptomatik, und entsprechend wird die korrekt gewählte Arznei auch immer mit dem derzeitigen miasmatischen Muster korrespondieren.

Die nachstehenden allgemeinen Indikationen führen den Homöopathen zu einem bestimmten Miasma.

Psora

Da psorische Erkrankungen generell mit Schwäche und Versagen einhergehen, sind sie meist durch das Attribut »hypo« gekennzeichnet. Atrophie, Schwäche und unzureichende Produktion sind charakteristisch. Ein weiteres Merkmal ist das Unvermögen, sich nach einer Erkrankung wieder vollständig zu erholen, ebenso wie eine verlangsamte Wundheilung. Unruhe und übermäßige Sensibilität münden in zahlreichen Ängsten und Sorgen. Häufig besteht eine Verschlimmerung am Vormittag und Besserung am Nachmittag, allerdings sind diese zeitlichen Modalitäten nicht so stark ausgeprägt wie bei den anderen beiden Miasmen. Physiologische Absonderungen wie Harn – oder Kotabsatz führen zu einer Besserung. Dazu zählt auch das Schwitzen (bei den Tierarten, die dazu in der Lage sind), wobei es bedingt durch die mangelhafte Kontrolle des Systems bereits bei leichter Anstrengung oder sogar schon im Ruhezustand bei gemäßigten Temperaturen zu einem Schweißausbruch kommen kann. Es besteht eine allgemeine Empfindlichkeit gegenüber Kälte und eine Verschlimmerung dadurch. Der generelle Mangel an Reaktionsvermögen resultiert in einer Neigung zu schmerz*losen* Zuständen, v. a. in Verbindung mit dem Darm. Das Tier kann bei einer Verstopfung völlig unbeteiligt erscheinen und unternimmt keine Anstrengungen, Kot abzusetzen. Der Appetit kann sowohl schlecht als auch gefräßig sein, aber die Verdauung ist grundsätzlich schwach und geht mit starker Flatulenz einher. Die Haut ist gereizt, manchmal auch sehr heftig, aber ohne pathologische Erscheinungen. Das Fell ist trocken (Hyposekretion) und die einzigen sichtbaren Läsionen sind auf Automutilation zurückzuführen.

Paradoxerweise kann Fieber auftreten, steht aber meist in keinem Zusammenhang mit der Schwere der Erkrankung; es spiegelt entweder einen Mangel an Kontrolle oder ein Versagen der Funktion wider. Aus ähnlichen Gründen schreibt man Allergien auch eine entscheidende psorische Komponente zu, als Abbild der Unfähigkeit, eine sykotische Reaktion zu kontrollieren.

Absonderungen sind dünn und wässrig, und ebenso wie alle anderen Körperausdünstungen übelriechend.

Die Unterdrückung einer psorischen Reaktion führt dazu, dass der Krankheitsprozess weiter nach innen getrieben wird, wobei insbesondere das Nervensystem angegriffen wird. In der reinen psorischen Form tritt dies als Lähmung, in Verbindung mit der Sykose häufig als Epilepsie in Erscheinung.

Sykose

Die sykotische Reaktion ist durch das Attribut »hyper« gekennzeichnet. Charakteristisch sind exzessives Gewebewachstum und Überproduktion von Sekreten auf der körperlichen Ebene und extreme Reaktionen auf der mentalen Ebene. Obwohl die Manifestationen sykotischer Erkrankungen im Allgemeinen ein extremes Element aufweisen, beginnen sie oft langsam. Es besteht eine starke Verbindung zum Element Wasser, die sich entweder als Störung des Flüssigkeitshaushalts des Körpers oder als Allgemeinsymptom und Modalität mit einer Verschlimmerung durch Feuchtigkeit zeigt. Dies in Kombination mit den extremen mentalen Reaktionen führt dazu, dass das Tier bei Sturm oft sehr erregt ist. Die Schleimhäute sind gereizt, gerötet und entzündet und es kommt zu Absonderungen in zunehmender Menge. Diese sind dick, gelbgrün und lassen auf allen Kontaktflächen Flecken zurück. Ihr Geruch ist oft fischig. Der Schweiß riecht auch

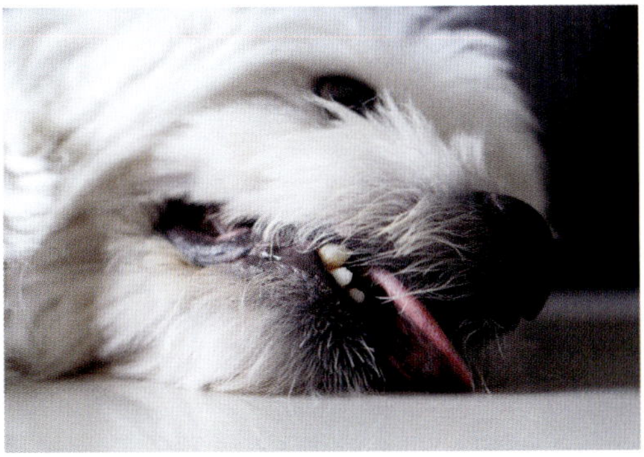

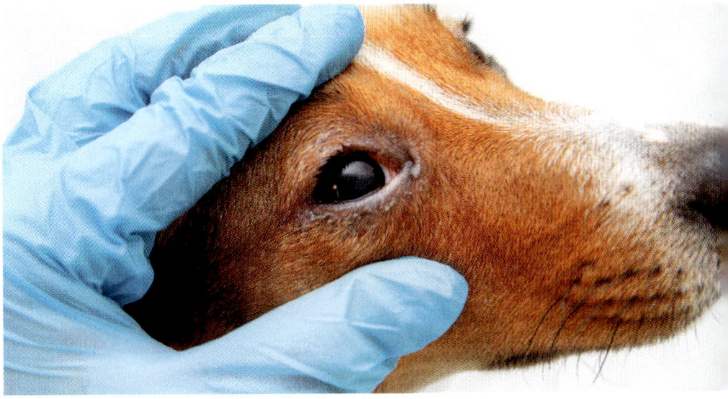

streng, oft süßlich, und wird reichlich gebildet. Durch pathologische Absonderungen kommt es zu einer Besserung, beispielsweise im Falle von Pyometra, bei der die Öffnung zu einer allgemeinen Besserung führt.

Erkrankungen der Haut gehen mit oder auch ohne Reizung einher und sind durch Verdickung und vermehrte Pigmentierung gekennzeichnet. Man findet Warzen und gutartige Knoten, aber auch Zysten, die sowohl die Verdickung und Zunahme an Gewebe als auch die Retention von Flüssigkeit widerspiegeln. Viele Infektionen der Ohren sind vorwiegend sykotisch, v. a. wenn sie mit einer nach Fisch riechenden Absonderung verbunden sind. Die Klauen, Krallen und Hufe sind oft betroffen und meist verdickt; manchmal wachsen sie so schnell, dass die Qualität darunter leidet und Risse oder Erweichung auftreten.

Dieses Miasma ist durch schmerz*hafte* Beschwerden im Abdominalbereich gekennzeichnet. Koliken und Krämpfe der inneren Organe sind Teil des Bildes, und Durchfall geht oft mit heftigem Drang und explosivem Absatz einher. Entzündungen sind sykotisch, und wenn Gelenke betroffen sind, kommt es häufig auch zur Bildung von Exostosen. Es besteht die Neidung zu Steinbildung in Gallenblase, Nieren und Blase.

Sowohl das Allgemeinsymptom als auch die lokale Modalität der Verschlimmerung von Sonnenaufgang bis Sonnenuntergang sind deutlich ausgeprägte Merkmale, stärker als der zeitliche Aspekt des psorischen Miasmas.

Es besteht eine große Affinität zu den Harnwegs- und Geschlechtsorganen, und diese dienen oft als Ventil für sykotische Erkrankungen aller Art. Eine Unterdrückung des Miasmas treibt es meist tiefer in diese beiden Systeme.

Das charakteristische Muster sykotischer Krankheiten zeigt sich oft bei Vögeln, die von Natur aus ein starkes sykotisches Element haben. Die Erkrankung wird solange wie möglich im Verborgenen gehalten, und wenn sie dann ausbricht, schreitet sie schnell fort und nimmt extreme Ausmaße an.

Syphilis

Die Syphilis ist der »Selbstzerstörungsknopf« der Natur. Syphilitische Erkrankungen sind mit dem Attribut »dys« versehen, das eine Abweichung vom Normalzustand

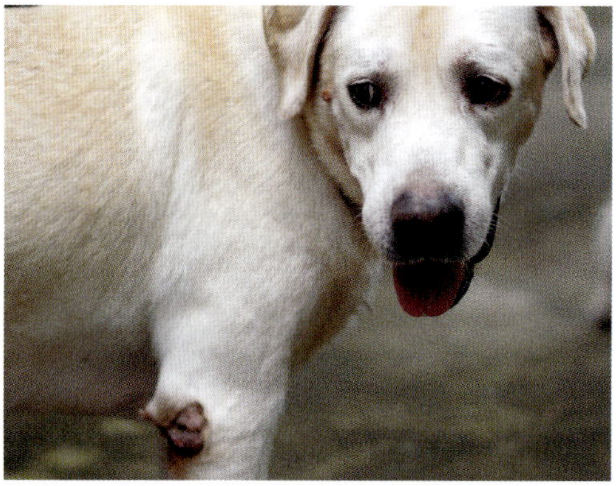

beschreibt – sowohl im Hinblick auf Funktionen als auch Gewebe. Ulzeration, Hämorrhagie, Destruktion und Perversion stellen hier mögliche Erscheinungsformen dar. Eine Besserung des Allgemeinzustandes des Patienten kann oft beobachtet werden, wenn Geschwüre auf der Haut erscheinen. Chronische Infektionen gehen mit Eiterungen und Blutungen einher, und Wunden heilen aufgrund einer persistierenden Infektion nicht ab. Das Drüsengewebe ist geschwollen und ulzeriert. Das Gemüt wird krankheitsbedingt von einer ausgeprägten Depression beherrscht, der Patient ist kränklich und trübsinnig; insbesondere Schmerzen wirken sich sehr negativ aus. Es besteht eine eindeutige Verschlimmerungszeit von Sonnenuntergang bis Sonnenaufgang. Temperaturextreme belasten den Patienten, wobei Kälte im Allgemeinen bessert. Das Verlangen nach kalten Speisen und Getränken wird beim Tier nicht allzu oft beobachtet, kann sich aber gelegentlich als Verlangen nach Dingen wie Eiscreme zeigen, oder wenn das Tier Wasser direkt aus der Leitung trinkt und nicht abwartet, bis es durch die Umgebungstemperatur etwas erwärmt wurde. Physiologische Absonderungen führen zu einer Verschlimmerung von syphilitischen Beschwerden.

Viele syphilitische Zustände sind schmerzhaft; die Schmerzen können dabei außerordentlich stark sein. Am anderen Ende der Skala wiederum findet man schmerzlose Zustände, die auf eine Zerstörung von Gewebe zurückzuführen sind; diese spielen sich v. a. auf der Haut ab. Verfärbungen der Haut, die keine Pigmentierungen darstellen, sind syphilitisch und meistens rotbraun und rundlich.

Die Sinnesorgane sind sehr empfänglich für dieses Miasma. Infektiöse Krankheiten des Gehörgangs und Mittelohres haben ebenso wie viele Augenerkrankungen ein ausgeprägtes syphilitisches Element; bei den letztgenannten besteht meist eine ausgeprägte Photophobie.

Kongenitale Missbildungen der Gliedmaßen oder Organe sind gewöhnlich syphilitisch (komplettes Versagen der Entwicklung ist dagegen psorisch). Das Skelett ist besonders betroffen, v. a. die Hüften.

Die Zerstörung beschränkt sich nicht nur auf erkranktes Gewebe, sondern betrifft auch gesundes Gewebe. Daher kommt es bei syphilitischen Erkrankungen oft zu teilweise massivem Gewichtsverlust, der nicht durch Ernährungsfehler oder mangelnden Appetit zu erklären ist. Defekte im Bereich der Zahnhälse sind syphilitisch, da es hier zu einer invasiven Zerstörung des Zahngewebes kommt.

Eine Unterdrückung der äußerlichen Erscheinungsformen dieses Miasmas treibt es nach innen in das Gehirn, die Hirnhäute und Knochen.

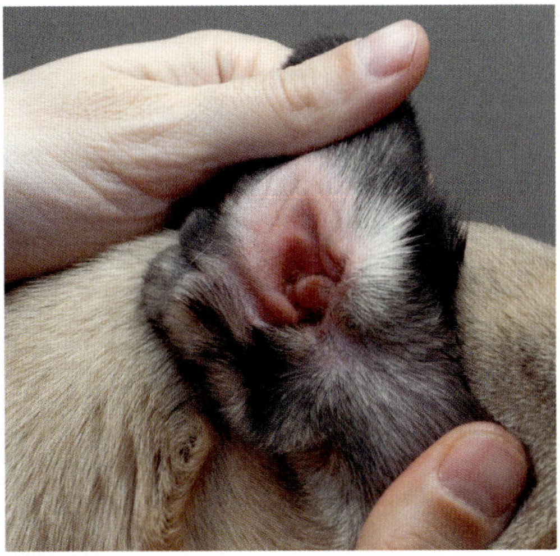

Antimiasmatische Arzneien

Eng verbunden mit dem Konzept der miasmatischen Erkrankungen ist auch das Konzept der antimiasmatischen Arzneien. Dabei handelt es sich um Arzneimittel, deren Bild ein bestimmtes Miasma sehr stark widerspiegelt. Entsprechend wirksam sind sie bei Erkrankungen, in denen das jeweilige Miasma vorherrscht. Allerdings sind an so gut wie allen Krankheiten auch alle drei Miasmen mehr oder weniger stark beteiligt, und ebenso finden sich bei fast jeder Arznei Anteile aller drei Miasmen. Natürlich variiert der jeweilige Anteil in Abhängigkeit von der individuellen Arznei. Daher sollte man die antimiasmatischen Arzneien immer als *vorrangig* und nicht als ausschließlich gegen ein bestimmtes Miasma gerichtet betrachten. Zusätzliche Verwirrung stiftet die weit verbreitete Angewohnheit der Homöopathen, diese Arzneien mit dem Adjektiv des Miasmas zu versehen; so wird beispielsweise *Thuja* gewöhnlich als »sykotische Arznei« bezeichnet. Dies ist zwar eine allgemein anerkannte Sitte, allerdings sollte man nicht vergessen, dass die richtige Beschreibung »eine vorherrschend antisykotische Arznei« lauten muss.

Beispiele für andere Mittel, die aus der klinischen Erfahrung heraus mit bestimmten Miasmen in Verbindung gebracht werden, sind *Calcium carbonicum* und *Lycopodium* für die Psora, und *Mercurius*, *Aurum metallicum* und *Phytolacca* für die Syphilis. *Phosphorus* wird dem tuberkulinischen Miasma zugeordnet, während *Sepia* und *Causticum* weitere Arzneien mit Bezug zum sykotischen Miasma sind. *Sulphur* wird oft vor allem dem psorischen Miasma zugeordnet, aber viele betrachten es eher als trimiasmatisches Mittel, also ein Mittel, bei dem alle drei Miasmen in ungefähr gleich großen Anteilen enthalten sind. Die genannten Mittel stellen keinesfalls eine erschöpfende Auflistung dar, und man sollte immer bedenken, dass selbst diese Arzneien eindeutige Symptome der jeweils anderen Miasmen aufweisen.

Zusätzlich gibt es auch noch die miasmatischen Nosoden. Das Konzept der Nosoden wird ausführlich in Kapitel 12 erläutert. Hier sei nur so viel gesagt, dass diese Mittel von allen Arzneien den engsten Bezug zu dem jeweiligen Miasma haben. Ihr Ausgangsmaterial steht in engem Zusammenhang mit dem entsprechenden Krankheitsprozess, aber gleichermaßen wichtig ist die Tatsache, dass sie ein Element der dynamischen Reaktion des Körpers auf diesen Krankheitsprozess enthalten. Während sie zum einen sehr stark die Essenz der Miasmen widerspiegeln, stellen sie doch auch eigenständige Arzneien dar und können gelegentlich als solche angewendet werden. Allerdings ist ihr Haupteinsatzgebiet die Behandlung chronischer Krankheiten im Zusammenhang mit einem bestimmten Miasma; hier werden sie oft als Zwischenmittel verwendet, um das miasmatische Heilungshindernis zu überwinden (Kapitel 10).

QUELLEN

- *Banerjea, S. K. (2010): Miasmatische Verschreibung. 2. Aufl. Lotz*
- *Carey, N. (2012): The Epigenetics Revolution. Columbia University Press*
- *Chambers Twentieth Century Dictionary*
- *Elliott, M. (1996):* BAHVS Newsletter *Spring*
- *Hallamaa, R. E. et al. (2001): Treatment of equine summer eczema with an autogenous serum preparation, possibly effected by inductional lipid signals.* Deutsche Zeitschrift für Onkologie **33**, 57-62
- *Ortega, P.S (1980): Notes on the Miasms. New Delhi: National Homeopathic Pharmacy*
- *Saxton, J. G. (2018): Leitfaden Miasmen. 3. Aufl. Kandern: Narayana*
- *Sonnenschmidt, R. (2001): Lecture on Avian Homeopathy.* BAHVS conference *Newport*
- *Subramanian R. (2001): Miasms. Their effect on the human organism. New Delhi: Jain*

CÈDRE
TEXAS

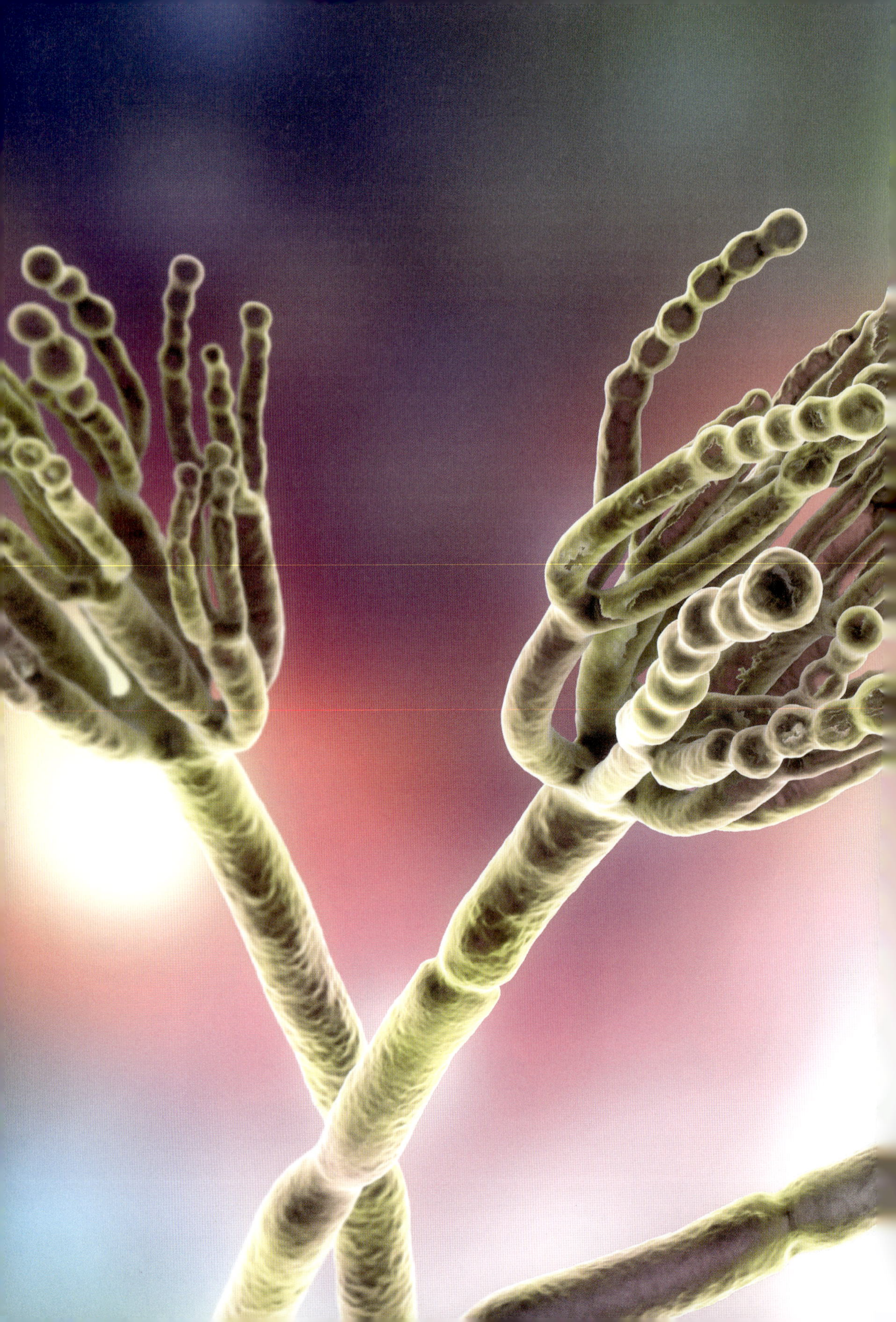

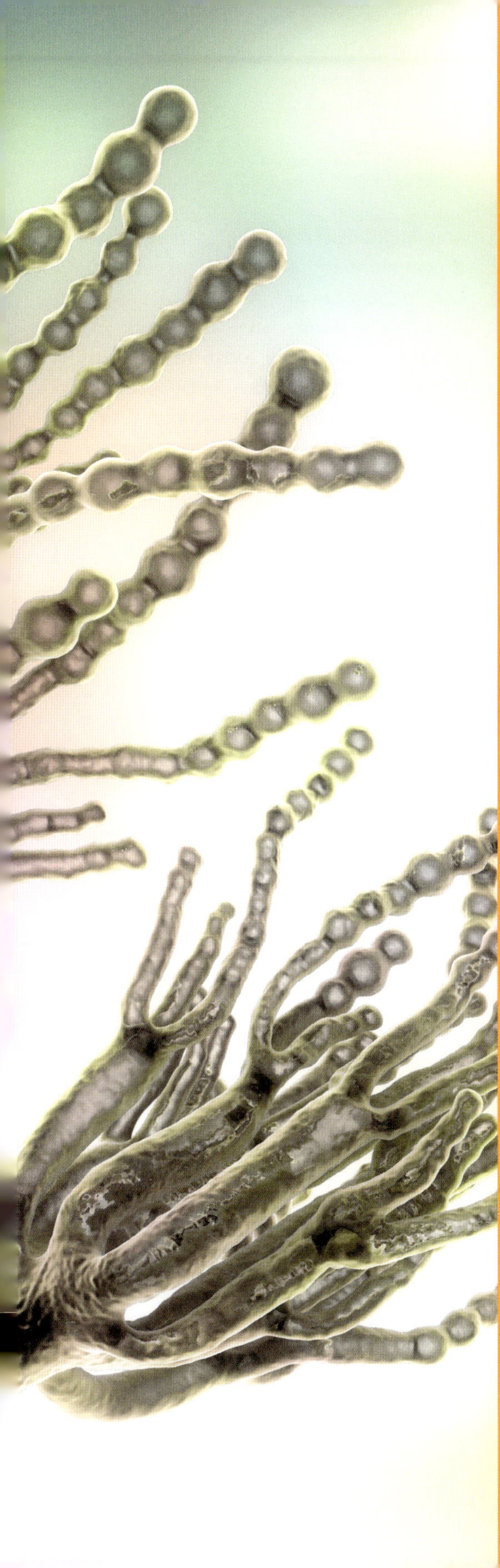

12

Isopathie und der Einsatz von Nosoden

Der Begriff *Isopathie* beschreibt den Einsatz potenzierter Arzneien, die aus Stoffen hergestellt werden, welche für die zu behandelnde Krankheit verantwortlich sind. Das Wort leitet sich aus dem Griechischen von »iso« ab, was so viel wie »gleich« bedeutet. Man kann darüber streiten, ob dieses Thema in ein Buch über Homöopathie aufgenommen werden sollte, da es sich streng genommen um eine eigenständige Therapieform handelt. Allerdings wurde sie von Homöopathen entwickelt und ihre Akzeptanz hat im Laufe der Entwicklungsgeschichte der Homöopathie stetig zugenommen, weshalb die Isopathie allgemein als Teil des homöopathischen Behandlungsspektrums angesehen wird.

Eine *Nosode* ist eine potenzierte Arznei aus erkranktem Gewebe oder einem Krankheitsprodukt (abgeleitet von dem griechischen Wort *nosos* = Krankheit, *eidos* = wie).

(Strenggenommen ist eine Arznei nur dann homöopathisch, wenn sie einem Patienten verordnet wird, dessen Symptomatik mit dem Arzneimittelbild der Arznei übereinstimmt; ansonsten handelt es sich lediglich um eine »potenzierte« Arznei.)

Hahnemann selbst stellte bereits Arzneien aus erkranktem Gewebe her, darunter auch die sogenannten »miasmatischen« Nosoden *Psorinum*, *Medorrhinum* und *Syphilinum*. Seitdem wurden noch viele weitere Nosoden entwickelt, nicht nur aus menschlichen oder tierischen Quellen, sondern auch solche pflanzlichen Ursprungs. Zu den letztgenannten zählen beispielsweise Secale (aus mit Mutterkorn befallenem Roggen) und *Ustilago* (Maisbrand). Durch die Entwicklung neuer mikrobiologischer Kultivierungsmethoden war es zudem möglich, Arzneien aus Reinkulturen von Infektionserregern herzustellen. In diesem Zusammenhang ist wichtig zu wissen, dass die so gewonnenen Arzneien keine Anteile von Wirtsgewebe oder der Reaktion des Wirtes enthalten, da sonst die Reaktion des Patienten auf die verschiedenen Zubereitungen unterschiedlich ausfallen kann. Um diese Arzneien aus Reinkulturen von anderen Nosoden unterscheiden zu können, werden sie manchmal irrtümlich als *homöopathische Vakzinen* bezeichnet, der korrektere Begriff ist aber *Pathoden*.

Die wichtigsten Nosoden wurden gründlich geprüft, und ihre Anwendung in der Tierhomöopathie auf dieser Grundlage unterscheidet sich in keiner Weise von der anderer homöopathischer Arzneien. Allerdings begann irgendwann zwischen 1831 und 1833 der deutsche Tierarzt Joseph Lux damit, Nosoden zur Behandlung der dazugehörigen Krankheiten einzusetzen. So verwendete er beispielsweise Anthracinum zur Behandlung von an Milzbrand erkrankten Rindern. Ihm wird auch die Prägung des Begriffs *Isopathie* zugeschrieben.

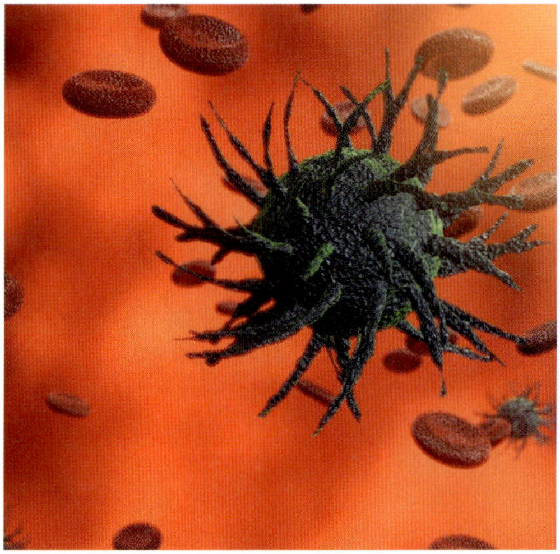

Nosoden werden auf der Grundlage der Quelle und des Empfängers klassifiziert: Eine *Isonosode* ist eine potenzierte Arznei aus erkranktem Gewebe oder Krankheitsprodukten aus derselben Gruppe von Patienten/Tieren; eine *Autonosode* ist eine potenzierte Arznei aus erkranktem Gewebe oder Krankheitsprodukten von demselben Patienten.

Führt man sich die obige Definition von *Isopathie* vor Augen, so lässt sich auch die Anwendung von anderen »krankheitsauslösenden Stoffen« als Infektionserregern in das Konzept integrieren. So könnten zum Beispiel auch Allergene potenziert und zur Desensibilisierung verwendet werden. Sie werden manchmal etwas unbeholfen als *Allergoden* bezeichnet. Dehnt man den Begriff noch ein wenig weiter, so gibt es eine ganze Bandbreite von Arzneien, die durch Potenzierung von Organen und Geweben gesunder Individuen (meist menschlichen Ursprungs) gewonnen werden. Diese Arzneien werden als *Sarkoden* bezeichnet; ihre Definition lautet: »Homöopathische Arzneien aus Extrakten gesunder Drüsen oder Gewebe«. Sie werden v. a. zur Unterstützung von Organen eingesetzt, meist in Verbindung mit anderen Arten der homöopathischen Verschreibung. Ihre Anwendung wurde erstmalig 1834 von Hering befürwortet.

Schließlich fällt auch die sogenannte *Tautopathie* unter den Oberbegriff der Isopathie; hier werden homöopathische Arzneien aus schulmedizinischen Medikamenten hergestellt und dazu verwendet, den Nebenwirkungen eben dieser Medikamente entgegenzuwirken.

Anwendungsgebiete der Isopathie

»Niemals gesund seit« (NGS)

Eine klare Kausalität in der Vorgeschichte des Patienten ist für den Homöopathen wie ein »Goldkörnchen«, da sie geradezu ein Garant für den Erfolg ist. Dabei spielt es keine Rolle, ob der Auslöser für die Krankheit auf der körperlichen oder mentalen Ebene liegt. Kann eine Infektionskrankheit als Ursache einer nachfolgenden langwierigen Erkrankung identifiziert werden, ist der Einsatz einer Nosode dieser Krankheit oftmals nicht nur hilfreich, sondern schlichtweg essenziell, um den Patienten erfolgreich homöopathisch behandeln zu können. Dabei kann die Infektion auch absichtlich in Form einer Impfung erfolgt sein; hier wäre die Anwendung einer homöopathischen Arznei, die aus dem Impfstoff hergestellt wurde, angezeigt. Dies könnte man wiederum als Tautopathie bezeichnen. Auch der Einsatz einer homöopathischen Zubereitung aus einem allopathischen Medikament, das als veranlassende Ursache identifiziert wurde, wird sich als hilfreich erweisen, vor allem, wenn das Tier an bekannten Nebenwirkungen dieses Medikaments leidet.

Desensibilisierung

Ist ein spezifisches Allergen bekannt, sei es durch Laboruntersuchungen oder aufgrund der Umstände, kann dieses potenziert und im Rahmen eines Desensibilisierungsprogramms eingesetzt werden.

Behandlung einer aktiven Erkrankung

Leidet ein Individuum an einer spezifischen Erkrankung, kann die entsprechende Krankheitsnosode gegeben werden. Ist es nicht möglich, die Krankheit zu identifizieren, kann die Isopathie dennoch zum Einsatz kommen, indem eine Autonosode aus Krankheitsprodukten, wie z. B. Nasenausfluss oder Durchfall, hergestellt wird. Unspezifischen Infektionskrankheiten kann man mit Autonosoden aus Blut und/oder Urin entgegenwirken; diese Methode wird von uns zwar nur selten angewendet, soll aber laut ihren Befürwortern unabhängig von der Infektionsursache zu einer allgemeinen Verbesserung der Immunantwort führen. Allerdings möchten wir an dieser Stelle zur Vorsicht mahnen – unserer Erfahrung nach kann die Behandlung einer aktiven Krankheit mit der spezifischen Nosode zu einer signifikanten Verschlimmerung der Symptome führen, und zwar häufiger als bei einer rein homöopathischen Herangehensweise zu erwarten wäre.

Prophylaxe

Unter den Homöopathen, seien es nun human – oder veterinärmedizinische, wird es weithin als allgemeine Tatsache angesehen, dass die Verabreichung der Nosode einer spezifischen Infektionskrankheit bei einem gesunden Individuum eine Schutzwirkung induziert. Erfahrungsberichte von Veterinärhomöopathen, uns eingeschlossen, scheinen zu bestätigen, dass die Anwendung von homöopathischen Nosoden gemäß den derzeit gängigen Dosierungsschemata einen gewissen Schutz bietet. Allerdings gibt es dahingehend noch keine evidenzbasierten Studien, sodass die ganze Angelegenheit weiterhin umstritten ist. In Kapitel 14 gehen wir auf diesen Punkt noch genauer ein.

Epidemische/epizootische Krankheit

In der Tiermedizin bietet sich nur selten die Gelegenheit, Nosoden unter solchen Umständen einzusetzen. In den 1970ern gab es einen enzootischen Ausbruch von Caniner Parvovirose und 2001 von Maul – und Klauenseuche (MKS), wobei keinerlei Aufzeichnungen über eine Anwendung von homöopathischen Nosoden zur Prophylaxe existieren. Außerdem wäre der Einsatz von Nosoden zur Prophylaxe einer anzeigepflichtigen Tierseuche wie MKS unethisch; man könnte ihn allerdings in einem Land, in dem die Krankheit endemisch ist, in Betracht ziehen.

Auftreten und Verlauf der MKS werden natürlich von den staatlichen Kontroll – und Bekämpfungsvorschriften beeinflusst. Die Anordnung der Tötung, mit oder ohne Impfung, zielt darauf ab, einen seuchenfreien Status zu erreichen. Das bedeutet, dass ein Krankheitsausbruch einem epizootischen Muster folgen wird; in einem Land, wo solche Vorschriften nicht gelten, ist die Krankheit hingegen enzootischer Natur.

Endemische/enzootische Krankheit

In der homöopathischen Kleintierpraxis stellt dieser Anwendungsbereich den häufigsten Grund für eine Prophylaxe mit Nosoden dar. Kombinationsnosoden häufiger Infektionskrankheiten sind bei den großen homöopathischen Apotheken zu beziehen. Idealerweise wurden diese aus Krankheitsmaterial gewonnen, auch wenn manchmal unklar ist, ob Reinkulturen von Virusstämmen als Ausgangsmaterial gedient haben.

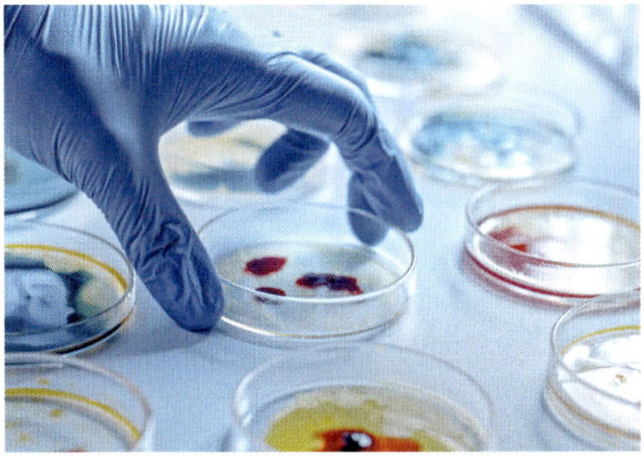

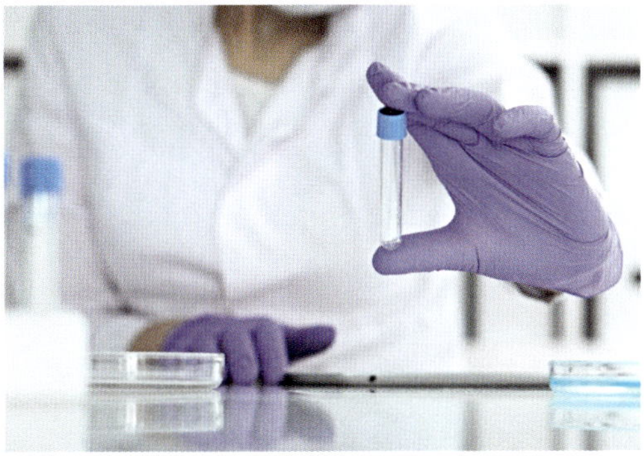

Einer der Vorteile der prophylaktischen Anwendung von Nosoden liegt darin, dass sie für jede Erkrankung hergestellt werden können, solange Krankheitsmaterial zur Verfügung steht, das an eine homöopathische Apotheke geschickt werden kann. Insofern gab es bereits Nosoden für Erkrankungen wie Feline Infektiöse Peritonitis (FIP) und Felines Immunodefizienz Virus (FIV), bevor überhaupt ein konventioneller Impfstoff erhältlich war.

Auch hier liegen nur wenige Hinweise vor, die diese Anwendung von Nosoden unterstützen, aber einer von uns (Saxton 1991) konnte dokumentieren, dass durch den Einsatz der Staupenosode in Tierheimen signifikant weniger Fälle von Staupe auftraten. Darüber hinaus ist auch die Anwendung von Nosoden zur Kontrolle von Mastitis bei Rindern dokumentiert (z. B. Day 1986).

Bei einem Ausbruch (präventiv)

Dies ist ein weiterer Bereich, in dem die Wirksamkeit der Nosoden dokumentiert werden konnte. Ein Ausbruch von Zwingerhusten in Hundepensionen konnte durch die Verabreichung einer Nosode unter Kontrolle gebracht werden und es kam zu erheblich weniger klinischen Fällen (Day 1987). Daher stellt die Isopathie unter solchen Umständen ein extrem wirkungsvolles Mittel dar. Eine generische Nosode ist oft sofort bei einer homöopathischen Apotheke erhältlich; alternativ kann eine Nosode innerhalb kürzester Zeit aus Material von betroffenen Tieren hergestellt werden. Dabei ist es noch nicht einmal zwingend nötig, eine eindeutige Diagnose zu haben, um mit der Therapie oder Prophylaxe beginnen zu können.

Organotherapie

Ist die Pathologie eines bestimmten Organs bekannt, kann die Verabreichung einer Sarkode eine günstige Wirkung auf das Organ haben; dazu wird im Allgemeinen eine niedrige Potenz über einen langen Zeitraum gegeben. Interessant und für die Therapie von Bedeutung ist die Beobachtung, dass es eine potenzabhängige Wirkung gibt: Potenzen oberhalb der C7 scheinen die Aktivität eines Organs zu drosseln, während Potenzen unterhalb der C7 sie anregen sollen. (Was genau die C7 bewirkt, ist unklar.) Daher könnte *Thyreoidinum* (eine Sarkode, die aus der Schilddrüse des Rindes hergestellt wird) bei einer Hypothyreose (Schilddrüsenunterfunktion) als C 6 verabreicht werden, und bei einer Hyperthyreose (Schilddrüsenüberfunktion) als C 30. Weitere Hinweise zu diesem Phänomen finden Sie auf den Seiten 107 (Kapitel 8) und 309 (Kapitel 26).

Darmnosoden

Dabei handelt es sich um spezielle Nosoden aus spezifischen Organismen, die aus menschlichem Darminhalt isoliert und kultiviert wurden. Ihnen ist das folgende Kapitel gewidmet (Kapitel 13).

Verschreibung nach miasmatischen Kriterien

Zieht sich ein deutliches miasmatisches Bild durch einen Fall, kann die Gabe der entsprechenden miasmatischen Nosode sehr hilfreich sein, insbesondere wenn nicht klar ist, welche homöopathische Arznei das Simillimum des Patienten ist. Wenn die miasmatische Diagnose stimmt, wird diese Vorgehensweise unweigerlich einen positiven Effekt haben. Allerdings führt sie auch meistens dazu, dass sich die Symptomatik des Patienten ändert. Dies ermöglicht bei der nächsten Konsultation eine genauere Folgeverschreibung nach strikt homöopathischen Prinzipien. Die positive Wirkung miasmatischer Nosoden, die nach diesen Kriterien verordnet werden, kann sehr ausgeprägt sein, wobei es gewöhnlich noch einer weiteren nach klassisch homöopathischen Gesichtspunkten gewählten Arznei bedarf, um die Heilung zu vollenden. Die Schlussfolgerung daraus ist die, dass, wenn ein Patient auf eine oder mehrere scheinbar gut gewählte Arzneien nicht reagiert hat, eine miasmatische Nosode hilfreich sein kann. Es überrascht daher nicht, dass man in der Materia medica bei diesen Nosoden immer wieder den Zusatz findet: »...wenn gut gewählte Mittel keine Wirkung zeigen«.

Die miasmatischen Nosoden

Psorinum

Diese Nosode wurde aus dem Inhalt eines menschlichen Krätzebläschens hergestellt und repräsentiert das psorische Miasma. Daher finden wir Juckreiz, Mangel und Trübsinn. Der *Psorinum*-Patient ist ängstlich und melancholisch, leidet an Juckreiz, hat übelriechende Ausdünstungen und friert leicht. Letzteres ist tatsächlich so stark ausgeprägt, dass der Hund oder die Katze im Winter am oder auf dem Ofen kauert und sich im Sommer in der prallen Sonne ausstreckt. *Psorinum* liebt es auch, zugedeckt zu werden, und vergräbt sich unter Kissen und Decken, um warm zu bleiben. (Im Gegensatz dazu zeigt der andere Archetypus der Psora, *Sulphur*, im Allgemeinen eine Abneigung gegen Wärme.) Der Appetit ist oft geradezu gefräßig, v. a. nachts, dennoch nimmt der Patient nur schwer zu. Mit Hinblick auf das Ausgangsmaterial überrascht es nicht, dass die Symptome schwerpunktmäßig die Haut betreffen. Es kommt zu Haarausfall, und die Haut des *Psorinum*-Hundes ist fettig und juckt. Tatsächlich gibt es im Repertorium die kleine Rubrik »Gemüt – Verzweiflung – Jucken der Haut, durch«, in der *Psorinum* das einzige fettgedruckte Mittel ist. Allerdings kann es vorkommen, dass Baden die Symptome bessert; ein Hund, der *Psorinum* benötigt, versucht oft, sich durch konstantes Lecken sauber zu halten, insbesondere an den Füßen. Diese Bemühungen führen jedoch nicht zum Erfolg, und *Psorinum* behält trotz aller Anstrengungen von Seiten des Patienten oder seines Besitzers sein schmuddeliges Erscheinungsbild. Alle Absonderungen sind übelriechend, unabhängig davon, ob sie im Rahmen einer Otitis, Erkrankung des Urogenitaltrakts oder eines Durchfallgeschehens auftreten.

SCHLÜSSELSYMPTOME: Frostig, juckend und übelriechend.

Medorrhinum

Diese Nosode ist ein Produkt der menschlichen Gonorrhö und repräsentiert das sykotische Miasma. Die Hyperaktivität dieses Miasmas spiegelt sich in den reichlichen Absonderungen aus allen Körperöffnungen und den Hauterscheinungen. Es besteht eine Affinität zu den Gelenken und dem Urogenitalsystem. Mental ist der Patient immer in Eile und manchmal auch aggressiv. *Medorrhinum* ist ein eher frostiges Mittel, aber auffälliger ist die Empfindlichkeit gegenüber Feuchtigkeit; alle Symptome verschlimmern sich bei feuchtem Wetter. Gleichzeitig besteht eine eher ungewöhnliche Besserung durch Aufenthalt am Meer. In der Rubrik »Allgemeines – Meer; am – amel.« befinden sich auch noch andere Arzneien, darunter *Tuberculinum* und *Carcinosinum*, aber bei *Medorrhinum* ist die Besserung am ausgeprägtesten. Der Appetit ist gefräßig mit Verlangen nach Salz und Süßigkeiten. Die Gelenksymptome umfassen Schwellungen, Exostosen und Empfindlichkeit der Füße. Schmerzen werden durch Bewegung gelindert. Zu den Beschwerden im Bereich des Urogenitaltrakts zählen Pyometra, Vaginitis, Zystitis, Harninkontinenz, Balanoposthitis und Prostataerkrankungen. Die Haut neigt zu Warzen und anderen gutartigen Tumoren, v. a. im Genital – und Perinealbereich. Die Symptome sind tagsüber meist schlimmer.

SCHLÜSSELSYMPTOME: Reichliche Absonderungen, Urogenitalerkrankungen und arthritische Beschwerden.

Syphilinum

Syphilinum (manchmal auch als »Lueticum« oder »Luesinum« bezeichnet) repräsentiert das syphilitische Miasma und steht für Zerstörung. Auf der Gemütsebene zeigt sich hoffnungslose Verzweiflung und Furcht vor Krankheit. Der Tod ist ebenfalls ein zentrales Thema; dieses äußert sich als Furcht vor dem Tod oder auch, beim Tier leichter zu beobachten, als das Verlangen zu töten. Während *Medorrhinum* Aggressionen im Grunde nur zeigt, um überschüssige Energie loszuwerden, sieht *Syphilinum* tatsächlich so aus, als sei es bereit zu töten – und manchmal gelingt es ihm auch wirklich, ein anderes Tier zu töten. Destruktive Prozesse zeigen sich auf der Lokalebene v. a. im Bereich der Knochen und verwandten Strukturen. Beim Menschen kommt es zu Zahnverfall unterhalb des Zahnfleischrandes, ein Bild, das man auch beim Hund beobachten kann; das Gegenstück bei der Katze sind die sogenannten FORL (Feline odontoklastische resorptive Läsionen). Die Zerstörung der Knochenstrukturen der Nasennebenhöhlen führt zu chronischem Nasenausfluss und Nasen – bzw. Mundhöhlenkrebs. Die Augen sind ebenfalls betroffen, und es kommt zu chronischen Ulzerationen, Keratitis und Iridozyklitis. Die Schleimhäute sind geschwürig verändert, v. a. in der Mund-/Maulhöhle, was mit starkem Speichelfluss einhergeht. Auch auf der Haut treten Geschwüre auf; rezidivierende Abszesse sind ebenfalls typisch. Die

Symptome verschlimmern sich zwischen Sonnenuntergang und Sonnenaufgang.

SCHLÜSSELSYMPTOME: Ulzeration, Zerstörung der Knochen, chronische Augensymptome.

Tuberculinum bovinum

Es gibt zahlreiche homöopathische Zubereitungen, die das tuberkulinische Miasma repräsentieren; allerdings wird *Tuberculinum bovinum* (Tub. bov.), das aus einer tuberkulös veränderten Rinderlunge gewonnen wurde, am häufigsten eingesetzt. Das Hauptthema von *Tuberculinum* ist Veränderlichkeit. Die Symptome wechseln ständig, und der Patient verspürt ein unstillbares Verlangen nach Veränderung. Die Katze oder der Hund verschmäht sehr schnell das gewohnte Futter und frisst nur dann ordentlich, wenn die Geschmacksrichtung oder die Marke von Zeit zu Zeit gewechselt wird. Bei einer Hauterkrankung kommen und gehen die Symptome innerhalb von Minuten; Gelenkschmerzen wandern von einer Gliedmaße zur anderen. Es überrascht nicht, dass *Tuberculinum* eine Affinität zur Lunge hat und mit vielen chronischen Erkrankungen der Atemwege in Verbindung steht. Sind die oberen Atemwege betroffen, kommt es häufig zu chronischem Nasenausfluss. Mental spiegelt sich das Bedürfnis nach ständiger Veränderung in der für *Tuberculinum* typischen Unruhe. Der *Tuberculinum*-Hund kommt schon zu Hause nie zur Ruhe und wandert auch im Behandlungszimmer permanent umher; er nutzt jede Gelegenheit, um zu entwischen und draußen herumzustreunen. Ergänzt man dieses Bild noch mit der *Tuberculinum* eigenen Destruktivität (sowohl auf der emotionalen als auch pathologischen Ebene), ergibt sich das typische Bild eines schlanken, hyperaktiven Hundes, der das Haus auf den Kopf stellt, wenn er alleine bleiben muss, und bei der erstbesten Gelegenheit abhaut. Dies lässt sich in der folgenden Beschreibung zusammenfassen: »kriminelles Verhalten«. Chronische oder rezidivierende Tonsillitiden mit Schwellung der Lymphdrüsen oder auch Lymphadenopathien an anderer Stelle sowie chronischer Durchfall, v. a. bei Jungtieren, zählen zu den häufiger auftretenden Lokalsymptomen. Das Thema Milch spielt ebenfalls oft eine Rolle: Entweder findet man ein abnormes Verlangen nach, eine Abneigung gegen oder Unverträglichkeit von Milch.

Die Symptome bessern sich an der frischen Luft. Durchnässung verschlimmert, besonders wenn die Füße nass werden; daher ist der *Tuberculinum*-Patient ein weiterer Typ, der nicht durch Pfützen geht.

SCHLÜSSELSYMPTOME: Dünn trotz gefräßigem Appetit, schneller Wechsel der Symptome, chronische Atemwegserkrankungen, »kriminelles Verhalten«.

Carcinosinum

Es existieren zahlreiche Nosoden aus menschlichen Krebsarten; am häufigsten eingesetzt werden *Carcinosinum* (aus Brustkrebs) und *Scirrhinum* (aus Leberkrebs). *Carcinosinum* wird allgemein als repräsentativ für den Krebs-Archetypus angesehen, obwohl Krebs wahrscheinlich von allen miasmatischen Mustern am schwierigsten zu identifizieren ist, da sein Bild so sehr von Unterdrückung beherrscht wird. Bei *Carcinosinum* findet man eigentlich immer ein Element von Kontrolle bzw. Kontrolliertwerden, deshalb ist es oft bei

Hunden angezeigt, die im Training zu sehr gedrillt wurden; tatsächlich sind sie so »gut erzogen«, dass sie es nicht einmal wagen, einen falschen Schritt zu machen. Sie sind hochsensibel, gehorsam und unterwürfig. Der *Carcinosinum*-Patient ist pingelig und zeigt eine fast einzigartige Liebe zu Gewittern; *Carcinosinum*-Hunde stehen sogar oft am Fenster und beobachten einen Sturm. Nur *Sepia* steht noch in der Rubrik »Gemüt – Gewitter – liebt«. *Carcinosinum* mag im Allgemeinen keine Hitze und bevorzugt frische Luft, und da es auch mild und nachgiebig ist, kann es leicht mit *Pulsatilla* verwechselt werden. Allerdings ist die anhängliche Natur von *Pulsatilla* bei *Carcinosinum* weniger stark ausgeprägt, und manchmal findet man bei *Carcinosinum* sogar eine Abneigung gegen Trost. *Carcinosinum* ist ein relativ neues Mittel in der Tierhomöopathie und wurde erst in den letzten Jahren eingehender erforscht. Beschwerden, die gut darauf angesprochen haben, reichen von mentalen und emotionalen Problemen bis hin zu Kolitis und chronischen Hauterkrankungen; sein Haupteinsatzgebiet bleibt allerdings die Rolle als Zwischenmittel in der Krebsbehandlung. Ein Hinweis auf *Carcinosinum* als mögliches Mittel kann dabei eine Krebserkrankung entweder des Patienten selbst oder in seiner Familiengeschichte sein.

SCHLÜSSELSYMPTOME: Furchtsamkeit, Pingeligkeit, Liebe zu Gewittern, Vorgeschichte von Krebs, Kontrolle.

QUELLEN

- *Day, C. (1987): Isopathic prevention of kennel cough.* Int J Vet Hom **2**, *57*
- *Saxton, J. (1991): Use of distemper nosode in disease control.* Int J Vet Hom **5**, *8*
- *Swayne, J. (Ed.) (2000): International Dictionary of Homeopathy. Livingstone: Churchill*
- *Yasgur, J. (2015): Homeopathic dictionary and holistic health reference. Haarlem: Emryss*

13

Die Darmnosoden

Entwicklung der Darmnosoden

Die Darmnosoden sind eine Gruppe von elf homöopathischen Arzneien, deren Ausgangsmaterial aus bestimmten Bakterien besteht, die im Darmtrakt unter bestimmten Voraussetzungen im Zusammenhang mit dem Heilungsprozess auftreten.

Auch wenn ihre Anwendung eine rein homöopathische Angelegenheit ist, geht ihr Ursprung doch auf die Arbeit schulmedizinischer Immunologen in den frühen Jahren des 20. Jahrhunderts zurück. Die größte Bekanntheit genießt Dr. Edward Bach, der sich später der Entwicklung der Bachblüten widmete. Weitere Mitstreiter auf diesem Gebiet waren Dres. John und Elizabeth Paterson, die zur gleichen Zeit auf diesem Gebiet forschten und das Projekt schließlich auch größtenteils weiterführten. Andere Wissenschaftler beteiligten sich ebenfalls zeitweise mit wertvollen Beiträgen, wandten sich dann aber anderen Bereichen zu. Die Nomenklatur der Darmnosoden ist etwas verwirrend, aber die Bezeichnungen »Bach« und »Paterson« in der Terminologie in einigen Texten weisen darauf hin, dass diese Wissenschaftler Vorreiter in der Entwicklung der entsprechenden Nosode waren. Der Zusatz »Co.«, der dem Namen einiger Nosoden angehängt ist, bedeutet »Compound« (zusammengesetzt), da diese Nosoden eine Kombination verschiedener Bakterienstämme darstellen.

Die Nosoden werden hauptsächlich aus gramnegativen, nicht laktosefermentierenden Bakterien (NLFB) gewonnen, die im Darm von Patienten mit bestimmten klinischen Erscheinungsbildern zu finden sind. Der Einsatz von Laktose zur Klassifikation der Bakterien stellt primär eine Labormethode dar, wobei man wissen muss, dass Laktose die einzige Zuckerart tierischen Ursprungs ist, die routinemäßig im Labor verwendet wird. Studien an der Universität Yale in den 1920ern ergaben einen Zusammenhang zwischen Laktose und der Aktivität von Bacillus acidophilus im Darm (Rettiger und Chaplin 1921). Betrachtet man die derzeitigen Entwicklungen in Sachen Probiotika, könnte man hieraus den Rückschluss auf eine mögliche Wirkungsweise der Darmnosoden ziehen. Es ist eine unumstrittene Tatsache, dass chronische Erkrankungen zu Veränderungen der Darmschleimhaut und damit auch der Zusammensetzung der Darmflora führen.

In der ursprünglichen konventionellen immunologischen Arbeit ging es um die Anwendung autogener Impfstoffe. Chronische Krankheiten wurden im Wesentlichen als eine Form der intestinalen Toxämie angesehen, wobei die Toxine von den im Darm zu findenden nicht laktosefermentierenden Bakterien gebildet wurden; gleichzeitig lag eine grundlegende Störung der Permeabilität der Darmmukosa vor, die eine Absorption dieser Bakterien ermöglichte. Nachdem Dr. Bach Bekanntschaft mit der Homöopathie gemacht hatte, vertrat er viele Jahre lang die Auffassung, dass die Psora mit der intestinalen Toxämie gleichzusetzen war. Das Vorhandensein der besagten Bakterien im Darm wurde dietätischen Faktoren zugeschrieben; es wurde zwar eine Steigerung des Rohkostanteils in der Diät empfohlen, die wesentliche Behandlungsmethode bestand aber in einem speziellen Impfregime. 1919 wechselte Dr. Bach an das London Homeopathic Hospital, um dort als Bakteriologe zu arbeiten. Hier kam er mit dem homöopathischen Gedankengut in Berührung und entwickelte zusammen mit Dr. Wheeler aus der herkömmlichen Impfstrategie ein homöopathisches Dosierungskonzept.

Die Ergebnisse des Monitorings der benötigten Stuhlproben bildeten die Grundlage für die Entwicklung der Darmnosoden. Zu Beginn wurde das Denken aber immer noch von dem Prinzip von »Ursache und Wirkung« und der »Erregertheorie« als Erklärung für die Entstehung von Krankheit beherrscht.

1924 machte Dr. Wheeler eine entscheidende Feststellung: Stuhlproben klinisch erkrankter Patienten wiesen oft niedrige oder gar keine Anteile an nicht laktosefermentierenden Bakterien auf. Wiederholte Proben, die im Verlauf der Erkrankung gewonnen wurden, zeigten sowohl positive als auch negative Phasen der Bildung dieser Bakterien; diese Phasen standen durchweg im Zusammenhang mit dem Gesundheitszustand des Patienten. War die Behandlung erfolgreich, kam es zu einem Anstieg der Zahl der nicht laktosefermentierenden Bakterien, die danach wieder abfiel, bis die Bakterien schließlich ganz verschwunden waren. Aber auch ohne Behandlung gab es positive und negative Phasen der Bildung von nicht laktosefermentierenden Bakterien, die mit den unterschiedlichen Befindlichkeiten der Patienten korrelierten. Eine hohe Konzentration der entsprechenden Bakterien trat bei einer Besserung des Zustandes auf, während sie bei einem Rückfall wieder absank. Es konnte wiederholt gezeigt werden, dass eine erfolgreiche Behandlung zu einem Anstieg der nicht laktosefermentierenden Bakterien in der Darmflora führte; dieser Anstieg folgte immer demselben Muster und konnte innerhalb von 10-14 Tagen nach Behandlungsbeginn (sprich der Impfung) beobachtet werden. In vielen Fällen blieb er dann auch über einen längeren Zeitraum bestehen. Es wurden Fälle dokumentiert, in denen die nicht laktosefermentierenden Bakterien bis zu einem Jahr lang persistierten. In den Fällen, in denen es zu einer Heilung kam, verschwanden die Bakterien allmählich, wobei der Zustand der Gesundheit jedoch aufrechterhalten wurde. Im Gegensatz dazu zeigten andere Studien, dass es bei einer Änderung der Ernährung erheblich länger dauerte, bis sich eine positive Wirkung auf die Darmflora einstellte, und diese auch nur so lange anhielt, wie die entsprechende Diät eingehalten wurde. Infolge dieser und weiterer Beobachtungen fragte sich Dr. Bach 1928: *»Sind diese Organismen (die NLFB) denn nun die Ursache oder das Ergebnis der Krankheit, oder gar ein Versuch des Körpers, diese zu heilen?«*

Dr. Bach konnte sich nie ganz von dem Gedanken freimachen, dass die nicht laktosefermentierenden Bakterien in gewisser Weise pathogen waren. Dies war einer der Gründe dafür, warum er sich zunehmend den mentalen Ursachen für die Entstehung von Krankheit und deren Behandlung mit Pflanzen als primäre therapeutische Substanzen zuwandte. Schließlich kehrte er der Arbeit an den Darmnosoden den Rücken und begann mit der Entwicklung der Bachblüten. Nun war es an den Dres. Paterson in Glasgow, die bereits über die Darmnosoden forschten, die Hauptarbeit zu übernehmen. Während Dr. Bach sich zwar sehr für die Homöopathie interessiert und mit ihr sympathisiert hatte, war er dennoch nie ein praktizierender Homöopath gewesen, und seine Behandlungen hatten sich nicht auf die alleinige Behandlung mit homöopathischen Arzneien beschränkt. Die Patersons hingegen waren Homöopathen und gingen das ganze Thema ausschließlich von einem homöopathischen Standpunkt aus an. Sie erkannten die Begrenzungen der klassischen Erregertheorie und die Bedeutung der Empfänglichkeit des Wirtes im Krankheitsfall. Auch das Hahnemannische Konzept von den chronischen Krankheiten als tiefsitzende Entitäten mit einer vielschichtigen Symptomatik war ihnen geläufig.

Durch Berücksichtigung all dieser Aspekte gelang es ihnen schließlich, die genaue Natur des beobachteten Phänomens zu klären. Sie zogen den Schluss, dass »die nichtlaktosefermentierenden Organismen im Darm das **Ergebnis** einer vitalen Reaktion der Körpergewebe sind.«

Die obige Unterstreichung soll betonen, wie bedeutsam diese Schlussfolgerung für das Verständnis des gesamten Themas ist. Dabei ist wichtig, dass der oben gewählte Begriff »vital« im homöopathischen Sinne zu verstehen und damit eine Beteiligung der Lebenskraft gemeint ist. Wir haben bereits erläutert, dass die Lebenskraft immer darauf abzielt, das Gleichgewicht wiederherzustellen, das einen gesunden Zustand ermöglicht. Daher muss alles, was sich in diesem Zusammenhang abspielt, Teil der kurativen Reaktion des Körpers sein.

Zwei Tatsachen belegen, dass die Bildung nicht laktosefermentierender Bakterien im Darm das Ergebnis der Reaktion des Körpers im Krankheitsfall ist. Zum einen steigt die Anzahl dieser Bakterien im Rahmen einer Behandlung, die einen positiven Einfluss auf die Erkrankung hat. Zum anderen geht damit eine Verbesserung der allgemeinen Gesundheit des Patienten einher. Zu den frühesten Beobachtungen im Zusammenhang mit den Darmnosoden zählte die Feststellung, dass es Muster von positiven und negativen Phasen gab. Bei einer chronischen Erkrankung besteht ein ständig wechselndes Gleichgewicht zwischen der Tätigkeit der Lebenskraft (kurativ) und dem Krankheitsprozess (pathologisch). Die Schwankungen in der Konzentration der relevanten Bakterien können als Spiegelbild dieser Fluktuation betrachtet werden.

Diese Erkenntnis beendete natürlich das Dilemma der möglichen Pathogenität der Darmnosoden, in dem Dr. Bach und auch andere Forscher in der Frühzeit der Forschung noch steckten. Einer der Gründe, warum Dr. Bach sich von den Darmnosoden ab – und den Bachblüten zugewandt hatte, war, dass er nach einer Möglichkeit suchte, Krankheiten zu heilen, ohne dass die dabei eingesetzten Heilmittel selbst einen eventuellen pathogenen Anteil aufwiesen. Es ist wichtig, dass man sich über diesen Punkt im Klaren ist, denn gemäß der modernen Terminologie sind in den Darmnosoden gramnegative Bakterien der Familie der Enterobacteriacae enthalten, darunter auch bestimmte Arten von Salmonellen. Allerdings besteht in dieser Richtung keinerlei pathogenes Risiko, da es sich bei den beteiligten Bakterien nach konventionellen Maßstäben um essenziell saprophytische Keime handelt. Außerdem muss man sich in Erinnerung rufen, dass die Darmnosoden keine Nosoden im eigentlichen Sinne darstellen. Auch wenn sie aus Bakterien hergestellt werden, die im Rahmen einer Krankheit auftreten, stellen sie einen Teil der **kurativen** Reaktion des Körpers dar und stehen nicht mit der pathogenen Wirkung eines auslösenden Agens in Verbindung.

Die Namen der Darmnosoden sind *Morgan Pure*, *Morgan Gaertner* (diese beiden werden oft kombiniert und heißen dann *Morgan Bach*), *Proteus*, *Dysentery Co.*, *Gaertner Bach*, *Sycotic Co.*, *Faecalis*, *Mutabile*, *Bacillus No. 7*, *Bacillus No. 10* und *Coccal Co.* Nähere Erläuterungen folgen später in diesem Kapitel.

Die assoziierten Arzneien

Die Beziehung zwischen den assoziierten Arzneien und den Darmnosoden ist nicht dieselbe wie zwischen anderen Arzneien, beispielsweise zwischen *Silicea* und *Pulsatilla* (mit *Silicea* als chronischem Mittel von *Pulsatilla*). Daher ist hier auch der Begriff »assoziierte Arzneien« zu bevorzugen, auch wenn sie manchmal als verwandte oder angezeigte Arzneien bezeichnet werden. Das Erscheinen nicht laktosefermentierender Bakterien in der Darmflora hängt zwingend von einer erfolgreichen Behandlung ab. Aus homöopathischer Sicht ist damit die Gabe einer korrekt gewählten Arznei gemeint. Es wurde festgestellt, dass ein Zusammenhang zwischen dem Auftreten spezifischer nicht laktosefermentierender Bakterien und der Behandlung mit bestimmten Arzneien bestand, und dass die erfolgreiche Behandlung mit diesen Mitteln immer zum Auftauchen derselben Bakterien führte.

Diese Verbindung zwischen der Gabe einer gut gewählten und wirksamen Arznei und dem Erscheinen spezifischer nicht laktosefermentierender Bakterien hat einen weiteren Aspekt. Die Arzneiwahl erfolgt aufgrund der bestehenden Symptomatik des Patienten. Damit besteht ein eindeutiger homöopathischer Zusammenhang zwischen der Symptomatik und dem Auftreten bestimmter Bakterien im Darm. Dies bedeutet wiederum, dass es eine dreifache interaktive Beziehung gibt, die wie folgt dargestellt werden kann:

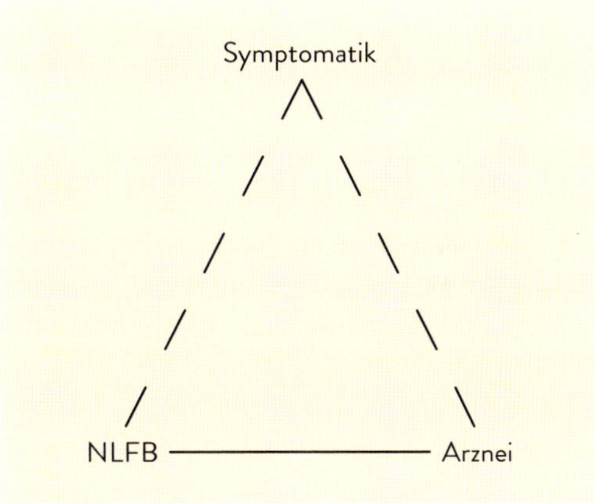

Aufgrund dieser Interaktion stellt sich die Frage, ob nicht auch die Bakterien selbst als homöopathische Arzneien eingesetzt werden können. Dr. John Paterson formulierte dies folgendermaßen: »Wenn *Natrium muriaticum* dazu führt, dass *B. Proteus* (ein NLFB) im Stuhl erscheint, könnte sich dann nicht auch die Arznei daraus bei einem Patienten als wirksam erweisen, der *B. Proteus* in hoher Konzentration im Darm beherbergt?«

Das oben dargestellte Dreieck wird somit zu:

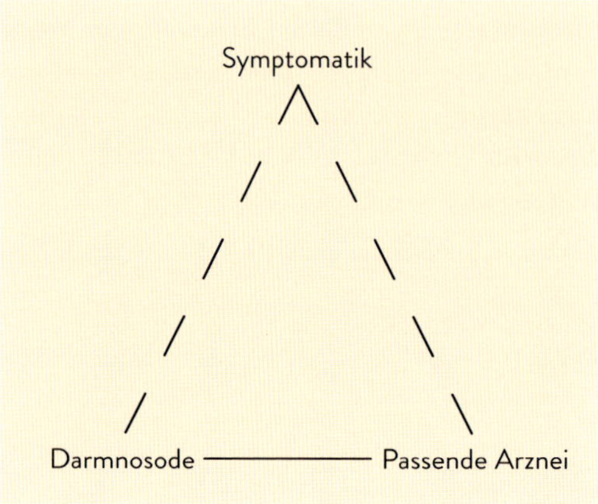

Diese Beziehung bildet die Grundlage für das Konzept von den assoziierten Arzneien. Daraus folgt auch, dass die Darmnosoden echte homöopathische Arzneien sind.

Die untenstehende Auflistung zeigt die Beziehungen, die zwischen verschiedenen Arzneien und den elf Darmnosoden etabliert werden konnten (die Begriffe verwandt, assoziiert und angezeigt sind dabei oft austauschbar). Die ursprüngliche Nomenklatur wurde beibehalten. In der Praxis werden *Morgan Pure* und *Morgan Gaertner* oft zu einer Arznei mit dem Namen *Morgan Bach* kombiniert. Die Liste wurde in Anlehnung an die traditionelle Formatierung im Repertorium erstellt, d.h. in Fett-, Kursiv – und Normaldruck. Die Wertigkeit entspricht dabei dem Grad der Verbindung zwischen der jeweiligen Arznei und der Darmnosode. Arzneien in Fettdruck werden im weiteren Verlauf als »führende Mittel« bezeichnet.

Die Liste wurde von den Pionieren auf diesem Gebiet erstellt, daher ist die Anzahl der Arzneien, für die ein positiver Zusammenhang mit den Darmnosoden hergestellt werden konnte, angesichts der uns heute zur Verfügung stehenden Arzneimittel vergleichsweise gering. Dies ist teilweise der Entdeckung vieler neuer Arzneien seit der Erforschung der Darmnosoden geschuldet, der Hauptgrund liegt aber in der therapeutischen Revolution, die zu dem weitreichenden Einsatz von Antibiotika und entzündungshemmenden Substanzen, darunter v. a. Kortikosteroiden, geführt hat. Dadurch ist die routinemäßige Gewinnung einer aussagekräftigen Stuhltupferprobe nicht länger praktikabel und der Hauptaspekt der Darmnosoden somit hinfällig. Nichtsdestotrotz stellt die Liste keine geschlossene Einheit dar und aufgrund der klinischen Erfahrung finden immer noch neue Arzneien Eingang. Erweiterte Listen sind in der entsprechenden Fachliteratur zu den Darmnosoden zu finden (Saxton 2017).

Ein genauerer Blick auf die Liste zeigt, dass es chemische Muster in den Verbindungen und Assoziationen der Arzneien gibt, was auf einen deutlichen Bezug zu den entsprechenden Krankheitsprozessen hinweist – ein weiterer Beweis für die wahrhaft homöopathische Natur der Darmnosoden.

So findet man bei *Morgan Pure* beispielsweise zahlreiche assoziierte Arzneien aus der Gruppe der Carbone. *Proteus* hat eine Verbindung zu den Chlorsalzen, während die assoziierten Arzneien von *Bacillus No. 7* oft einen Jod-, Brom – oder Kaliumanteil haben. Die Gruppe um *Bacillus No. 10* enthält viele Fluormittel. Darüber hinaus bestehen auch miasmatische Verbindungen, die ebenfalls bei der Wahl der passenden Nosode hilfreich sein können. Es muss aber betont werden, dass es sich hier nicht um miasmatische Arzneien in demselben Sinne wie die echten miasmatischen Nosoden handelt. Trotzdem lohnt es sich, die folgenden Klassifikationen im Kopf zu behalten:

PSORA

- *Bacillus No. 7; Dysentery Co.; Gaertner Bach; Morgan Pure; Morgan*
- *Gaertner; Mutabile; Proteus.*

SYKOSE

- *Bacillus No. 7; Bacillus No. 10; Coccal Co.; Dysentery Co.; Faecalis;*
- *Morgan Gaertner; Morgan Pure; Mutabile; Proteus; Sycotic Co.*

SYPHILIS

- *Bacillus No. 7; Bacillus No. 10; Dysentery Co.; Coccal Co.; Gaertner Bach;*
- *Proteus*

TUBERKULINIE

- *Bacillus No. 7; Gaertner Bach; Morgan Pure; Mutabile; Sycotic Co.*

KARZINOGENIE (KREBS)

- *Bacillus No. 10; Dysentery Co.; Faecalis; Gaertner Bach*

Klinische Einsatzgebiete der Darmnosoden

1. Nach Entnahme einer Stuhl-/Kotprobe.

Der Vollständigkeit und des grundsätzlichen Verständnisses halber sind untenstehend mögliche Therapieprotokolle in Abhängigkeit vom Ergebnis der Kotprobenuntersuchung aufgeführt. Wie bereits erwähnt, ist die Untersuchung an sich völlig unproblematisch, aber aufgrund des meist drastischen Einflusses, den die modernen schulmedizinischen Medikamente (insbesondere Antibiotika) auf die Darmflora haben, in der Praxis meist nicht mehr umzusetzen. Die Praktikabilität der Methode hängt daher entscheidend von der Vorbehandlung des Patienten ab. Daneben ist das Verfahren meist nicht mehr Teil des standardmäßigen Angebots der Untersuchungseinrichtungen und auch die korrekte Interpretation ist nicht immer gewährleistet; es besteht aber kein triftiger Grund, warum nicht spezielle Arrangements getroffen werden könnten. Die unter den Punkten 2 bis 6 aufgeführten Einsatzmöglichkeiten hingegen basieren auf der klinischen Interpretation der oben beschriebenen Beziehungen und sind praktische und nützliche Ergänzungen des homöopathischen Repertoires.

Nach der Entnahme einer Kotprobe gibt es die folgenden Möglichkeiten:

a. Positives Ergebnis, aber der Anteil der NLFB beträgt weniger als 30 %. Je nachdem, welche Bakterien nachgewiesen wurden, gibt man die entsprechende Darmnosode. Die niedrige Konzentration der Bakterien spricht dafür, dass die Krankheit einen starken Einfluss auf den Patienten hat, und auch wenn es eine gewisse Reaktion in Richtung Heilung gibt, ist diese nicht im Zunehmen begriffen. Dies entspricht einer negativen Phase im Krankheitszyklus. Da die identifizierte Darmnosode homöopathisch zu der Krankheit ist, ist ihre Wahl gerechtfertigt.

b. Positives Ergebnis mit einem Anteil der NLFB von mehr als 50 %. Hier gibt man keine Darmnosode. Ist die benötigte Arznei nicht klar, gibt man das führende Mittel der assoziierten Arzneigruppe der nachgewiesenen Bakterien, i. d. R. in einer tiefen bis mittleren Potenz. Dieses Ergebnis entspricht einer positiven Phase, in der die Abwehrkräfte des Körpers den Krankheitsprozess unter Kontrolle haben und ein signifikanter Heilungsprozess stattfindet. Hier wird lediglich eine gewisse Unterstützung benötigt. Die Gabe einer Darmnosode zu diesem Zeitpunkt könnte den laufenden kurativen Prozess umkehren.

c. Positives Ergebnis mit einem Anteil der NLFB zwischen 30 und 50 %. Entweder gibt man die Arznei aus der assoziierten Gruppe, die am passendsten erscheint, auch wenn die Übereinstimmung nicht allzu groß ist, in einer TIEFEN Potenz, oder man gibt die Darmnosode, ebenfalls in einer TIEFEN Potenz. Bei diesem Ergebnis kann man nicht abschätzen, ob die Konzentration der NLFB gerade ansteigt, fällt oder in einem unstabilen Gleichgewicht bleibt. Alles, was man unter diesen Umständen anstoßen kann, ist eine sanfte Intervention.

d. Ein negatives oder nicht aussagekräftiges Ergebnis. Man gibt entweder *Mercurius solubilis* oder *Tuberculinum*, wenn irgendwelche passenden Symptome vorliegen. Eine genaue Begründung für diese Vorgehensweise fehlt, aber in der Praxis hat sich gezeigt, dass der Einsatz eines dieser beiden Arzneimittel häufig zu einer Klärung des bakteriologischen Bildes führt. Da beide Arzneien ein breites Wirkungsspektrum haben, ist es durchaus möglich, dass sie ähnlich genug sind, um eine Heilungsreaktion anzuregen.

2. Als eigenständige Arzneien.

Dies ist ein Hauptanwendungsgebiet. Jede Nosode hat ein eigenständiges Arzneimittelbild, das wie bei jedem anderen Mittel als Basis für die Verschreibung dienen kann. Jede Nosode hat auch einige klare Schlüsselsymptome, die für die Verordnung sehr hilfreich sind.

3. Zur Klärung der Symptomatik.

Hier gibt es zwei mögliche Szenarien. Genauso wie *Sulphur* oder *Nux vomica* eingesetzt werden können, um die Wirkungen konventioneller Medikamente aus dem System zu löschen und dadurch die wahre Symptomatik zutage treten zu lassen, kann auch die passende Darmnosode verwendet werden, um das Bild zu klären. Die Entscheidung, welche Darmnosode geeignet ist, wird entweder von der Art der erfolgten konventionellen Medikation oder dem primär von der Erkrankung betroffenen System abhängig gemacht. So wird beispielsweise *Gaertner Bach* nach der lang dauernden Anwendung von Antibiotika eingesetzt, während *Morgan Pure* bei Erkrankungen gewählt wird, die sich vorrangig auf der Haut manifestieren.

Zum Zweiten kann eine Darmnosode gegeben werden, wenn sich nach der Fallerhebung kein offensichtliches Mittel zeigt; so soll eine Reaktion angestoßen werden, die zum Erscheinen eines klareren Arzneimittelbildes führt. Befinden sich alle zur Auswahl stehenden Mittel in derselben Gruppe assoziierter Arzneien, wird die entsprechende Darmnosode gegeben. Ist dies nicht der Fall bzw. das Arzneimittel sehr unklar, erfolgt die Wahl der Darmnosode aufgrund eines sehr markanten Schlüsselsymptoms; daraufhin wird sich sehr oft eine klare Indikation für die Folgeverschreibung zeigen.

4. Ein gut gewähltes Mittel zeigt keine oder nur eine kurze Wirkung.

In einem solchen Fall überprüft man zuerst einmal die Arzneimittelwahl und die verabreichte Potenz. Erscheint dann ein Wechsel der Potenz oder Arznei angezeigt, sollte man diesen vornehmen. Ist das Mittel jedoch nach wie vor angezeigt und auch eine unterschiedliche Potenz hat nicht die erwünschte Wirkung, sollte die assoziierte Darmnosode in Betracht gezogen werden. Manche Therapeuten geben die Darmnosode bei der zweiten Verschreibung und kehren dann bei Bedarf zu der ursprünglichen Arznei zurück, evtl. in einer höheren Potenz.

Eine Variante besteht darin, bei der ersten Verschreibung die mit der gewählten Arznei assoziierte Darmnosode zu geben, und erst dann die Arznei.

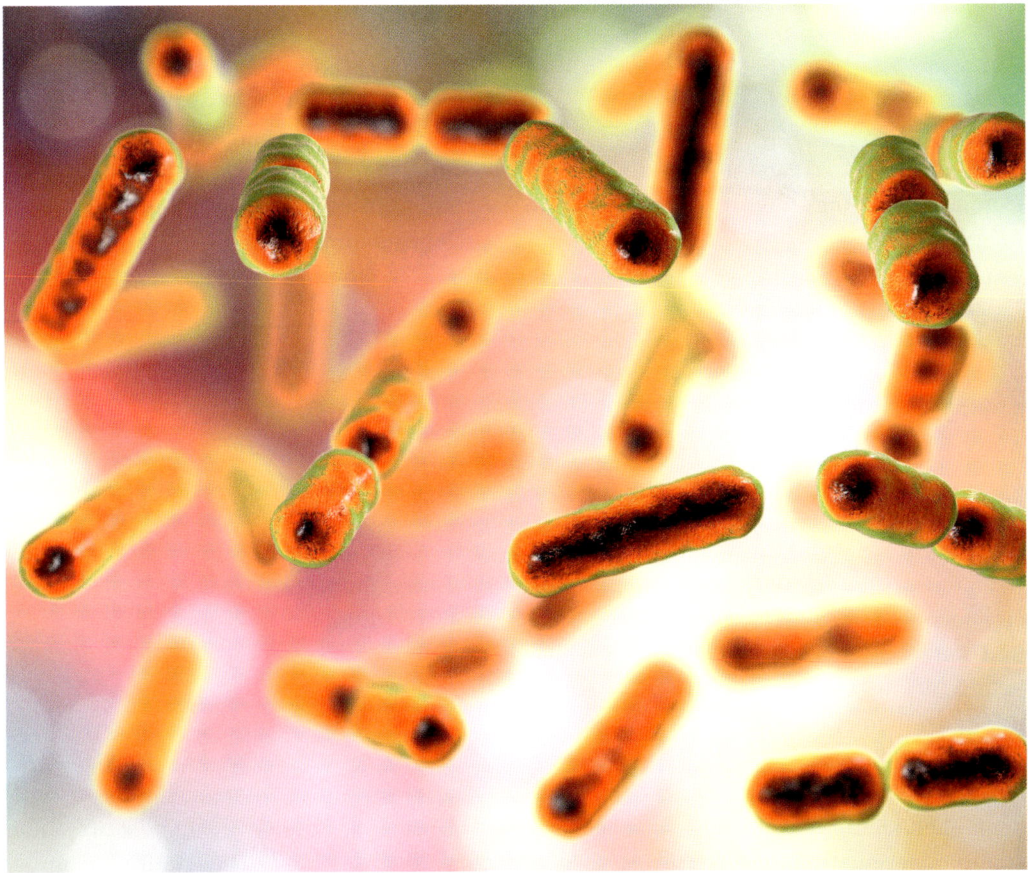

5. Die gemeinsame Anwendung einer angezeigten Arznei und ihrer assoziierten Darmnosode.

Hier wird die Arznei in einer niedrigen Potenz auf der lokalen Ebene angewendet und die Darmnosode als tiefer wirkendes Mittel in einer Hochpotenz gegeben. Dies entspricht derselben Vorgehensweise wie bei der gemeinsamen Anwendung eines Lokalmittels und einer konstitutionell wirkenden Arznei, wo die Hochpotenz für letztere reserviert ist. Allerdings sollte die Wahl der begleitenden Arznei nicht nur anhand von lokalen, sondern auch von mentalen und allgemeinen Symptomen erfolgen.

6. Zur Abschwächung einer extremen Überempfindlichkeit gegenüber der gut gewählten Arznei.

Gelegentlich gibt es Patienten, die dermaßen empfindlich auf eine Arznei reagieren, dass es zu unerwünschten Reaktionen kommt. Wenn die Arznei aufgrund der großen Übereinstimmung mit den Symptomen des Patienten trotzdem immer noch angezeigt erscheint, kann die verwandte Darmnosode eingesetzt werden, um den Fall voranzubringen, ohne dass die gleichen Probleme erneut auftreten.

Man kann an vielen Stellen nachlesen, dass man die Darmnosoden nur in der Potenz C 30 geben und frühestens nach drei Monaten wiederholen sollte. Ursprünglich wurden sie jedoch in Potenzen bis zur M eingesetzt und haben sich auch beim Tier in dieser Form als sehr wirksam erwiesen. Man sollte sich immer in Erinnerung rufen, dass viele ihrer Indikationen im Bereich der chronischen Krankheiten angesiedelt sind und sie daher Zeit brauchen, um zu wirken. Auch wenn der empfohlene Zeitabstand theoretisch korrekt ist (Paterson 1949), sollte er nicht als absolute Regel betrachtet werden. Und wenn es ganz klare Hinweise auf eine andere Arznei als die Darmnosode gibt, sollte diese auch gegeben werden.

Materia medica der Darmnosoden

Auch wenn es einige Prüfungen zu den Darmnosoden gibt, so stammt der Großteil an Informationen in den Arzneimittelbildern doch aus der klinischen Anwendung bei Mensch und Tier. Es gibt Untersuchungen von Kotproben chronisch kranker Hunde und Katzen, bei denen festgestellt werden sollte, ob die Anteile der isolierten NLFB mit denen beim Menschen identisch wären. Obwohl die Probenzahl mit 228 gegenüber den 12.000 menschlichen Proben der Patersons eher klein war, ergab sich doch eine breite Übereinstimmung (Saxton 1994). Die klinische Erfahrung zeigt gleichfalls ein artübergreifendes Reaktionsmuster. Auch wenn man bei Pflanzenfressern und Wiederkäuern unterschiedliche Bakterienmuster erwarten könnte, gelten in der Praxis doch die gleichen klinischen Indikationen.

Morgan Bach

- Bei diesem Mittel handelt es sich um eine Kombination aus *Morgan Pure* und *Morgan Gaertner*. Seine assoziierten Arzneien enthalten oft einen Carbon-Anteil. Die Hauptwirkungsrichtung von *Morgan Pure* erstreckt sich auf die Haut, während *Morgan Gaertner* zusätzlich eine Affinität zur Leber hat.

- **STAUUNG** ist das Schlüsselsymptom. Die Arznei wirkt vor allem auf die Haut und Schleimhäute. Daneben besteht eine Leberbeteiligung.
- Auf der Gemütsebene findet man Unruhe, Reizbarkeit, Anspannung und Depression. Oft besteht Abneigung gegen Gesellschaft.
- Konjunktivitis mit Zysten und Gerstenkörnern auf den Augenlidern.
- Schnupfen mit dünnflüssiger, klarer oder weißlicher Absonderung.
- Rissige Lippen und Nase. Trockene Schleimhäute.
- Entzündung von Mund und Rachen.
- Entzündung und Stauung der Lunge und Luftröhre. Trockener Husten. Bronchitis, v. a. wenn die Anfälle in jedem Frühjahr wiederkehren.
- Verlangen nach Fett, Süßigkeiten und Eiern.
- Hochgradige Oberbauchschmerzen. Berührungsempfindliche Leber. Borborygmen.
- Neigung zu Verstopfung, aber auch morgendliche Durchfälle < Essen, Fett, Eier.
- Faulig riechender Stuhlgang, mit etwas Blut und Schleim durchsetzt. Kotabsatz ohne Anstrengung.
- Reizung im Analbereich ohne erkennbare Ursache.
- Häufige anfallsweise Blasenentzündungen mit brennenden Schmerzen und streng riechendem Urin. Glukosurie.
- Steifheit, v. a. der Schultern. Schmerzen unter dem rechten Schulterblatt.
- Pustulöse Hautausschläge. Risse und Ausschlag hinter den Ohren. Ekzem in den Ohren. Risse um den Mund herum. Verdickung der Haut. Hochgradige Reizung. Heiße, gerötete Haut. Haut trocken und rissig oder nässend. Schwellung der Pfoten durch übermäßiges Lecken.
- Haut < Hitze, Waschen, Zahnung.

Proteus Bach

- Chlor ist ein Bestandteil zahlreicher assoziierter Arzneien dieses Mittels, daher sind die »Muriaticums« in dieser Gruppe überdurchschnittlich repräsentiert. *Proteus Bach* ist selten angezeigt, wenn nervöse Symptome fehlen.
- **PLÖTZLICHKEIT** ist das Schlüsselsymptom. Häufig tritt eine heftige Reizung des Gehirns auf (»Brain Storm«), wie bei Epilepsie.
- Auf der Gemütsebene besteht Anspannung und Reizbarkeit. Das Tier kann ganz plötzlich und ohne Vorwarnung zubeißen.
- Eine mögliche Ursache ist langanhaltender Stress. Hier besteht ein Zusammenhang mit den Nebennieren, auf die sich die Wirkung der Arznei ebenfalls erstreckt.
- Viele Arten von Spasmen und Krämpfen mit heftigen Muskelzuckungen.
- Bauchschmerzen mit Flatulenz. Erbrechen mit Blutbeimengungen. Meläna. Verdauungsstörungen in Verbindung mit Nahrungsmittelallergien.
- Bläschen und Hautausschläge mit Reizung und Rötung.
- Verlangen nach Fett und Salz.
- Abneigung gegen Butter, Schweinefleisch, Gemüse.
- Gegenüber Eiern besteht entweder großes Verlangen oder starke Abneigung.
- < Wein, Sturm, Sonnenhitze, Kälte, morgens, nachts.
- > Ruhe, Essen, in den Bergen.

Faecalis

- Die wichtigste assoziierte Arznei ist *Sepia*, und die beiden Arzneimittelbilder ähneln sich sehr.
- < Fett, Süßigkeiten.

Dysentery Co.

- **ERWARTUNGSSPANNUNG** ist das Schlüsselsymptom. Beim Menschen wird es oft verschrieben, wenn dieser »die Angst im Magen (Solarplexus) spürt«. Hierin unterscheidet sich *Dysentery Co.* von *Proteus*, wo eher ein anhaltender Stress besteht.
- Angst vor Menschen und geschlossenen Orten.
- Unwillkürliches Zucken des Gesichts.
- Chronische Verdauungsstörung. Nervöser Durchfall. Flatulenz. Häufiger, schleimiger Stuhl. Pylorusspasmus.
- Magenschmerzen < Essen.
- Verlangen nach süßen Speisen, Salz, Milch, Fett, Käse.
- Verlangen nach kalten Getränken, die aber Magenschmerzen auslösen.
- Trockene Haut mit Schuppenbildung. Hautausschläge mit Krustenbildung und klebrigen Absonderungen.
- Verlangen nach Wärme, aber < in stickiger Atmosphäre.
- < 3-6 Uhr morgens, Menschenmengen.

Gaertner Bach

- **MANGELERNÄHRUNG** ist das Schlüsselsymptom. Es kommt zu massivem Gewichtsverlust, obwohl der Appetit oft gut ist.
- Nervosität und Überempfindlichkeit mit Höhenangst.
- Otitis externa im Zusammenhang mit der Zahnung.
- Verlangen nach Eiern, Käse, Süßspeisen.
- Abneigung gegen Brot, Fisch, Butter.
- Chronisches Erbrechen und Durchfall. Erbrechen nach dem Genuss von süßen Speisen. Stark riechender Stuhl mit Blut und Schleim. Speichelfluss. Kann keine Fette verdauen.
- Blut und Schleim im Urin.
- Pustulöser Hautausschlag auf dem Kopf und am Hals.
- Zur Behandlung von Wurmbefall.
- Soll hilfreich sein, wenn die übermäßige Einnahme von Antibiotika zu Problemen geführt hat.

Bacillus No. 7

- Bezug zu Jod, Brom und *Kalium*.
- **MENTALE UND KÖRPERLICHE ERSCHÖPFUNG** ist das Schlüsselsymptom. Die Wirkung findet an den neuromuskulären Verbindungen statt.
- Rückenschmerzen, v. a.im Schulter – und Nackenbereich. Bewegt sich langsam. Osteoarthritis im Kniegelenk.
- Schmerzen in der Lebergegend mit Flatulenz.
- Abneigung gegen Fett.
- < Kälte, Nässe, Zugluft, Beginn der Bewegung.
- > Wärme, Ruhe.

Mutabile

- **WECHSELHAFTIGKEIT** ist das Schlüsselsymptom.
- Die Symptome treten oft im Wechsel auf, besonders häufig sind die Haut und ein weiteres System betroffen.
- Metastasierung bei Krebs.
- Rezidivierende oder subakute Zystitis.

Sycotic Co.

- **REIZBARKEIT** ist das Schlüsselsymptom, sowohl auf der mentalen als auch auf der körperlichen Ebene.

- Dicke gelbe Absonderungen.
- Konjunktivitis, Photophobie.
- Husten < 2-3 Uhr nachts. Unaufhörlicher Husten bis zur Erschöpfung.
- Schmerzen im Lenden – und Kreuzbeinbereich. Muskelschmerzen. Exostosen.
- Nierenschmerzen mit streng riechendem Urin.
- Hautausschläge nach Impfung. Bläschenförmige und pustulöse Ausschläge. Erythem. Warzen und Zysten.
- Verlangen nach Fett, Käse, Süßigkeiten, Milch und Salz.
- Abneigung gegen Eier, Kartoffeln, Tomaten, Gemüse.
- < Kälte, Nässe, Eier, Zwiebeln, nachts, erste Bewegung.
- > Am Meer, Hitze, länger dauernde Bewegung.

Coccal Co.

- Bei **SEPTISCHEN ZUSTÄNDEN.** Niedrigschwellige hartnäckige Infektionen.
- Bei der Anwendung ist Vorsicht geboten – die Nosode sollte nur über einen kurzen Zeitraum gegeben werden. Drei Gaben im Abstand von 12 Stunden sind ideal.

Bacillus No. 10

- Zwanghaftes Verhalten.
- Appetitverlust.
- Übelkeit und Erbrechen.
- Schwammiges blutendes Zahnfleisch.
- Morgendlicher Durchfall.
- Reizung im Analbereich und Empfindlichkeit am Schwanzansatz.
- Flache Warzen, v. a. an den Füßen.
- Schmerzen in den Oberschenkeln und Knien, v. a. links.
- Husten mit schwierigem Auswurf, < morgens.
- Leukorrhoe. Absonderungen aus der Gebärmutter riechen nach Fisch.
- Großes Verlangen nach Backfisch und Schokolade.
- Abneigung gegen Eier und Brot.

Die Darmnosoden und ihre assoziierten Arzneien

Morgan Pure

Alumina, Barium carbonicum, Calcium carbonicum, Calcium fluoratum, Calcium silicatum, Calcium sulphuricum, Carbo vegetabilis, Carboneum sulphuratum, Causticum, Digitalis, Ferrum carbonicum, Graphites, Hepar sulphuris, Kalium bichromicum, Kalium carbonicum, Kalium sulphuricum, Lycopodium, Magnesium carbonicum, Medorrhinum, Natrium carbonicum, Natrium sulphuricum, Nux vomica, Petroleum, Psorinum, Pulsatilla, Rhus toxicodendron, Sepia, Silicea, Sulphur, Thuja, Tuberculinum.

Morgan Gaertner

Calcium carbonicum, Chelidonium, Chenopodium, Graphites, Helleborus niger, Hepar sulphuris, Kalium bichromicum, Lachesis, ***Lycopodium****, Mercurius sulphuricus, Natrium muriaticum, Nux vomica, Pulsatilla, Sanguinaria, Sepia, Silicea, Sulphur, Taraxacum.*

Proteus
Ammonium muriaticum, Aurum muriaticum, Apis mellifica, Barium muriaticum, Borax, Calcium muriaticum, Cholesterinum, Conium, Cuprum metallicum, Ferrum muriaticum, Ignatia, Kalium muriaticum, Magnesium muriaticum, Muriaticum acidum, ***Natrium muriaticum****, Secale, Sepia.*

Mutabile
Ferrum phosphoricum, Kalium sulphuricum, ***Pulsatilla.***

Gaertner Bach
Arsenicum album, Bacillinum, Calcium fluoratum, Calcium hypophosphorosa, Calcium phosphoricum, Calcium silicatum, Ferrum phosphoricum, Kalium phosphoricum, ***Mercurius vivus****, Natrium phosphoricum, Natrium silicicum, Natrium silicofluoricum,* ***Phosphorus****, Phytolacca, Pulsatilla, Silicea, Syphilinum, Tuberculinum, Zincum phosphoricum.*

Dysentery Co.
Anacardium, Argentum nitricum, Arsenicum album, Cadmium metallicum, Chininum arsenicosum, China officinalis, Kalmia, Pulsatilla, Tuberculinum, Veratrum album, Veratrum viride.

Bacillus No. 7
Arsenicum iodatum, Bromium, Calcium iodatum, Ferrum iodatum, Iodum, Kalium bichromicum, Kalium bromatum, Kalium carbonicum, Kalium iodatum, Kalium nitricum, Mercurius iodatus, Natrium iodatum.

Faecalis
Sepia*, Anacardium.*

Sycotic Co.
Antimonium tartaricum, Ferrum metallicum, Nitricum acidum, Natrium sulphuricum, Rhus toxicodendron, Thuja.

Bacillus No. 10
Calcium fluoratum.

Coccal Co.
Tuberculinum.

Darmnosoden und ihre Verbindung zur modernen Bakteriologie

Die ursprüngliche Klassifikation umfasste die Verwendung von vier Zuckerarten – Laktose, Glukose, Saccharose und Dulcitol. Alle oder zumindest die meisten Darmnosoden waren natürlich nicht laktosefermentierend, aber die genaue klinische Klassifikation hing von der Reaktion auf die anderen drei Zuckerarten ab.

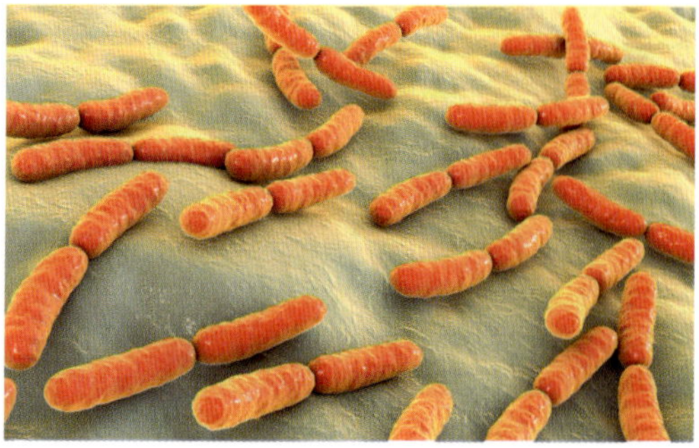

Die Stuhlprobe wird anfangs 18 Stunden lang auf einem MacConkey-Agar kultiviert, um die grampositiven Bakterien zu separieren. Die Kolonien der nicht laktosefermentierenden Bakterien werden anschließend weitere 18 Stunden lang bebrütet und die daraus entstehenden Kolonien den einzelnen Zuckerlösungen hinzugefügt, um ihre Reaktionen zu bestimmen.

Jede Darmnosode enthält eine Reihe von Bakterienstämmen entsprechend der klinischen Klassifikation. Bei manchen klinischen Entitäten liegt jedoch keine genau definierte Verbindung zu bestimmten Bakterien vor. Die bekannten Zuordnungen sind nachstehend aufgeführt.

MORGAN PURE Morganella morganii, Proteus mirabilis, Aeromonas salmonicida, Salmonella subgenus IV, Edwardsiella tarda, Escherichia blattae, Hafnia alvei.

MORGAN GAERTNER Salmonella paratyphi A, S subgenus I & II, Salmonella cholera suis.

PROTEUS Edwardsiella hoshinae, Edwardsiella tarda Biogruppe 1, Obesumbacterium proteus Biogruppe 2, Proteus myxofacients, Proteus penneri, Proteus vulgaris Biogruppe 2.

DYSENTERY CO. Shigella dysenteriae, Shigella flexneri, Shigella boydii, Salmonella gallinarum, Salmonella typhisus.

SYCOTIC CO. Streptoctococcus *faecalis*, Acinetobacter calcoaeticus iwoffii.

BAC. NO. 7 Citrobacter koseri, Enterobacter cloacae.

MUTABILE Morganella morganii, Salmonella subgenus 3.

FAECALIS Alcaligenes *faecalis*.

COCCAL CO. Eine Reihe grampositiver Enterokokken.

QUELLEN

- *Agrawal, Y. R. (1995): A Treatise on Bowel Nosodes. New Delhi: Vijay Publications*
- *Alexander, M. (1988): Re-identifying the Bowel Nosodes.* BHJ ***77*** *(2), 67-71*
- *Bach, E. (1933): The rediscovery of psora.* BHJ *April*
- *Bickley, A. (2993): Using the Bowel Nosodes.* The American Homeopath ***9****, 34-39.*
- *Cummings, S. (1978): History and Development of the Bowel Nosodes.* JHomPract ***1*** *(2), 78-90*
- *Ibid (1988): The bowel nosodes. Bacteriology and preparation.* BHJ ***77*** *(2), 78-81*
- *Feldman, M. (1996): Repertory of the Bowel Nosodes. New Delhi: Jain*
- *Julian, O. A. (1995): Intestinal Nosodes of Bach-Paterson. New Delhi: Jain*
- *Paterson, J. (1929): The potentised drug and its action on the bowel flora.* BHJ ***19***
- *Ibid: (1933): Sycosis and Sycotic Co.* BHJ ***23****, 160*
- *Ibid: (1947): Homeopathic philosophy brought up to date.* Proceedings of the Faculty of Homeopathy *Annual Assembly* ***25****, June*
- *Ibid: (1949): The role of the bowel flora in chronic disease.* BHJ ***39***
- *Ibid: (1950): The Bowel Nosodes.* BHJ ***40***
- *Rettiger, L. F., u. H. A. Chaplin (1921): A treatise on the transformation of the intestinal flora with special reference to the implantation of Bacillus Acidophilus. Connecticut: Yale University Press*
- *Saxton, J. G. (1994): Bowel Nosodes in animals.* Proceedings of the AVHMA Congress, *Orlando*
- *Ibid (2017): Die Darmnosoden in der homöopathischen Praxis. 4. Aufl. Kandern: Narayana*
- *Wheeler, C. E., u. E. Bach (1925/1987): Chronic Disease – a working hypothesis. New Delhi: Jain*

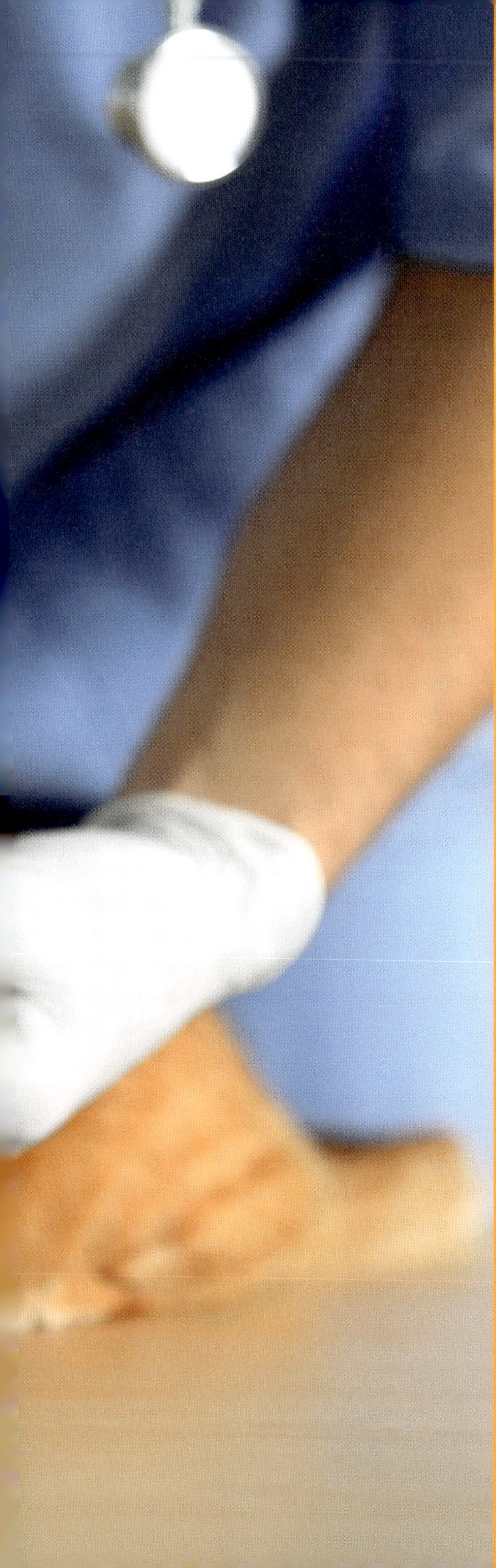

14

Impfungen – Die homöopathische Sichtweise

Der Platz der Impfungen in der modernen Medizin

Impfungen haben einiges zur Gesundheit von Mensch und Tier beigetragen und werden berechtigterweise allgemein als großer Erfolg der modernen präventiven Medizin angesehen. Ihnen wird die erfolgreiche Kontrolle und in manchen Fällen sogar die Elimination vieler tödlicher Krankheiten sowohl in der Human – als auch Tiermedizin zugeschrieben. Diese Erfolge haben dazu geführt, dass das Konzept auf viele andere Erkrankungen aller Schweregrade übertragen wurde, in der Annahme, dass diese Maßnahme nur wenig Schaden anrichtet und der Nutzen insgesamt die gelegentlich auftretenden Nebenwirkungen bei weitem überwiegt.

Hier gilt es, nun einige Aspekte näher zu beleuchten. Der erste ist die These, dass Impfungen die Hauptrolle bei der Bekämpfung von gefährlichen epidemischen Krankheiten gespielt haben. Obwohl ihnen hier zweifellos ein entscheidender Anteil zuzugestehen ist, wird doch die Rolle, die eine Verbesserung der Ernährung und Hygiene gespielt haben, oftmals unter den Teppich gekehrt. Es gibt tatsächlich Hinweise darauf, dass es bei vielen Krankheiten bereits vor der Entwicklung eines entsprechenden Impfstoffes zu einer signifikanten Verminderung der Fallzahlen kam (Chaitow 1987). Weiterhin geht man davon aus, dass eine Impfung grundsätzlich zu einer Immunität führt, von sehr seltenen Versagern einmal abgesehen. Allerdings zeigen etliche Studien, dass dies nicht unbedingt der Realität entspricht; tatsächlich gibt es Aufzeichnungen darüber, dass es bei Mensch und Tier zu einer höheren Erkrankungsrate geimpfter Individuen kam, verglichen mit Nichtgeimpften, die demselben Erkrankungsrisiko ausgesetzt waren (Day 1987; Tobin 1992; Trollifors 1984). Diese Studien beziehen sich auf eine ganze Bandbreite verschiedener Erkrankungen und Impfungen. Das engmaschige Monitoring der Wirksamkeit der Tollwutimpfung per Bluttest, wie es gemäß dem UK Pet Travel Scheme vorgeschrieben ist, hat unerklärliche Unterschiede in der Reaktion von Hunden und Katzen auf die Impfung enthüllt (Vet Rec 2005). Es besteht kein Zweifel, dass Impfungen bei der großen Mehrheit der Impflinge eine Reaktion stimulieren. Ob diese allerdings immer eine ganz und gar angemessene Antwort auf die gesamte Dynamik der Immunreaktion darstellt, bleibt fraglich.

Die wichtigste Annahme jedoch ist die, dass Impfungen grundsätzlich harmlos sind. Wenn mit »harm« der Tod oder eine schwere Behinderung gemeint ist, dann spricht das Ergebnis einer Nutzen-Risiko-Abwägung zweifellos sehr stark für die Impfung. Allerdings zeigte sich am Ende des 19. Jahrhunderts, dass die Pockenimpfung mit zahlreichen, wenn auch nicht unbedingt letalen Nebenwirkungen verschiedenster Ausprägung verbunden war (Burnett 1884), und auch bei anderen Impfungen zeigte sich dasselbe Muster. Wenn die chronische Beeinträchtigung des Gesundheitszustandes, die durch eine Impfung hervorgerufen werden kann, zu den »tödlichen« Nebenwirkungen hinzugerechnet wird, so schlägt der Zeiger der Nutzen-Risiko-Abwägung nicht mehr so eindeutig zugunsten der Impfung aus.

Das soll nicht heißen, dass Impfungen keinen eindeutigen und wichtigen Platz in der modernen Medizin haben. Auch kann keineswegs abgestritten werden, dass sie einen beträchtlichen Nutzen haben können. Aber man sollte sich vergegenwärtigen, dass es sich um sehr wirkungsstarke Stoffe handelt, die ebenso großen Schaden anrichten wie Gutes tun können. Die eigentliche Gefahr liegt in der unüberlegten und unkritischen Anwendung von Impfungen.

Es gibt große Anstrengungen, die Impfstoffe zu verbessern. Man versucht, von der derzeitigen Anwendung attenuierter oder abgetöter Antigene zu neuen Produkten überzugehen, die auf den Einsatz von DNA-Strängen abzielen. Allerdings geschieht auch dies in dem Kontext, dass Impfungen *per se* eine gute Sache sind, sodass dieselben potenziellen Probleme bestehen bleiben; es ist aber eine stetig wachsende Zahl von Tierärzten zu verzeichnen, sowohl in der Praxis als auch in der Forschung, die die gemeinhin anerkannten Impfprotokolle in Frage stellen.

Sowohl aus homöopathischer als auch schulmedizinischer Sicht können Impfungen gegen nicht-lebensbedrohliche Impfungen, die sogenannten Non-Core-Vakzinen, potenziell genauso viele Probleme verursachen wie sie lösen. Selbst wenn ihre Anwendung in irgendeiner Weise begründet werden kann, sollte die Natur der Reaktionen des Körpers bedacht werden. Impfungen sollten immer dem Einzelfall angemessen sein und verantwortungsvoll vorgenommen sowie durch passende homöopathische Maßnahmen begleitet werden.

Immunologische und homöopathische Überlegungen

Die Parameter, die herangezogen werden, um die Immunantwort in der Praxis zu messen, basieren hauptsächlich auf Blutproben. Inzwischen werden immer mehr Zweifel laut, ob dieser Ansatz tatsächlich geeignet ist, da die umfangreicheren und aussagekräftigeren Labortests der breiten Mehrheit praktizierender Tierärzte nicht zur Verfügung stehen. Daher verlässt man sich meist auf die Bestimmung eines einzelnen Antikörpertiters, d.h. der Menge im Blut zirkulierender Antikörper, obwohl bekannt ist, dass dieser nicht das vollständige Bild der potenziellen Immunantwort widerspiegelt. Es gibt auch andere Methoden, mit denen die Wirksamkeit von Impfstoffen bestimmt werden kann; diese beruhen allerdings i.d.R. auf Tierversuchen und sind daher für viele ethisch nicht zu vertreten. Außerdem liefern sie zwar vielleicht umfassendere Informationen über die Wirkung der Vakzine, aber der Immunstatus eines Individuums lässt sich mit ihnen nicht bestimmen. Die derzeit anerkannte Methode wiederum, um diesen einzuschätzen, besteht darin, das Serum des Individuums auf spezifische Antikörper zu untersuchen, wobei als Kriterium eine bestimmte Titerhöhe zugrunde gelegt wird. Sonstige Veränderungen in der Zusammensetzung des Blutes im Zusammenhang mit der Impfung werden im klinischen Kontext meist nicht berücksichtigt. Studien zur Staupeimpfung bei Hunden, bei denen all diese Parameter untersucht wurden, haben gezeigt, dass die initiale Wirkung der Impfung in einer Reduktion der Immunantwort besteht (Phillips 1989). Diese dauert bis zu drei Tage und wird dann von einer kompensatorischen Zunahme der Aktivität gefolgt. Der nach 10-14 Tagen gemessene Antikörpertiter entscheidet schließlich als einziges Kriterium darüber, ob eine angemessene Immunantwort erfolgt ist. Man geht noch einen Schritt weiter und betrachtet die fortdauernde Präsenz zirkulierender Antikörper als Beweis für eine anhaltende Immunität. Dies entspricht zwar der Wahrheit, aber der Umkehrschluss, dass die Abnahme bzw. das Fehlen zirkulierender Antikörper den Verlust der Immunität bedeutet, ist nicht unbedingt korrekt. In Studien konnte gezeigt werden, dass auch Hunde, deren Antikörpertiter weit unter dem Wert lag, der für einen ausreichenden Schutz als notwendig erachtet wurde, nach Exposition nicht an Staupe erkrankten (Coyne 2001).

Die Immunreaktion des Körpers mit all ihren Facetten umfasst weitaus mehr als nur die veränderte Zusammensetzung der Blutbestandteile. Auch das endokrine System ist daran beteiligt, insbesondere die Schilddrüse. Außerdem werden bei einer Impfung, die per injectionem erfolgt, die lokalen Abwehrmechanismen beispielsweise der Tonsillen, aber auch anderer Gewebe, die bei einer natürlichen Infektion als Erstes greifen, umgangen. Eine systemische Reaktion erfolgt normalerweise erst dann, wenn die lokale Immunantwort nicht ausreicht. Eine normale und *ausgewogene* Reaktion umfasst sowohl die lokalen als auch systemischen Abwehrmechanismen *in dieser Reihenfolge.* Die lokale zelluläre Aktivität hat sozusagen die Aufgabe, die größeren systemischen Elemente auf einen möglichen Einsatz vorzubereiten und zu alarmieren. Damit ist die systemische Reaktion optimal auf die Bedrohung zugeschnitten.

Im Gegensatz dazu ist der systemische Teil des Immunsystems gänzlich unvorbereitet, wenn das Antigen direkt in den Körper injiziert wird, und reagiert mit großer Wahrscheinlichkeit sehr viel extremer auf die Herausforderung. Möglicherweise führt dieser Schock des Systems nach einer systemischen Impfung zu der oben beschriebenen anfänglichen Reduktion der Immunreaktion.

Zwar stellt die Bildung von Antikörpern sicherlich einen Beweis für eine Immunreaktion dar, allerdings bedeutet dies nicht notwendigerweise, dass das Vorhandensein zirkulierender Antikörper eine zwingende Voraussetzung für die Aufrechterhaltung einer erfolgreichen Abwehr ist. Sobald einmal eine Immunität entwickelt wurde, können die Antikörper selbst bei einem niedrigen Titer innerhalb von 10-14 Tagen wieder in der für die Erstreaktion erforderlichen Menge bereitgestellt werden. Die Lymphozyten bewahren die Erinnerung an die bereits erfolgte Antigen-Antikörper-Reaktion und reagieren innerhalb weniger Tage adäquat auf eine spätere Exposition.

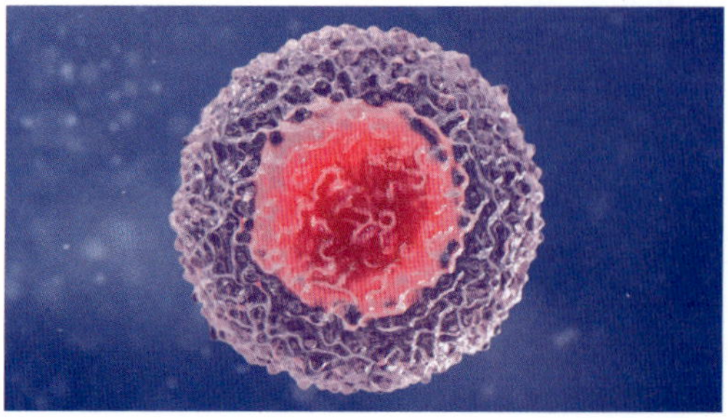

Diese Erinnerung bleibt in einigen Fällen lebenslang erhalten, in anderen wiederum nicht und kann in Abhängigkeit von der individuellen Infektion variieren.

Die erfolgreiche Reaktion auf eine Infektion umfasst sowohl zelluläre als auch humorale Mechanismen; spielen erstere die entscheidende Rolle in dem Geschehen, haben Antikörper möglicherweise keine so große Bedeutung. Daher kann es zu Fehleinschätzungen kommen, wenn man sich auf die zirkulierenden Antikörper als alleiniges Maß für die Immunität verlässt.

In der freien Wildbahn besteht meist eine permanente Infektionsgefahr, sodass die Antikörpertiter kontinuierlich hoch bleiben. Aber die lokale Abwehr wird trotzdem immer zuerst aktiviert. Selbst wenn die Infektion durch einen Biss oder eine infizierte Wunde erfolgt, findet dennoch zuerst eine assoziierte lokale Reaktion des Immunsystems statt, bevor es zu einer systemischen Beteiligung kommt. Paragraph 186 des *Organon* besagt: »Denn, von außenher dem Körper zugefügte Uebel, von nur irgend einiger Beträchtlichkeit, ziehen schon den ganzen lebenden Organism in Mitleidenheit«.

Alle sogenannten lokalen Reaktionen haben demnach immer eine assoziierte systemische Beteiligung.

In Kapitel 2 haben wir dargestellt, dass homöopathische Arzneien am besten wirken, wenn sie über eine Schleimhaut aufgenommen werden, i.d.R. über die Mundschleimhaut. Darüber hinaus wurde erläutert, dass die Homöopathie das immunsystem stimulieren kann. Dies bestätigt, wie wichtig es ist, die natürlichen Wege einzuhalten.

Daraus lässt sich folgern, dass Impfstoffe, die über die natürlichen Infektionswege eingebracht werden, potenziell weniger schädlich sind als Impfungen, die als Injektion verabreicht werden.

Soweit die Betrachtungen zur aktiven Immunität. Nun müssen wir aber noch einen Blick auf das Phänomen der passiven Immunität werfen, da diese beim Thema Impfungen ebenfalls eine Rolle spielt. Allgemein soll eine passive Immunisierung v. a. dem Schutz der Jungtiere dienen und deren frühzeitigen Tod durch die entsprechende Infektionskrankheit verhindern. Dies ist zweifellos ein wichtiger Aspekt. Gleichzeitig ist die Wahrscheinlichkeit groß, dass ein unreifes Immunsystem, das sich mit einer schweren akuten Infektion auseinandersetzen muss, nicht angemessen reagiert und einen Schaden davonträgt, selbst wenn das Tier überlebt. Es wurden Bedenken laut, dass die Verabreichung diverser Impfungen innerhalb kurzer Zeit bei einem unreifen Immunsystem negative Auswirkungen auf die Entwicklung der T-Zellen haben kann (Jeffreys 2001). Deshalb besteht eine gleichermaßen wichtige Aufgabe der passiven Immunisierung darin, zu *verhindern, dass das unreife Immunsystem mit einer größeren Bedrohung konfrontiert wird.*

Überträgt man dies auf die Impfungen, so ist nicht primär das Vorhandensein maternaler Antikörper entscheidend, sondern das Alter, in dem diese Antikörper normalerweise verschwunden wären. Zu diesem Zeitpunkt ist der Körper reif genug, um selbständig auf eine derartige Herausforderung zu reagieren, ohne dabei Schaden zu erleiden. In der Natur besteht permanent ein gewisser Infektionsdruck, also auch in der Zeit, wenn die maternalen Antikörper abgebaut werden. Dadurch findet ein allmählicher Übergang von der passiven zur aktiven Immunität statt, ohne dass es wie im Falle einer Impfung zu einer plötzlichen und massiven Auseinandersetzung mit dem Antigen kommt. Bei domestizierten Tieren, wo möglicherweise kein ausreichender Spiegel an maternalen Antikörpern besteht, kann eine frühzeitige Impfung dem System einen schweren Schock zufügen.

Studien an japanischen Kindern ergaben, dass eine Änderung des Impfregimes eine signifikante Reduktion der Fälle von Plötzlichem Kindstod zur Folge hatte. Dabei wurde das bisherige Alter von 5 Monaten für die DPT-Impfung (Diphtherie, Polio, Tetanus) auf 24 Monate angehoben. Die postmortalen Befunde in vielen Fällen von Plötzlichem Kindstod decken sich mit dem Muster des von Hans Selye definierten Stresssyndroms (Scheibner 1993). Die vorläufigen Ergebnisse einer noch laufenden Studie an Hunden der italienischen Rasse Spinone zeigen einen ähnlichen Trend: Bei Tieren, die vor der 10. Lebenswoche geimpft wurden, zeigten 26,6 % unerwünschte Reaktionen, während von den Tieren, die ihre erste Impfung erst nach der 10. Woche erhielten, nur 17,6 % reagierten (Coombe 1998).

Schließlich müssen wir uns auch dem Thema polyvalente Impfstoffe zuwenden. Die logistischen Vorteile von Mehrfachimpfungen liegen auf der Hand, aber in praxi sind sie nicht unbedingt zum Wohle des Empfängers. In Kapitel 3 wurde erläutert, dass sich der Körper immer nur mit einer Krankheit zu einem bestimmten Zeitpunkt auseinandersetzt, und dass dieser Umstand den Kern der Dynamik der homöopathischen Reaktion darstellt. Werden multiple Stoffe in den Körper injiziert, eröffnen sich damit ungeahnte Dimensionen für unerwartete und unerwünschte Reaktionen. Es hat sich gezeigt, dass die Immunreaktion auf ein bestimmtes Antigen durch die gleichzeitige Anwesenheit eines weiteren Antigens behindert werden kann. Dies steht mit dem oben erwähnten homöopathischen Konzept in vollkommenem Einklang, wonach die stärkste Bedrohung der Lebenskraft die Oberhand über geringere Herausforderungen hat.

Da die homöopathische Reaktion im Allgemeinen auch das Immunsystem einbezieht, muss alles, was dieses System beeinträchtigt, mit größtem Misstrauen betrachtet werden.

Eine Impfung hat das Potenzial, das System zu schädigen. In manchen Fällen zeigt sich dies als eindeutige Erkrankung, in anderen wiederum als eine eher allgemeine Verminderung der Reaktionsfähigkeit mit Auswirkungen auf die Wirksamkeit anderer Behandlungen.

Darüber hinaus gilt es noch einen anderen Aspekt zu berücksichtigen. Ursprünglich wurden Kuhpocken verwendet, um die echten Pocken zu verhindern (Jenner 1749-1823). Dies steht im Einklang mit dem homöopathischen Ähnlichkeitsprinzip. Heutzutage wird aber der aktive Krankheitserreger verwendet, um eine Reaktion hervorzurufen; dies bedeutet nicht die Anwendung eines ähnlichen Stoffes, sondern *desselben*, was wiederum die Art der Reaktion des Körpers vollkommen ändert. Aus homöopathischer Sicht ist die Wirkung einer Impfung auf den Körper primärer Art. Wiederholte Dosen desselben Stoffes, sei es durch Auffrischungsimpfungen oder durch eine tatsächliche Infektion, führen zu weiteren primären Aktionen. Wie in Kapitel 4 gezeigt wurde, hat eine primäre Wirkung das Potenzial, eine Krankheit hervorzurufen. Im Gegensatz dazu führt die Auseinandersetzung mit einem ähnlichen Stoff zu einer sekundären Aktion, die heilsam sein kann.

Auch wenn das derzeitig praktizierte Impfregime Anlass zu ernsthafter Sorge bietet, können die schlimmsten Folgen doch mit wenigen einfachen Vorsichtsmaßnahmen vermieden werden. An erster Stelle steht, dass ausschließlich gesunde Tiere geimpft werden sollten.

Eine Impfung sollte nie erfolgen, wenn das Tier irgendeinem Stress ausgesetzt ist. Eine ganz offensichtliche Stresssituation ist die Trennung des Jungtieres von seiner Mutter und der Umzug in ein neues, vollkommen fremdes Heim. Dem Tier muss Zeit gegeben werden, sich an die neuen Lebensumstände zu gewöhnen, umso mehr, wenn es früh entwöhnt wurde, was eine zusätzliche Belastung bedeuten kann. Eine ähnlich stressige Situation liegt vor, wenn sich ein weibliches Tier entweder in der Läufigkeit (Brunst, Rosse etc.) oder im frühen Trächtigkeitsstadium befindet; Auffrischungsimpfungen sollten in dieser Zeit unbedingt vermieden werden.

Auch das in der Praxis gängige Verfahren, die chirurgische Kastration mit einer Impfung zu verbinden, ist mehr als beklagenswert. Es wurde ein Zusammenhang von Infektionserregern und hormoneller Aktivität mit der Entstehung von Autoimmunerkrankungen nachgewiesen; dies sollte man bei Impfungen zwingend berücksichtigen.

Weitere Probleme verursacht die Erstimpfung in einem Alter, in dem die maternalen Antikörper noch gar nicht abgebaut sind. Derzeit geht der Trend dahin, in einem immer früheren Alter zu impfen und eine entsprechende Immunität zu erzeugen. Dies geschieht durch die Verabreichung immer größerer Antigenmengen, da Studien an Hunden gezeigt haben, dass das Ausmaß der aktiven Immunreaktion in Anwesenheit maternaler Antikörper von der Größe der Impfdosis abhängt (Burtonboy 1991). Allerdings ist in praxi der exakte maternale Antikörperstatus des einzelnen zu impfenden Jungtieres unbekannt. Damit besteht das Risiko, dass ein Jungtier, das praktisch überhaupt keine maternalen Antikörper hat, eine massive Überdosis erhält – mit den entsprechenden fatalen Konsequenzen. Die übliche Rechtfertigung für diese Vorgehensweise bei unseren Haustieren ist die »Sozialisierungsphase« des Jungtieres. Dies mag zwar ein berechtigtes Argument sein, aber viel wichtiger sollte die langfristige Gesundheit des Tieres sein, und ganz zweifellos ist unabhängig von der Art des verwendeten Impfstoffes der Stress für den Organismus umso größer, je jünger das Tier ist. Weiter unten zeigen wir Wege auf, wie man das Beste aus beiden Welten erreichen kann, ohne dass das eine das andere beeinträchtigt.

Das Thema Auffrischungsimpfungen ist ein weiterer Bereich, in dem es zu Missbrauch kommen kann. Obwohl sich die Beweise häufen, dass eine Impfung eine länger dauernde Immunität zur Folge hat (Bohm et al. 2004; Elliott und Thomas 2000; Schultz et al. 2002; AAHA 2003; Douglas 2004), werden nach wie vor jährliche Auffrischungsimpfungen vorgenommen. Dies wird auch von Seiten der Hersteller mit den in der Vergangenheit festgelegten Angaben zur minimalen Immunitätsdauer begründet; die jüngsten und auch realistische Erkenntnisse finden hier keine Berücksichtigung. Es hat sich gezeigt, dass die Wiederholungsimpfung bei Tieren, die bereits eine ausreichende Immunität entwickelt haben, nicht zu einer weiteren Steigerung derselben führt (AVMA 2000). Eine gängige Praxis ist auch die Verwendung polyvalenter Vakzinen, ohne deren Notwendigkeit zu hinterfragen. Dies alles führt zu einer übermäßigen Anwendung von Impfungen, auch wenn die Erkenntnis mehr und mehr Einzug hält, dass unnötige Impfungen auf ein Minimum reduziert werden sollten (Gaskell 2002). Einige tierärztliche Organisationen empfehlen mittlerweile, dass manche Auffrischungsimpfungen lieber in dreijährlichen Abständen gegeben werden sollten statt in den bisher üblichen jährlichen Intervallen (AAHA 2011). In diesem Zusammenhang ist interessant, dass die Empfehlung der ASAVA (2010) lautet, dass Auffrischungen von Core-Impfungen *nicht häufiger als* alle drei Jahre vorgenommen werden sollten.

Ein weiterer Aspekt, dem man Aufmerksamkeit schenken sollte, ist der Umstand, dass ein Impfstoff neben den viralen oder bakteriellen Anteilen noch sehr viel mehr Inhaltsstoffe enthält; dazu zählen Konservierungsstoffe wie Thiomersal und Adjuvantien auf Aluminiumbasis. Sie alle bergen ebenfalls das Risiko von unerwünschten Nebenwirkungen, v. a. bei Patienten, die besonders empfindlich darauf reagieren.

Die übermäßige Belastung eines Organismus mit unnötigen Stressoren in Form von zu häufigen und zu breit gefächerten Impfungen führt in vielen Fällen zu einer nachhaltigen Schädigung der Gesundheit. Dies lässt sich mithilfe der inzwischen zur Verfügung stehenden Methoden zur Bestimmung des individuellen Immunstatus in praxi leicht vermeiden, selbst wenn die Aussagekraft dieser Methoden vielleicht nicht hundertprozentig zuverlässig ist. Weiterhin besteht die Möglichkeit zu bestimmen, gegen welche spezifische Erkrankung eine Auffrischungsimpfung erforderlich ist, und in diesem Falle einen monovalenten Impfstoff einzusetzen. So erspart man dem Organismus den Stress einer polyvalenten Vakzine. Eine weitere Überlegung ist die Verabreichung einer Impfung, während ein Tier einer anderen Behandlung unterzogen wird. Abgesehen von den offiziellen Gegenanzeigen in den Produktdatenblättern sollte man besondere Vorsicht walten lassen, wenn es um den Einsatz von Impfstoffen während einer homöopathischen Behandlung geht. Da sich der Körper nur mit dem jeweils stärkeren Reiz auseinandersetzt, kann die Verabreichung einer Impfung die Reaktion auf die homöopathische Arznei stören, v. a. wenn diese in einer niedrigen oder mittleren Potenz eingesetzt wird.

Unerwünschte Folgen von Impfungen

Homöopathische Ärzte und Tierärzte kennen einen Zustand, der als »Vakzinose« bezeichnet wird. Damit wird eine klinische Erscheinung beschrieben, die aus dem oben beschriebenen Missbrauch des Immunsystems resultiert. Im homöopathischen Sinne handelt es sich dabei um eine funktionelle Störung, die einen echten Krankheitszustand darstellt. Wie sich diese Störung in einem Individuum manifestiert, variiert in Abhängigkeit von der miasmatischen Veranlagung und der jeweiligen Exposition.

Die Vakzinose erhöht insbesondere den Einfluss des sykotischen Miasmas im Körper; daher entspricht ihr Erscheinungsbild diesem in vielerlei Hinsicht, beispielsweise in Form von Hauterkrankungen mit überschießender Produktion und Kolitis. Die normale Immunfunktion hat auch einen destruktiven Anteil (z. B. Phagozytose), und ein Missbrauch des Immunsystems kann u. U. dazu führen, dass das Gleichgewicht in diese Richtung kippt; das Resultat ist eine syphilitische Reaktion kombiniert mit vermehrter Sykose. Liegt bei dem Tier bereits eine syphilitische Prädisposition vor, ist das Risiko für eine solche Entwicklung erhöht. Damit sind einige Autoimmunerkrankungen der Vakzinose zuzuordnen. Das klinische Bild des Abt-Letterer-Siwe-Syndroms des Menschen, einer aleukämischen Retikuloendotheliose mit einer bekannten ätiologischen Verbindung zu Impfungen, ähnelt der autoimmunmediierten hämolytischen Anämie der Tiere. Bei dieser wurde ein Zusammenhang mit den Standardimpfungen des Hundes nachgewiesen (Duval und Giger 1996); es konnte eine eindeutige Verbindung zu der Wiederholungsimpfung hergestellt werden, nach deren Anwendung es innerhalb von vier Wochen zum Auftreten der Erkrankung kam.

Die Vakzinose wurde ursprünglich in einen Zusammenhang mit der Pockenimpfung gestellt, was aber allein auf den historischen Kontext zurückzuführen ist. Sowohl theoretische Betrachtungen als auch die klinische Erfahrung zeigen, dass die Erkrankung viel mehr mit dem eigentlichen Vorgang der Impfung zusammenhängt als mit einem spezifischen Krankheitserreger.

Eine Beobachtung aus der Frühzeit der Pockenimpfung ist allerdings von Bedeutung. Das Kriterium für den Erfolg der Impfung war das Auftreten einer Hautreaktion. Geschah dies nicht, wurde die Prozedur gewöhnlich wiederholt. Es wurde beobachtet, dass sich

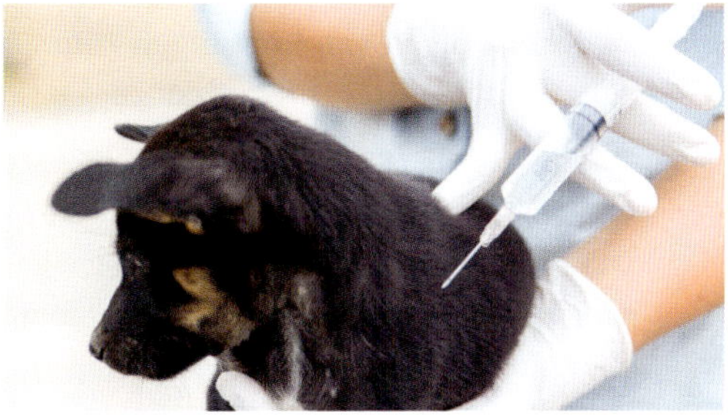

die Vakzinose am häufigsten und schwersten in den Fällen entwickelte, in denen keine Hautreaktion erfolgt war. Dies steht natürlich in völligem Einklang mit der Heringschen Regel. Die aus konventioneller Sicht als Beweis für die erfolgreiche Impfung geltende Hautreaktion ist nichts anderes als das Bemühen des Körpers, die erlittene Bedrohung über die Haut nach außen zu schleusen. Gelingt dies nicht, heißt das aus homöopathischer Sicht, dass die Krankheit auf einer tieferen Ebene im Körper verbleibt.

Die Diagnose einer »Vakzinose« hängt von mehreren Faktoren ab; die zwei wichtigsten sind eine Ätiologie von »Niemals gesund seit« und eine Vorgeschichte von einer vorübergehenden systemischen Erkrankung im Zusammenhang mit einer Impfung. Allerdings ist in vielen Fällen die unsachgemäße konventionelle Behandlung solcher Reaktionen die eigentliche Ursache für weitere chronische Probleme. Akute Überempfindlichkeitsreaktionen sind leicht auszumachen, aber andere Reaktionen können eine große Bandbreite an Symptomen umfassen. Akute Reaktionen treten meist zwischen 24 und 72 Stunden nach der Impfung auf, während sich eine verzögerte Reaktion meist erst nach 7 bis 45 Tagen einstellt (Dodds 1983). Es konnte zwar noch kein eindeutiger Nachweis erbracht werden, aber es gibt Hinweise auf den klinischen Beginn von CDRM bei Hunden, die neun Monate vorher eine Auffrischungsimpfung erhalten hatten (Canine Health Concern Survey 1997).

Die möglichen Folgen von Impfungen können wie folgt zusammengefasst werden:

- **DAS IMMUNSYSTEM WIRD INSGESAMT ÜBERSTRAPAZIERT UND AUS DEM GLEICHGEWICHT GEBRACHT.** Dies gilt ganz besonders für die frühe Erstimpfung, aber auch für Wiederholungsimpfungen. Studien in Amerika und dem Vereinigten Königreich haben gezeigt, dass die mittels zirkulierender Antikörper gemessene Immunität sehr viel länger anhält, als die Verfechter der jährlichen Auffrischungsimpfungen annehmen, und dass eine Wiederholungsimpfung bei einem Tier, das bereits über einen ausreichenden Schutz verfügt, zu keiner weiteren Steigerung der Immunität führt. Wie bereits ausgeführt, können unnötige Auffrischungsimpfungen Stress für das System bedeuten. Noch schlimmer ist die gängige Praxis, die komplette Grundimmunisierung zu wiederholen, wenn der für die Auffrischungsimpfung festgesetzte Zeitpunkt überschritten wurde. Bluttests auf Antikörpertiter stellen einen praktischen Weg dar, um sicherzugehen, dass ein Tier auch aus schulmedizinischer Sicht ausreichend geschützt ist, ohne das unnötige Risiko einer blindlings durchgeführten Wiederholungsimpfung einzugehen. (Natürlich sagen Antikörper nichts über eine zellvermittelte Immunität aus.) Besteht keine ausreichende Immunität, kann ermittelt werden, welche Impfungen dies betrifft, und mit der entsprechenden monovalenten Vakzine nachgeimpft werden; diese Vorgehensweise stellt ein geringeres Risiko für den Impfling dar. Auch wenn sie derzeit noch nicht für alle Tierarten zur Verfügung steht, hat man damit doch ein wertvolles Hilfsmittel gegen den Missbrauch von Impfungen zur Hand. Weitere Faktoren, die übermäßigen Stress für das Immunsystem bedeuten können, sind wie bereits erwähnt Impfungen in Zeiten erhöhter hormoneller Aktivität, beispielsweise während der Trächtigkeit oder im Östrus, ebenso wie Impfungen, die erfolgen, kurz nachdem eine Infektionskrankheit durchgemacht wurde.
- **VERERBTE KRANKHEITEN WERDEN MÖGLICHERWEISE GETRIGGERT.** Zwar besteht eine vererbte Krankheitstendenz auch unabhängig von einer Impfung, allerdings kann übermäßiges Impfen zu einer klinischen Manifestation und/oder Verschlimmerung solcher Anlagen führen. So fallen vermutlich die Herzprobleme des Cavalier King Charles Spaniel in diese Kategorie. Darüber hinaus kann nicht ausgeschlossen werden, dass wiederholte Impfungen über Generationen hinweg einen Einfluss auf den genetischen Code haben können. Denkbare Modelle, wie so etwas geschehen kann, wurden in Kapitel 11 unter »Vererbung von Miasmen« beschrieben.
- **DIE UNTERDRÜCKUNG EINER »WÜNSCHENSWERTEN ERKRANKUNG« FÜHRT ZUR MANIFESTATION UND VERSTÄRKUNG EINES VERERBTEN MIASMATISCHEN ZUSTANDES.** Einige Homöopathen sind der Ansicht, dass der Körper durch die Auseinandersetzung mit und Überwindung von nicht-lebensbedrohlichen Krankheiten die Möglichkeit erhält, sich von unerwünschten miasmatischen Einflüssen zu befreien und das für die Gesundheit lebenswichtige Gleichgewicht wiederherzustellen (Miles 1992). Dies ist ein Grund, warum Impfungen auf lebensbedrohliche Erkrankungen beschränkt werden und nicht auch bei

Krankheiten angewendet werden sollten, bei denen eine spontane Genesung die Regel ist.

- **UNTERDRÜCKUNG DER NORMALEN ENTWICKLUNG.** Dies ist eine mögliche Folge einer aggressiven frühzeitigen Impfstrategie. Unerwünschte Auswirkungen auf die Schilddrüse können das Wachstum und die Funktionstüchtigkeit des Körpers nachteilig beeinflussen (Dodds 1994).
- **DIE ERZEUGUNG EINES HEILUNGSHINDERNISSES.** Selbst in Fällen, in denen keine offensichtliche Vakzinose vorliegt, kann es notwendig sein, erst den Einfluss der Impfung zu überwinden, bevor Heilung stattfinden kann.
- **DIE ERZEUGUNG EINER CHRONISCHEN KRANKHEIT.** Eine Impfung kann als unterdrückende Maßnahme angesehen werden, da sie die oberflächlichen Reaktionen des Körpers ignoriert und eine initiale Reaktion auf einer tieferen Ebene anregt, wodurch wiederum die Manifestation einer Krankheit begünstigt wird. Verschlimmert wird dies noch durch eine suppressive Behandlung der Versuche des Körpers, mit dieser Belastung fertigzuwerden. Welpen, die auf die erste Impfung mit einem Hautausschlag reagiert haben, bekommen in der Regel bei der Vorstellung zur zweiten Impfung entsprechende Salben oder Badezusätze verordnet. Damit wird die natürliche Reaktion des Körpers auf diese Belastung blockiert und entspricht genau der Situation, die Hahnemann im Zusammenhang mit seiner Theorie zu den chronischen Krankheiten beschrieb. Die so erzeugten miasmatischen Muster beeinflussen dann nicht nur den jeweiligen Patienten, sondern können auch an nachfolgende Generationen weitergegeben werden (Kapitel 11).

Die Behandlung der Vakzinose

Eine Möglichkeit ist der Einsatz der Nosode, die dem jeweiligen Impfstoff entspricht. Dabei handelt es sich entweder um eine Autonosode, die aus dem eigentlichen Krankheitsprozess hergestellt wurde, oder alternativ um eine *Pathode*, deren Ausgangsmaterial der Impfstoff ist. Der Vorteil einer Pathode liegt darin, dass sie alles enthält, was mit der Impfung verabreicht wurde. Substanzen wie Thiomersal (Quecksilber) und Aluminium sind mögliche Bestandteile eines Impfstoffes und können nachweislich selbst schon Nebenwirkungen auslösen. Welches Produkt auch eingesetzt wird, es kann entweder als Anfangsmittel gegeben werden oder als Zwischenmittel im Verlauf einer Behandlung mit anderen Arzneien, wenn der Heilungsverlauf zum Stillstand kommt. Meist werden mittlere Potenzen (C 30) über einen kurzen Zeitraum verwendet. Da sie manchmal heftige Reaktionen hervorrufen können, zu denen das Auftreten alter Symptome zählt, muss man bei dieser Vorgehensweise Vorsicht walten lassen.

Arzneien mit einer ausgeprägten sykotischen Komponente sind in solchen Situationen auch sehr hilfreich. Die zwei stärksten sykotischen Arzneien sind *Thuja* und *Medorrhinum*; sie sind besonders dann angezeigt, wenn die Vakzinose nicht durch andere miasmatische

Einflüsse verkompliziert wird. Damit sind sie oft Mittel der Wahl, wenn es nach einer Impfung zu akuten Erscheinungen kommt. Je länger die Impfung zurückliegt und je stärker die unterdrückende, meist konventionelle Vorbehandlung war, desto mehr kommen auch die anderen miasmatischen Einflüsse ins Spiel. Nichtsdestotrotz haben alle Arzneien, die bei der Vakzinose eingesetzt werden, einen starken sykotischen Aspekt, und man sollte auch Arzneien wie *Antimonium tartaricum*, *Gunpowder*, *Malandrinum*, *Mezereum*, *Silicea*, *Sulphur* und *Triticum* in Erwägung ziehen.

Die Rubriken »Beschwerden durch Impfung«, »Impfung agg.« etc. können in die Fallanalyse einbezogen werden, sollten aber kein Ausschlusskriterium darstellen, es sei denn,

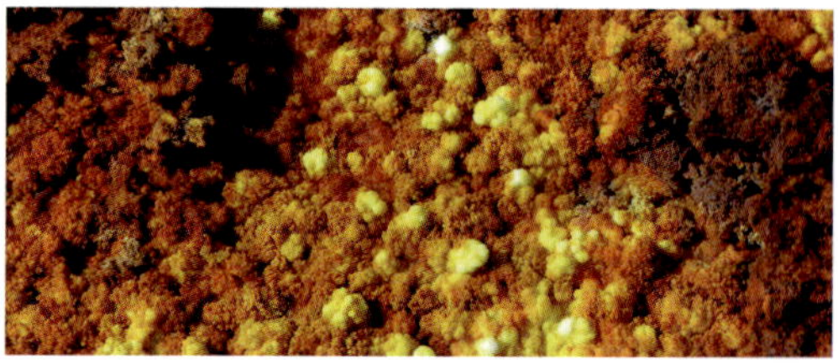

es läge eine sehr ausgeprägte ätiologische Verbindung vor. Die übermäßige Konzentration auf diesen Aspekt schränkt die Arzneimittelwahl zu sehr ein, sodass das tatsächlich benötigte Mittel herausfallen kann. Besteht der starke Verdacht, dass Impfungen in einem Fall eine Rolle spielen, kann dies bei der Auswahl der passenden Arznei berücksichtigt werden; dabei repertorisiert man weitere Merkmale des Falles und sucht dann nach einem Mittel mit entsprechendem sykotischen Schwerpunkt.

Einsatz von Nosoden bei Impfungen

Neben den oben beschriebenen Einsatzmöglichkeiten spielen Nosoden grundsätzlich eine wichtige Rolle in der Behandlung und möglicherweise auch Prävention von Krankheiten. Manchmal werden sie auch als Alternative zu Impfungen eingesetzt, obwohl man argumentieren kann, dass es sich dabei nicht um echte Homöopathie handelt. Außerdem wirft diese Anwendung von Nosoden wichtige ethische Fragen auf, die beantwortet werden wollen. Viele Tierbesitzer, die eine solche Behandlung wünschen, sind der Meinung, dass es sich dabei um ein anerkanntes und etabliertes Verfahren handelt; ihnen ist nicht klar, dass die Nosoden aus schulmedizinischer Sicht keiner entsprechenden Prüfung unterzogen wurden. Jeder Kunde, der Interesse an dieser Methode bekundet, muss unbedingt umfassend über Für und Wider sowohl der Impfungen als auch der Anwendung von Nosoden aufgeklärt werden. Daneben ist es auch die Pflicht eines jeden Tierarztes, bei der Abwägung der Möglichkeiten seine Verantwortung für das Wohl seiner Patienten an die erste Stelle zu setzen und jeden Fall aus diesem Blickwinkel zu betrachten. Es mangelt bisher an umfassenden Studien zur Wirksamkeit der Nosoden in präventiver Hinsicht, auch wenn es einige Erfahrungen dazu gibt. Allerdings wurde dabei meist der vorbeugende Einsatz von Nosoden im Angesicht einer tatsächlichen Bedrohung untersucht, weniger der durch eine kurzfristige Anwendung aufgebaute Langzeitschutz. Die einzige dahingehende Studie jüngeren Datums betraf Hunde und Parvovirose, und das Ergebnis war eine klare Ablehnung der Anwendung von Nosoden. Das Resultat war zwar eindeutig, jedoch aufgrund sehr kleiner Fallzahlen möglicherweise nicht repräsentativ (Larson et al. 1996). Dennoch konnte die Wirkung von Nosoden gegenüber den entsprechenden Erregern unter Laborbedingungen bestätigt werden (Jonas 1995), und Studien an Hunden haben ihre Wirksamkeit im Krankheitsfall erwiesen (Day 1987; Saxton 1991). Es gibt auch eine Studie zum erfolgreichen Einsatz von Nosoden bei der Behandlung und Prävention von Mastitiden beim Rind (Day 1986). Eine Studie mit Salmonella enteritidis ergab Hinweise auf einen möglichen Einsatz von Nosoden zur Kontrolle von Salmonellen beim Geflügel (Berchieri 2006).

Es ist wichtig, dass man sich darüber im Klaren ist, dass die Anwendung von Nosoden auf Schutz und nicht auf eine Impfung abzielt. Eine Impfung ist mit der Bildung von Antikörpern im Rahmen einer systemischen Reaktion verbunden; Antikörper sind insofern attraktiv, da sie sehr einfach und exakt bestimmt werden können. Wie oben erläutert, bedeutet ein hoher Antikörpertiter zwar i. d. R., dass eine Immunität besteht; die gegenteilige Annahme, dass ein niedriger bzw. fehlender Titer mit einer mangelhaften Immunität gleichzusetzen ist, ist jedoch nicht gerechtfertigt, da die zellvermittelte Immunität hier nicht berücksichtigt wird. Gleichzeitig stellt sich die wichtige Frage nach der Qualität versus Quantität der Antikörper. In der Praxis stellt der Antikörpertiter dennoch fälschlicherweise das einzige Maß für eine bestehende Immunität dar.

Die Wirkungsweise der Nosoden ist noch nicht vollständig untersucht, und es herrschen dahingehend verschiedene Meinungen. Eine besagt, dass die Wirkung auf der Zellebene stattfindet und mit der Stimulation der Opsonine in den Körperflüssigkeiten einhergeht, wodurch die Phagozytoseleistung der Leukozyten gesteigert und die Resistenz der Zellmembran gegen eine Penetration durch Viren erhöht wird. Man weiß, dass die Konzentration der Opsonine sowohl durch Impfungen als auch durch homöopathische Arzneien zunimmt.

Einer weiteren Anschauung zufolge kürzen die Nosoden die normalen Wege der zellulären Informationsübertragung ab und erzeugen eine Erinnerung an die Erkrankung in den entsprechenden Zellen, ohne dass tatsächlich ein Kontakt mit einem Antigen stattfindet. Konventionell wird dem Zellgedächtnis eine wichtige Rolle für das Timing der Auffrischungsimpfungen zugeschrieben, und die Wirkungsweise der Nosoden könnte einen weiteren Aspekt des Zellgedächtnisses darstellen. Welche Erklärung aber auch immer zutreffen mag, zirkulierende Antikörper können nach der Anwendung von Nosoden jedenfalls nicht gemessen werden, wodurch die konventionellen Messmethoden hinfällig werden.

Die Verabreichung der Nosoden erfolgt oral und entspricht damit dem natürlichen Infektionsweg; die Behandlung erstreckt sich über einen längeren Zeitraum als ein Impfprotokoll. Über die genaue Vorgehensweise gibt es zwar geringfügig unterschiedliche Auffassungen, aber die eingesetzte Potenz ist meist die C 30. Zielt die Behandlung auf einen primären Schutz ab, erfolgt sie stets einige Tage lang intensiv und wird dann aber noch über 2-3 Monate in verminderter Dosierung fortgesetzt. »Auffrischungen« werden je nach Risikolage mittels kurzzeitiger, aber intensiver Intervallbehandlungen durchgeführt. Allerdings kann es manchmal auch ratsam sein, die Nosoden kontinuierlich zu geben, um einen adäquaten Schutz aufrechtzuerhalten.

Darüber hinaus sollte man sich vergegenwärtigen, dass »Immunität« aus schulmedizinischer Sicht oft damit gleichgesetzt wird, dass das Tier auch bei Exposition niemals erkrankt. In der Natur bedeutet es jedoch, dass sich das Tier ohne ernsthafte und langfristige Probleme wieder erholt. Daher kann es bei einem durch natürliche Maßnahmen erzielten Schutz durchaus sein, dass es nach der Exposition zur Erkrankung kommt, die jedoch einen milden und rasch vorübergehenden Verlauf nimmt.

Viele Homöopathen sind der Meinung, dass der Einsatz von Nosoden begleitend zu einer konventionellen Impfung zum Vorteil des Tieres ist, da er dazu beitragen kann, dass unerwünschte Nebenwirkungen minimiert werden bzw. ausbleiben und der Entwicklung einer Vakzinose entgegengewirkt wird. Die entsprechende Nosode kann auch bei Jungtieren angewendet werden, um den Zeitraum zu überbrücken, in dem durch den Abbau der maternalen Antikörper der Schutz u. U. nicht mehr ausreichend hoch ist. Eine kurze intensive Behandlung ab einem Alter von drei Wochen erlaubt die Verschiebung der Impfung auf einen sichereren Zeitpunkt. Da Nosoden die lokale zelluläre Abwehr stimulieren sollen, hat diese Vorgehensweise zudem den Vorteil, dass die systemische Reaktion schon vor der Injektion angestoßen wird; damit wird der natürliche Verlauf einer Infektion simuliert.

Dieser vorbereitende Effekt kann in jedem Alter vor einer Impfung ausgenutzt werden; die korrespondierende Nosode wird dazu ein oder zwei Tage lang direkt vor der Injektion gegeben. Dadurch können die Auflagen von Tierpensionen, Ausstellungen, Turnieren und ähnlichen Situationen hinsichtlich notwendiger konventioneller Impfungen erfüllt werden, ohne dass man das Risiko eingeht, dem Tier damit Schaden zuzufügen.

Auch wenn die Impfung bereits stattgefunden hat, kann die Nosode auch danach noch gegeben werden, um mögliche Nebenwirkungen zu minimieren. Auch hier gibt man die Nosode wie oben beschrieben über einige Tage.

Eine weitere Methode, mit der die Schulmedizin und Homöopathie verknüpft werden können, verdient ebenfalls Erwähnung. Unmittelbar vor der Impfung erhält der Patient die Nosode kurzzeitig in einer mittleren Potenz und 48 Stunden später eine Einzelgabe einer Hochpotenz. Dies soll nicht nur unerwünschten Nebenwirkungen vorbeugen, sondern darüber hinaus auch die Immunität steigern (Elmiger 1998).

Somit ist es durch die Kombination aus Impfstoffen und Nosoden möglich, das Beste aus beiden Welten zu erzielen. Impfungen können ein großer Segen sein, aber man sollte sich dennoch der möglichen Probleme bewusst sein, die dabei auftreten können, und wissen, wie man diesen entgegenwirken kann.

Die Anwendung von Nosoden im Krankheitsfall wurde in Kapitel 12 erläutert.

QUELLEN

- *American Animal Hospital Association (2003): Report of Canine Vaccination Task Force.* Journal of AAHA **39**, *March/April*
- *American Veterinary Medical Association proceedings (2000)*
- *Berchieri, A.Jr. et al. (2006): Evaluation of isopathic treatment of Salmonella Enteritidis in Poultry.* Homeopathy **95**, *94-97*
- *Bohm, M. et al. (2004): Serum antibody titres to canine parvovirus, adenovirus and Distemper virus in dogs in the UK which had not been vaccinated for at least three years.* Vet Rec **154** *(15)*
- *Burnett, J. C. (1884/1992): Vaccinosis and its cure by Thuja. New Delhi: Jain*
- *Burtonboy, S. et al. (1991): Performance of high titre attenuated canine parvovirus vaccine in pups with maternally derived antibody.* Vet Rec **128**, *377-381*
- *Canine Health Concern survey (1997)*
- *Chaitow, L. (1987): Vaccination and Immunisation. Dangers, Delusions, & Alternatives. Saffron Walden: C. W. Daniel*
- *Cherry, J. D. et al. (1988): Report of the task force on pertussin and pertussin Immunization.* Pediatrics *(Suppl.), 939-984*
- *Coombes, A. M. (1998): Italian Spinone Health and Vaccination Survey.*
- *Coyne, M. J. et al. (2001): Duration of immunity in cats after vaccination or naturally acquired infection.* Vet Rec **149**, *545-548*
- *Ibid (2001): Duration of immunity in dogs after vaccination or naturally acquired infection.* Vet Rec **149**
- *Day, C. (1986): Clinical trials in Bovine mastitis using nosode for prevention.* Int J Vet Hom **75**, *15*
- *Ibid (1998): Vaccination and the immune system – homeopathic implications.* LIGA Conference *Amsterdam*
- *Ibid (2001): Treatment and control of Kennel cough.* Int J Vet Hom
- *Dodds, W. J. (1983): Immune-mediated diseases of the blood.* Adv Vet Sci Comp Med **27**, *163-196*
- *Ibid (1993): Vaccine safety and efficacy revisited.* Veterinary Forum, *May*
- *Ibid (1994): Nutritional influences on immune and thyroid function.* AHVMA conference
- *Douglas, E. et al. (2004): Duration of serologic response to five viral antigens in dogs.* JAVMA **224** *(1)*
- *Duval, u. U. Giger (1996): Vaccine associated immune-mediated haemolytic anaemia in the dog.* J Vet Int Med **10**, *290-295*
- *Elliott, M. u. S. Thomas (2000): Vaccination revisited. Antibody titres taken in practice reveal a need to reconsider current vaccination programmes.* British Holistic Veterinary Journal **1** *(2), 23-25*
- *Elmiger, J. (1998): Rediscovering Real Medicine. Shaftesbury: Element Books*
- *English, J. (1992): The issue of immunisation.* BHJ **81**, *161-163*
- *Gaskell, R. M. et al. (2002): Veterinary Products Committee working group report on feline and canine vaccination.* Vet Rec **150**, *126-134*
- *Jeffreys, R. T. (2001): T cells and vaccination.* Lancet May, *1451*
- *Jonas, W. A. et al. (1995): Prophylaxis of tularaemia infection in mice using agitated high dilutions of tularaemia infected tissues.* 5th. GIRI meeting *Paris*
- *Kyle, A. et al. (2002): Serological status and response to vaccination against Canine distemper and parvovirus of dogs vaccinated at different intervals.* J Small Animal Practice, *June*
- *Larson, L., S. Wynn u. R. D. Schultz (1996): A Canine Parvovirus nosode study.* Proceedings of 2nd Midwest Holistic Veterinary conference *Nov 2-3rd*
- *Miles, M. (1992): Homeopathy and Human evolution. West Wickham: Winter Press*
- *Neustaedter, R. (1996): The Vaccine guide. Berkeley: North Atlantic Books*
- *O'Driscoll, C. (1998): What Vets don't tell you about vaccination. Derbyshire: Abbeywood Publishing*
- *Phillips, T. R. et al. (1989): Effects of vaccines on the canine immune system.* Canadian Journal of Veterinary Research **53**
- *Rivera, P. L. (1997): Vaccinations and Vaccinosis.* J. Am Holistic Vet Med Ass. **16** *(1), 19-24*
- *Saxton, J. G. (1988): Vaccination, the hidden enemy.* Int J Vet Hom **3**
- *Ibid (1991): Use of canine distemper nosode in disease control.* Int J Vet Hom **5**, *8-12*
- *Scheibner, V. (1993): Vaccination. The Medical Assault on the Immune System. Mayborough: Australian Print Group*
- *Selye, H. (1978): The Stress of Life. Toronto: McGraw-Hill Book Company*
- *Tizard, I. (1990): Risks associated with use of live vaccines.* JAVMA **196**, *1851-1858*
- *Tobin, S. (1992): An holistic viewpoint on vaccination.* 3rd IAVH Congress *Münster*
- *Trollifors, B. (1984): Bordetella pertussis. Whole cell vaccines. Efficacy and toxicity.* Acta Paediatr Scand **73**, *417-425*
- *Veterinary Record (2005): News and Reports: October 1st, 396*

TEIL 2

Veterinärhomöopathie anwenden

15

Chirurgie und erste Hilfe

Allgemeines

Es gibt eine ganze Reihe von homöopathischen Arzneien, deren pathologische Symptomatik mit der von verschiedensten Arten von Verletzungen so stark übereinstimmt, dass ihre Verschreibung in solchen Situationen ohne langes Nachschlagen in der Materia medica erfolgen kann. Daher gelten sie allgemein als sogenannte »Erste-Hilfe-Mittel«. Ihr Einsatz bei Verletzungen aller Art, seien sie nun durch einen Unfall oder eine Operation verursacht, stellt für den praktischen Tierarzt eine hervorragende Möglichkeit dar, sich mit der homöopathischen Methode vertraut zu machen. Allerdings sollte man sich darüber im Klaren sein, dass auch hier die homöopathischen Prinzipien gelten; diese Arzneien werden also nur dann wirken, wenn die Symptome des Patienten mit den in der Materia medica beschriebenen Symptomen des jeweiligen Mittels übereinstimmen. Darüber hinaus soll an dieser Stelle daran erinnert werden, dass diese Arzneien oftmals auch Polychreste sind und sich ihr therapeutischer Einsatz in der Homöopathie daher nicht auf Erste-Hilfe-Situationen beschränkt. Die eingehendere Beschäftigung mit der Materia medica enthüllt die wahre Vielfalt ihres homöopathischen Wirkungsspektrums. Nichtsdestotrotz liegt ein unschätzbarer Vorteil dieser Mittel darin, dass sie auch dann verschrieben werden können, wenn nur sehr spärliche Informationen vorliegen; oft genügt sogar allein das Wissen über die veranlassende Ursache für eine erfolgreiche Verordnung.

Diese Erste-Hilfe-Mittel sind überaus wirksam und in der Behandlung von Verletzungen oftmals buchstäblich lebensrettend; dies kann sogar so weit gehen, dass man versucht ist, konventionelle Behandlungsoptionen hintanzustellen. Dies ist bei Bagatellverletzungen vielleicht durchaus möglich, in anderen Situationen jedoch unangebracht und unethisch. Maßnahmen wie intravenöse Flüssigkeitszufuhr, allgemeine Krankenpflege sowie die Versorgung und Ruhigstellung verletzter Gliedmaßen sind ganz klar komplementär zur Homöopathie und ebenso ein Teil von ihr wie von der Schulmedizin.

In akuten Situationen gilt: Je früher die homöopathische Arznei verabreicht wird, desto besser. Der Tierbesitzer kann bereits vor Beginn der tierärztlichen Versorgung damit beginnen, Tropfen einer flüssigen Potenz auf die Maulschleimhaut zu träufeln oder Tabletten unter die Lippe (oder in die Backentasche) zu legen. Der Tierarzt selbst kann mit der homöopathischen Behandlung auch schon vor Beginn einer etwaigen chirurgischen Versorgung anfangen. Die Gaben können in regelmäßigen kurzen Abständen ohne jegliches Risiko verabreicht werden – selbst Hochpotenzen wie die M können alle fünf Minuten gegeben werden, bis der Patient stabil ist. Anschließend kann die weitere Behandlung mit niedrigeren Potenzen wie der C 30 in zunehmend

längeren Intervallen erfolgen, bis der Patient vollkommen wiederhergestellt ist.

Muss Erste Hilfe geleistet werden, bleibt meist keine Zeit, in irgendwelchen Repertorien oder sonstigen Werken nachzuschlagen. Aus diesem Grund ist dringend anzuraten, dass sich der Schüler der Veterinärhomöopathie die Indikationen der folgenden zehn Arzneimittel sehr gut einprägt.

Aconitum napellus

- *Aconitum* ist ein Hauptmittel für Schockzustände aller Art, seien sie durch ein physisches oder emotionales Trauma bedingt; es mindert die durch den Schock ausgelösten Angstzustände, Nervosität und Unruhe. Die Prüfungen beschreiben einen vollen, klopfenden Puls und Tachykardie, aber in der Praxis sprechen auch Schockzustände mit schwachem und beschleunigtem Puls auf *Aconitum* an.
- Es treten plötzliche und reichliche Blutungen auf; das Blut ist dabei hellrot.
- Eine ähnliche Angst und Unruhe sieht man auch bei Tieren mit hohem Fieber – dies ist die zweite wichtige Indikation für *Aconitum*. Die sofortige Gabe mit Einsetzen des Fiebers, bevor irgendwelche pathologischen Veränderungen eingetreten sind, wird in vielen Fällen eine schnelle Genesung herbeiführen.
- Die Symptome werden nachts, durch kalten, trockenen Wind, Licht und Lärm verschlimmert; frische Luft und Ruhe bessern.
- Leitsymptom: **ANGST.**

Apis mellifica

- Die homöopathische Arznei *Apis* wird aus der Honigbiene hergestellt. Sie ist bei allen Arten von Ödemen und anderen Flüssigkeitsansammlungen angezeigt. Diese können infolge einer lokalen Entzündung, aber auch einer systemischen Erkrankung wie Herzversagen oder einer Nierenproblematik entstehen. Insektenstiche oder andere allergische Reaktionen sprechen meist rasch auf *Apis* an; beim angioneurotischen Ödem und bei Nesselsucht ist es oft extrem wirksam. Die Symptomatik umfasst ödematöse Schwellungen, vermehrte Wärme, Schmerzen und Rötung, wie man sie bei einem Bienenstich sieht; aber auch bei allen anderen Beschwerden, die mit diesen Zeichen einhergehen, ist *Apis* homöopathisch angezeigt, beispielsweise bei akuter Arthritis oder einem Abszess. Kälte in jeglicher Form bessert immer – so wird z. B. Nesselsucht durch kalte Umschläge gelindert. Im Vergleich dazu kommt es bei *Urtica urens* zu einer Verschlimmerung durch kalte Anwendungen.
- *Apis* ist ein durstloses Mittel, und entsprechend kommt es zu Harnverhaltung. Daher kann es bei Ödemen des Urogenitaltraktes, die den freien Harnfluss verhindern, sehr nützlich sein und ist aufgrund dessen bei entsprechenden Beschwerden nach der Geburt angezeigt.
- Alle akuten allergischen Reaktionen, die mit Ödemen einhergehen, werden von *Apis* profitieren, weswegen man neben den oben genannten eher oberflächlichen Beschwerden auch in allen Fällen von Hydrothorax und Peritonitis an diese Arznei denken sollte.
- Leitsymptom: **ÖDEM.**

Arnica montana

- Quetschungen stellen eine Hauptindikation von *Arnica* dar, und seine vielfach bewiesene Wirksamkeit in diesem Bereich hat dazu geführt, dass es weltweit das am häufigsten eingesetzte homöopathische Arzneimittel ist. Es steht oft für die erste Erfahrung eines Menschen mit der Homöopathie und hat sicherlich mehr als jedes andere Mittel den Beweis für die Wirksamkeit dieser Form der Medizin erbracht.
- Bei akuten Verletzungen kann es in jeder Potenz verabreicht werden, allerdings gilt allgemein, je höher, desto besser; man kann sogar bis zur 10 M hochgehen und sollte die Arznei so schnell wie möglich nach dem Ereignis und so oft wie nötig verabreichen. Steht eine Operation an, ist es ratsam, mit der Anwendung bereits am Tag vor dem Eingriff zu beginnen und das Mittel auch währenddessen vom Anästhesisten sublingual in Tropfenform geben zu lassen. Nach der Operation kann die Behandlung mit tieferen Potenzen, wie z. B. der C 30, zweimal täglich fortgesetzt werden. Aufgrund der blutungsstillenden Wirkung von *Arnica* gilt dies ebenso für zahnmedizinische Eingriffe. Auch bei Othämatomen ist *Arnica* angezeigt, insbesondere wenn eine Operation kontraindiziert ist. Quetschungen, die im Rahmen der Geburt entstanden sind, stellen ebenfalls eine Indikation für *Arnica* dar.
- In den Prüfungen werden folgende Symptome beschrieben: »Prellungsgefühl«, Schwierigkeiten, beim Liegen auf einer harten Unterlage eine bequeme Position zu finden, sowie Schmerzen und Steifheit der Muskeln, die durch Bewegung gebessert werden. Bei Berührung werden manchmal so heftige Schmerzen empfunden, dass daraus die Angst vor Berührung resultiert.
- Die homöopathische Wirkung von *Arnica* bei Quetschungen führt zu einer deutlichen Schmerzlinderung; unserer Erfahrung nach kann der korrekte Einsatz dieser Arznei, falls notwendig in Verbindung mit anderen homöopathischen Mitteln, den Einsatz konventioneller Schmerzmittel nach einer Operation überflüssig machen, es sei denn, es handelt sich um wirklich extreme Fälle.
- Leitsymptom: **QUETSCHUNGEN.**

Carbo vegetabilis

- Diese Arznei hat sich bei Kollapszuständen als sehr wirkungsvoll erwiesen. Die Ursache kann ein traumatischer Schock, eine Septikämie oder auch Hypovolämie sein. Der Patient zeigt Kälte, Lufthunger, Torpor (Starre) und Zyanose und ist möglicherweise aufgebläht. Es tritt faulig riechendes Aufstoßen oder Flatulenz auf. Atemnot wird durch Aufsetzen gelindert. Paradoxerweise geht es dem Patienten trotz der extremen Kälte des Körpers durch Zufächeln besser. Darüber hinaus lehnt er es ab, zugedeckt zu werden und versucht, die Decken abzuschütteln. Aus Wunden oder Körperöffnungen kann dunkles Blut sickern. Der Puls ist so schwach, dass er kaum noch fühlbar ist, und der Patient zittert oder fröstelt.
- Die Fähigkeit, solche schwerwiegenden Kollapszustände zu beenden, hat *Carbo vegetabilis* den Spitznamen »Leichenerwecker« eingebracht.
- Die Symptome verschlimmern sich nachts, durch Kälte und an der frischen Luft; Zufächeln und Aufstoßen bessern.
- Leitsymptom: **KOLLAPS.**

Hypericum perforatum

- *Hypericum* ist ein Hauptmittel bei Verletzungen des Nervengewebes. Hier wirkt es enorm schmerzlindernd, v. a. bei Verletzungen in Bereichen, die eine sehr starke Versorgung mit Nerven aufweisen, wie z. B. in der Haut oder an den Gliedmaßenenden wie Zehen und Schwanz. Wird *Hypericum* begleitend zu chirurgischen Eingriffen gegeben, geht die Schmerzlinderung mit einer Beschleunigung der Wundheilung einher. Es mindert auch die bei einer Rückenmarksverletzung auftretenden Schmerzen – in den Prüfungen werden Schmerzen im Halswirbelsäulenbereich beschrieben, die durch die geringste Bewegung verschlimmert und durch Rückwärtsbeugen des Kopfes gebessert werden. Ein solches Bild kann sich bei einem Bandscheibenvorfall im Halswirbelsäulenbereich zeigen. Krampfanfälle infolge einer Erschütterung des Kopfes oder der Wirbelsäule sind eine weitere Indikation für *Hypericum*, und Verletzungen der Hornhaut profitieren ebenfalls von diesem Mittel.
- Die Symptome werden durch Kälte, Feuchtigkeit und Berührung verschlimmert.
- Leitsymptom: **SCHMERZEN DURCH NERVENVERLETZUNGEN.**

Ledum palustre

- Stichwunden sind das Hauptwirkungsgebiet von *Ledum*. Dazu zählen Tierbisse, Insektenstiche oder Stichwunden durch scharfe Gegenstände wie Nägel oder Glassplitter. Bei Blutungen im Auge, seien sie subkonjunktival oder intraokulär, ist *Ledum* ebenfalls nützlich.
- Die Wunden sind kalt und blau; in diesem Zusammenhang wird *Ledum* bei der Behandlung von Tetanus geschätzt, wenn die Muskeln im Bereich der Wunde zucken.
- Verstauchte Knöchel sind eine weitere Indikation für *Ledum*, wenn die Schwellung und Quetschung mit einer charakteristischen Blaufärbung einhergeht.
- Die für *Ledum* typischen Schmerzen werden durch kalte Anwendungen gebessert.
- Leitsymptom: **STICHWUNDEN.**
- *Hypericum* und *Ledum* sollen der Entstehung von Tetanus vorbeugen.

Staphysagria

- *Staphysagria* ist ein Heilmittel für Hautwunden, v. a. wenn diese im Rahmen einer Operation entstanden sind. In der Materia medica wird es als Mittel für »Beschwerden durch Schnitte mit scharfen Gegenständen« aufgeführt. Das Gewebe ist sehr empfindlich, und bei Wunden im Bereich der Körperöffnungen ist *Staphysagria* besonders angezeigt. Starke Schmerzen nach Bauchoperationen werden durch *Staphysagria* erheblich gelindert.
- Die mentalen Aspekte dieser Arznei drehen sich um Kränkung und unterdrückten Ärger; dies in Verbindung mit der Affinität zu operativen Eingriffen erklärt, warum *Staphysagria* bei allen Beschwerden angezeigt ist, die sich nach der chirurgischen Kastration entwickeln, sei es Zystitis, IBD (Inflammatory bowel disease), miliare Dermatitis oder Harnmarkieren. »Niemals gesund seit der Kastration« ist ein hinlänglicher Grund, um *Staphysagria* in Erwägung zu ziehen.
- *Staphysagria* ist außerdem bei komplizierten Knochenbrüchen angezeigt.
- Die Symptome werden durch Berührung, Ärger oder Kummer verschlimmert, durch Wärme und Ruhe gebessert.
- Leitsymptom: **POSTOPERATIVE SCHMERZEN.**

Symphytum officinale

- Diese Arznei wird aus Beinwell hergestellt (im Volksmund auch Wall – oder Beinwurz genannt). Der Name bezieht sich auf den Einsatz in der Pflanzenheilkunde zur Behandlung von Knochenbrüchen. Auch in der Homöopathie ist hier das Hauptwirkungsgebiet von *Symphytum* zu finden. Es beschleunigt die Abheilung aller Verletzungen der Knochen oder Knochenhaut, und in der Behandlung von nicht-heilenden Frakturen ist es von unschätzbarem Wert. Wird es in regelmäßigen Abständen in der Zeit der Frakturheilung gegeben, beugt es solchen Problemen vor und unterstützt eine schnelle Heilung mit minimaler Kallusbildung.
- Augenverletzungen, die durch stumpfe Objekte entstanden sind, profitieren ebenfalls von *Symphytum*.
- Bei Verletzungen der Muskeln und Knochenhaut, insbesondere im gelenknahen Bereich, ist *Symphytum* auch von Nutzen; in diesem Zusammenhang ist es oft ein gutes Folgemittel von *Arnica*.
- Die Symptome werden durch Bewegung, Berührung und Druck verschlimmert und durch Wärme gebessert.
- Leitsymptom: **VERLETZUNGEN VON KNOCHEN, KNORPEL ODER PERIOST.**

Ruta graveolens

- Verstauchungen und Zerrungen stellen den Hauptwirkungsbereich von *Ruta* dar. Besonders betroffen sind die Sehnen und Sehnenscheiden, aber auch das Periost und der Knorpel finden in der Materia medica von *Ruta* Erwähnung. Daher ist Tendinitis eine Hauptindikation für *Ruta*, v. a. der Beugesehnen und Achillessehne. Schmerzen bei Palpation gehen mit Steifheit einher, die sich durch Bewegung bessert. Verstauchungen sind ein weiterer Haupteinflussbereich von *Ruta* und können jedes Gelenk betreffen. Daher ist es auch bei Verletzungen der Kreuzbänder angezeigt und ermöglicht deren konservative Behandlung. Muss ein Gelenk operiert werden, beschleunigt die prä – und postoperative Gabe von *Ruta* die Abheilung und verkürzt die Zeit bis zur Wiederherstellung.
- Bursitis ist eine weitere Indikation für *Ruta*.
- Der Rücken ist steif, wobei Liegen auf dem Rücken und Druck bessern.
- Mental ist der Patient schwach und lethargisch; beim Menschen macht sich Verzweiflung breit.
- Die Symptome von *Ruta* werden durch Wärme, Bewegung und Reiben gebessert, durch Kälte, Feuchtigkeit und Überanstrengung verschlimmert.
- Leitsymptom: **VERSTAUCHUNGEN.**
- Die Symptome des Bewegungsapparates von *Ruta* ähneln jenen von *Rhus toxicodendron*. Allerdings ist *Ruta* eher angezeigt, wenn die Symptome die Folge einer Verletzung oder chronischen Überanstrengung sind. Es besteht weiterhin Ähnlichkeit mit *Arnica*; daher ist es in der Tierhomöopathie oftmals üblich, in allen Fällen von Schmerzen und Steifheit, die sich durch Bewegung bessern, als Erste-Hilfe-Mittel eine Mischung aus *Rhus toxicodendron*, *Ruta graveolens* und *Arnica* (»RRA«) einzusetzen. Dies kann in einer solchen Situation ein durchaus hilfreicher Ansatz sein, solange man sich der Nachteile einer solchen lokalen Herangehensweise und Verordnung mehrerer Mittel zur gleichen Zeit bewusst ist.

Calendula officinalis

- *Calendula* ist eines der wenigen Mittel, die in der Homöopathie sehr häufig topisch angewendet werden. Wird es als Lotion oder Creme auf Wunden aufgetragen, beugt es Infektionen vor, verhindert die übermäßige Bildung von Granulationsgewebe und beschleunigt die Heilung. Darüber hinaus hat es eine blutungsstillende Wirkung und ist insbesondere nach Zahnextraktionen sehr nützlich. Liegt bereits eine Sekundärinfektion vor, oder hat schon eine übermäßige Granulation stattgefunden, wirkt *Calendula* reinigend und heilungsfördernd. Auch bei Otitis externa kann es gut zur Reinigung der Ohren verwendet werden.

- Ein weiterer Bereich, in dem *Calendula* mit außerordentlich gutem Erfolg eingesetzt werden kann, ist die Behandlung von Nahtdehiszenzen chirurgisch versorgter Hautwunden; das lokale Auftragen von *Calendula*-Creme reduziert die Reizung und beschleunigt die Heilung in einem solchen Ausmaß, dass die Notwendigkeit einer erneuten Naht meist umgangen wird, es sei denn, es handelt sich um eine sehr ausgedehnte Dehiszenz.
- Die Lotion wird durch Verdünnung der Urtinktur mit destilliertem Wasser im Verhältnis 1:20 hergestellt; die Creme ist über homöopathische Apotheken zu beziehen.
- Leitsymptom: **OFFENE WUNDEN, BEI DENEN INFEKTIONSGEFAHR BESTEHT.**

Weitere Arzneien

▶ *Calcium sulphuricum*

- Abszesse, bei denen sich der Eiter einen Weg nach außen gebahnt hat.
- Der Eiter ist dick und gelb.

▶ *Hamamelis*

- Hämatome einschließlich Othämatome
- Hämorrhagien mit dunklem Blut
- Varizen

▶ *Helleborus niger*

- Gehirnerschütterung
- Rollen des Kopfes
- Pupillen abwechselnd erweitert und verengt

▶ *Hepar sulphuris*

- Schmerzhafte Abszesse
- Niedrige Potenzen fördern die Eiterbildung, hohe Potenzen hemmen sie.
- Die leiseste Berührung ist schmerzhaft.

▶ *Natrium sulphuricum*

- Folgen von Kopfverletzungen, v. a. mentale Probleme

▶ *Opium*

- Benommenheit nach Kopfverletzungen
- Verengte Pupillen
- Furcht nach Schreck

▶ *Silicea*

- Chronische Eiterung mit dünner und wässriger Absonderung
- Fördert die Abstoßung von Fremdkörpern wie z. B. Grassamen.
- Folgt gut auf *Hepar sulphuris*.

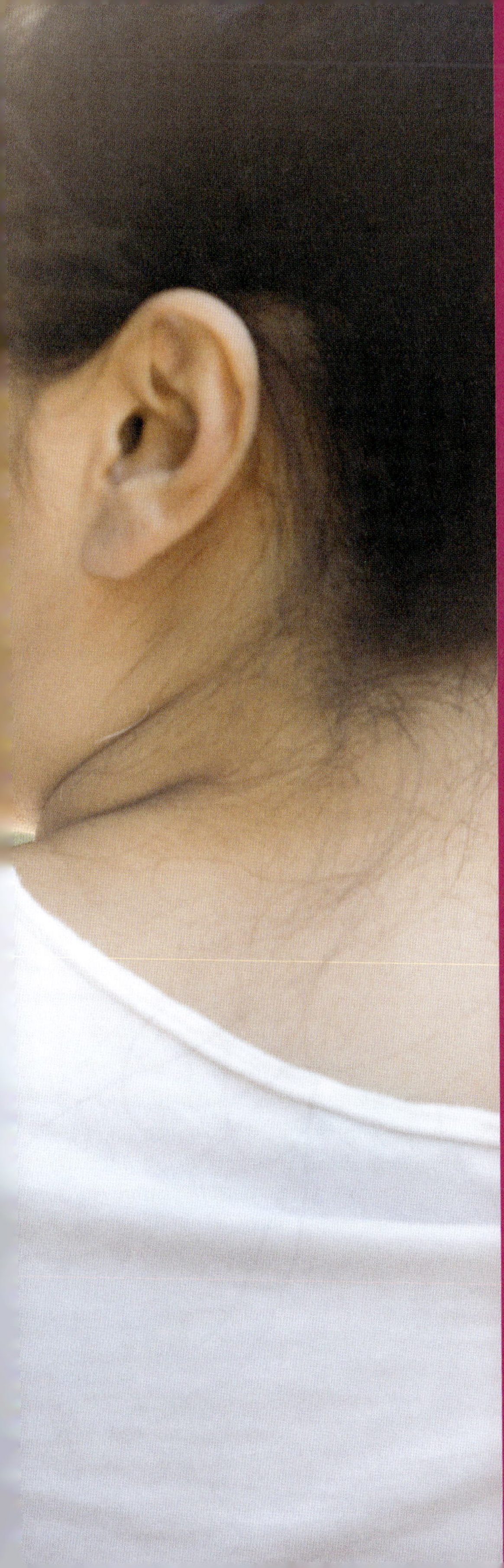

16

Die oberen Atemwege und das Auge

Allgemeines

Akute Atemwegserkrankungen haben oft virale Ursachen. Wie der Tierpatient die Krankheit erlebt, hängt ganz entscheidend davon ab, ob er homöopathisch behandelt wird oder nicht. Durch die Gabe homöopathischer Arzneien kann der Schweregrad der Symptome rasch vermindert und der Krankheitsverlauf abgekürzt werden. Dadurch lassen sich chronische Folgeerscheinungen vermeiden, denen man ansonsten in der tierärztlichen Praxis nur allzu häufig begegnet. Hat bereits eine Chronifizierung stattgefunden, kann die Verbesserung der Immunreaktion durch die homöopathische Behandlung ein entscheidendes Instrument auf dem Weg zu einer langfristigen Besserung sein. Selbst hartnäckige Infektionen wie die Aspergillose der Nasen – und Nasennebenhöhlen können auf sorgfältig verordnete homöopathische Arzneien ansprechen. Die allgemeinen Grundregeln der homöopathischen Verschreibung gelten auch hier, allerdings kann es bei tiefsitzenden chronischen Infektionen wie z. B. der Aspergillose und in manchen Fällen von chronischer Sinusitis bei Katzen und Pferden auch einmal erforderlich sein, eine spezifische Nosodentherapie begleitend zu einer eher klassisch homöopathischen Herangehensweise einzuleiten.

Die oberen Atemwege umfassen diverse unterschiedliche anatomische Entitäten, sprich die Augen, Nase, Mundhöhle, den Rachen und lymphatische Strukturen. Die Krankheit manifestiert sich oft in all diesen Bereichen; ist dies nicht der Fall, besteht eine größere Chance, den Fall zu individualisieren. Unterscheiden sich die Symptome in einem Bereich von denen in einem anderen, so ist dies als selten und eigentümlich einzustufen und für die homöopathische Verschreibung oftmals sehr wertvoll. So hat beispielsweise *Euphrasia* scharfen Tränenfluss und milden Nasenausfluss; bei *Allium cepa* wiederum ist das genaue Gegenteil der Fall.

Miasmatische Einflüsse treten in den oberen Atemwegen oft sehr deutlich zutage. Die Psora geht mit Trockenheit und einer schlechten Immunantwort einher, bei der Sykose kommt es zu reichlichem Tränenfluss und Nasenausfluss sowie zur Entwicklung von gutartigen Tumoren wie z. B. Nasenpolypen. Die Syphilis hingegen ist für Ulzera und Erosionen der Nasenscheidewand, Nasenmuscheln und Mundschleimhaut verantwortlich. Dünne, blutstreifige Absonderungen sind ein Hinweis auf solche erosiven Prozesse. Chronische Hornhautgeschwüre und Keratitiden lassen ebenfalls an die Syphilis denken, allerdings können schlecht heilende Hornhautulzera ohne Vaskularisation auch auf Psora hinweisen. Bei chronischen Pilzinfektionen ist die Kombination aus Granulomen und Destruktion ebenso wie die schwache Immunreaktion, durch die eine Anheftung des Erregers erst möglich wird, bezeichnend für die Tuberkulinie. Grundsätzlich sind sicherlich viele chronische Erkrankungen der oberen Atemwege diesem Miasma zuzuordnen. Das Krebsmiasma zeigt sich in Tumoren der Nase und Mundhöhle, deren Häufigkeit in der tierärztlichen Praxis rasant zunimmt. Chronische oder rezidivierende Tonsillitiden lassen auch an die Tuberkulinie denken, seltener an das Krebsmiasma.

Werden die Absonderungen der oberen Atemwege unterdrückt, kann es zu einer Verschiebung der Krankheit auf eine tiefere Ebene kommen: Eine Rhinitis wird zu einer Sinusitis, und diese entwickelt sich wiederum zu einer Erkrankung der unteren Atemwege oder einer anderen Erkrankung des vorherrschenden Miasmas. So wird beispielsweise das Auftreten von Gelenkerkrankungen nach Unterdrückung einer sykotischen Erkrankung der oberen Atemwege beobachtet. Demnach stellt eine Erkrankung der oberen Atemwege eine relativ oberflächliche Krankheitsebene in einem Organismus dar und bietet damit gleichzeitig eine Gelegenheit, das bestehende Ungleichgewicht der Lebenskraft wieder ins Lot zu bringen, bevor die Krankheit eine tiefere Ebene erreicht. Nichtsdestotrotz kann auch eine Erkrankung der oberen Atemwege eine echte therapeutische Herausforderung darstellen; die chronische plasmozytäre Gingivitis der Katze soll hier nur als Beispiel dienen. Die miasmatische Grundlage dieser Erkrankung ist nicht zweifelsfrei geklärt; die Überreaktion des Immunsystems weist auf die Sykose hin; die heftige Ulzeration im Rachen ist ein Zeichen für die Syphilis, und das Autoimmungeschehen ein Hinweis auf die Tuberkulinie. Unabhängig von allen theoretischen Erwägungen ist diese Erkrankung sehr oft therapieresistent. Das soll aber nicht bedeuten, dass solche Patienten unheilbar krank sind; manchmal kommt es sogar zur vollständigen Heilung. Dies geschieht i. d. R. nach einer konstitutionellen Verschreibung, und auch die kürzliche Einführung der Lanthanide in die Materia medica durch Scholten ist vielversprechend. Allerdings ist in manchen Fällen eine Palliation das Einzige, was man erreichen kann.

Abschließend soll noch darauf hingewiesen werden, dass die oberen Atemwege eines der Systeme darstellen, bei denen eine Seitenbeziehung bestehen kann; daran sollte man bei der Erhebung der Symptome in diesem Bereich immer denken.

Wichtige Modalitäten und Rubriken

Da eine Erkrankung der oberen Atemwege so viele verschiedene Bereiche betreffen kann, findet man meist eine ganze Reihe von Symptomen, die man für die homöopathische Verschreibung heranziehen kann. Nachstehend sind die Symptome aufgeführt, die für eine akkurate homöopathische Verschreibung von besonderem Nutzen sind:

1. Nasenausfluss: Menge, Charakter (scharf oder mild), Farbe, Viskosität, Beimengungen von Blut, Seitenbeziehung.
2. Krusten; Verstopfung der Nase; Bewegungen der Nasenflügel, synchron zur Atmung oder nicht.
3. Geschwüre der Nasenscheidewand, Nasenflügel oder Hornhaut.
4. Niesen und die dazugehörigen Modalitäten, z.B. Betreten eines warmen Raumes oder Hinausgehen an die kalte Luft. Tritt das Niesen nur vereinzelt oder anfallsweise auf?
5. Augenausfluss: Menge, Charakter, Ursprung (d.h. Bindehaut oder Tränenpunkte), Beteiligung der Meibomschen Drüsen.
6. Photophobie. Wird sie durch natürliches oder künstliches Licht verschlimmert?
7. Schwellungen der Nasen-, Ober – oder Unterkieferknochen.
8. In der Mundhöhle: Gingivitis, Schleimhautulzera und deren genaue Lokalisation, der Zustand der Zähne, Vorliegen von Schleimhauthyperplasien, Epulis oder anderen gutartigen Tumoren; bösartige Zubildungen.
9. Schwellungen und krankhafte Veränderungen der Tonsillen und lokalen Lymphdrüsen.

Weitere Informationen, die beispielsweise durch endoskopische oder Röntgenuntersuchungen gewonnen werden, können für die homöopathische Verschreibung ebenfalls nützlich sein und sollten, wann immer möglich, eingeholt werden.

Die wichtigsten Arzneien

▶ *Arsenicum album*

- Scharfe, brennende Absonderungen sind charakteristisch für *Arsenicum album*. Die wässrigen Absonderungen reizen die Haut, über die sie laufen und verursachen eine Geschwürbildung. Die Konjunktiven sind injiziert, die Lidränder gerötet, und um die Augen kommt es zu Ödembildung, v. a. der Unterlider. Hornhautulzera sind bei *Arsenicum album* eher selten. Allerdings besteht bei einer Beteiligung der Augen immer eine hochgradige Lichtscheu, insbesondere gegenüber Tageslicht. Auch die Absonderungen aus der Nase sind scharf und wundmachend, und gehen mit heftigem Niesen einher. Trotz der Tatsache, dass die Absonderungen wässrig sind, kann die Nase verstopft sein, sodass der Patient gezwungen ist, durch den Mund zu atmen. Der Geruchssinn geht verloren; dies zeigt sich bei Katzen darin, dass sie ihr Futter aufsuchen, sich dann aber davon abwenden. Der Mund ist trocken, und die Schleimhaut kann oberflächliche Geschwüre (»Aphthen«) aufweisen. Die Symptome werden paradoxerweise durch Wärme in jeglicher Form gebessert, allerdings kann es bei akuten Krankheiten auch zu einer Linderung der Kopfbeschwerden durch Kälte kommen. Alle Symptome von *Arsenicum album* verschlimmern sich am Meer. Darüber hinaus besteht eine ausgeprägte Periodizität mit Verschlimmerung der Symptome alle 7 oder 14 Tage. Das Tier ist entweder sehr erschöpft, wobei sein Zustand in keinem Verhältnis zu den vorliegenden Symptomen steht, und es zieht sich an den wärmsten Ort, den es finden kann, zurück, oder es zeigt Angst und Unruhe, insbesondere nach Mitternacht.

▶ *Pulsatilla nigricans*

- Im Gegensatz zu *Arsenicum album* hat *Pulsatilla* milde Absonderungen, die außerdem dick und cremig und normalerweise grün, manchmal aber auch weißlich sind. *Pulsatilla* ist ein rechtsseitiges Mittel, daher tritt häufig einseitiger Augen – oder Nasenausfluss auf, oder zumindest ist das rechte Auge bzw. Nasenloch stärker betroffen als das linke. Die Augen jucken und der Patient reibt daran. Chalazion ist eine weitere Indikation. Die Absonderungen aus der Nase sind ebenfalls dick, mild und cremig und können die Nasenlöcher verstopfen. Wie bei *Arsenicum* kann es zum Verlust des Geruchssinnes kommen. Die Symptome verschlimmern sich in einem warmen stickigen Raum und werden durch frische Luft und leichte Bewegung gebessert. Eine Verschlimmerung wird weiterhin durch Liegen in Kopftieflage hervorgerufen; damit hat die *Pulsatilla*-Patientin, die Komfort ohnehin sehr liebt, eine gute Entschuldigung dafür, dass sie ihren Kopf auf ein Kissen betten muss! *Pulsatilla* ist wechselhaft, daher können sich die Atemwegssymptome von Tag zu Tag oder sogar von Stunde zu Stunde ändern; dabei wechseln sie den Ort oder die Intensität.

▶ *Natrium muriaticum*

- Die charakteristischen Absonderungen von *Natrium muriaticum* haben die Farbe und Konsistenz von rohem Eiklar, unabhängig vom Ort ihrer Entstehung. Demnach sind sie klar bis leicht milchig, manchmal ins Weißliche übergehend. Augenausfluss ist entweder gelatinös und mild oder auch wässrig, aber ohne die Haut zu reizen. Das Gleiche gilt für Nasenausfluss. Typisch ist häufiges Niesen, und wenn das erste Krankheitssymptom Niesen ist, dann kann die Gabe von *Natrium muriaticum* in vielen Fällen den weiteren Fortschritt der Erkrankung verhindern. Weitere mögliche Symptome sind der Verlust des Geruchs – und Geschmackssinnes. Beim Husten laufen die Tränen. Die Symptome von *Natrium muriaticum* werden durch Hinlegen, um zehn Uhr morgens, am Meer und in einem warmen Raum verschlimmert; Aufenthalt an der frischen Luft bessert. Das Tier zieht es vor, allein zu sein, und lehnt jegliche Form von Trost ab.

▶ *Silicea*

- *Silicea* ist das chronische *Pulsatilla*; anders ausgedrückt, wenn ein Tier, dessen akute Symptomatik mit dem Arzneimittelbild von *Pulsatilla* korrespondiert, nicht behandelt wird, kann seine Erkrankung in einen *Silicea*-Zustand übergehen. Gleichermaßen wird ein Patient, der wiederholte Episoden einer akuten Krankheit

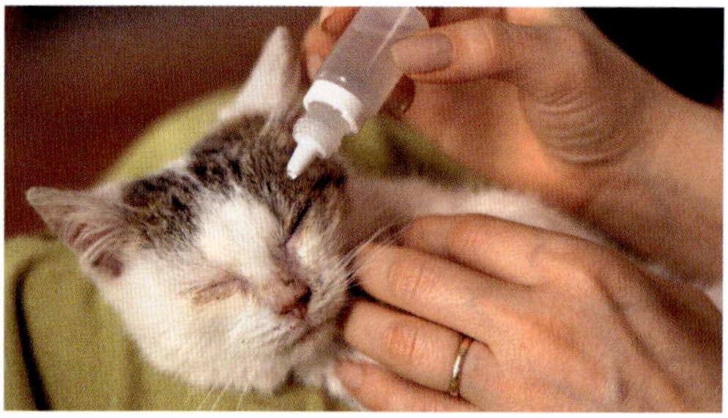

durchlebt, die auf *Pulsatilla* ansprechen, langfristig wahrscheinlich von *Silicea* profitieren. In der Materia medica finden wir zahlreiche Arzneimittelbeziehungen dieser Art; so ist beispielsweise *Calcium carbonicum* das chronische *Belladonna*. Die Gemütssymptome von *Silicea* ähneln denen von *Pulsatilla*; es ist auch schüchtern, aber im Gegensatz zu *Pulsatilla* kann *Silicea* starrsinnig sein. Außerdem friert *Silicea* extrem leicht und möchte warm eingehüllt werden. *Silicea* ist besonders wertvoll, wenn man es mit chronischen Eiterbildungen zu tun hat; im Falle einer Erkrankung der oberen Atemwege sieht man einen chronischen wässrigen bis eitrigen Augenausfluss und die Hornhaut kann so tief ulzeriert sein, dass sich bereits eine Descemetozele bildet. Weitere Indikationen sind Hypopyon, Iridozyklitis und Keratitis mit Trübung der Kornea. Die Photophobie ist bei Tageslicht schlimmer. Der Tränenkanal und Tränensack können ebenfalls entzündet oder blockiert sein.

- Die Nase wird rissig, und es tritt ein chronischer wässriger oder eitriger Nasenausfluss auf, der harte trockene Krusten bildet. Werden diese entfernt, blutet das darunterliegende Gewebe. Die Nase ist oft völlig verstopft, und das Septum kann derartig angegriffen sein, dass es zur Perforation kommt.
- Die Tonsillen und assoziierten Submandibular – und Halslymphdrüsen sind chronisch vergrößert, dabei aber kühl und schmerzlos. Die Symptome verschlimmern sich durch Kälte, Feuchtigkeit, Abdecken, Druck und im Freien.

▶ *Mercurius solubilis*

- *Mercurius* verursacht Geschwürbildung und Gewebezerstörung. Die syphilitische Natur von *Mercurius* zeigt sich insbesondere in den Augensymptomen: Der Augenausfluss ist brennend, scharf und gelb, manchmal auch blutig. Am Auge selbst treten Erkrankungen wie Keratitis, Iritis und Hypopyon auf. Ulzerationen gehen mit heftiger Photophobie einher, die durch grelles Licht, insbesondere am offenen Feuer, verschlimmert wird. Ein Blepharospasmus kann ebenfalls bestehen.
- Auf und in der Nase können sich Geschwüre bilden, und die Ulzeration der Mundschleimhaut führt zu starkem Speichelfluss und fötidem Mundgeruch. Manchmal ist der Speichel auch blutfleckig. Niesen und Husten kann Nasenbluten auslösen. Auch am Zahnfleisch treten Blutungen auf. Die Tonsillen sind vergrößert und möglicherweise geschwürig verändert; die Lymphdrüsen sind schmerzhaft geschwollen.
- Der *Mercurius*-Patient ist grundsätzlich immer in Eile und neigt zu Aggression; im Krankheitsfall kann er aber auch schläfrig und lethargisch sein. Er hat extremen Durst auf große Mengen Wasser. Die Symptome verschlimmern sich durch Temperaturextreme (Hitze oder Kälte), Wetterwechsel und feuchte Kälte. In der Zeit zwischen Sonnenuntergang und Sonnenaufgang kommt es ebenfalls zu einer Verschlechterung. Ruhe bessert.

Weitere Arzneien

Aconitum napellus
- Hohes Fieber – Frühstadien von Equiner Influenza oder Katzenschnupfen
- Unruhe
- Rote geschwollene Augenlider
- Heiße wässrige Absonderungen
- Schlimmer durch kalten Wind

Argentum nitricum
- Eitrige Augenentzündung (Ophthalmie)
- Ulzeration und Photophobie
- Gelbe Absonderungen
- Besser an der frischen Luft
- Der Patient ist schreckhaft und in Eile.

Aurum metallicum
- Zerstörung der Nasenknochen (Aspergillose, Krebs)
- Grüner blutiger Nasenausfluss, oft einseitig
- Ulzerative Keratitis
- Pannus

Ferrum phosphoricum
- Erstes Stadium von Atemwegsinfektionen
- Tonsillitis, trockener Husten
- Temperatur bei 39–39,5°C (zwischen *Aconitum* und *Gelsemium*)

Gelsemium
- Fieber mit Apathie
- Dünne scharfe, wässrige Absonderungen

Hippozaenium
- Chronische übelriechende Absonderungen
- Drüsenschwellungen
- Schlimmer bei feuchtem Wetter, emotionaler Erregung; besser an der frischen Luft
- Niesen, v. a. frühmorgens

Hydrastis
- Dicke gelbe, fadenziehende Absonderungen
- Ophthalmie
- Sinusitis

Kalium bichromicum
- Chronische schmerzlose Ulzeration von Hornhaut oder Maul
- Dicke grüne, fadenziehende Absonderungen
- Besonders bei alten, abgezehrten Individuen

Mercurius corrosivus
- Akutes Hornhautgeschwür mit hochgradigem Blepharospasmus
- Reichlicher wundmachender Tränenfluss

Phosphorus
- Blutstreifiger Nasenausfluss
- Plötzliches Nasenbluten
- Gingivitis mit Blutungen
- Katarakt, Netzhautdegeneration

Sabadilla
- Heftige Niesanfälle
- Dünner, *reichlicher,* wundmachender Nasenausfluss
- Rote brennende Augenlider
- Durstlosigkeit
- Schlimmer durch Kälte, an der frischen Luft (das Gegenteil von *Allium cepa* und *Euphrasia*)

17

Die unteren Atemwege

Allgemeines

Betrachtet man die embryologische Entwicklung der Atemwege, ihre Bedeutung für das Überleben des Organismus und die Heringsche Regel, bekommt man ein klares Bild von der wahren Natur vieler Atemwegserkrankungen. Zu den in der Schulmedizin geläufigen Diagnosen zählen: Laryngitis, Bronchitis, Pneumonie, Pleuritis, Asthma, Emphysem und Neoplasien der Atemwege sowie sekundäre Komplikationen von Herzkrankheiten. Aus homöopathischer Sicht handelt es sich dabei in vielen Fällen lediglich um Beschreibungen des Endresultats der Krankheit und nicht um die Krankheit an sich. Daher lässt sich hier die Klassifikation aus Kapitel 7 anwenden.

Im Falle der Atemwege gibt es allerdings noch einen weiteren Aspekt im Zusammenhang mit Unterdrückungen. Das Gewebe der Atemwege ist aus dem embryonalen Endoderm entstanden; daher sehen wir in vielen Fällen eine deutliche Verbindung zu einer vorhergegangenen Unterdrückung von Hauterscheinungen. Diese zeigt sich z. B. als Wechselspiel von Asthma und Ekzem, bei dem die Besserung von Symptomen in dem einen System mit einer Verschlimmerung der Beschwerden in dem anderen System einhergeht. Dieses Phänomen kann bei allen Spezies beobachtet werden und beschränkt sich keineswegs nur auf Asthma. Auch die COPD (syn. COLE = Chronisch obstruktive Lungenerkrankung) der Pferde zeigt oft dieses Muster.

Viele Atemwegserkrankungen, die uns in der Praxis begegnen, sind Teil eines chronischen Krankheitsbildes, sodass der konstitutionelle Ansatz gewählt werden sollte. Es gibt aber auch mehr als genug primäre und akute Atemwegserkrankungen, bei denen die Verschreibung mehr auf die lokalen und Schlüsselsymptome hin erfolgt. Natürlich sollten auch hier alle Ge-

müts – und Allgemeinsymptome, die erhoben werden können, berücksichtigt werden.

Ein weiterer Faktor ist die enge Beziehung der Atemwege zum Herzen. Auch wenn diese in der Schulmedizin anerkannt ist und berücksichtigt wird, erfolgt die Medikation doch entsprechend dem gängigen reduktionistischen Konzept für zwei separate Systeme, die sich gegenseitig beeinflussen. Wir können nicht eindringlich genug davor warnen, dass eine solche Trennung aus homöopathischer Sicht kontraproduktiv ist. Bei allen Atemwegserkrankungen sollten Symptome mit Bezug zum Herzen als Teil des Gesamtbildes betrachtet werden.

Pferde scheinen besonders anfällig für die Entwicklung von Atemwegserkrankungen zu sein, was sicher zum großen Teil auf ihre enge Beziehung zur Vakzinose zurückzuführen ist.

Wichtige Modalitäten und Rubriken

Der Einfluss von Bewegung und Anstrengung ist von großer Bedeutung, da meist ein direkter Zusammenhang mit der Erkrankung besteht und dieser auch gut zu beobachten ist. Die Beschreibung des Hustens ist mit einer gewissen Vorsicht zu betrachten; wenn möglich, sollte man sich mit eigenen Ohren ein verlässlicheres Bild davon machen. Die Auskultation liefert meist wertvolle Informationen. Jede Seitenbeziehung ist wichtig. Es können erhebliche Unterschiede bestehen, welcher Bereich und welche Seite der Lunge betroffen ist. Dabei kann eine Korrelation mit einseitigem Nasenausfluss bestehen.

Auch der Einfluss von Atmosphäre und Temperatur sollte erfragt werden. Dabei muss dem Umstand Rechnung getragen werden, dass manche Tierarten ihre Temperaturregulation vorwiegend über die Atmung vornehmen. Es gibt Fälle, in denen Hitze keinen Einfluss hat, eine stickige oder drückende Atmosphäre aber schon. Diese Tiere verhalten sich neutral gegenüber Hitze, suchen sie vielleicht sogar auf, aber draußen geht es ihnen deutlich besser. Dagegen kann bei Tieren, denen es im Winter draußen besser geht, eine echte Wärmemodalität vorliegen. Man findet dies beispielsweise bei einem Tier, dessen Konstitutionstyp *Pulsatilla* ist.

Obwohl zeitliche Modalitäten grundsätzlich hilfreich sein können, hängen sie doch oft vom Lebenswandel des Tierbesitzers ab. Eine saisonale Beziehung kann ebenfalls nützlich sein, v. a. in chronischen Fällen.

Der Einfluss von Lage und Stellung sollte auch berücksichtigt werden. Es kann eine Seitenbeziehung bestehen oder die Veränderung der Position führt zu einer Erleichterung der Atmung.

Farbe und Konsistenz eines etwaigen Auswurfs sind ebenso wichtig wie die Frage, ob er leicht oder schwierig herauszubefördern ist.

Im Repertorium enthält das Kapitel »Atmung« Rubriken zur Lungentätigkeit. Körperliche Zeichen und einige Symptome sind unter »Brust« zu finden. Auch die Kapitel »Kehlkopf und Trachea«, »Husten« und »Auswurf« sollten einbezogen werden. Das Kapitel »Allgemeines« ist im Hinblick auf Modalitäten und Vorlieben von Bedeutung.

Die wichtigsten Arzneien

▶ *Arsenicum album*

- *Arsenicum album* hat eine deutliche Verschlimmerung zwischen Mitternacht und 2 Uhr nachts. Es ist ein frostiges Mittel mit einem großen Verlangen nach Wärme. Es besteht eine allgemeine Besserung durch Hitze und im Gegenzug eine Verschlimmerung durch Kälte. Im Krankheitsfall führt die geringste Anstrengung zu hochgradiger Erschöpfung. Der Patient zeigt oft eine körperliche und mentale Unruhe. Die Atmung ist beschleunigt und giemend, Hinlegen verschlechtert. Der Husten ist trocken, und beim Husten wird der Kopf tief gehalten und der Hals nach vorne gestreckt. Absonderungen sind dünn und wundmachend, sie können grau gefärbt sein. Eine Erkrankung der Atemwege beginnt oft nach der Unterdrückung von Hautsymptomen, die durch Trockenheit und Abschuppung gekennzeichnet sind.

▶ *Lycopodium*

- Ein wichtiges Merkmal dieser Arznei ist die Verschlimmerung zwischen 16 und 20 Uhr. Allgemein besteht eine deutliche Rechtsseitigkeit der Symptome; bei den Atemwegen verhält es sich allerdings meist so, dass die Erkrankung rechts beginnt und dann auch auf die linke Seite übergreift. Wärme bessert, und es besteht Abneigung gegen und Verschlimmerung durch Wind.
- Der Husten ist tief und trocken und geht mit Atemnot einher, so als wäre das System blockiert.
- Absonderungen sind wässrig. Charakteristisch ist ein fächerartiges Blähen der Nasenflügel, das asynchron zur Atmung abläuft; dies kann aber schwierig zu erkennen sein. Obwohl die Erkrankungen meist eher langsam beginnen, ist *Lycopodium* dennoch ein wichtiges Mittel bei Pneumonie. Ein hilfreiches Merkmal ist eine Temperaturdifferenz zwischen den Füßen: Die rechte Seite ist oft wärmer als die linke.

▶ *Phosphorus*

- Bei Atemwegsproblemen ist die Atmung beschleunigt und unregelmäßig, was den Eindruck erweckt, als wäre die Einatmung abgehackt. Der Husten ist hart und trocken. Unter normalen Umständen besteht großer Durst auf kaltes Wasser. Auch bei einer Erkrankung ist dies meistens der Fall, aber aufgrund der erschwerten Atmung kann es unmöglich sein, mehr als eine kleine Menge auf einmal zu schlucken. Aufgrund der allgemein destruktiven Natur und der Blutungsneigung von *Phosphorus* enthalten die ansonsten gelb-grünen Absonderungen oft Blut. *Phosphorus*-Erkrankungen beginnen i. d. R. sehr plötzlich. Der Puls

ist schwach und beschleunigt. *Phosphorus* ist ein wichtiges Mittel bei Pneumonie. Häufig besteht eine ausgeprägte Seitenbeziehung, wobei der linke Lungenflügel deutlich stärker in Mitleidenschaft gezogen ist als der rechte. Es gibt sogar Fälle, in denen ausschließlich der linke Lungenflügel betroffen, der rechte hingegen vollkommen intakt ist.

▶ *Sulphur*

- *Sulphur* ist in allen Bereichen ein wichtiges Mittel und Hahnemanns großes Antipsorikum. Daher erstaunt es nicht, dass ein führendes Merkmal von *Sulphur* das Auftreten von Atemwegsproblemen nach Unterdrückung von Hautausschlägen ist. Obwohl die meisten Patienten, die konstitutionell *Sulphur*-Typen sind, keine Hitze mögen, stellen Verschlimmerung durch Wärme und Verlangen nach frischer Luft verlässlichere Anhaltspunkte dar. Sie können sich auch als lokale Modalitäten zeigen und weisen damit auf *Sulphur* als mögliches Zwischenmittel in Fällen hin, die eigentlich anderen Konstitutionstypen zuzuordnen sind. Es besteht Kurzatmigkeit mit lockerem Husten und Schleim in der Lunge. Das Brustfell ist oft mitbetroffen.

▶ *Tuberculinum*

- Es sind verschiedene Zubereitungen von *Tuberculinum* erhältlich. *Tuberculinum bovinum* wird in der Tiermedizin vermutlich am häufigsten eingesetzt (siehe auch Kapitel 12).
- *Tuberculinum aviare* (vom Huhn) steht ebenfalls zur Verfügung. Zwei weitere gebräuchliche Präparate sind *Tuberculinum Koch* (aus dem humanpathogenen Erreger) und *Bacillinum* (aus menschlichem Sputum). Besonders *Bacillinum* ist oft von großem Nutzen, wenn primär die Atemwege betroffen sind.
- Der Zusammenhang mit der tuberkulinischen Diathese bzw. der Neigung zu einem spezifischen Krankheitssyndrom macht *Tuberculinum* zu einem wichtigen Mittel. Obwohl Rinder unter den Haustieren am meisten davon betroffen sind, dürfen auch die anderen Tierarten nicht vergessen werden. Charakteristika dieser Arznei sind Veränderlichkeit und Unruhe, die sich deutlich von *Pulsatilla* oder *Arsenicum album* unterscheiden. Bei *Tuberculinum* besteht *Unzufriedenheit mit der gegenwärtigen Situation*. Pferde versuchen permanent, aus ihrer Weide auszubrechen, Hunde bekommen eine bestimmte Sorte Futter schnell über, und Rinder versuchen andauernd, in einen anderen Stall als ihren eigenen einzudringen. Auf der körperlichen Ebene fällt der ständige Wechsel der Symptome auf sowie das Versagen gut gewählter Mittel. Abmagerung trotz gutem Appetit ist ein weiteres Merkmal. Atemwegssymptome treten sehr schnell und plötzlich nach dem geringsten störenden Einfluss auf. Die Atmung ist erschwert, selbst an der frischen Luft. Die Haut ist trocken und schnell hochgradig gereizt.

▶ *Ammonium carbonicum*

- Die Ammoniumsalze haben generell eine deutliche Wirkung auf die Atemwege, wobei *Ammonium carbonicum* die größte Lungenbeteiligung aufweist. Es ist ein rechtsseitiges Mittel. Die Atmung ist langsam und angestrengt. Es kommt zu einer Schleimansammlung im Brustkorb und es wird nur wenig abgehustet. Der Husten ist trocken und tritt v. a. nachts auf. Die Symptome verschlimmern sich durch Anstrengung und Wärme und werden durch kalte Luft gebessert. Lungenerkrankungen sind oft mit einer Herzschwäche assoziiert.

- Der Puls ist schnell und es treten kongestive Stauungserscheinungen auf. Ein weiteres Symptom ist dünner Nasenausfluss. Die Anwendungsgebiete von *Ammonium carbonicum* umfassen Lungenödem, allergische Beschwerden, Pneumonie, Emphysem und chronische Bronchitis.

▶ *Antimonium tartaricum*

- Diese Arznei hat sehr ausgeprägte Zeichen und Symptome im Bereich der Atemwege und wird daher auch hauptsächlich dort eingesetzt. Sie wirkt auf alle Schleimhäute und verursacht eine hochgradige Schleimbildung in allen Systemen. Es kommt zur Schleimansammlung im Brustkorb, die sich auskultatorisch als Rasseln darstellt. Allerdings hat das Tier große Mühe, den Schleim nach oben zu befördern, und der Husten ist unproduktiv. Die Anstrengung führt zu vermehrtem Speichelfluss und kann Erbrechen auslösen. Das Erbrochene enthält Schleim aus dem Magen. Die Atmung ist schnell und flach. In Verbindung mit der Schleimansammlung in der Lunge ergibt sich daraus eine Sauerstoffunterversorgung, und oft besteht auch eine Zyanose. Der Hund oder die Katze muss sich aufsetzen, um atmen zu können, das Pferd und der Wiederkäuer stehen mit gestrecktem Hals da. Der Puls ist schwach und schnell. Die Anstrengung beim Atmen zusammen mit dem Sauerstoffmangel verursacht hochgradige Schwäche. Tiere, die schwitzen können, tun dies auch. *Antimonium tartaricum* ist hilfreich bei Pneumonie, Emphysem und Lungenödem.

▶ *Bryonia*

- *Bryonia* greift vorrangig die serösen Häute an, daher ist die Pleura im Bereich der Atemwege der Hauptwirkungsort dieser Arznei. Ein hochrangiges allgemeines Leitsymptom von *Bryonia* ist Verschlimmerung durch Bewegung mit ausgeprägtem Verlangen, jedwede Bewegung zu vermeiden. Der *Bryonia*-Patient möchte unter keinen Umständen gestört werden und kann dann auch sehr übellaunig reagieren. Daneben besteht die lokale Modalität der Besserung durch festen Druck. Ein Tier, das *Bryonia* benötigt, verhält sich daher so ruhig wie möglich und lehnt sich gegen eine feste Oberfläche; es besteht aber auch das Verlangen, sich aufzusetzen. Die Atmung ist flach, um die Atembewegungen zu minimieren. Die dadurch bedingte verminderte Sauerstoffaufnahme führt dazu, dass periodisch ein tiefer Atemzug genommen wird. Dieser wiederum löst trockenen Husten aus. Trockenheit und Hitze sind weitere Merkmale des *Bryonia*-Bildes. Die Schleimhäute sind trocken, und es besteht großer Durst auf große Mengen Wasser. Die Atemluft ist heiß.

▶ *Drosera rotundifolia*

- Auch hier sind die serösen Membranen betroffen. Die Atmung ist beschleunigt und flach, gleichzeitig tritt trockener krampfartiger Husten auf. Es besteht eine nächtliche Verschlimmerung, v. a. nach Mitternacht und beim Hinlegen, Aufenthalt an der frischen Luft bessert. Der spastische Husten kann sich bis hin zu Erstickungsanfällen mit Zyanose steigern. Der Puls ist schnell und unregelmäßig. Beim Menschen besteht eine Berührungsempfindlichkeit im Kehlkopfbereich; diese tritt manchmal auch beim Tier auf. *Drosera* wird beim Menschen zur Behandlung von Keuchhusten und Tuberkulose eingesetzt, beim Hund spielt es besonders in der Behandlung von Zwingerhusten eine wichtige Rolle. Lungenentzündung und Pleuritis stellen Indikationen bei allen Spezies dar.

Weitere Arzneien

▶ *Beryllium metallicum*

- < Bewegung
- Atemnot
- Trockener Husten

▶ *Ferrum phosphoricum*

- Mäßiges Fieber
- Blutungen aus Nase und Lunge
- Krampfartiger Husten

▶ *Hypericum*

- Asthma und allergische Reaktionen mit Lungenbeteiligung
- Rauer Husten
- Es wird viel Schleim ausgeworfen, was Erleichterung bringt.

▶ *Ipecacuanha*

- Übelkeit, die nicht durch Erbrechen gelindert wird.
- Rauer, trockener, krampfartiger Husten, der Erbrechen auslösen kann, < nachts, kalte Luft
- Husten kann zu Erstickungsanfällen führen.
- Kurze flache Atmung < Bewegung

▶ *Lobelia inflata*

- Flache Atmung
- Husten wird < leichte Anstrengung, aber > schnelle Bewegung
- Emphysem

▶ *Morgan Bach*

- Entzündlich bedingte Stauung in Rachen und Lunge (Zwingerhusten)
- Husten < morgens
- Bronchitis v. a. im Winter und Frühling

18

Der Verdauungs-apparat

Allgemeines

Man sollte immer daran denken, dass die Darmschleimhaut tatsächlich eine äußere Oberfläche des Körpers darstellt und nahtlos mit der Haut in Verbindung steht. Neben der Aufnahme und Absorption der Nahrung hat das Verdauungssystem noch immunologische und Eliminationsfunktionen, die über die bloße Ausscheidung der bei der Verdauung anfallenden Abfallstoffe hinausgehen. Die Darmflora ist über die Darmnosoden (siehe Kapitel 13) aufs Engste mit der Immunreaktion des Körpers verbunden. Die Mundhöhle ist ebenfalls ein integraler Teil des Immunsystems, nicht nur wegen des assoziierten Lymphgewebes, sondern weil die Stimulation der Nasen – und Mundschleimhaut den ersten Auslöser für die zelluläre Immunantwort darstellt.

Daher gebührt der Gesunderhaltung von Maulhöhle und Zähnen besondere Beachtung. Auch wenn die Homöopathie die Wiederherstellung und Erhaltung der oralen Gesundheit unterstützen kann, sollte man konventionelle zahnärztliche Maßnahmen keinesfalls ablehnen.

Die nächste Überlegung gilt der Rolle von Durchfall bei Krankheiten. Akuter Durchfall stellt einen Versuch des Körpers dar, sich selbst zu heilen. Viele scheinbar akute Darmerkrankungen sind aber lediglich Teil eines chronischen Krankheitsbildes. Das Einsetzen von Durchfall ist dann oft Teil des Heilungsprozesses. Dabei handelt es sich dann entweder um eine Facette des Nachaußenbringens im Einklang mit der Heringschen Regel, oder um ein Wiederauftreten alter Symptome (Regression). Daher kann das voreilige Bemühen, den Durchfall zu stoppen, insbesondere mit schulmedizinischen Medikamenten, aber auch mit homöopathischen Arzneien, die palliativ eingesetzt werden, kontraproduktiv sein. Die Unterdrückung von wieder auftretenden Symptomen kann die Richtung, in die sich ein Fall bewegt, wieder umkehren und den Heilungsprozess zum Stillstand bringen. Natürlich wird es Situationen geben, in denen Durchfall behandelt werden muss, aber die obigen Überlegungen sollten immer bedacht werden.

Im Hinblick auf chronische Erkrankungen gibt es einige Arzneien (z. B. *Antimonium crudum*, *Croton tiglium*), bei denen ein eindeutiger Zusammenhang zwischen Darm – und Hautsymptomen besteht.

Angesichts der entwicklungsgeschichtlichen und physischen Verbindung zwischen diesen beiden Systemen erstaunt dies nicht, allerdings sollte man beim Einsatz solcher Mittel immer die Heringsche Regel im Hinterkopf behalten. Die Heilung muss immer in Richtung Haut erfolgen, d.h. dass eine normale Darmaktivität wiederhergestellt wird und gleichzeitg Hautsymptome auftreten. Das bedeutet, dass auch im Akutfall weitere Aspekte des Tieres bei der Wahl des Arzneimittels Berücksichtigung finden müssen.

Durchfall ist nicht das einzige, aber vermutlich das häufigste Symptom, das im unteren Darmtrakt auftritt. Verstopfung kann aus homöopathischer Sicht gleichermaßen signifikant sein.

Die Modalitäten einer akuten Darmerkrankung können bei der Ermittlung des zugrundeliegenden konstitutionellen Bildes sehr hilfreich sein. Die Symptomatik gibt außerdem oft Hinweise auf die vorliegende Miasmatik. Schmerz*lose* Darmerkrankungen weisen auf Psora hin; schmerz*hafte* sind vorrangig ein Zeichen für die Sykose, wobei manchmal auch die Syphilis beteiligt ist.

Es stellt sich auch die Frage nach der Rolle von Darmparasiten. Ein wirklich gesundes Tier verfügt über eine gesteigerte natürliche Resilienz gegenüber solchen Infestationen, allerdings sind viele Tiere nicht in dieser glücklichen Lage. Daher kommt es unausweichlich zu Situationen, in denen solche Probleme behandelt werden müssen. Zwar zeigen manche homöopathischen Arzneien eine gewisse Wirksamkeit gegen Würmer (*Cina, Filix mas*), aber es ist fraglich, ob man sich ausschließlich auf sie verlassen sollte, v. a. wenn man es mit einer Herden – oder Gruppenproblematik zu tun hat. Intensive Herdenmanagementsysteme in landwirtschaftlichen Betrieben sind eindeutig nicht für eine ausschließliche Behandlung mit wurmaustreibenden homöopathischen Mitteln geeignet. Die Wirkung solcher Arzneien ist zweigeteilt. Zum einen haben sie eine gewisse wurmaustreibende Wirkung, zum anderen verbessern sie den Gesamtzustand des Tieres und erlauben diesem dadurch, besser mit der Parasitenlast zurechtzukommen. Dadurch kann es in einer Gruppe zu einer allmählichen und unbemerkten Zunahme der Parasitenlast kommen, bis die Situation schließlich kippt. Mit homöopathischen Mitteln kann vielleicht die Aufrechterhaltung einer wurmfreien Umgebung erreicht werden, aber mit Hinblick auf das oben Gesagte und unter Berücksichtigung ethischer Aspekte und möglicher Risiken für die öffentliche Gesundheit sollte im Zweifelsfall auf konventionelle Wurmkuren zurückgegriffen werden.

Wichtige Modalitäten und Rubriken

Zeitliche Modalitäten und alle Veränderungen der allgemeinen Symptome können für die Verschreibung bei akuten Erkrankungen außerordentlich hilfreich sein, v. a. wenn über das erkrankte Tier sonst wenig bekannt ist. Der zeitliche Zusammenhang zwischen den Symptomen und der Futteraufnahme im Allgemeinen oder bestimmten Futtermitteln im Speziellen ist ein wesentlicher Teil der Fallaufnahme.

In Bezug auf die Maulhöhle sollte der Farbe, Temperatur und Trockenheit der Schleimhäute Beachtung geschenkt werden. Aufmerksamkeit ist hinsichtlich der Differenzierung von Speichel – und Schleimbildung geboten. Beim Menschen nimmt das Erscheinungsbild der Zunge großen Raum ein; diese hat u. a. sowohl sekretorische als auch exkretorische Funktionen.

Beim Tier konnten wir allerdings, von wenigen Ausnahmen abgesehen, nicht feststellen, dass die Veränderungen des Zungenbildes sonderlich hilfreich gewesen wären. Die Schwellung der Zunge wie bei *Mercurius* ist vielleicht noch am nützlichsten, und die »Landkartenzunge« als Teil des Arzneimittelbildes von *Natrium muriaticum* kann ebenfalls hilfreich sein.

Hat das Tier Schmerzen, sind Informationen über den Einfluss von Bewegung, Wärme und Druck oft wertvoll.

Die Konsistenz, Farbe, Menge, Absatzhäufigkeit und der Geruch des Kotes sind sehr wichtig, ebenso wie das Vorhandensein von Blut und/oder Schleim. Auch der Frage, wie schwierig oder leicht der Absatz erfolgt, und ob es Hinweise auf Schmerzen oder eine Reizung gibt, sollte nachgegangen werden.

Wird über Tenesmus berichtet, sollte man den exakten Zeitpunkt in Zusammenhang mit dem Kotabsatz herausfinden.

Flatulenz ist ein häufiges Begleitsymptom von Erkrankungen des Verdauungsapparates; die Aufmerksamkeit gilt hier der Lokalisation, damit einhergehenden Schmerzen, der Passagerichtung und allen zeitlichen Modalitäten. Dabei sollte man die normale Verdauungsphysiologie der jeweiligen Tierart berücksichtigen, um die tatsächliche Bedeutung dieses Symptoms richtig einschätzen zu können. Gehen die Blähungen über den Anus ab, achtet man auf einen simultan erfolgenden Kotabsatz.

Die Repertoriumskapitel »Mund«, »Zähne«, »Innerer Hals«, »Magen«, »Abdomen«, »Rektum« und »Stuhl« enthalten eine Fülle von Rubriken. Man beachte, dass sich in neueren Repertorien alle Rubriken im Zusammenhang mit Speisen und Getränken im Kapitel »Allgemeines« befinden. Modalitäten, die sich auf das Essen und Trinken beziehen, sind ebenfalls in diesem Kapitel enthalten.

Die wichtigsten Arzneien

▶ *Arsenicum album*

- *Arsenicum album* zählt zu unseren großen Polychresten. Es hat eine starke Wirkung auf den Darm. Eine mögliche Ursache ist die Aufnahme von verfaultem Futter, insbesondere Obst. Es kommt zu Erbrechen und wässrigem Durchfall, der entweder ohne Anstrengung entleert wird oder nur mit mäßigem Tenesmus einhergeht. Gelegentlich spritzt der Kot aber auch einmal explosionsartig heraus. In manchen Fällen kann der Kot mit Urin verwechselt werden, es sei denn, man kann den Absatz genau beobachten. Sowohl das Erbrochene als auch der Durchfallkot können Blut enthalten, und der Kot ist schleimig. Dabei tritt ein stark aashafter Geruch auf.
- Es besteht hochgradige Erschöpfung, die in keinem Verhältnis zur Schwere der

Erkrankung steht, sowie ein deutliches Verlangen nach Wärme, selbst bei Tieren, die normalerweise eine kühle Umgebung bevorzugen. Es besteht Durst auf kleine Mengen Wasser, wobei die Gesamtaufnahme höher als normal sein kann.

- Obwohl die Schmerzen von *Arsenicum* brennend sind, werden sie durch Wärme gelindert. Aufgrund der Schmerzen ist der Patient oft ruhelos, und bei den Tierarten, wo dies möglich ist, kann eine Wärmflasche auf dem Bauch Linderung verschaffen. Auch bei Darmerkrankungen zeigt sich häufig das allgemeine Merkmal der Verschlimmerung in der Zeit um Mitternacht.
- Leber und Milz können vergrößert und berührungsempfindlich sein; aufgrund der Leberbeteiligung ist Aszites möglich. Bei Wiederkäuern sistiert das Wiederkäuen.

▶ *Mercurius solubilis und corrosivus*

- *Mercurius* greift den ganzen Körper an und ist dabei überwiegend destruktiv. So wirkt es auch auf den Verdauungstrakt und die Lymphdrüsen. Die beiden Mittel unterscheiden sich lediglich in der Ausprägung, wobei *Mercurius corrosivus* das heftigere von beiden ist.
- Das *Mercurius*-Tier reagiert auf Extreme aller Art. Die Symptome verschlimmern sich im Allgemeinen von Sonnenuntergang bis Sonnenaufgang. Es kommt zu exzessiven Absonderungen der Drüsen und Schleimhäute; in der Maulhöhle tritt starker Speichelfluss mit Entzündung, Geschwürbildung, Blutungen und üblem Geruch auf. Das Zahnfleisch ist aufgeweicht und geschwollen. Tritt Erbrechen auf, so ist das Erbrochene gallefarben mit Blutbeimengungen. Es besteht starker Tenesmus mit blutigem und schleimigem Durchfall. Der Kot stinkt und ist meistens grünlich, kann aber auch grau und wässrig sein. Begleitend kommt es zu Bauchschmerzen und die Leber ist berührungsempfindlich. Der Durchfall geht oft mit Blut im Urin einher. Es besteht Durst auf große Mengen Wasser, die auf einmal getrunken werden.
- Die Absonderungen sind im Allgemeinen gelb-grün und wundmachend.

▶ *Nux vomica*

- Das *Nux vomica*-Tier ist übellaunig, nervös und hat eine niedrige Schmerzschwelle. Es friert leicht und hat ein großes Verlangen nach Wärme. *Nux vomica* ist sehr nützlich, wenn der Patient schon zahlreiche Medikamente bekommen hat. Das Leitsymptom in ätiologischer Hinsicht ist »Völlerei«. Die Hauptwirkung von *Nux vomica* erstreckt sich auf den Magen und die Leber. Die Beschwerden sind morgens schlimmer und werden durch Überfressen, reichhaltiges Futter, Druck und Bewegung verschlechtert. Flatulenz ist meist ausgeprägt und verursacht Bauchschmerzen, die auch durch Blähungsabgang nicht gelindert werden. Fleischfresser zeigen Erbrechen. Normalerweise besteht eine Neigung zu Verstopfung mit vergeblichem Pressen. Tritt doch einmal Durchfall auf, so enthält dieser Blut und Schleim; dabei ist der erste Teil weich und der letzte etwas fester.
- Das Arzneimittelbild wird außerdem von Krämpfen beherrscht. In Verbindung mit der Flatulenz macht dies *Nux vomica* zu einem Hauptmittel für Kolik bei Pferden. Das Leitsymptom »Völlerei« wiederum erklärt die Rolle dieser Arznei bei Hufrehe (Laminitis). Nicht zuletzt ist *Nux vomica* aber auch ein hilfreiches Mittel bei Flatulenz infolge einer Inaktivität des Darms.

Phosphorus

- Auch diese Arznei steht mit der Zerstörung von Gewebe in Verbindung. Sowohl die Leber als auch die Bauchspeicheldrüse sind besonders betroffen. Es besteht ein Verlangen nach salzigen und gewürzten Speisen sowie großer Durst auf kalte Getränke, gleichzeitig aber auch eine Abneigung gegen und Verschlimmerung durch warme Speisen und Getränke. Dies in Kombination mit dem Verlangen nach kalten Dingen kann sich beim Haustier folgendermaßen zeigen: Es möchte sein Futter direkt aus dem Kühlschrank bekommen oder ummittelbar aus dem Wasserhahn trinken. Bei Fleischfressern wird Wasser, und in etwas geringerem Ausmaß auch Futter, innerhalb von fünf bis zehn Minuten nach der Aufnahme wieder erbrochen. Es besteht hochgradige Erschöpfung. Das Zahnfleisch ist geschwürig verändert, die Mandeln sind geschwollen und es kommt zu Schleimansammlung in der Maulhöhle. Leber und Milz können vergrößert und berührungsempfindlich sein. Der Durchfall ist blass und wässrig und mit Bauchschmerzen verbunden, obwohl die Entleerung ohne Anstrengung erfolgt. Es besteht eine Blutungsneigung, sodass die Absonderungen und Ausscheidungen oftmals reichlich Blut enthalten. Der Stuhl ist schleimig. Fettstuhl wird bei Erkrankungen der Bauchspeicheldrüse gesehen. Alle Krankheiten beginnen i. d. R. sehr plötzlich. Obwohl eine Vorliebe für kalte Speisen und Getränke besteht, führt Kälte grundsätzlich zu einer Verschlimmerung. Daneben besteht eine allgemeine nächtliche Verschlimmerung, die oft mit einer ausgeprägten Angst vor der Dunkelheit einhergeht.
- Bei Parvovirose des Hundes ist *Phosphorus* oft angezeigt, nicht zuletzt wegen der Blutungsneigung, mit der diese Erkrankung verbunden ist.
- *Phosphorus* hat sich bei Rektumproplaps und Erbrechen nach einer Anästhesie als hilfreich erwiesen.

Veratrum album

- Große Mengen, Kälte und Kollaps sind die Schlüsselsymptome von *Veratrum album* im Hinblick auf den Verdauungsapparat. Es kommt zu heftigem Erbrechen und starkem wässrigen Durchfall, der Blut enthalten kann. Beides kann gemeinsam auftreten. Auch wenn der Magen bereits leer ist, kann weiterhin unproduktives Würgen anhalten. Der ganze Körper ist eiskalt und es besteht Verlangen danach, zugedeckt zu werden.
- Der Patient hat sehr großen Durst auf kaltes Wasser, das sofort wieder erbrochen wird. Bauchschmerzen gehen mit Flatulenz und starkem Pressen zum Stuhlgang einher. Der Kotabsatz kann mit großer Heftigkeit erfolgen. Die Symptome werden durch Bewegung und kalte Getränke verschlimmert, durch Wärme und Stillliegen gebessert.

Weitere Arzneien

▶ *Aloe*

- Heftiger Stuhldrang um 5 Uhr morgens mit Unvermögen, rechtzeitig nach draußen (Tiere) oder zur Toilette (Menschen) zu gelangen.

▶ *Camphora*

- Kollaps durch Erbrechen und Durchfall
- Hochgradiges Kältegefühl, aber Ablehnung von Hitze und Wärme

▶ *Carbo vegetabilis*

- Starke eingeklemmte Blähungen und Borborygmen
- Abgang von Flatus bringt keine Erleichterung.
- Stinkender Durchfall mit anhaltendem Drängen
- < Essen

▶ *China (Cinchona officinalis)*

- Schwäche durch Flüssigkeitsverlust
- Flatulenz mit Linderung durch Windabgang
- Kolik > Vorwärtsbeugen
- Wässriger, faulig riechender Durchfall mit unverdauten Futterbestandteilen
- < Aufnahme von Obst und Milch

▶ *Colocynthis*

- Plötzlicher Beginn
- Hochgradige Bauchschmerzen, die in Wellen kommen und gehen.
- > Vorwärtsbeugen
- Gelber wässriger Durchfall, der mit spritzendem Blähungsabgang abgesetzt wird.
- < Essen und Trinken, > Bewegung

▶ *Iris versicolor*

- Wirkung auf Leber und Bauchspeicheldrüse
- Appetitverlust
- Galleerbrechen
- Wässriger Durchfall mit Schmerzen über der Leber

▶ *Magnesium phosphoricum*

- Blähungs – und Krampfkoliken
- Beständiger Abgang von Blähungen
- Wässriger Durchfall
- Verlangen nach sehr kalten Getränken
- > Wärme und Druck

▶ *Podophyllum*

- Durchfall mit Blähungen, meistens braun gefärbt
- Schaumiger Stuhl/Kot
- Hydrantenstuhl
- Drängender und unfreiwilliger Kotabsatz
- < gegen 4 Uhr morgens

▶ *Sulphur*

- Stuhldrang um 5 Uhr morgens, die Toilette wird aber erreicht.

19

Magen und Leber

Allgemeines

Dass diese beiden Organe in demselben Kapitel enthalten sind, liegt nicht nur daran, dass sie anatomisch miteinander verwandt sind, sondern auch, weil eine Dysfunktion der Leber i. d. R. durch Magensymptome zum Ausdruck kommt.

Magen und Leber können miasmatisch betrachtet von allen Hauptmiasmen in Mitleidenschaft gezogen werden. Eine verminderte Leberfunktion kann psorisch, eine Hepatitis sykotisch und eine Zirrhose oder ein Magengeschwür syphilitisch sein; ein Karzinom von Magen oder Leber ist meist auf das Krebsmiasma zurückzuführen. Banerjea zufolge soll ein Zwölffingerdarmgeschwür tuberkulinischer Natur sein.

Die Leber ist das zentrale Stoffwechselorgan des Körpers und leidet am meisten unter der Last von Toxinen, die entweder mit der Nahrung oder in Form von schulmedizinischen Medikamenten parenteral aufgenommen werden. Die in Trockenfutter oft enthaltenen Konservierungsstoffe sind ebenso wie NSAID und chemische Antiparasitika nur einige Beispiele für Stoffe, die in der Leber verstoffwechselt werden müssen – mit den entsprechenden Konsequenzen.

Es überrascht daher nicht, dass das Arzneimittelbild von *Nux vomica*, einem der wichtigsten Lebermittel, durch toxische Überladung entsteht; dies verdeutlicht wieder einmal die Rolle der Ernährung im homöopathischen Management solcher Fälle.

Eine Dysfunktion der Leber kann buchstäblich auch jedes andere Organsystem in Mitleidenschaft ziehen; allerdings ist es durch die sorgfältig zusammengetragenen Beobachtungen homöopathischer Ärzte, anhand derer schon kleinste Veränderungen des Patienten auffallen, oftmals möglich, eines der großen Lebermittel zu verordnen, ohne auf eine definierte Diagnose angewiesen zu sein. Ein Beispiel ist die Trockenheit und Abschuppung der Haut, die in der Homöopathie und Pflanzenheilkunde als Hinweis auf eine schlechte Leberfunktion gilt und oft schon auftritt, bevor pathologische Organveränderungen zu labordiagnostisch auffälligen Blutwerten führen. Schreitet die Pathologie fort, kann das hepatokutane Syndrom auftreten, das mittlerweise in der orthodoxen Veterinärmedizin anerkannt ist.

Da sich die Leber und der Magen nicht so einfach palpieren lassen, ist eine eindeutige Diagnosestellung oft nur mithilfe von Hämatologie und Biochemie des Blutes, Ultraschall, Röntgen oder Endoskopie möglich. Die Bedeutung dieser Methoden kann nicht genug betont werden. Die Symptomatik allein reicht nicht aus, um bei einem Hund mit einem Magengeschwür eine akkurate Verschreibung vorzunehmen; bei Aszites infolge einer Leberzirrhose ist die Abklärung der genauen Ursache auch oft entscheidend, um den Fall korrekt behandeln zu können. Nichtsdestotrotz ist die Leber ein Organ mit einer geradezu wundersamen Regenerationsfähigkeit; selbst Patienten mit einer schwerwiegenden Lebererkrankung erholen sich oft erstaunlich gut, wenn sie richtig homöopathisch behandelt werden.

Abschließend sei noch angemerkt, dass sich viele Patienten, die zur homöopathischen Behandlung vorgestellt werden, aufgrund der vorhergegangenen schulmedizinischen Therapie in einem Zustand der Leberdysfunktion befinden; daher ist es oft ratsam, die Behandlung mit Organmitteln in niedriger Potenz zu beginnen, um zuerst einmal dieses Ungleichgewicht zu behandeln, bevor man die eigentliche Beschwerde angeht und eine Behandlung der Totalität oder Konstitution beginnt. Tatsächlich kann der desolate Zustand der Leber ein Heilungshindernis darstellen und die homöopathische Behandlung wird deutlich besser anschlagen, wenn dieses Problem zuerst behoben wird.

Wichtige Modalitäten und Rubriken

Für den Magen gibt es im Repertorium ein eigenes Kapitel. Die Leber hingegen ist überwiegend im Kapitel »Abdomen« enthalten. Erbrechen ist ein Symptom, das für die homöopathische Verschreibung von übergeordneter Bedeutung ist, da es sich in so vielfältiger Weise darstellen kann. Die Art und Weise des Erbrochenen ist dabei sehr wichtig, sei es nun wässrig, schaumig, schleimig, Galle oder Futter, Letzteres unverdaut oder nicht. Auch die zeitlichen Modalitäten sind oftmals hilfreich, v. a. in Bezug auf die Zeit der Futteraufnahme. Ein Symptom, das beim Menschen recht häufig auftritt, ist der Reflux von Magensäure und im Repertorium unter dem Begriff »Sodbrennen« zu finden. Auch Tierbesitzer berichten manchmal von diesem Symptom bei ihrem Tier.

Ist unter »Erbrechen« keine passende Rubrik zu finden, kann man auch auf »Übelkeit« zurückgreifen.

Beschwerden des Magens und der Leber gehen oft mit Schmerzen einher; deren Lokalisation kann hilfreiche Hinweise auf eine passende Arznei geben, v. a. wenn die Schmerzen eine andere Stelle betreffen als aus schulmedizinischer Sicht normalerweise zu erwarten wäre – wie z. B. bei *Chelidonium* (siehe unten).

Schwellung der Leber ist eine Unterrubrik von »Abdomen – Schwellung«; es gibt auch eine Rubrik »Abdomen – vergrößert – Leber«.

Gelbsucht ist unter »Haut – Farbe – gelb« zu finden, und petechiale Blutungen unter »Haut – Hautausschläge – Petechien«.

Aszites und Ödem des Abdomens sind Unterrubriken von »Abdomen – Wassersucht«, wobei Ödeme auch in anderen Kapiteln zu finden sind, beispielsweise in »Extremitäten«.

Die wichtigsten Arzneien

▶ *Arsenicum album*

- Bei *Arsenicum* werden Futter und Flüssigkeiten unmittelbar nach der Aufnahme wieder erbrochen. Außerdem kann es gleichzeitig mit dem Erbrechen zum Absatz von durchfälligem Kot kommen. Ein weiteres Symptom dieser Arznei ist Galleerbrechen, und die Übelkeit kann so stark sein, dass selbst der Geruch oder Anblick des Futters Erbrechen auslöst. Da Kälte in jeglicher Form verschlimmert, kann es sein, dass warmes Futter oder Wasser ein wenig länger im Magen verbleibt. Der für *Arsenicum* typische Durst auf kleine Mengen in kurzen Abständen führt aber schnell zu einem Teufelskreis aus Trinken und Erbrechen, wie man ihn häufig bei Virusinfektionen der Hunde und Katzen sieht, beispielsweise bei Panleukopenie, Parvovirose oder infektiöser Hepatitis.
- Aszites und Vergrößerung der schmerzhaften Leber und Milz führen zu einer Schwellung des Abdomens; auch Gelbsucht kann auftreten.
- Die für *Arsenicum* charakteristische Verschlimmerung nach Mitternacht, verbunden mit Unruhe und Frieren, ist ein weiterer Hinweis auf dieses Mittel.

▶ *Phosphorus*

- Viele Symptome von *Phosphorus* zeichnen sich durch einen sehr plötzlichen Beginn aus. Dies gilt auch für das Erbrechen, die akuten Leberschmerzen und die bei einer akuten Hepatitis oftmals auftretenden petechialen Blutungen. Allerdings ist *Phosphorus* auch sehr häufig angezeigt, wenn keine Leberbeteiligung vorliegt, beispielsweise bei akuter Gastroenteritis. Sobald das Futter im Magen warm geworden ist, wird es unverdaut wieder erbrochen; dies geschieht meist fünf bis zehn Minuten nach der Aufnahme. Das Erbrochene kann hellrotes Blut enthalten. Der Stuhl ist oft lehmfarben und es kann Gelbsucht auftreten. *Phosphorus* ist eines der Hauptmittel für postoperatives Erbrechen.

▶ *Nux vomica*

- Das Bild von *Nux vomica* wird durch Über(fr)essen ausgelöst. Beim Menschen besteht ein Verlangen nach gewürzten Speisen, verbunden mit oft übermäßigem Genuss von Stimulanzien wie Alkohol und Kaffee; damit ist *Nux vomica* ein prädestiniertes Mittel für den nach exzessivem Alkoholgenuss auftretenden Kater. Beim Hund kann ein ähnliches Bild durch mit Zusatzstoffen angereichertes Futter und die Langzeitbehandlung mit hepatotoxischen Stoffen wie NSAID entstehen. Es kommt zu Erbrechen von unverdautem Futter oder Galle, aber auch zu unproduktivem Erbrechen mit Schmerzhaftigkeit, v. a. bei Palpation der Bauchwände und des Magens. Magenschmerzen treten einige Zeit nach dem Essen und besonders auch morgens auf. *Nux vomica* ist darüber hinaus bei Magengeschwüren angezeigt, wenn die oben geschilderten Symptome vorliegen. Der Patient friert leicht und ist verstopft; er ist so schlecht gelaunt, dass er schon bei der kleinsten Provokation anfängt zu beißen oder zu treten.

▶ *Chelidonium majus*

- Ein herausragendes Symptom von *Chelidonium* ist Gelbsucht. Die Leber ist geschwollen und schmerzt, aber der Schmerz wird charakteristischerweise mehr im Rücken empfunden, genauer gesagt, unterhalb des rechten kaudalen Schulterblattwinkels. Magenschmerzen werden kurzzeitig durch Essen gelindert, v. a. durch heiße Speisen und Getränke.
- Die Zunge ist geschwollen und weist Zahneindrücke auf; die Nasenflügel blähen sich unabhängig von der Atmung. Der Stuhl ist gelb, pastös, lehmfarben und die Konsistenz erinnert an Schafkot. Der Patient ist durstlos und zeigt Verlangen nach kühler Luft; dabei ist er schläfrig und lethargisch.
- Die beinahe spezifische Wirkung von *Chelidonium* auf die Leber hat dazu geführt, dass es oft als Organmittel eingesetzt wird. Als Tiefpotenz hat es bei so gut wie allen Lebererkrankungen einen positiven Effekt.

▶ *Lycopodium*

- *Lycopodium* hat ausgeprägte Flatulenz im Arzneimittelbild. Diese zeigt sich u. a. als Aufgasung des Magens mit Völlegefühl nach dem Essen. Das Tier macht einen hungrigen Eindruck, nimmt aber nur wenige Maulvoll Futter auf und geht dann wieder weg. Paradoxerweise und damit von großem Wert für die Verschreibung ist der Hunger nachts am größten. Ein weiteres Merkmal von *Lycopodium* ist Gewichtsverlust trotz gutem Appetit; dies sieht man z. B. bei Leberzirrhose, wo *Lycopodium* angezeigt sein kann. Weitere Symptome einer Leberdysfunktion sind Aszites und Empfindlichkeit der Leber, v. a. des rechten Lappens, sowie Galleerbrechen.

Weitere Arzneien

▶ *Berberis vulgaris*

- Leberprobleme mit Beteiligung der Gelenke und Harnwege
- »Übelkeit vor dem Frühstück«
- Rasch wechselnde oder abwechselnd auftretende Symptome

▶ *Carduus marianus*

- Gelbsucht
- Zirrhose mit Aszites
- Schmerzen in der Leber < Liegen auf der linken Seite

Ceanothus
- Wirkt auf die Leber und *Milz*
- Linksseitige Schmerzen – Splenitis/Milztumor

Cocculus indica
- Reiseübelkeit
- Erbrechen mit starkem Speichelfluss
- (Siehe auch *Tabacum, Petroleum*)

Hydrastis canadensis
- Schwäche, Kachexie
- Magen – oder Leberkrebs; Magengeschwüre
- Verstopfung; Stuhl mit Schleim überzogen oder vermischt

Ipecacuanha
- Anhaltende Übelkeit und Erbrechen – keine Erleichterung durch Erbrechen
- Erbrechen von Galle, Blut, oder leeres Würgen
- Abneigung gegen alle Speisen
- Zunge sauber, viel Schleim

Iris versicolor
- Wirkt auf die Leber und *Bauchspeicheldrüse*
- Pankreatitis
- Periodisches Erbrechen von saurer Galle
- Anhaltende Übelkeit

Kalium carbonicum
- Nächtliches Erbrechen der Speisen
- Gelbsucht und Aszites
- Der Patient ist fettleibig, friert leicht und ist sehr lärmempfindlich.
- Symptome < 2-4 Uhr nachts

Magnesium muriaticum
- Hepatitis; schmerzhafte, vergrößerte Leber
- Schmerzen < Liegen auf der rechten Seite
- Trockener, weißlicher oder heller Stuhl
- Milch verschlimmert

Mercurius corrosivus
- Erbrechen – klarer Schleim mit oder ohne Blutbeimengungen
- Durst – das Wasser wird ein oder zwei Stunden nach der Aufnahme wieder erbrochen
- Durchfall mit Pressen
- Reichlicher Speichelfluss, fauliger Mundgeruch

Natrium sulphuricum
- Akute und chronische Hepatitis
- Verlangen, mit angezogenen Beinen auf der rechten Seite zu liegen
- Durchfall mit Flatulenz
- Alle Symptome werden durch Feuchtigkeit in jeglicher Form verschlimmert.

Ornithogalum
- Magengeschwüre
- Kaffeesatzähnliches Erbrechen

Taraxacum
- Gelbsucht
- Gasansammlung im Abdomen
- Empfindung von Bläschen, die im Darm zerplatzen
- Chronische Cholezystitis, Gallensteine
- Leber vergrößert und verhärtet
- »Lebertonikum«: *Berberis / Carduus / Chelidonium / Taraxacum*
- Es werden 5 Tropfen von jeder Urtinktur in eine 30 ml Flasche Wasser gegeben und verschüttelt.
- Dosierung: 2-5 Tropfen zwei – bis dreimal täglich in Abhängigkeit von der Größe des Patienten und der Schwere der Erkrankung.

QUELLEN

- *Banerjea, S. K. (2010): Miasmatische Verschreibung. 2. Aufl. Lotz*

20

Die Harnwege

Allgemeines

Da eine Hauptafgabe der Harnwege darin besteht, Abfallprodukte des Körpers auszuscheiden, zieht eine Erkrankung in diesem Bereich ernsthafte Konsequenzen nach sich und steht für ein tiefgreifendes Ungleichgewicht der Lebenskraft. Auf der anderen Seite kann jede Stärkung der Lebenskraft dazu führen, dass die Harnorgane wieder besser arbeiten. Deshalb kommt es nach einer erfolgreichen homöopathischen Verschreibung nicht selten zu einer deutlichen Steigerung des Harnabsatzes. Was auf den ersten Blick besorgniserregend erscheinen mag, ist die vermehrte Ausscheidung von Abfallprodukten wie Zelltrümmern und anorganischer Materie in Form von Kristallen. Hier gilt es zu bedenken, dass dies eine Verbesserung der Nierenfunktion bedeuten kann, also im Grunde ein gutes Zeichen ist.

Das sykotische Miasma beherrscht die Harnwege, und die Unterdrückung einer mehr an der Oberfläche befindlichen sykotischen Erkrankung führt oft zu Harnwegssymptomen. Gleichermaßen kann die wiederholte Unterdrückung einer rezidivierenden Zystitis, sei es durch Langzeit-Antibiotika oder – noch schlimmer – Kortikosteroide oder andere entzündungshemmende Medikamente, schließlich in ein Nierenversagen münden. Ein kurzer Vergleich der schulmedizinischen Erklärung für dieses Fortschreiten mit der homöopathischen Philosophie, die diese Entwicklung vorhersagt, mag an dieser Stelle interessant sein: Die Schulmedizin sieht darin das natürliche Fortschreiten der Erkrankung oder die Folge der Nebenwirkungen der angewandten Medikamente. Die Homöopathie hingegen betrachtet den weiter in die Tiefe vordringenden Krankheitsprozess als vorhersagbare Konsequenz der unterdrückenden Medikation. Die Sykose tritt auch in Form von Steinbildung in Erscheinung; diese wird als Überreaktion des Organismus über das normale Maß der Ausscheidung von mineralischen Abfallprodukten hinaus angesehen. Natürlich kann die Kristallurie auch einfach als weiteres Zeichen für das Ungleichgewicht der Lebenskraft betrachtet werden. In Verbindung mit allen anderen vorliegenden Symptomen des Patienten stellt sie daher auch nicht immer zwingend die Ursache der oft damit einhergehenden Hämaturie und häufigeren Harnausscheidung dar. Insofern wirkt sich die diätetische Kontrolle der Kristallurie nicht auf das fundamentale energetische Ungleichgewicht aus und ist im besten Falle palliativ. Spinnt man den Faden logisch weiter, wird sich die Lebenskraft, die nun dieser Ausdrucksform beraubt ist, einen anderen Weg suchen und neue Symptome entwickeln, die sich dann oft auf einer tieferen Ebene abspielen. Damit wollen wir den Wert von entsprechenden Diätfuttermitteln, die der Auflösung bereits vorhandener Steine dienen und einer Neubildung vorbeugen sollen, keineswegs schmälern. Begleitend zu anderen therapeutischen Maßnahmen haben sie durchaus ihren Platz, aber die Langzeitanwendung solcher Diäten widerspricht der homöopathischen Philosophie und sollte daher kritisch betrachtet werden. Andererseits weiß man, welche Rolle die Ernährung bei der Entwicklung der Feline Lower Urinary Tract Disease (FLUTD) spielt, und diese nicht entsprechend zu berücksichtigen stellt ein Heilungshindernis dar. FLUTD ist fest im sykotischen Miasma verwurzelt, und wenn man dies im Hinterkopf behält, wird jeder Behandlungsversuch mehr Erfolg haben.

Um noch einmal auf die Steinbildung in den Harnwegen zurückzukommen, so wird in der homöopathischen Tiermedizin gemeinhin davon ausgegangen, dass diese mit einer mangelhaften Funktion der Leber zusammenhängt. Die meisten Arzneien, die in solchen Fällen empfohlen werden, wirken gleichzeitig auch auf die Leber.

Akutes und chronisches Nierenversagen bei Hund und Katze kann i.d.R. sehr gut homöopathisch behandelt werden. Dabei ist oft eine Verbesserung der Blutwerte zu verzeichnen, und selbst Tiere, bei denen aufgrund einer massiven Erhöhung der Blutharnstoff – und Kreatininwerte eine aussichtslose Prognose gestellt wurde, können durch eine homöopathische Behandlung wieder eine gute Lebensqualität erlangen. Auch hier können diätetische Maßnahmen hilfreich sein, allerdings ist es unserer Erfahrung nach wichtiger, die Proteinqualität zu verbessern, indem der Schwerpunkt mehr auf Eier, Milchprodukte und Fisch gelegt wird.

Die destruktiven Prozesse, die viele Nierenerkrankungen kennzeichnen, sind ein eindeutiges Merkmal der Syphilis, allerdings kann auch die Tuberkulinie beteiligt sein. Letztere tritt oft durch Gewichtsverlust trotz gesteigertem Appetit in Erscheinung.

In den letzten Jahren wurde erkannt, dass emotionaler Stress eine wichtige Rolle bei der Entstehung von Zystitis spielt, insbesondere bei Katzen. Dieses Verständnis wohnt der Homöopathie schon seit jeher inne, was ihre große Bedeutung bei der Behandlung dieser Erkrankung erklärt.

Harninkontinenz kann ebenfalls sehr erfolgreich homöopathisch behandelt werden. Dabei erweist es sich als hilfreich, wenn man herausfinden kann, ob die zugrundeliegende Ursache hormoneller, emotionaler oder physischer Natur ist. Da aber bei praktisch allen Krankheiten auch ein emotionaler Aspekt besteht, liegt auch hier der Schlüssel zum Erfolg in der Erfassung des mentalen und emotionalen Zustandes des Patienten.

Wichtige Modalitäten und Rubriken

Das Repertorium enthält separate Kapitel zu Nieren, Blase, Harnröhre und Urin. Sie alle können nützliche Rubriken enthalten, wobei die Kapitel »Blase« und »Urin« i.d.R. die wichtigsten Rubriken abdecken.

Eine Erkrankung der Blase fällt meist durch eine Veränderung in der Häufigkeit und Art des Harnabsatzes auf. Diese gilt es zu berücksichtigen, ebenso wie alle Modalitäten, beispielsweise den Einfluss von Wärme und Kälte sowie die Zeit des Harnabsatzes. Die Rubrik »Blase – Urinieren – Harndrang« beschreibt den für eine Zystitis typischen Harndrang; ist dieser jedoch sehr stark, passt die Rubrik »Blase – Tenesmus« (mit stärkeren Schmerzen und wenig oder gar keinem Harnabsatz) möglicherweise besser. Auch die Art und Beschaffenheit des Urins ist wichtig: Menge, Farbe, Geruch, Beimengungen von Blut, Schleim oder Sand bzw. Steinen. Eine

Laboruntersuchung auf Albumin, pH und spezifisches Gewicht kann ebenso wie eine mikroskopische Untersuchung des Sediments auf Harnzylinder und Kristalle wertvolle Informationen liefern. Auch die chemische Analyse der Steine kann wichtig sein. Zu all diesen Parametern können im Repertorium entsprechende Rubriken gefunden werden, wie erwähnt in den Kapiteln »Blase« oder »Urin«.

Bei Nierenversagen muss man sich die Symptome, wie z. B. vermehrten Durst und Erbrechen, genau anschauen, da deren Charakteristika die Wahl der passenden homöopathischen Arznei entscheidend beeinflussen können. Die zeitlichen Modalitäten sind dabei oftmals besonders wichtig. Entsprechende Rubriken sind im Kapitel »Magen« zu finden.

Man sollte immer daran denken, dass Nierenschmerzen als Rückenschmerzen in Erscheinung treten können; dann sind die entsprechenden Schmerzrubriken im Kapitel »Rücken« aufzusuchen. Wenn die Schmerzen aber bei direkter Palpation der Nieren auftreten oder durch die Haltung des Tieres ausgelöst werden können, sollte man die Rubrik »Nieren – Schmerz« verwenden.

Bei Inkontinenz sind Rubriken wie »Blase – Urinieren – unwillkürlich« und »Blase – Urinieren – tröpfelnd« hilfreich, ebenso wie Modalitäten wie z. B. »Schlaf im« und »erster Schlaf«. Bewegungsmodalitäten wie »Aufstehen – Sitzen, vom« oder »Gehen – agg. « können ebenfalls hilfreich sein.

Zu guter Letzt möchten wir noch einmal darauf hinweisen, dass die eigentliche Pathologie meist nicht über die korrekte homöopathische Arznei entscheidet; ob das Tier nun an Glomerulonephritis, interstitieller Nephritis, Amyloidose oder FLUTD leidet, der Erfolg hängt von einer akkuraten Analyse der vom Patienten gezeigten Harnwegssymptome ab, die in Verbindung mit den individuellen Begleit-, Allgemein – und Gemütssymptomen erhoben werden.

Die wichtigsten Arzneien

▶ *Arsenicum album*

- Diese Arznei spielt bei der Behandlung von Nierenversagen, besonders bei Katzen, eine herausragende Rolle. Der Patient friert leicht und hat vermehrten Durst, wobei ganz charakteristisch ist, dass häufig kleine Mengen getrunken werden. Das Futter wird sofort nach dem Fressen wieder erbrochen; häufig tritt auch Galleerbrechen auf, v. a. nach Mitternacht. Die Harnproduktion ist entweder erhöht oder stark vermindert, der Urin ist dunkel und eiweißhaltig und brennt. Beim Menschen wird er als »jaucheartig« beschrieben. In der Maulhöhle kommt es zu Geschwürbildung. Das Nierenversagen geht oft mit Trockenheit und Abschuppung der Haut einher, was zu starker Schuppenbildung mit weißen Schuppen führt.

▶ *Natrium muriaticum*

- Der Durst von *Natrium muriaticum* ist extrem; dabei werden häufig große Mengen getrunken. Es wird viel heller Urin mit einem niedrigen spezifischen Gewicht gebildet. Aufgrund der Abneigung gegen das Wasserlassen »in der Öffentlichkeit« verbergen diese sehr schamhaften Individuen ihre Polyurie, indem sie jedes Mal nach draußen gehen und damit die Benutzung der Katzentoilette vermeiden. Obwohl der Appetit gut ist, kommt es zu Gewichtsverlust, v. a. im Halsbereich. Die Ionenverschiebung bei chronischem Nierenversagen spiegelt sich in dem Salzverlangen von *Natrium muriaticum* wider – es besteht Verlangen nach salzigen Speisen wie Chips oder gesalzenem Fisch. Die für Nierenversagen typische Albuminurie führt zu Aszites und Flüssigkeitsretention; beides ist im Arzneimittelbild von *Natrium muriaticum* stark ausgeprägt. Polyurie kann zu unwillkürlichem Harnabsatz führen, v. a. beim Husten, Niesen oder Gehen. *Natrium muriaticum* ist ein Mittel, bei dem es mit großer Wahrscheinlichkeit zu einer »Spülung« der Nieren kommt; daher kann es gut sein, dass nach Beginn der Behandlung für kurze Zeit große Mengen von wolkig-trübem Urin ausgeschieden werden. Die »Eiklar«-ähnlichen Absonderungen von *Natrium muriaticum* treten als klarer Schleim auf, der nach dem Harnabsatz über die Harnröhre ausgeschieden wird. In der Mundhöhle finden sich Aphthen und Gingivitis, und das Fell ist fettig.

▶ *Phosphorus*

Phosphorus hat Durst auf große Mengen kaltes Wasser. Bei Hunden und Katzen zeigt sich dies, indem sie bevorzugt aus Pfützen, Fischteichen, Blumentöpfen, Wasserhähnen oder Toilettenschüsseln trinken. Kommt es zu Erbrechen, so tritt es fünf bis zehn Minuten nach dem Fressen auf und das Futter kommt unverdaut wieder heraus. Wie *Natrium muriaticum* zeigt auch *Phosphorus* Verlangen nach Fisch und Salz und Gewichtsverlust trotz eines guten oder gar gefräßigen Appetits. Allerdings hat *Phosphorus* eine Blutungsneigung, daher ist der Urin oft blutig. Bei Zystitis kann blutiger Urin das einzige Symptom sein, und die bei Nierenversagen typische Gingivitis zeigt sich als dünne rote Linie am Zahnfleischrand in einer ansonsten unauffälligen Maulhöhle. Das Zahnfleisch blutet bei Berührung. Der Urin kann Eiweiß und Phosphatkristalle oder Steine enthalten. Bei der biochemischen Untersuchung zeigt sich möglicherweise ein hoher Phosphorspiegel im Blut und genauso wie bei den beiden vorherigen Arzneien liegt meist eine Anämie vor. *Phosphorus* ist nicht nur eines der am häufigsten verschriebenen Arzneimittel bei chronischem Nierenversagen, sondern auch bei akuter Nephritis; kennzeichnend sind die Schmerzen in der Nierengegend, die verhindern, dass der Patient auf dem Rücken liegt.

▶ *Mercurius solubilis*

Mercurius solubilis ist eines der Mittel mit dem größten Durst und hochgradiger Gewebezerstörung; so erstaunt es nicht, dass es bei Nierenerkrankungen häufig angezeigt ist. Es besteht extremer Durst auf kalte Getränke, die einige Zeit später wieder erbrochen werden – obwohl der Mund/das Maul feucht ist. Die Mundschleimhaut ist geschwürig verändert und es wird viel übelriechender, blutiger Speichel gebildet. Dabei besteht oft eine Parodontalerkrankung bis hin zu Eiterungen und Wurzelspitzenabszessen. Der Urin ist eiweißhaltig und enthält oft große Mengen Blut. Bei Zystitis kommt es nach dem Harnabsatz zu starkem Tenesmus. Aufgrund der eiterbildenden

Natur von *Mercurius* kann der Urin große Mengen Schleim und Eiter enthalten. Der Harn ist sauer, und dort, wo er in Kontakt mit der Haut kommt, brennt diese. Aus irgendeinem Grund scheint *Mercurius* bei Hunden häufiger bei Nierenversagen angezeigt zu sein als bei Katzen. Die Symptome sind nachts schlimmer.
- Bei sehr schweren Symptomen kann *Mercurius corrosivus* u. U. besser passen, v. a. bei starkem Tenesmus und viel Blut im Urin.

▶ *Cantharis*

- Legt man die Übereinstimmung des Arzneimittelbildes von *Cantharis* mit den meisten Fällen von akuter Zystitis zugrunde, kann man schon fast sagen, dass es hier geradezu ein Spezifikum darstellt. Aus klassischer Sicht ist das natürlich falsch, da der Homöopath stets danach strebt, die Verschreibung für das Individuum vorzunehmen. Nichtsdestotrotz ist und bleibt *Cantharis* eines der wirksamsten und einfach anzuwendenden Mittel in unserem homöopathischen Arsenal. Die Symptome von *Cantharis* kann man sich leicht vorstellen, wenn man bedenkt, dass die Arznei aus der Spanischen Fliege hergestellt wird, deren legendäre aphrodisierende Wirkung auf einer leichten Reizung der Harnröhre beruht. Größere Dosen führen zu einer heftigen brennenden Empfindung in den gesamten Harnwegen und in der Folge zu häufigen Versuchen, Wasser zu lassen. Dabei kommt entweder überhaupt kein Urin oder nur wenige Tropfen, die manchmal mit ein wenig Blut vermischt sind. Die Symptome verschlimmern sich durch Berührung und bessern sich durch Reiben – bei Tieren entspricht dies dem Lecken. Die betroffene Katze rennt zur Katzentoilette, schreit und presst stark, bringt aber nur wenige Tropfen blutstreifigen Urins hervor, worauf sie sich heftig an der Vulva bzw. am Penis leckt. Die Symptome werden auch durch Wärme gelindert.
- *Cantharis* kann zudem bei akutem Nierenversagen angezeigt sein; hier besteht zusätzlich zu den bereits beschriebenen Symptomen eine akute Empfindlichkeit in der Nierengegend.

Weitere Arzneien

▶ *Apis mellifica*

- Akutes Nierenversagen
- Ödeme, Gliedmaßenschwellungen
- Durstlosigkeit
- Anurie

▶ *Benzoicum acidum*

- Enuresis, Harntröpfeln
- Streng und übelriechender Urin
- Alte Hunde

▶ *Berberis*

- Nierenkolik; die Schmerzen erstrecken sich entlang des/der Harnleiter/s.
- Rückenschmerzen in Verbindung mit einer Erkrankung der Nieren (v. a. bei Pferden)
- Urin trüb mit rotem Sediment; Oxalatkristalle
- Chronische Zystitis, Pyelonephritis

▶ *Causticum*

- Blasenlähmung; Harnverhaltung
- Rezidivierende Zystitis; folgt gut auf *Cantharis*.
- Harninkontinenz, v. a. bei alten Hunden; < Laufen, Husten

▶ *Equisetum*

- Tenesmus
- Absatz von großen Mengen Harn
- Inkontinenz, v. a. wenn kein anderer Grund vorliegt als reine Gewohnheit.

▶ *Hydrangea*

- Blasensteine bei Schafen und Ziegen

▶ *Kalium chloricum*

- Fauliger Geruch; Harnstoff in der Atemluft
- Geschwüre im Mund mit grauer Basis
- Schweres Nierenversagen

▶ *Plumbum metallicum*

- Abmagerung, Muskelschwund
- Anämie
- Verstopfung – harte schwarze Kugeln

▶ *Pulsatilla*

- Hämaturie
- Intermittierende Zystitis
- Unfreiwilliger Harnabsatz, v. a. bei Jungtieren; < Liegen auf dem Rücken, durch Aufregung

▶ *Sarsaparilla*

- Starke Schmerzen am Ende des Harnabsatzes
- Weißsandiges Sediment – FLUTD
- Abgang von Blut oder einer weißlichen, wundmachenden Absonderung am Ende des Harnabsatzes

▶ *Sepia*

- Hormonell bedingte Inkontinenz, v. a. bei (kastrierten) Hündinnen
- Schlimmer in der Zeit des ersten Schlafes

▶ *Serum anguillae (Aalserum)*

- Akutes oder chronisches Nierenversagen
- Oligurie, Anurie, Albuminurie
- Sekundäres Nierenversagen durch Herzinsuffizienz
- Aszites

▶ *Solidago*

- Schmerzen in den Nieren, Druckempfindlichkeit
- Urin dunkel und stinkend

▶ *Organotherapie der Nieren – Tiefpotenzen*

▶ *Staphysagria (Rittersporn)*

- Zystitis nach Koitus oder physischer bzw. körperlicher Verletzung, einschließlich chirurgischen Eingriffen
- »Kränkung, Entrüstung«
- Unsauberkeit bei Katzen

21

Die weiblichen Geschlechtsorgane

Allgemeines

Dieses System ist vielleicht der Teil des Tierkörpers, der vom Menschen am meisten missbraucht und ausgebeutet wird. Einige Maßnahmen sind durch die Haltungsbedingungen und sozialen Aspekte schon so standardisiert, dass die Gefahr besteht zu vergessen, mit wie viel Stress für die Tiere und funktionellen Abnormitäten sie verbunden sind. Bei den lebensmittelliefernden Tieren zielen die Manipulationen auf eine erhöhte Fruchtbarkeit ab. Dies mag zwar auf den ersten Blick weitgehend im Einklang mit der Natur stehen, aber die Hormonbehandlungen zur Steigerung der Reproduktion und der allgemeine Stress der Überproduktion können durchaus zu Problemen führen. Tatsächlich handelt es sich um einen Eingriff in den normalen Fortpflanzungszyklus, der das natürliche Gleichgewicht innerhalb des Systems stört.

Allgemein betrachtet wiegen die dadurch bedingten Probleme allerdings meist nicht so schwer wie jene, die bei unseren tierischen Gefährten durch die vollständige Unterdrückung aller Geschlechtsfunktionen verursacht werden. Wie bereits in Kapitel 5 erläutert, werden die Probleme bei den lebensmittelliefernden Tieren auch zum großen Teil durch die kommerziellen Anforderungen an die Haltungssysteme verschleiert, was im Umkehrschluss aber nicht bedeutet, dass es diese Probleme nicht gibt.

Lebensmittelliefernde Tiere werden oft viel zu intensiv zur Zucht eingesetzt, während bei unseren Haustieren häufiger das genaue Gegenteil der Fall ist. Beides kann zu Problemen führen. Um dies aus homöopathischer Sicht zu verstehen, muss man sich vergegenwärtigen, dass die Geschlechtsorgane (beider Geschlechter) maßgeblich an der physiologischen Erzeugung neuen Gewebes beteiligt sind. Tatsächlich stellt die normale physiologische Bildung von neuen Zellen und Gewebe und damit Erzeugung neuen Lebens den eigentlichen »Raison d'être« (Daseinsberechtigung) des reproduktiven Systems dar und ist damit gleichzeitig der physiologische Vorläufer des pathologischen sykotischen Miasmas (Kapitel 11). Wenn also die normalen physiologischen Funktionen innerhalb des reproduktiven Systems gestört werden, kann dies zur Erschaffung miasmatischer – in diesem Fall vorwiegend sykotischer, manchmal aber auch syphilitischer – Muster führen; der Grund dafür liegt in der Tendenz, dass bei Unterdrückung der normalen Funktion eines lebenswichtigen Systems diese Funktion oft nach innen getrieben wird und pathologische Formen *innerhalb desselben Systems* annimmt (Saxton 2006). Wie wir bereits aufgezeigt haben, stehen die verschiedenen normalen physiologischen Kräfte eines Organismus immer in einem bestimmten Gleichgewicht zueinander. Alles, was dieses Gleichgewicht stört oder verhindert, dass es wiederhergestellt wird, hat das Potenzial, klinische Probleme zu erzeugen.

Die geltenden sozialen Anforderungen bedeuten, dass weibliche Haustiere unter Bedingungen gehalten werden, die ihrer artgemäßen Fortpflanzung zuwiderlaufen. Alle Maßnahmen, mit denen dies erreicht wird, haben allgemein betrachtet ihre Stärken und Schwächen; allerdings ist es notwendig, sich über die Folgen dieser Prozeduren aus homöopathischer Sicht im Klaren zu sein.

Die chirurgische Kastration ist wahrscheinlich die häufigste Methode der Geburtenkontrolle. Die Entfernung des Systems beugt natürlich einer nachfolgenden Entwicklung pathologischer Vorgänge innerhalb dieses Systems vor, bedeutet allerdings gleichzeitig auch, dass der Körper eines natürlichen Ventils für die Auseinandersetzung mit Krankheiten beraubt wird. Der Heilungsprozess benötigt solche Ventile, und wenn die natürlichen blockiert sind, sucht er sich andere.

Bei einem sexuell intakten Patienten kann sich eine sykotische Veranlagung mit der charakteristischen Überproduktion von Gewebe und Absonderungen primär über die Fortpflanzungsorgane ausdrücken; wurden diese allerdings entfernt, kann eine Entwicklung sykotischer Manifestationen in anderen Systemen die Folge sein. Zudem fehlt bei einem kastrierten Tier der physiologische Einfluss der Sexualhormone auf das hormonelle Gleichgewicht des Körpers.

Die Diskussion über das ideale Alter für eine Kastration nimmt kein Ende. Erfolgt die Kastration vor der Pubertät, wird mit zunehmender Reifung des Tieres ein Gleichgewicht erzeugt, das der veränderten Situation Rechnung trägt. Findet die Kastration hingegen nach der Pubertät statt, muss der Körper versuchen, das vormals bestehende und durch den Eingriff gestörte Gleichgewicht wiederherzustellen. Man kann sich jedoch vorstellen, dass ein echtes Gleichgewicht nie wieder erlangt werden kann; dabei nimmt die Bedeutung dieser Annahme proportional zur Anzahl der vor der Operation bereits erlebten Zyklen zu. Auf der anderen Seite erzeugt die Frühkastration einen hormonellen Zustand, der dem normalen Wachstum abträglich ist; daher sehen wir eine Zunahme von Erkrankungen wie Kreuzbandrisse bei früh kastrierten Rüden und Hündinnen.

In sexueller Hinsicht kreist das hormonelle Gleichgewicht um die Hypophysen-Nebennieren-Gonaden-Achse. Wird dieses Gleichgewicht gestört, ist die Hypophyse aufgrund ihrer zentralen Rolle in der Hormonregulation des gesamten Körpers meist besonders gefordert, um die notwendige Neuanpassung vorzunehmen.

Wie bereits erwähnt, kann das Auftreten von Erkrankungen der Fortpflanzungsorgane bei intakten Tieren Teil eines tiefer liegenden chronischen Bildes sein. Die schulmedizinische Herangehensweise an solche Krankheiten ist meist in höchstem Maße unterdrückend; dies gilt es im Hinblick auf die einzuschlagende Strategie zu berücksichtigen, wenn derart vorbehandelte Fälle zur homöopathischen Therapie vorgestellt werden.

Chemische Methoden zur Kontrolle der Fortpflanzung umfassen die Verabreichung von konventionellen Hormonpräparaten; diese wirken extrem unterdrückend und sollten unter allen Umständen vermieden werden, sowohl zur Verhütung als auch bei klinischen Erkrankungen. Die fortgesetzte routinemäßige Anwendung solcher Präparate birgt ganz besondere Risiken. Da die Fortpflanzung von entscheidender Bedeutung für die Arterhaltung ist und die Erschaffung von neuem Gewebe die primäre Funktion dieses Systems darstellt, führt die kontinuierliche Blockade dieser Vorgänge zu ernsthaften Störungen. Ein wichtiges Konzept der Homöopathie ist die These, dass die Unterdrückung der Versuche des Körpers, mit einer Erkrankung fertigzuwerden, den Krankheitsprozess tiefer in den Körper treibt. Die Unterdrückung normaler Funktionen eines lebenswichtigen Systems kann zu Fehlfunktionen und in der Folge zu pathologischen Manifestationen führen.

Man darf auch nicht vergessen, dass die Milchdrüsen ebenfalls ein integraler Teil des Genitalsystems sind, auch wenn die vermehrte Produktion hier unter normalen Umständen eher in einer gesteigerten Sekretion als in der Neubildung von Gewebe besteht. Aber die obigen Ausführungen betreffen diese Drüsen genauso wie den Rest des Systems, und es ist interessant, dass viele Probleme, die beim Menschen auftreten, die Milchdrüsen betreffen, beispielsweise zystische und neoplastische Entartungen. Bei Rindern kann sich der Einsatz von Prostaglandinen und ähnlichen Stoffen auf die Mastitishäufigkeit in einer Herde auswirken.

Da die Homöopathie darauf abzielt, die natürlichen Reaktionen des Körpers zu unterstützen und anzuregen, ist ersichtlich, dass das Konzept von der Kontrazeption der homöopathischen Philosophie fremd ist.

Gemäß dem Prinzip, dass Sarkoden in hoher Potenz hemmend auf die Drüsenfunktion wirken, ist eine Kontrolle des Zyklus in gewissem Maße möglich. Arzneien wie *Murex* werden bei Nymphomanie eingesetzt und können bei der Behandlung von überschießendem Sexualverhalten ebenfalls hilfreich sein. Die Wirksamkeit ist allerdings begrenzt und die Anwendung nicht unbedingt ratsam, da dieser Ansatz genauso unterdrückend ist wie die Behandlung mit chemischen Präparaten und auf die Hemmung einer normalen physiologischen Funktion abzielt.

Unfruchtbarkeit und Herdenprobleme

In diesem Bereich spielen auch ernährungsphysiologische und andere externe Faktoren eine wichtige Rolle und müssen bei Bedarf entsprechend verändert werden. Im Hinblick auf das Einzeltier ist bei Unfruchtbarkeit i. d. R. eine konstitutionelle Herangehensweise erforderlich. Dabei kommen grundsätzlich alle großen Polychreste in Betracht, allerdings sind einige, wie z. B. *Sepia* und *Pulsatilla*, häufiger vertreten. In Milchviehherden kann es im Rahmen von Zuchtprogrammen dazu kommen, dass bestimmte Konstitutionstypen vorherrschen. In diesen Fällen ist es u. U. möglich, ein Herdenproblem auf der Grundlage einer einzigen konstitutionellen Verschreibung zu behandeln. Hat vor der homöopathischen Behandlung eine konventionelle Hormonbehandlung stattgefunden, kann dies unabhängig von der jeweiligen Tierart ein Heilungshindernis darstellen. In solchen Fällen ist die Anwendung desselben Präparates in potenzierter Form eine Möglichkeit, diese Blockade zu überwinden (Tautopathie). Man sollte auch daran denken, dass sich die Nebenwirkungen dieser Medikamente nicht allein auf die Fortpflanzungsorgane beschränken, sodass die Gabe der potenzierten Form genauso auch bei weitreichenderen Problemen helfen kann.

Die zucht – und produktionsbedingten Anforderungen an Milchviehherden können einen solchen Stress für die Tiere bedeuten, dass es zu Leistungseinbußen kommt. Diese äußern sich als verlängerte Zwischenkalbezeiten, Ausbleiben der Trächtigkeit, schlechtere Milchleistung und gehäuftes Auftreten von Mastitiden. Hier kann ein auf die Herde zugeschnittenes Konstitutionsmittel angezeigt sein, allerdings hat der routinemäßige Einsatz von *Sepia* unter diesen Umständen einen positiven Einfluss auf alle Parameter des Managements von Milchvieh gezeigt. Versuchsanordnungen mit verschiedenen Potenzen und Zeitintervallen haben ergeben, dass durch die Einzelgabe von *Sepia* in der Potenz C 200 14 Tage nach dem Abkalben die besten Ergebnisse erzielt werden konnten (Williamson).

Aborte ohne das Vorliegen einer spezifischen Infektion verlangen ebenfalls nach einer konstitutionellen Behandlung, sofern der zeitliche Rahmen dies erlaubt. Im Akutfall, wenn ein Abort droht, sind dagegen eher Arzneien wie *Secale cornutum* und *Viburnum opulus* angezeigt.

Scheinträchtigkeit der Hündin

Man sollte die wahre Natur dieser vermeintlichen Erkrankung kennen. Bei den Karnivoren ist die Fortpflanzungsphysiologie eigentlich so konzipiert, dass es nach jeder Läufigkeit auch zu einer Trächtigkeit kommt. Eine Scheinträchtigkeit entsteht normalerweise nur dann, wenn die Hündin läufig war, aber nicht gedeckt wurde. Es mag extrem erscheinen, die Verhinderung der Paarung als Missbrauch zu bezeichnen, auf jeden Fall handelt es sich aber um eine unnatürliche Abfolge von Ereignissen. Eine Scheinträchtigkeit stellt möglicherweise den Versuch des Körpers dar, durch Simulation des normalen Zyklus eine gewisse Normalität wiederherzustellen und dafür ein »Sicherheitsventil« zu öffnen. Daneben ist es auch interessant zu wissen, dass in einem wildlebenden Rudel nicht alle Weibchen läufig werden, aber diejenigen, die in Hitze kommen, auch tragend werden. Die, bei denen dies nicht der Fall ist, beteiligen sich aber an der Aufzucht der Jungtiere.

Betrachtet man das Ganze auf diese Weise, stellt die aggressive schulmedizinische Behandlung dieses Zustandes eine Unterdrückung dar. Homöopathische Arzneien können das Durchlaufen dieser Anpassungsphase unterstützen und die klinischen Erscheinungen lindern.

Bei Katzenartigen tritt natürlicherweise das Phänomen einer induzierten Ovulation auf; dies bedeutet, dass mit Ausbleiben des Paarungsaktes die Fortpflanzungsaktivität eingestellt wird. Daher gibt es bei Katzen keine Scheinträchtigkeit, denn hier besteht für den Körper keine Notwendigkeit, einen physiologischen Prozess zum Abschluss zu bringen.

Trächtigkeit, Geburt und Säugezeit

Eine homöopathische Unterstützung ist möglich, ohne ein Risiko für die Feten bzw. Jungtiere einzugehen. Es besteht auch die Möglichkeit einer sogenannten eugenischen Kur der Ungeborenen, um bereits vor der Geburt vererbte miasmatische Einflüsse zu beseitigen. Dies kann zum einen mittels einer allgemeinen Korrektur eines möglicherweise bestehenden Ungleichgewichts erfolgen, wobei einzelne aufeinanderfolgende Dosen von *Sulphur*, *Calcium carbonicum* und *Tuberculinum* in wöchentlichen Abständen gegeben werden, sobald die Trächtigkeit bestätigt ist. *Sulphur* und *Tuberculinum* decken dabei ein breites Spektrum miasmatischer Einflüsse ab, und *Calcium carbonicum* wird aufgrund seiner starken psorischen Verbindung eingesetzt. Alternativ kann durch die Gabe entsprechender homöopathischer Zubereitungen auch verhindert werden, dass spezifische Probleme des Muttertieres, wie z. B. Herpes, auf die Jungtiere übertragen werden.

Die homöopathische Behandlung des Muttertieres in der Säugezeit stellt ebenfalls kein Problem dar und hat keine negativen Auswirkungen auf die Säuglinge. Die Gabe von homöopathischen Arzneien in den späteren Stadien der Trächtigkeit fördert eine leichtere Geburt und vermindert so den Stress für die Mutter.

Auch wenn die Ursachen von Mastitis im landwirtschaftlichen Geschehen weit über eine alleinige Problematik der Geschlechtsorgane hinausgehen, hat sich doch gezeigt, dass sich eine leichte Geburt sehr positiv auf die anschließende Milchleistung und Eutergesundheit auswirkt. Auch wenn dies für nicht-lebensmittelliefernde Tiere zahlenmäßig nicht belegt werden konnte, kann man davon ausgehen, dass dieser positive Effekt hier gleichermaßen zutrifft.

Wichtige Modalitäten und Rubriken

Zeitpunkt, Dauer und Art des Östrus sind wichtig. Man sollte auf das Aussehen und die Menge jeglicher Absonderungen achten, ebenso wie der Milch. Veränderungen des Gemüts und Verhaltens im Zusammenhang mit der Hormonaktivität sind signifikant, einschließlich der Reaktionen des Tieres im Zusammenhang mit der Paarung. Alle Aspekte der Fortpflanzung und auch eine entsprechende Vorgeschichte können wichtige Hinweise auf den konstitutionellen oder miasmatischen Hintergrund des Falles geben.

Das Repertorium enthält ein eigenes Kapitel zu den weiblichen Geschlechtsorganen (»Weibliche Genitalien«). Weitere hilfreiche Rubriken findet man in den Kapiteln »Gemüt« und »Allgemeines«. Rubriken im Zusammenhang mit den Milchdrüsen sind im Kapitel »Brust« enthalten.

Die Humanterminologie im Repertorium bezieht sich auf »Menses«. Zwar unterscheidet sich die detaillierte Physiologie der verschiedenen Spezies, allerdings ist das funktionelle Ziel doch dasselbe, sodass »Menses« mit »Östrus« gleichgesetzt werden kann. Natürlich gibt es bei den domestizierten Haustieren kein physiologisches Äquivalent zur Menopause des Menschen, sodass hier Vorsicht geboten ist, wenn man damit assoziierte Rubriken verwenden möchte.

Die wichtigsten Arzneien

▶ *Caulophyllum*

- Obwohl *Caulophyllum* allgemein nicht als großes Mittel angesehen wird, nimmt es im Hinblick auf die Fortpflanzungsorgane einen wichtigen Platz ein. Es wird oft im letzten Trächtigkeitsdrittel eingesetzt, um eine normale und einfache Geburt vorzubereiten. Die normale Dosierung ist eine Gabe der C 30 pro Woche. Häufiger sollte das Mittel in diesem Kontext nicht eingesetzt werden, um ein Auftreten von Prüfungssymptomen zu vermeiden. Wird es zum Zeitpunkt der Geburt angewendet, unterstützt es die Weitung des Gebärmutterhalses und kann daher mit Erfolg bei einer ungenügenden Öffnung des Muttermundes eingesetzt werden – insbesondere bei Schafen, aber auch bei anderen Tierarten (*Cimicifuga* kann hier ebenfalls hilfreich sein). Diese Wirkung auf die Zervix kann man sich auch bei einer geschlossenen Pyometra zunutze machen, um diese in eine offene Form zu verwandeln. Weitere Indikationen sind schmerzhafte unproduktive Wehen ebenso wie zu schwache Wehen, unabhängig davon, ob letztere auf Erschöpfung oder eine primäre Wehenschwäche zurückzuführen sind. Die Absonderungen von *Caulophyllum* sind schokoladenfarben. Wenn es nicht wirkt, ist dies oft ein Hinweis auf das Vorliegen eines toten Fetus.

- Auf der mentalen Ebene findet man Nervosität und Reizbarkeit. Daher kann das Mittel bei Tieren, die aus diesen Gründen nicht in die Geburt kommen, hilfreich sein. Auch in manchen Fällen von Nachgeburtsverhaltung und Gebärmutterblutungen kann es angezeigt sein.
- Die Wirkung von *Caulophyllum* auf die Milchdrüse wird allgemein indirekt auf die leichte Geburt zurückgeführt, allerdings gibt es auch eine direkte Wirkung, weshalb das Mittel besonders bei einer subklinischen Mastitis in Erwägung gezogen werden sollte.
- Wunde Füße und Schmerzen in den kleinen Gelenken sind ebenfalls Teil des Arzneimittelbildes.

▶ *Ignatia*

- Scheinträchtigkeit mit emotionalen Veränderungen, aber ohne Milchbildung.
- Hysterie und damit verbunden mangelhafte Brutpflege.

▶ *Lachesis*

- Ein Schlüsselsymptom dieser Arznei ist die Verschlimmerung durch unterdrückte Absonderungen und im Gegenzug die Besserung durch das Ingangkommen von Ausscheidungen. Damit hat *Lachesis* einen Platz bei der Behandlung von Erkrankungen, die im Zusammenhang mit chemischer Kontrazeption auftreten, aber auch von Pyometra. Es ist ein linksseitiges Mittel mit einer auffälligen Affinität zum Hals-Kehlkopfbereich, der empfindlich gegen Berührung und Druck ist. Ein weiterer Aspekt in diesem Bereich ist die Neigung zu Vokalisation, die sehr ausgeprägt sein kann. Es besteht Abneigung gegen Hitze und die Tiere meiden die Sonne. Alle Erkrankungen werden durch Schlaf verschlimmert. *Lachesis* ist ein hämorrhagisches Mittel und blutige, nicht gerinnende Absonderungen sind ein wesentliches Merkmal. *Lachesis* ist bei septischen und nekrotischen Zuständen angezeigt, die mit hochgradiger Depression einhergehen.
- Das betroffene Gewebe ist geschwollen und zeigt eine blaurote Verfärbung. Bei akuter Mastitis ist *Lachesis* ein nützliches Mittel.

▶ *Lilium tigrinum*

- Die Hauptwirkungssphäre von *Lilium tigrinum* ist der Urogenitaltrakt, wobei eine Affinität zur linken Seite besteht. Mental zeigt sich eine Kombination aus Angst und schlechter Laune. Die Tiere, v. a. Hündinnen, sind oft regelrecht fett. Das Tier trinkt normalerweise wenig, aber oft, jedoch nimmt der Durst vor dem Einsetzen anderer Symptome zu. Gleichzeitig werden häufig kleine Mengen Urin abgesetzt. Das Tier ist unruhig, zeigt aber auch eine Abneigung gegen Bewegung. Absonderungen aus der Gebärmutter erscheinen nur bei Bewegung. Sie weisen einen strengen Geruch und Beimengungen von Blut auf, das oft geronnen ist. Das Arzneimittelbild von *Lilium tigrinum* enthält beim Menschen Schwere und Senkungsgefühl der Genitalien. Daher ist es bei Gebärmuttervorfall mit Pressen angezeigt. Weitere Indikationen sind Pyometra und Unfruchtbarkeit, v. a. wenn eine linksseitige Eierstocksentzündung vorliegt. Eine Verschlimmerung wird durch Hitze, Bewegung und Trost, eine Besserung durch Kälte, Liegen und an der frischen Luft hervorgerufen.

▶ *Pulsatilla*

- *Pulsatilla* ist ein großes Konstitutionsmittel und ein wichtiges weibliches Mittel. In der Vorgeschichte findet man oft einen Beginn der Erkrankung in der Pubertät. *Pulsatilla*-Tiere sind sehr freundlich und möchten unbedingt gefallen. Sie lieben es, gehätschelt und umsorgt zu werden, sind schüchtern und mögen keine fremden oder neuen Situationen. Ihre Schmerzschwelle ist sehr niedrig. Bei Aufregung oder Angst zeigen sie oft unwillkürlichen Harnabsatz. Veränderlichkeit ist ein Schlüsselsymptom auf der mentalen und körperlichen Ebene.
- Die Absonderungen sind reichlich, mild und weiß mit einem leichten gelb-grünlichen Stich. Der Durst ist gering und wird auch nicht durch Krankheit oder konventionelle Medikamente gesteigert. Die Tiere mögen grundsätzlich keine Hitze und suchen aktiv kühle Plätze auf.
- Gleichzeitig besteht aber auch ein gewisses Verlangen nach Wärme. Ein wesentlicher Faktor ist die Abneigung gegen stickige Luft, die oft bei künstlicher Wärme auftritt. Der Östrus kann infolge einer verminderten Aktivität der Eierstöcke unregelmäßig sein. Scheinträchtigkeiten treten häufig auf und gehen mit reichlicher Milchbildung und starkem Brutpflegetrieb einher. Alles, was dem Tier unterkommt, wird bemuttert. Der *Pulsatilla*-Typ ist normalerweise freundlich und aufgeschlossen, kann während einer Scheinträchtigkeit aber auch launisch, depressiv und manchmal leicht aggressiv sein. Obwohl sie während der Trächtigkeit leicht erregbar sein können, geben sie gute Mütter ab. Mastitiden sind mit Schwellung, Hitze, Empfindlichkeit der Milchdrüsen und Verhärtung der Zitzen verbunden. Weitere Anwendungsgebiete sind unterdrückter Östrus, Unfruchtbarkeit und Nymphomanie. Auch in manchen Fällen von Pyometra ist *Pulsatilla* angezeigt; in der Behandlung von Scheinträchtigkeit, Inkontinenz und Nachgeburtsverhaltung, v. a. bei Rindern, hat es einen festen Platz.

▶ *Sepia*

- *Sepia* ist ein vorwiegend linksseitiges und weibliches Mittel. Sein Hauptwirkungsbereich sind die endokrinen Drüsen und die Gebärmutter. Es beeinflusst die oben erwähnte Hypophysen-Nebennieren-Gonaden-Achse und neigt zu sexueller Neutralität. Tiere, die in Zeiten hoher hormoneller Aktivität kastriert werden (z. B. wegen einer Pyometra), profitieren oft von *Sepia*.
- Auf der Gemütsebene sind sie apathisch und launisch, manchmal auch unleidlich. Die Libido ist nur schwach ausgeprägt und die Tiere sind beim Paarungsakt oft gleichgültig und passiv.
- Das ganze Bild wird von Trägheit beherrscht, aber sobald sie stimuliert werden können, bessert sich alles. Bei Scheinträchtigkeit mit Depression und geringer Milchproduktion oder dem Verlangen, alles zu bemuttern, leistet *Sepia* oft gute Dienste. Im Allgemeinen sind *Sepia*-Tiere keine guten Mütter und lassen ihren Nachwuchs häufig im Stich. Aber auch hier sind sie passiv und machen keine Anstalten, ihre Jungen zu töten.
- Absonderungen können veränderlicher Natur sein, sind aber überwiegend gelb gefärbt. Es besteht eine Empfindlichkeit gegenüber Berührung im Beckenbereich. Der Östrus ist unregelmäßig und schwach ausgeprägt. Das bekannte Senkungsgefühl und die allgemeine Bindegewebsschwäche führen zur Anwendung bei Abort und Prolaps. Nach der Geburt kann es zu fortgesetztem Pressen kommen.

- Die routinemäßige Anwendung bei Rindern 14 Tage nach dem Abkalben führte zu einer allgemeinen Verbesserung der Fruchtbarkeit. Weitere klinische Indikationen sind Pyometra, Scheinträchtigkeit, Unfruchtbarkeit und Inkontinenz bei kastrierten weiblichen Tieren.

Weitere Arzneien

▶ *Aristolochia clematitis*

- Spezifische Indikation: Folgen der Einnahme von Kontrazeptiva
- Zystische Mastitis
- Wässriger brauner Scheidenausfluss
- Abgeschwächter oder ausbleibender Östrus

▶ *Cimicifuga (Actaea racemosa)*

- Unregelmäßige, schwache und intermittierende Gebärmutterkontraktionen
- Entzündung und Schmerzen in den Ovarien
- Verspätete Ovulation und verminderte Absonderungen während der Läufigkeit

▶ *Natrium muriaticum*

- Paarungsunwilligkeit
- Verspätete Pubertät
- Unregelmäßiger oder ausbleibender Östrus
- Reichliche Absonderung zu Beginn des Östrus
- Unfruchtbarkeit

▶ *Phytolacca*

- Rechtsseitig
- Brustdrüsen hart und schmerzhaft
- Abszesse und Tumoren von Drüsen
- Ausbleiben der Läufigkeit

▶ *Sabina*

- Nachgeburtsverhaltung
- Blutig-wässrige Absonderungen aus der Gebärmutter
- Postpartale Blutungen

▶ *Ustilago maydis*

- Sowohl hellrote als auch dunkle Absonderungen aus der Gebärmutter, z. T. klumpig, < Bewegung
- Mangelhafte Milchbildung

▶ *Urtica urens*

- Niedrige Potenzen vermindern die Milchbildung, hohe Potenzen steigern sie.
- Ödem der Milchdrüsen
- Gebärmutterblutungen

QUELLEN

- *Day, C. E. I. (1985): Control of stillbirths in pigs using homeopathy.* Vet Rec **114** *(9)*
- *Saxton, J. G. (2018): Leitfaden Miasmen. 3. Aufl. Kandern: Narayana*
- *Williamson, A. V. et al. (1991): A study using Sepia 200c given prophylactically postpartum to prevent anoestrus problems in the dairy cow.* BHJ **80**, *149-156*
- *Williamson, A. V. et al. (1995): A trial of Sepia.* BHJ **84**, *14-20*

22

Die männlichen Geschlechtsorgane

Allgemeines

Wie in den letzten beiden Kapiteln geht es auch hier um einen Bereich, in dem sich bevorzugt die Sykose manifestiert, denn dieses Miasma drückt sich v. a. über den Urogenitaltrakt aus. Es herrscht die Meinung, dass ein zentrales Thema der Sykose die Ausdehnung ist. Dabei spielen die Geschlechtsorgane mit ihren Aufgaben der Zellteilung, Reproduktion, Fortpflanzung und Arterhaltung bzw. Vergrößerung der sozialen Gruppe eine zentrale Rolle. Man kann sich ausmalen, welchen Einfluss die Entfernung dieser Organe auf den Gesamtorganismus hat. Und auch wenn dieser Eingriff für männliche Tiere vielleicht einen weniger künstlichen Zustand erzeugt als bei weiblichen Tieren, so ist es doch auch für einen Rüden eine unnatürliche Situation, niemals die Gelegenheit zu bekommen, seine Sexualität zum Ausdruck zu bringen. Die chirurgische Kastration hat möglicherweise keinen so nachteiligen Einfluss auf den Energiezustand des Tieres, aber es verdichten sich die Hinweise, dass die Kastration katastrophale Folgen für die Gesundheit des Tieres haben kann, insbesondere bei Hunden. Hier scheint es bei beiden Geschlechtern zu einem gehäuften Auftreten von bestimmten Krebsarten, aber auch von Rupturen des vorderen Kreuzbandes zu kommen, v. a.

wenn die Kastration im frühen Lebensalter durchgeführt wurde. Daher sollte das Thema Kastration beim Rüden sehr kritisch betrachtet und eine Operation wenn möglich vermieden werden. Ist ein chirurgischer Eingriff jedoch aus therapeutischen Gründen angezeigt, beispielsweise wegen einer Prostatahyperplasie oder perianaler Adenome, sollte man bedenken, dass dadurch nicht das zugrundeliegende Ungleichgewicht der Lebenskraft behandelt wird. Insofern ist eine homöopathische Behandlung nicht nur wünschenswert, sondern möglicherweise entscheidend, um zu vermeiden, dass sich die Krankheit auf tiefer liegende Ebenen ausbreitet. Abgesehen von den genannten Erkrankungen ist in der Praxis die chirurgische Kastration eines gesunden Individuums selten ein ausschlaggebender Faktor für die Entwicklung einer chronischen Krankheit. Dies gilt jedoch nicht für die chemische Kastration und wir empfehlen, diese Präparate nur unter Vorbehalt einzusetzen.

Der kastrationsbedingte Hormonmangel wirkt sich v. a. auf jene Individuen aus, die aufgrund ihrer Konstitution besonders verletzlich sind. Eine konstitutionelle Verschreibung kann diesem Problem natürlich abhelfen. Ansonsten kann man sich auch mit der *Organotherapie* in Form von Tiefpotenzen männlicher Geschlechtshormone oder einer homöopathischen Zubereitung aus Hodengewebe behelfen. Auf diese Weise können bei solchen Patienten auftretende Probleme wie Trägheit und schlechtes Haarkleid erheblich gemindert werden.

Langsam beginnt der Berufsstand zu begreifen, dass die Unterdrückung der Sexualität, die der Mensch den domestizierten Haustieren aufzwingt, zu einer Erweckung des Krebsmiasmas führen kann; Hoden – und Prostatakrebs sind dann die unausweichlichen Folgen. Ein »prophylaktischer« chirurgischer Eingriff verschiebt dabei nur die Lokalisation des Krebses und ist auf lange Sicht kontraproduktiv.

Zeigen intakte männliche Tiere keine Libido, so kann man dies dem Einfluss der Psora zuschreiben, da dieses Miasma für Mangelzustände verantwortlich ist. Im Gegensatz dazu äußert sich die Sykose als gesteigerte Libido. Allerdings ist ein erhöhter Geschlechtstrieb genauso oft eine Ausdrucksform der Tuberkulinie, und tatsächlich sind viele Mittel, die bei diesem Problem eingesetzt werden, tuberkulinische Arzneien. In der freien Wildbahn hat das männliche Tier ausreichend Freiraum, um sich potenzielle Partnerinnen für die Paarung zu suchen – beim Haustier hingegen führt die vom Menschen aufgezwungene Beschränkung dazu, dass die aufgestaute sexuelle Energie als Hypersexualität zum Ausdruck kommt, wie es für das tuberkulinische Miasma typisch ist. Das syphilitische Miasma ist für das Ausbleiben des Hodenabstiegs beim Jungtier verantwortlich. Zwar ist es schwierig, bei diesem Thema vollkommen objektiv zu bleiben, aber wir sind der Ansicht, dass die Behandlung solcher Tiere mit antisyphilitischen homöopathischen Arzneien wie *Aurum metallicum* und *Clematis erecta* häufig sehr wirksam ist und zu einem normalen Hodenabstieg führt. Natürlich stellt sich hier auch ein ethisches Problem, da diese Entwicklungsstörungen oftmals erblich sind. Theoretisch führt die homöopathische Behandlung des zugrundeliegenden Miasmas dazu, dass diese genetische Tendenz nicht auf den Nachwuchs übertragen wird, allerdings gibt es bislang keinen Beweis für diese Annahme. Daher bleibt die letztendliche Entscheidung zum Umgang mit diesem Thema dem Tierarzt überlassen.

Wichtige Modalitäten und Rubriken

Der Prostata ist im Repertorium ein eigenes Kapitel gewidmet, während der Rest der männlichen Geschlechtsorgane im Kapitel »Männliche Genitalien« zusammengefasst ist. Für die Analyse können Rubriken wie »Schwellung« und »Entzündung« der entsprechenden Organe ebenso herangezogen werden wie die gegensätzlichen Symptome Atrophie und Verhärtung. Bei den Hoden spielt die Seitenbeziehung eine wichtige Rolle, und Hodenhochstand findet sich in der Rubrik »Zusammenziehung«, wobei es in manchen neueren Repertorien auch die Rubrik »Kryptorchismus« gibt. Absonderungen aus dem Präputium werden hinsichtlich ihrer Farbe und Konsistenz differenziert, wobei Absonderungen aus der Harnröhre in dem dazugehörigen Kapitel zu finden sind. Modalitäten und Läsionen wie Kondylome oder Geschwüre sind bei den entsprechenden Organen lokalisiert. Symptome zur Libido sind unter dem Begriff »Sexuelles Verlangen« zu finden und Rubriken zum Thema Masturbation können ebenfalls hilfreich sein. Phimose und Paraphimose finden sich unter den gleichlautenden Überschriften.

Eine Vergrößerung der Prostata kann den Harn – und Kotabsatz beeinträchtigen, was wiederum ein signifikanter Faktor bei der homöopathischen Verschreibung sein kann. Allerdings sollte man bei der Übertragung der Symptomatik vom Menschen auf das Tier Vorsicht walten lassen, da sich die Anatomie der einzelnen Spezies doch in gewisser Weise unterscheidet.

Die wichtigsten Arzneien

▶ *Pulsatilla*

- Obwohl *Pulsatilla* oft als typisch »weibliches« Mittel angesehen wird, hat es auch einen starken Bezug zu den männlichen Geschlechtsorganen. Die vielleicht wichtigsten Symptome sind die einer Prostatitis, insbesondere der akuten Form. Die dickflüssigen, milden, mukopurulenten Absonderungen von *Pulsatilla* finden ihren Ausdruck in einer entsprechenden Ausscheidung aus der Harnröhre, und der Harnabsatz ist mit Schmerzen verbunden. Die Absonderung kann auch mit Blut vermischt sein, und die Prostatitis geht evtl. mit Arthritisschmerzen in der rechten Hüfte einher. Orchitis ist ebenfalls Teil des *Pulsatilla*-Bildes, v. a. wenn sie rechtsseitig ist.

▶ *Thuja*

- Diese wichtige antisykotische Arznei findet praktisch bei jedem Problem der männlichen Geschlechtsorgane Anwendung. Im Arzneimittelbild sind Balanoposthitis mit reichlich gelbem oder grünem Ausfluss, Vergrößerung der Prostata und chronische Verhärtung der Hoden enthalten. *Thuja* ist bei gutartigen Tumoren und Kondylomen angezeigt, daher stellen Warzen im Bereich des Präputiums sowie gutartige Tumoren der Hoden mögliche Anwendungsgebiete dar.

Mercurius solubilis

- Die für *Mercurius* charakteristischen eitrigen Entzündungen und Geschwüre treten im männlichen Geschlechtsapparat als purulente Balanoposthitis in Erscheinung; es kommt zu ulzerativen Läsionen auf dem Penis oder Präputium und grünlichem oder gelbem mukopurulentem Ausfluss, dem oft Blut beigemengt ist. Die Geschwüre bluten ebenfalls bei Berührung. Die damit verbundenen Schmerzen spielen auch bei der Phimose oder Paraphimose eine Rolle, bei denen *Mercurius* ebenfalls angezeigt ist. Das Präputium ist stark geschwollen und es kann eine schmerzhafte Orchitis auftreten.

Conium maculatum

- Beim Menschen ist *Conium* bei alten Männern angezeigt, deren sexuelles Verlangen unterdrückt wurde, entweder weil ihnen ein/e Sexualpartner/in fehlt oder sie diese/n verloren haben. Da intakte männliche Tiere, v. a. Rüden, im späteren Leben vielleicht ähnliche Erfahrungen machen, ist *Conium* auch hier oftmals angezeigt. Eine Vergrößerung der Prostata führt zu einer Behinderung des Harnabsatzes; dieser ist unterbrochen, d. h. der Urin fließt, stoppt und fließt dann wieder. Harntröpfeln kann ebenfalls auftreten. *Conium* wird auch mit einer Vergrößerung und nachfolgenden Atrophie und Verhärtung der Hoden sowie allgemein mit krebsartigen Veränderungen in Verbindung gebracht. Daher ist es bei Hoden – oder Prostatakrebs ein Mittel der ersten Wahl. Begleitend tritt eine Hinterhandschwäche auf. Trotz des fortgeschrittenenen Alters der Patienten kann das sexuelle Verlangen immer noch stark ausgeprägt sein, auch wenn die Fähigkeit zum Geschlechtsakt nachgelassen hat oder fehlt.

Tarentula hispanica

- Dieses Spinnenmittel hat ausgeprägte antituberkulinische Eigenschaften und bringt die charakteristische Hyperaktivität dieses Miasmas zum Ausdruck. Allerdings findet dieser Ausdruck v. a. im sexuellen Bereich statt. Die Libido ist gesteigert, und das betroffene Tier besteigt Menschen, andere Tiere und unbelebte Objekte und masturbiert freizügig. Die Genitalien sind empfindlich, und eine mögliche Folge der anhaltenden sexuellen Erregung ist eine Prostatitis. Der heranwachsende hypersexuelle Hund, der überschießendes und destruktives Verhalten an den Tag legt, reagiert oft gut auf dieses Mittel. *Tarentula* hat eine interessante Empfindlichkeit in Bezug auf Farben und kann eine Aversion gegenüber einem bestimmten Kleidungsstück seines Besitzers entwickeln. Rot und Grün spielen dabei oft eine Rolle, und die Person, die solche Farben trägt, wird vielleicht von dem *Tarentula*-Hund bestiegen. Des Weiteren reagiert *Tarentula* empfindlich auf Musik; diese kann eine beruhigende Wirkung auf einen *Tarentula*-Patienten haben, v. a. wenn sie einen durchgängigen Rhythmus aufweist.

Weitere Arzneien

▶ *Agnus castus*
- Impotenz, Verlust des sexuellen Verlangens
- Vorzeitiges Altern infolge übermäßiger sexueller Aktivität
- Hoden klein, kalt und schlaff

▶ *Clematis erecta*
- Orchitis, v. a. des rechten Hodens
- Fehlender Hodenabstieg
- Harntröpfeln nach Urinieren

▶ *Ferrum picricum*
- Senile Hypertrophie
- Evtl. Hämaturie
- Oft angezeigt, um die Wirkung anderer Arzneien zum Abschluss zu bringen

▶ *Lycopodium*
- Vergrößerte Prostata, Prostatitis
- Impotenz; vorzeitige Ejakulation
- Gesteigerte Libido

▶ *Murex purpurea*
- Beim Spielen wird der Sexualtrieb angeregt
- Hochgradige Empfindlichkeit der Genitalien
- Übermäßige sexuelle Aktivität

▶ *Origanum (Süßer Majoran)*
- Übermäßiger Sexualtrieb bei beiden Geschlechtern
- Verlangen zu rennen

▶ *Rhododendron*
- Orchitis; Hoden geschwollen, schmerzhaft
- Verhärtung der Hoden
- Schmerzen in den Hoden > Bewegung, < vor einem Sturm oder Wetterwechsel

▶ *Sabal serrulata*
- Senile Prostatahyperplasie
- Zystitis infolge Prostatahypertrophie
- Häufiger Harnabsatz
- Epididymitis

▶ *Staphysagria*
- Prostatitis, Hyperplasie
- Schwierigkeiten beim Kotabsatz

▶ *Ustilago maydis (Maisbrand)*
- Plötzliches Berammeln von Kissen etc.
- Übermäßiger Geschlechtstrieb
- »Unkontrollierbare Masturbation«
- »Abgang von Samenflüssigkeit mit nicht zu unterdrückender Neigung zur Masturbation«

23

Der Bewegungs-apparat

Allgemeines

Diese anatomische Klassifikation umfasst Muskeln, Knochen, Gelenke und die sie versorgenden Nerven; allerdings wird »Paralyse« (Lähmung) im nächsten Kapitel (24) zum Nervensystem behandelt.

Osteoarthrose und ähnliche Erkrankungen zählen zu den häufigsten Gründen für die Konsultation eines homöopathischen Tierarztes. Dafür gibt es zwei mögliche Gründe: Zum einen ist die Homöopathie in diesem Bereich oft sehr erfolgreich, und zweitens sind die schädlichen Nebenwirkungen der nicht-steroidalen Antiphlogistika (NSAID) und Kortikosteroide gut dokumentiert und auch der Allgemeinheit bekannt. Außerdem haben die meisten Patienten mit diesen Erkrankungen bereits ein höheres Lebensalter erreicht und die Bedeutung einer Therapie, die »keinen Schaden anrichtet«, nimmt signifikant zu. Was die NSAID angeht, so scheinen diese homöopathische Arzneien weitestgehend zu antidotieren, sodass bei einem Patienten, der solche Medikamente bekommt, nicht zu erwarten ist, dass das volle Potenzial der Homöopathie ausgeschöpft werden kann. Daher sollten solche Medikamente aus dem Behandlungsplan eliminiert werden; zum Besten des Patienten sollte dies allerdings langsam geschehen. Aspirin hingegen scheint weniger stark zu antidotieren als modernere Medikamente und kann daher ein nützliches Zwischenmittel auf dem Weg zu einer alleinigen homöopathischen Behandlung darstellen. Bei Hunden und Pferden scheinen knorpelschützende Präparate wie Glucosamin oder Chondroitinsulfat keine antidotierende Wirkung zu haben, ebenso wenig wie Magnethalsbänder oder –bandagen.

Erkrankungen der Gelenke werden generell als Manifestationen der Sykose angesehen. Dies trifft auch in den meisten Fällen zu, v. a. wenn es zu einer Überproduktion mit Schwellung der Gelenke oder Exostosen kommt. Besteht allerdings ein Mangel an Gelenkflüssigkeit, kann man dies als Mangelzustand und damit psorisch betrachten, und destruktive Veränderungen wie Osteochondritis dissecans (OCD) stellen zweifellos Manifestationen der Syphilis dar. An dieser Stelle erscheint es uns geboten, darauf einzugehen, welche Rolle die Ernährung für den Bewegungsapparat des Hundes spielt. Wie viele andere sind auch wir der Meinung, dass Welpen, die mit kommerziellem Futter aufgezogen werden, zu schnell wachsen, wobei die inadäquate Nährstoffversorgung diesen Prozess noch unterstützt. Infolgedessen kommt es zur Bildung von Knochen und Knorpel in schlechter Qualität und übermäßig lockeren Bändern. Sind die Zwischenwirbelbänder zu locker, kommt es zu Fixierungen der Facettengelenke, die wiederum zu einer Reizung der muskelversorgenden Nervenwurzeln führen. Durch die daraus resultierende Anspannung der assoziierten Muskeln kommt es zu erhöhtem und meist asymmetrischem Druck auf die dazugehörigen Gelenke. Nehmen wir beispielsweise das Hüftgelenk, so verursacht dieser Mechanismus eine Kontraktion des Pectineusmuskels. Die Folge ist übermäßiger Druck auf ein Gelenk, das von seiner Struktur her nicht in der Lage ist, damit fertig zu werden. Kommen dann noch ein genetisch bedingtes mangelhaftes Exterieur und eine übermäßige Gewichtszunahme hinzu, ist es nicht mehr weit bis zur Hüftgelenksdysplasie.

Ein ähnlicher Prozess in den Vorderbeinen führt zur Entwicklung solcher Erkrankungen wie OCD des Ellbogengelenks und Fragmentierung des Processus coronoideus. Bei solchen Krankheiten empfiehlt es sich, die Chiropraktik oder Osteopathie in das Behandlungsregime einzubeziehen. In ähnlicher Weise kann auch eine chronische übermäßige Anspannung des langen Trizepskopfes nur vollständig aufgelöst werden, wenn die assoziierten Fixationen der Hals – und Brustwirbelsäule gelöst werden. Bei Pferden können ähnliche Mechanismen eine Rolle bei der Pathogenese vieler chronischer Lahmheiten spielen. Ein mangelhafter Hufbeschlag kann sich ebenso wie ein schlecht sitzender oder qualitativ minderwertiger Sattel zusätzlich verschlimmernd auf das ganze Geschehen auswirken. Dies alles sollte bei der Behandlung von Lahmheiten berücksichtigt werden. Zu guter Letzt kann die Umstellung auf eine Rohfütterung, v. a. wenn diese einen ausreichenden Anteil an rohen Knochen enthält, unabdingbar sein, um das, was ansonsten ein Heilungshindernis darstellt, zu korrigieren. Wir sind weiterhin der Ansicht, dass bei Hunden und Katzen Vitamin C zugeführt werden sollte, da die oben beschriebenen degenerativen Prozesse durch den in den meisten kommerziellen Futtermitteln niedrigen Gehalt an Vitamin C verschlimmert werden. Können die Tierbesitzer nicht davon überzeugt werden, rohes Gemüse und Obst in die Rohfütterung zu integrieren, ist eine Supplementierung ebenfalls empfehlenswert.

Die vorhergegangenen Ausführungen machen deutlich, dass es sich beim Muskel – und Skelettsystem um ein fein ausbalanciertes dynamisches System handelt, in dem die Gliedmaßen und die Wirbelsäule zusammenspielen, und das aus Knochen, Bändern und Muskeln besteht. Die homöopathische Behandlung stellt bei den oben beschriebenen Problemen daher manchmal nur einen Baustein einer multidisziplinären Herangehensweise dar.

Wichtige Modalitäten und Rubriken

Es ist nicht immer möglich festzustellen, ob ein Tier Schmerzen hat oder nicht. Ist jedoch klar, dass es unter Schmerzen leidet, können die Rubriken unter »Extremitäten – Schmerz« und entsprechende Unterrubriken sehr hilfreich sein. Auch die Rubriken unter »Steifheit« können Berücksichtigung finden, obwohl sie beim Tier oftmals nicht ganz passend erscheinen. Modalitäten in Bezug auf die Bewegung sind oftmals von entscheidender Bedeutung, v. a. die Verschlimmerung (oder Besserung) durch anfängliche oder fortgesetzte Bewegung, aber auch die Folgen von Ruhe, insbesondere Ruhe nach Bewegung. Wettermodalitäten sind ebenfalls wichtig: die Auswirkungen von feuchtkaltem Wetter, warmem und trockenem Wetter, kaltem und trockenem Wetter, Wind und Wetterwechsel sind alle signifikant. Lokale warme oder kalte Anwendungen können ebenfalls einen Einfluss auf die Symptome haben.

Pathologische Erscheinungsformen in dem betroffenen Bereich umfassen Schwellung und Deformation der Gelenke sowie Exostosen.

Ist besonders eine Gliedmaßenseite betroffen, kann dies für bestimmte Arzneimittel sprechen, und auch diagonale Lahmheitsmuster sind signifikant. So hat beispielsweise *Ledum* Schmerzen in der linken Schulter und rechten Hüfte.

Die Lokalisation der Schmerzen oder Pathologie ist ebenfalls wichtig, da bei manchen Arzneien eine Affinität zu einem bestimmten Gelenk oder Wirbelsäulenbereich besteht. *Actaea spicata* z. B. hat eine Affinität zum Handgelenk und *Tellurium* hat Schmerzen vom letzten Halswirbel bis zum fünften Brustwirbel.

Wenn es um die Übertragung vom Menschen auf das Tier geht, besteht häufig Verwirrung darüber, ob die »Vorderfüße« mit den »Händen« gleichzusetzen sind. Wir sind der Meinung, dass dies tatsächlich sehr oft zutrifft, allerdings sollte man bei der Interpretation flexibel sein, um keine wertvollen Rubriken zu übersehen. Manchmal ist auch die Gleichstellung von »Füße« mit »Vorderfüße« angebracht, manchmal wiederum nicht. Von großer Bedeutung ist die Frage, inwieweit die Symptome durch eine Gewichtsbelastung bedingt sind oder nicht. Wenn sich die alleinige Beteiligung der Vorderfüße nicht erklären lässt, ist es zulässig, die Rubriken für »Hände« hinzuzuziehen. Ist sie jedoch Teil eines allgemeinen arthritischen Zustandes aller gewichtstragenden Gelenke, ist es sicherer, die Repertorisation auf Rubriken für »Füße« zu beschränken. In ähnlicher Weise sollte man daran denken, dass bei Huftieren die »Hufe« den »Nägeln« entsprechen.

Im folgenden Kapitel zum Nervensystem gehen wir ausführlicher auf Schwächezustände der Gliedmaßen ein, auch wenn es sich dabei sicherlich um ein Symptom des Muskel – und Skelettsystems handelt und die Rubriken unter »Extremitäten – Schwäche« auch nützlich sind. Gleiches gilt für Lähmungszustände.

Die wichtigsten Arzneien

▶ *Pulsatilla*

- Die lokomotorischen Symptome von *Pulsatilla* spiegeln die Wechselhaftigkeit dieser Arznei wider: Es treten wandernde Lahmheiten auf, und die Schmerzen wechseln von einem Gelenk zum anderen und von einer Gliedmaße zur anderen. Die Symptome werden durch feuchtes und heißes Wetter verschlimmert. Leichte Bewegung an der frischen Luft sowie kühle Anwendungen lindern die Beschwerden. Es besteht eine Affinität zum rechten Hüft – und Kniegelenk, wobei sich die Schmerzen durch Liegen auf der linken bzw. schmerzlosen Seite verschlechtern. Weiterhin treten Schmerzen am lumbosakralen Übergang auf.

▶ *Calcium carbonicum*

- Die Gelenkbeschwerden von *Calcium carbonicum* verschlimmern sich durch kaltes und feuchtes Wetter und Durchnässung. Die betroffenen Gelenke, v. a. die Kniegelenke, sind schmerzhaft und geschwollen, und Exostosen sind ein hervorstechendes Merkmal. Exostosen in Form einer Spondylose gehen mit Schmerzen und Steifheit der Hals – und Lendenwirbelsäule einher. Schmerzen und Steifheit werden allgemein durch Bewegung und Liegen auf der schmerzhaften Seite gelindert.
- *Calcium carbonicum* ist ein frostiges Mittel, was sich in einem Gefühl von Kälte und Feuchtigkeit der Füße äußert.

▶ *Causticum*

- *Causticum* hat Deformation sowie Schmerzen und Steifheit der Gelenke, die durch Bewegung nur teilweise gelindert werden. Arthritische Veränderungen der Wirbelsäule führen zu einer Hinterhandschwäche, die manchmal mit Harn – oder Kotinkontinenz einhergeht. Viele alte Hunde zeigen ein solches Bild, und es ist auch diese Altersgruppe, in der *Causticum* am häufigsten eingesetzt wird. Die Wettermodalitäten von *Causticum* sind durchaus verwirrend: In den meisten homöopathischen Lehrbüchern wird eine Verschlimmerung bei kaltem trockenem Wetter und Besserung durch feuchtes Wetter genannt. Allerdings kann auch das genaue Gegenteil auftreten, und unserer Erfahrung nach ist *Causticum* tatsächlich sehr häufig angezeigt, wenn eine Besserung duch kaltes trockenes Wetter besteht. Aber auch ein Hund, der bevorzugt auf feuchtem Gras liegt, kann dieses Mittel benötigen. Auf der Gemütsebene zeigt *Causticum* manchmal Reizbarkeit, aber der charakteristische Beschützerinstinkt gegenüber der Familie und die mitfühlende Natur sind auffälligere Merkmale. Warzen im Gesicht sind ein weiteres Schlüsselsymptom dieser Arznei.

▶ *Rhus toxicodendron*

- Nach *Arnica* ist *Rhus toxicodendron* vielleicht das am häufigsten verschriebene homöopathische Mittel, was an seinem hohen Ansehen bei der Behandlung von Arthritis liegt. Gelenk – und Rückenschmerzen sind herausragende Merkmale und auch die Modalitäten sind sehr spezifisch: Die Schmerzen verschlimmern sich zu Beginn der Bewegung und bessern sich mit fortgesetzter Bewegung. Mit zunehmender Erschöpfung kehren die Schmerzen und Steifheit allerdings zurück. Die für *Rhus toxicodendron* charakteristische Verschlimmerung durch Ruhe führt zu der Beschreibung »schlimmer nach Ruhe nach Anstrengung«. Eine weitere wegweisende Modalität ist die Verschlimmerung durch kaltes und feuchtes Wetter. Auch Durchnässung verschlimmert, und das Tier versucht wie bei *Pulsatilla*, nasse Füße zu vermeiden, indem es nicht durch Pfützen läuft. Liegen diese Modalitäten hinsichtlich Bewegung und Wetter eindeutig vor, wird *Rhus toxicodendron* helfen, unabhängig davon, ob das Problem primär die Muskeln, Sehnen, Bänder oder Faszien betrifft.
- Daneben besteht eine Verschlimmerung vor Gewitter; es kann auch Angst vor Gewitter auftreten.
- Die nächtliche Verschlimmerung in Kombination mit der Verschlechterung durch Ruhe bedeutet, dass die Nacht die schlimmste Zeit für den *Rhus toxicodendron*-Patienten ist. Um es sich irgendwie bequemer zu machen, wechselt das Tier häufig die Stellung oder steht auf und wandert herum, um die Schmerzen zu lindern. Dies gelingt auch für kurze Zeit, aber sobald sich der Patient wieder hinlegt, kehren die Schmerzen zurück und der nächste Zyklus von Ruhe und Bewegung beginnt. Infolgedessen zeigt das Tier nächtliche Unruhe, wandert in Abständen herum und verändert in Ruhe häufig die Lage. Es überrascht nicht, dass der *Rhus toxicodendron*-Patient in diesem Stadium in gewisser Weise reizbar ist, wobei dennoch oft das angeborene gutgelaunte Naturell durchscheint. Auf der allgemeinen Ebene ist *Rhus toxicodendron* frostig und durstig, und es zeigt Verlangen nach Milch.
- Auf lokaler Ebene als Tiefpotenz eingesetzt, kann *Rhus toxicodendron* in solchen Situationen überaus wirksam sein, aber man sollte daran denken, dass diese Bewegungs – und Wettermodalitäten auch bei anderen Arzneien vorkommen. Daher bedarf es für eine langfristige Heilung, die über eine Palliation hinausgeht, einer Verschreibung auf der konstitutionellen Ebene. Nichtsdestotrotz kann *Rhus toxicodendron*, auch wenn es nur als lokal wirkendes Mittel eingesetzt wird, für die Behandlung von Gelenkschmerzen bei Tieren immens wertvoll sein, und sein Ruf in diesem Bereich ist absolut gerechtfertigt.

▶ *Bryonia alba*

- *Bryonia* wird manchmal als das genaue Gegenteil von *Rhus toxicodendron* beschrieben, und in der Tat sind seine Modalitäten gegensätzlich zu denen von *Rhus toxicodendron*: Zum einen ist für *Bryonia* eine Verschlimmerung durch jegliche Bewegung typisch. In schwereren Fällen weigert sich das Tier, sich überhaupt zu bewegen, und in weniger schweren Fällen nimmt die Lahmheit mit zunehmender Bewegung ebenfalls zu. Zum zweiten werden die Schmerzen von *Bryonia* durch Wärme verschlechtert und nasses Wetter gebessert, obwohl kaltes trockenes Wetter ebenfalls verschlimmern kann. Die Essenz von *Bryonia* ist Trockenheit, daher ist vielleicht die Trockenheit der entscheidende Faktor bei den Wettermodalitäten. Es besteht auch eine spezifische Besserung durch festen Druck, sodass der *Bryonia*-Patient bevorzugt auf der erkrankten Gliedmaße liegt. Es erstaunt nicht, dass *Bryonia* in diesem Zustand reizbar ist und seine Ruhe haben möchte. Die Patienten werden oft als »von straffer Faser« beschrieben und es besteht ein charakteristischer Durst auf große Mengen in langen Zeitabständen.
- *Bryonia* wird oft nach *Rhus toxicodendron* benötigt, was daran liegt, dass es bei *Rhus toxicodendron* manchmal zu einer sogenannten »Umkehr der Modalitäten« kommt: Der Patient hat erst gut auf *Rhus toxicodendron* angesprochen, aber dann entwickelt er Modalitäten, die mehr für *Bryonia* sprechen. Wird dann zu *Bryonia* gewechselt, schreitet der Fall weiter auf dem Weg der Besserung fort. Anschließend kann wieder ein Wechsel zu *Rhus toxicodendron* erforderlich sein, und so kann dieses Wechselspiel über einen längeren Zeitraum stattfinden, wobei eine stetige Verbesserung des Zustandes des Patienten zu verzeichnen ist.

Weitere Arzneien

▶ *Actaea spicata (Christophskraut)*

- Arthritis der Hand-, Fuß – und kleinen Gelenke
- Schwellung nach Anstrengung
- Verschlimmerung der Schmerzen durch die geringste Anstrengung

▶ *Arnica montana*

- Steifheit und Schmerzen im Rücken und in den Gliedmaßen »wie gequetscht«
- Ruhelosigkeit im Bett, da er keine bequeme Stellung findet
- Angst, berührt zu werden
- < kaltes und feuchtes Wetter, Anstrengung

▶ *Argentum metallicum*

- Rückenschmerzen – läuft mit gekrümmtem Rücken
- Gelenkschmerzen, v. a. Karpus, Ellbogen, Halswirbelsäule
- Bevorzugte Angriffsstelle ist der Knorpel
- Schlimmer durch Berührung, Kälte und Feuchtigkeit
- Besser durch frische Luft, Bewegung

▶ *Calcium fluoratum*

- Exostosen
- Chronische Synovitis des Kniegelenks; alte Verletzungen der Kreuzbänder
- < kaltes und feuchtes Wetter, Wetterwechsel
- Allgemein schlimmer durch Hitze

▶ *Calcium phosphoricum*

- Allgemein dünn und reizbar
- Gelenkschmerzen, v. a. bei Heranwachsenden (»Wachstumsschmerzen«), in der Schwangerschaft/Trächtigkeit
- Schlimmer durch Kälte und Feuchtigkeit, zur Zeit der Schneeschmelze
- Besser im Sommer
- Frakturen, auch nicht-heilende

▶ *Caulophyllum*

- Arthritis der kleinen Gelenke, v. a. der Finger und Zehen
- Gelenkschmerzen nach der Geburt

▶ *Cimicifuga (Actaea racemosa)*

- Nervös, zappelig und leicht erregbar; Verlangen umherzuwandern; reizbar
- Schmerzen wie Stromschläge
- Schmerzen in den *Halsmuskeln*, von Hüfte zu Hüfte bei Problemen mit der Gebärmutter
- Schlimmer durch Kälte und Feuchtigkeit
- Besser durch Bewegung, Wärme

▶ *Dulcamara*

- Gelenkschmerzen schlimmer durch Feuchtigkeit, v. a. im Herbst, nach Durchnässung
- Besser durch Bewegung
- Arthritis nach Hautausschlägen
- Rheumatismus im Wechsel mit Durchfall

▶ *Ledum palustre*

- Verstauchung der Fußgelenke
- Schmerzen > kalte Anwendungen, obwohl der Patient im Allgemeinen schnell friert
- Arthritis beginnt in den Hintergliedmaßen und wandert nach oben
- Diagonale Schmerzen: linke Schulter und rechte Hüfte oder umgekehrt

▶ *Lithium carbonicum*

- »Rheumatismus in Verbindung mit Herzproblemen«
- Arthritis der kleinen Gelenke
- Hintergliedmaßen besonders betroffen; Schwierigkeiten beim Treppensteigen
- Hüftgelenke im Wechsel betroffen
- Schlimmer morgens, rechte Seite
- Besser durch Aufstehen und Umhergehen

▶ *Medorrhinum*

- Arthritis mit Ergüssen und Exostosen
- Schmerzen in Fußballen
- Übler Geruch der Füße
- Schwellung der Zehengelenke
- Exostosen an den Ellbogen bei großen Hunden – schlimmer durch Bewegung
- Schlimmer bei feuchtem Wetter, besser am Meer

▶ *Ruta graveolens*

- Bursitis, Tendinitis
- Kontraktionen der Zehen
- Arthritisschmerzen, v. a. durch Überanstrengung, chronische Zerrungen
- < kaltes und feuchtes Wetter, Anstrengung

24

Das Nervensystem

Allgemeines

Das Nervensystem ist in vielerlei Hinsicht von allen Körpersystem am störungsanfälligsten sowohl im Hinblick auf direkte Einwirkungen als auch auf Störungen in anderen Systemen. Eine Toxämie, die infolge einer Leber – oder Nierenerkrankung entsteht, wird sich auch auf das Nervensystem auswirken, und praktisch jedes größere Trauma wird eine Nervenschädigung zur Folge haben. Ist die Wirbelsäule betroffen, kann eine verletzungsbedingte Ödembildung aufgrund des dadurch entstehenden Drucks den Schaden weiter vergrößern; hier ist *Apis* ein wertvolles Mittel. Aber auch bei chronischen Krankheiten besteht oftmals eine Beteiligung des Nervensystems. Dieses steht in enger Beziehung zum psorischen Miasma. Aufgrund der embryologischen Entwicklung des Zentralen Nervensystems aus dem primordialen Hautgewebe besteht im Falle einer Unterdrückung der Psora eine Neigung zu nervösen Störungen. Die intrinsische Natur der Psora (Kapitel 11) manifestiert sich als Versagen oder Verminderung der Funktion, was zu Lähmungen oder Muskelschwäche führt. Einige Fälle von Bell-Lähmung (Gesichtslähmung) und Horner-Syndrom entstehen auf diese Weise. Andersherum kann die erfolgreiche Behandlung von Erkrankungen des Nervensystems zum Erscheinen von Hautsymptomen führen. Eine weitere suppressive Verbindung des Nervensystems besteht zum syphilitischen Miasma: Eine der Strukturen, die bei einer Blockade des Ventils für das syphilitische Miasma angegriffen werden, sind die Hirnhäute, was verheerende Folgen nach sich ziehen kann.

Geistes – und Gemütskrankheiten

Diese Erkrankungen treten oft als sogenannte »einseitige Krankheiten« in Erscheinung. Dies bedeutet, dass die Symptomatik des Patienten vollständig von einem Symptom in einem System beherrscht wird. Die Besitzer betrachten dann dieses Symptom als die eigentliche Krankheit, die wiederum als nervales oder Verhaltensproblem klassifiziert wird.

Die erfolgreiche Behandlung dieser offensichtlich in sich geschlossenen Krankheit kann dazu führen, dass das Tier eine mehr körperliche und u. U. sogar lebensbedrohliche Erkrankung entwickelt, die oft bösartiger Natur ist. Was ist passiert? Der Körper hatte als Überlebensstrategie eine tiefsitzende Erkrankung eines lebenswichtigen Organs nach außen verlagert und in eine funktionelle Störung des Nervensystems umgewandelt. Die Beseitigung dieser Schicht führt dann zum Wiedererscheinen des tiefer liegenden Ungleichgewichts im physischen Körper. Paragraph 216 im *Organon* erläutert diesen Sachverhalt.

Epilepsie

Es ist wichtig, dass man zwischen Epilepsie und Krampfanfällen anderer Genese differenziert. Eine echte idiopathische Epilepsie kann Teil einer mentalen Erkrankung sein (s. o.) und ist von Natur aus immer Teil einer chronischen Krankheit. Die Behandlung sollte konstitutionell erfolgen. Das Wechselspiel, das wir zwischen der Lunge und der Haut sehen, findet auch zwischen dem Nervensystem und der Haut statt. Aus schulmedizinischer Sicht besteht bei vielen Erkrankungen ein erblicher Zusammenhang und die Epilepsie ist eine davon. Aus homöopathischer Perspektive ist es allerdings möglich, dass miasmatische Einflüsse über die Generationen weitergegeben werden, ohne dass dies im Sinne dominanter und rezessiver Gene geschieht. Nichtsdestotrotz ist es eine nicht zu verleugnende Tatsache. Solche Tiere sind besonders anfällig für bestimmte Auslöser oder unterdrückende Behandlungen und entwickeln daraufhin klinische Erkrankungen. Impfungen sind hier ein besonders wichtiger Faktor, v. a. wenn sie in anderen Körpersystemen Symptome ausgelöst haben und diese unterdrückt wurden. Daher sind bei der Behandlung von Epilepsie ätiologische Erwägungen besonders wichtig. Ein Hauptproblem im Behandlungsmanagement bei Epilepsie besteht darin, dass aufgrund der dramatischen und belastenden Symptomatik sehr oft großer Widerwille sowohl von Seiten des Tierarztes, aber auch der Tierbesitzer besteht, wenn es darum geht, die Medikation, mit der die Anfälle unter Kontrolle gebracht wurden, zu reduzieren. Dies ist zwar verständlich, aber eine solche Kontrolle stellt im homöopathischen Sinne eine Unterdrückung und damit ein Heilungshindernis dar.

Schlaganfall und Schlaganfall-Syndrom

Auch wenn es beim Tier zu einem echten Schlaganfall kommen kann, handelt es sich in den meisten Fällen nicht um das gleiche Syndrom wie beim Menschen; daher sollte besser die Bezeichnung »Vestibularsyndrom« oder »Transiente ischämische Attacke« gewählt werden. Diese Erkrankung tritt primär beim älteren Tier auf und stellt aus homöopathischer Sicht eine akute Krankheit dar. Es liegt keine primäre Nervenschädigung vor und es hat den Anschein, als handele es sich um eine nervale Fehlfunktion, die durch eine primäre Störung in einem anderen System verursacht wird. Das Herz-Kreislauf-System steht dabei an erster Stelle, wobei der genaue Mechanismus noch unklar ist. In manchen Fällen scheint ein Zusammenhag mit einer Lipämie zu bestehen. Die nervalen Symptome betreffen v. a. den Vestibularapparat. Die anfängliche Behandlung erfolgt mit Arzneien wie *Aconitum*, *Arnica* und *Belladonna*. Eine zerebrale Anoxie (Sauerstoffmangel) führt zu Ödembildung – hier sollte *Apis* in Betracht gezogen werden. Die Folgetherapie richtet sich nach der entsprechenden Symptomatik.

Chronische degenerative Radikulomyelopathie (CDRM)

Diese Erkrankung wird oft auch nur als »degenerative Myelopathie« bezeichnet. Es gibt Hinweise darauf, dass wiederholte Auffrischungsimpfungen eine Rolle bei der Entstehung dieses Syndroms spielen können (Canine Health Concern Survey 1997). Es handelt sich primär um eine syphilitisch-psorische Erkrankung. Neben den Arzneien, die entsprechend dem klinischen Bild gewählt werden, wie z. B. *Conium*, *Lathyrus* oder *Sulphonal*, spielen auch die miasmatischen Nosoden eine wichtige Rolle in der Behandlung. Da die Erkrankung mit einer Zerstörung der Myelinscheiden einhergeht, kann besonders der Einsatz von *Syphilinum* hilfreich sein, um diesen Prozess aufzuhalten. Nicht weniger wichtig ist die Supplementierung von Vitamin C und E. Bei dieser Krankheit bringt die Kombination von Homöopathie und Akupunktur oft die besten Ergebnisse, wobei letztere zur lokalen Stimulation der Spinalnerven eingesetzt wird.

Neoplasien

Der erste wichtige Punkt ist die Lokalisation des Tumors, da diese über die Behandlungsstrategie entscheidet. Es gibt primäre Neoplasien des Nervengewebes, aber auch pathologische Prozesse in anderen Geweben, die Druck auf das Nervengewebe ausüben und schwerwiegende Auswirkungen haben können. In beiden Fällen muss die Miasmatik berücksichtigt werden (siehe Kapitel 30), da ein miasmatisches Ungleichgewicht (Kapitel 11) entscheidend für die Entstehung einer Neoplasie ist. Allerdings besteht meist zuerst einmal die Notwendigkeit, die vorliegende Pathologie zu behandeln, beispielsweise die Folgen der Nervenschädigungen, was wiederum je nach Fall zur Wahl unterschiedlicher unterstützender Arzneien führen wird.

Wichtige Modalitäten und Rubriken

Zeichen und Symptome sind:

a. Verlust oder Fehllenkung der Muskelfunktion, z. B. Lähmungen
b. Verlust des Bewusstseins
c. Krampfanfälle (Konvulsionen)
d. Hypo – und Hyperästhesie
e. Verhaltensänderungen
f. Verlust der Sinneswahrnehmung
g. Haltungsanomalitäten

Im Repertorium findet man in allen Kapiteln entsprechende Rubriken zu den oben genannten Punkten. Das Kapitel »Schwindel« enthält einige Rubriken, die auch beim Tier hilfreich sein können. Allerdings wird man in den meisten Fällen auf Rubriken zurückgreifen, die sich auf die Körpersysteme beziehen, in denen sich die Erkrankung manifestiert hat. Bewegung ist eine wichtige Modalität. Jede Neigung zu fallen oder auch ein Verdrehen des Kopfes kann eine Seitenbeziehung offenbaren. In der Tiermedizin sind viele Schmerzrubriken unbrauchbar, aber die Modalitäten zu Berührung und Hitze im Zusammenhang mit Schmerzen sind höchst signifikant. Verhaltensänderungen können infolge einer veränderten Sinneswahrnehmung auftreten. Ein umfangreicher Abschnitt zu Konvulsionen findet sich im Kapitel »Allgemeines«. Aber auch an anderen Stellen gibt es entsprechende Rubriken, wie z. B. »Atmung – behindert – begleitet von – Konvulsionen«. Bei Epilepsie müssen die genauen Umstände der Krampfanfälle durchleuchtet werden, darunter auch mögliche Zusammenhänge in sexueller Hinsicht, also beispielsweise mit dem Deckakt oder einer Unterdrückung des Geschlechtstriebes. Die Mondphasen können ebenfalls einen Einfluss auf die Anfälle haben; entsprechende Rubriken findet man im Kapitel »Allgemeines«.

Die wichtigsten Arzneien

Belladonna

- Die Wirkung von *Belladonna* erstreckt sich auf das Zentrale Nervensystem. Häufig treten Symptome des Nervensystems in Verbindung mit einer Hyperthermie auf, sodass diese Arznei z. B. bei Hitzschlag oder hohem Fieber angezeigt ist.
- Der Puls ist meist beschleunigt und pochend, und die Körpertemperatur ist sehr hoch. Manchmal kann der Herzschlag deutlich durch die Brustwand hindurch beobachtet werden. Die Erkrankung beginnt i. d. R. sehr plötzlich. *Belladonna* wird mit Erfolg bei zerebralen Blutungen und beim Schlaganfall-Syndrom des Hundes eingesetzt.
- Diese Arznei kann bei Krampfanfällen aller Art angezeigt sein, angefangen von echter Epilepsie bis hin zu Hypokalzämie und Hypomagnesämie bzw. Milchfieber und Dummkoller beim Rind. Allerdings ist bei den genannten Mangelzuständen trotzdem zusätzlich eine Mineralstoffbehandlung notwendig, genau wie bei der Eklampsie der Hündin. Einem epileptischen Anfall geht oft Unruhe voraus. Im Anfall selbst kommt es zu Aggression, Muskelzuckungen im Kopfbereich und Hinfallen, beim Tier oft auch zu Lautäußerungen wie Schreien und Bellen.

Cuprum metallicum

- Die Wirkung von *Cuprum metallicum* auf das Nervensystem erstreckt sich v. a. auf die Zerebrospinalachse und verursacht Spasmen und Krämpfe. Die Muskeln zucken stark und es kommt zu Spasmen ganzer Muskelgruppen. Im Schlaf treten Zuckungen der Gliedmaßen auf. Krampfanfälle sind ebenfalls möglich; sie beginnen in den Beinen und erstrecken sich dann den Körper hinauf.
- Die Muskeln verkrampfen sich hochgradig, der Kiefer blockiert und es wird sehr viel Speichel gebildet. Es besteht die Neigung, nach vorne zu fallen, und während der Krampfanfälle wird der Kopf zu einer Seite gedreht, wobei keine ausgeprägte Seitenpräferenz besteht. Oft tritt begleitend Heulen oder Bellen auf. Nach einem Anfall ist das Tier hochgradig erschöpft.
- Bei dieser Arznei besteht eine enge Beziehung zwischen der Haut und dem ZNS.
- Die Unterdrückung von Hautausschlägen kann ebenso wie normale Absonderungen Krampfanfälle auslösen. Auch Konvulsionen infolge einer Sauerstoffunterversorgung der Medulla können auf dieses Mittel ansprechen.
- Die Erkrankungen beginnen plötzlich und neigen zu schweren Verlaufsformen. Hypersensibilität ist ein allgemeines Merkmal, ebenso wie der Umstand, dass jedes Medikament, das dem Patienten verabreicht wird, zu einer Reaktion führt, auch wenn diese nicht unbedingt kurativ ist.

Gelsemium

- Die Affinität von *Gelsemium* zum Nervensystem zeigt sich sowohl auf der mentalen als auch auf der körperlichen Ebene. Diese Arznei ist besonders in Rubriken vertreten, bei denen in ätiologischer Hinsicht Angst und Aufregung im Vordergrund stehen und diese unbehandelt körperliche Folgen nach sich ziehen. Es besteht eine motorische Schwäche, die mit Zittern der betroffenen Muskeln verbunden ist und schließlich in Lähmung übergeht. Die Stellreflexe sind herabgesetzt und die Bewegungen unsicher und unkoordiniert. Eine generalisierte Hinterhandschwäche geht möglicherweise mit Harn – und/oder Kotinkontinenz einher. Es treten Lähmungserscheinungen in einzelnen Körperteilen auf; die Augenlider hängen und es tritt Nystagmus auf. Schmerzhafte Schwellungen können alle Gelenke betreffen, bevorzugt aber das Kniegelenk. Ist die Erkrankung generalisiert, besteht eine hochgradige Depression und Abgeschlagenheit mit Schmerzen in allen Muskeln, insbesondere den Schultern. *Gelsemium* ist eine durstlose Arznei.

▶ *Hypericum*

- *Hypericum* ist die Arznei, die bei Nervenschädigungen mit Abstand am häufigsten und erfolgreich eingesetzt wird. Obwohl sich die Hauptwirkung auf die peripheren Nerven erstreckt, wirkt es auch bei Schädigungen des Zentralen Nervensystems und der Hirnhäute. Das Bild wird von Schmerzen und Überempfindlichkeit beherrscht, weniger von Lähmungserscheinungen. Das untere Ende der Wirbelsäule ist besonders betroffen. Die Schmerzen verschlimmern sich durch Bewegung und die betroffenen Körperteile neigen zu Krämpfen. Postoperative Schmerzen werden durch *Hypericum* unter Kontrolle gebracht. Es wird sehr häufig in Verbindung mit *Arnica* bei Verletzungen und mit *Ledum* bei Stichwunden eingesetzt. Die letztgenannte Kombination ist in Fällen von drohendem oder tatsächlichem Tetanus angezeigt. Zur lokalen Anwendung wird *Hypericum* oft mit *Calendula* gemischt. Diese Kombination vermindert die Neigung zur Automutilation des Tieres bei einer Verletzung und stimuliert gleichzeitig die Abheilung.

▶ *Plumbum metallicum*

- Diese Arznei wirkt sowohl auf das Rückenmark als auch auf die peripheren Nerven. Ein ausgeprägtes Merkmal ist die Lähmung einzelner Teile; bei Radialislähmung konnten damit gute Erfolge erzielt werden.
- Obwohl eine spezielle Affinität zu Lähmungen der Vorderhand besteht, kann auch eine CDRM von diesem Mittel profitieren. Muskelatrophie und Verlust der Nervenfunktion sind weitere Einsatzgebiete. Die Erkrankungen beginnen meist langsam, und Erscheinungen wie lokomotorische Ataxie nehmen einen schleichend-progressiven Verlauf.
- Die Wirkung auf das Zentrale Nervensystem beinhaltet Krampfanfälle, denen Schwindel vorausgeht. Nach den Anfällen bleibt eine mentale Depression zurück und das Tier fällt in einen sehr tiefen Schlaf und in extremen Fällen sogar ins Koma. Auffällig ist eine starke Verdrehung des Kopfes zur rechten Seite im Anschluss an einen Anfall. Nervöse Symptome infolge einer Neoplasie des ZNS sind eine weitere Indikation für *Plumbum metallicum*.
- Zu Beginn der Erkrankung treten Schmerzen und Hyperästhesie auf, bevor sich Lähmungserscheinungen entwickeln.

Weitere Arzneien

▶ *Bufo*
- Zunehmende Aggression
- Konvulsionen < nachts und im Schlaf
- Aggression vor den Krampfanfällen
- Muskelkrämpfe
- Hypersexualität
- Schlimmer bei Vollmond

▶ *Causticum*
- Lähmung einzelner Nerven
- Hinterhandschwäche mit Harn – oder Kotinkontinenz
- Harn – oder Kotinkontinenz beim Husten, Bellen etc.

▶ *Cicuta virosa*
- Gleichgewichtsstörungen
- Kopf und Hals sind während der Krampfanfälle nach hinten gezogen (Opisthotonus)
- Muskelzuckungen und -krämpfe
- Erweiterung und Kontraktion der Pupillen im Wechsel

▶ *Conium*
- Aufsteigende Paralyse
- Schwäche der Gliedmaßen, v. a. der Hinterhand
- Zittern der Vordergliedmaßen
- Ätiologie einer Quetschung des Rückenmarks und der assoziierten Nerven
- Obturatorlähmung bei Rindern (nach dem Kalben)

▶ *Hyoscyamus*
- »Headshaking« (Kopfschütteln) bei Pferden
- Erweiterung der Pupillen
- Obszönes Verhalten (Harnmarkieren bei Katzen)
- Muskelkrämpfe während der Krampfanfälle
- Gesichtszuckungen

▶ *Ignatia*
- Epileptische Krampfanfälle
- Vorgeschichte von Kummer oder Trennung

▶ *Lathyrus*
- Schwankender Gang
- Verlust der räumlichen Wahrnehmung
- Beine überkreuzt
- »Stechschritt«
- Atrophie von Muskelgruppen
- Gesteigerte, aber unkoordinierte Reflexe

▶ *Opium*
- Unterdrückte nervale Reaktionen
- Kontraktion der Pupillen
- Schmerzlose Lähmung

▶ *Stramonium*
- Rhythmische Gliedmaßenbewegungen
- Übererregung durch helles Licht
- Stolpernder Gang und Fallen nach vorne

QUELLEN

- *Canine Health Concern survey 1997*
- *Holcombe, A. W. (1982): Spasms and Convulsions. An abridged Repertory. New Delhi: World Homeopathic Links*
- *Varshney, J. P. (2007): Clinical management of idiopathic epilepsy in dogs with homeopathic Belladonna 200c: a case series.* Homeopathy **96**, 46-48

25

Der Herz-Kreislauf-Apparat

Allgemeines

Gefäßerkrankungen nehmen bei unseren Haustieren immer mehr zu. Allerdings ist das Herz bei weitem am meisten betroffen, wenn es um Erkrankungen in diesem Körpersystem geht. Klassisch betrachtet sind Herzprobleme dem sykotischen Miasma zuzuordnen und entstehen durch einen übermäßigen Einfluss des Vegetativums. Es gibt zunehmend Anhaltspunkte für eine immunmediierte Grundlage zahlreicher Herzerkrankungen, und nimmt man dann noch den vermuteten Zusammenhang zwischen Impfungen und Störungen des Immunsystems dazu, wird der sykotische Einfluss klarer. Allerdings würde man bei einer degenerativen Erkrankung wie einer Kardiomyopathie eher die Syphilis als Hauptmiasma in Betracht ziehen, und Autoimmunerkrankungen werden im Allgemeinen der Syphilis oder Tuberkulinie zugeordnet. Eine einfache Herzschwäche wiederum könnte aufgrund des vorherrschenden Mangelzustandes als primär psorisch eingestuft werden. Was die Ernährung angeht, so ist die Rolle von Salz und gesättigten Fetten bei den kardiovaskulären Erkrankungen des Menschen zunehmend umstritten, und das Augenmerk richtet sich immer mehr auf den Zucker als mit Abstand schädlichsten Faktor. Viele kommerzielle Nahrungs – und Futtermittel enthalten glukogene Bestandteile wie z. B. Getreide und auch oft deutlich mehr Salz als Nahrung, die aus rohen Zutaten besteht. Darüber hinaus wird die Bedeutung von mehrfach ungesättigten Fetten für die Aufrechterhaltung der Gewebeintegrität immer klarer. Diese Aspekte sollte man im Hinterkopf behalten, wenn es um das Thema Heilungshindernisse geht.

Wenn eine Erkrankung bereits diese absolut fundamentale Ebene erreicht hat, könnte man daraus den Schluss ziehen, dass die Lebenskraft nun schon stark geschwächt und daher nicht mehr imstande ist, adäquat auf höhere Potenzen zu reagieren. Vielleicht ist dies der Grund dafür, warum sich viele Homöopathen bei diesen Erkrankungen auf die Verordnung von Tiefpotenzen oder Urtinkturen beschränken. Daneben kann der Organismus möglicherweise auch nicht mehr allein auf der konstitutionellen Ebene reagieren. Wir integrieren bei der Behandlung solcher Fälle im Allgemeinen beide Verschreibungsebenen und haben damit oft großen Erfolg. Nähert sich das Leben des Patienten allerdings seinem Ende, ist der alleinige Einsatz von Tiefpotenzen meist die Regel.

Die konventionelle Therapie von Herz-Kreislauf-Erkrankungen scheint die homöopathische Behandlung nur selten zu antidotieren, von materiellen Dosen von *Digitalis* und seinen Analoga einmal abgesehen. Diuretika und ACE-Hemmer hingegen scheinen die Wirkung homöopathischer Arzneien nicht

zu stören, sodass beide Therapieformen komplementär eingesetzt werden können. Nichtsdestotrotz ist es meistens möglich, die schulmedizinische Medikation zu reduzieren oder sogar ganz abzusetzen, sobald die homöopathische Therapie anfängt zu greifen. Wenn trotzdem noch ein Diuretikum benötigt wird, stellen Präparate aus Löwenzahnextrakt eine gute Alternative zu Furosemid dar. Ein entscheidender Vorteil von Löwenzahn ist, dass dieser reichlich Kalium enthält und daher im Gegensatz zu Furosemid nicht zu einer Hypokaliämie führt.

Was die Dosierung von Tiefpotenzen angeht, so gelten hier die üblichen homöopathischen Regeln. Bei Urtinkturen scheint es jedoch eine dosisabhängige Wirkung zu geben, weshalb hier das Körpergewicht des Patienten berücksichtigt werden sollte. Zwar besteht eine große Spannbreite in der Reaktion eines Individuums auf die homöopathische Arznei, aber selbst bei alten Hunden reicht oft eine Intervallbehandlung aus: Wir setzen oft ein Dosierungsschema mit Erfolg ein, bei dem die Arznei nur in den ersten zehn Tagen des Monats gegeben wird. Man könnte erwarten, dass mit Tiefpotenzen keine vollständige Heilung erzielt werden kann. Sicherlich ist eine Palliation oft das Einzige und Beste, was wir bei Herzpatienten erwarten können. Allerdings sollte man die Kraft der Tiefpotenzen auch nicht unterschätzen. Peter Gregory hat bei einer Katze die vollständige Auflösung eines Atrioventrikularblocks durch eine einzige Gabe einer Urtinktur miterlebt, und bei einer anderen Katze dasselbe nach nur einer Woche Behandlung. Daher sollte man nicht davon ausgehen, dass alle Herzpatienten dauerhaft Medikamente einnehmen müssen, seien es nun schulmedizinische oder homöopathische. Stimmt die Arznei aber im Gegenzug sehr genau mit den Symptomen des Patienten überein, können mittlere Potenzen wie die C 30 überaus wirksam sein.

Wichtige Modalitäten und Rubriken

Die Fallerhebung von Herz-Kreislauf-Erkrankungen entspricht in der Homöopathie weitgehend der schulmedizinischen Vorgehensweise. Auch hier sollten diagnostische Verfahren wie Elektrokardiographie, Röntgen – und Ultraschalluntersuchungen nicht fehlen, da sie wertvolle Informationen liefern können, nicht nur im Hinblick auf die Diagnosestellung, sondern auch, um die Genauigkeit der homöopathischen Verschreibung zu erhöhen. Je mehr Einzelheiten bekannt sind, desto präziser kann das Repertorium eingesetzt werden. Will man eine Herzerkrankung homöopathisch behandeln, benötigt man die gleichen Informationen, wie sie auch bei einer normalen umfassenden klinischen Anamnese erhoben werden: Größe und Form des Herzens, Auskultation von Nebengeräuschen und Arrhythmien, Flüssigkeitsansammlungen im Thorax, Abdomen oder in anderen Bereichen sowie Charakter und Frequenz von Puls und Atmung. Mit diesen Parametern verbundene Modalitäten sind für die homöopathische Anamnese von genauso großer Bedeutung wie bei jedem anderen Symptom. Es lässt sich aber sagen, dass die meisten Arzneien für das Herz eine Verschlimmerung durch Wärme und Anstrengung zeigen.

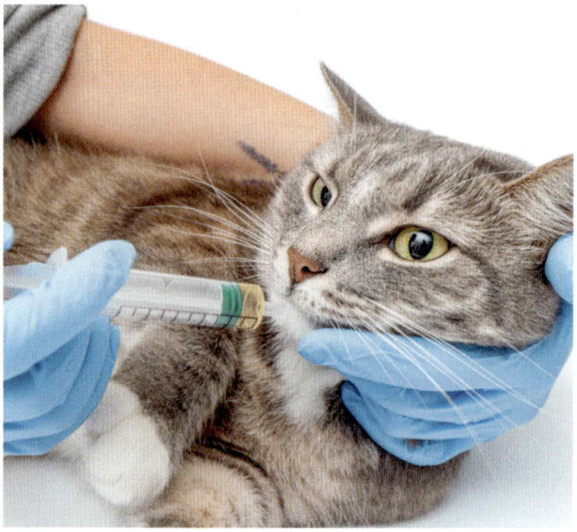

Aus dem historischen Kontext heraus enthält das Repertorium kein eigenes Kapitel für das Herz; Rubriken, die bei Herz-Kreislauf-Erkrankungen in Betracht kommen, findet man überwiegend in den Kapiteln »Brust« und »Allgemeines«. Aber auch Rubriken wie »Abdomen – Wassersucht« (mit der Unterrubrik »Aszites«) sollten nicht vergessen werden.

Das Kapitel »Brust« enthält zahlreiche Rubriken, die sich auf pathologische Zustände des Herzens beziehen, wie z. B. »Erweiterung des Herzens«, »fettige Degeneration des Herzens« und »Arteriosklerose der Herzkranzgefäße«, aber auch »Geräusche – Herz«, »Herzens – Beschwerden des« und »Herzversagen«. Die Symptome einer kardiovaskulären Erkrankung werden durch Rubriken zu den Stichwörtern Schmerzen, Angina, Wassersucht und Ödem abgedeckt. Rubriken zu Pulsfrequenz, Rhythmus und Charakter findet man im Kapitel »Allgemeines«; die interessante Rubrik »Stehenbleiben des Herzens – wäre; als ob es stehengeblieben« ist allerdings im Kapitel »Brust« und die Rubrik »Wahnideen – Herz – aufhören zu schlagen; würde im Sitzen« im Kapitel »Gemüt« enthalten. Zu guter Letzt findet man auch in den Kapiteln »Husten« und »Atmung« nützliche Rubriken.

Hinweis: Das Repertorium von Murphy enthält ein separates Kapitel zum Herzen.

Die wichtigsten Arzneien

▶ *Ammonium carbonicum*

- Tiere, die *Ammonium carbonicum* benötigen, sind meist mittleren oder höheren Alters, schwach und träge. Die Atmung ist keuchend und die Patienten haben große Probleme mit der Atmung, wobei die kleinste Anstrengung verschlimmert. In warmen Räumen verschlechtern sich die Symptome ebenfalls, wohingegen kühle Luft bessert. Dennoch friert *Ammonium carbonicum* schnell und sucht daher die Wärme. Es tritt trockener oder giemender Husten auf, der zwischen 3 und 4 Uhr nachts und an nasskalten, insbesondere bewölkten Tagen schlimmer wird. Es kann sich aber auch rasselnder Husten entwickeln. Bei der Auskultation fällt auf, dass das Herz schwach ist, und entsprechend ist auch der Puls schwach. Die kleinste Anstrengung löst Herzklopfen aus. Es kann auch ein Lungenödem oder – emphysem vorliegen. Mögliche Begleitsymptome sind chronische Erkrankungen der oberen Atemwege mit Verstopfung der Nase, die v. a. nachts auftritt, und Harninkontinenz.

Spongia tosta

- *Spongia* ist eines der wichtigsten homöopathischen Mittel, wenn Herzhusten im Vordergrund steht. Der Husten von *Spongia* wird als »hohl«, »bellend« oder auch »sägend« beschrieben. Ein sehr anschauliches und gleichzeitig treffendes Bild ist das einer Säge, die durch Holz geht. Der Husten wird durch Aufregung verschlimmert; sobald sich der Hund aus irgendeinem Grund aufregt, fängt er an zu husten. Die Atmung ist ebenfalls erschwert und der Patient wacht vielleicht nachts mit dem Gefühl zu ersticken auf. Es überrascht nicht, dass der Gemütszustand dieser Arznei von Angst und Sorge beherrscht wird. Die Symptome verschlechtern sich durch Aufsetzen und bessern sich durch Hinlegen, sodass das Tier oft bevorzugt in Brustlage liegt. Der Husten wird durch Wassertrinken gebessert; manche Hunde scheinen dies zu begreifen und stürzen sofort zum Wassernapf, sobald der Husten einsetzt. In ähnlicher Weise wird der Husten manchmal durch Essen gebessert. Zu den Herzerkrankungen, die mit solchen Symptomen einhergehen, zählen Klappenveränderungen und Hypertrophie. Der Puls ist dabei voll oder auch schwach. Allerdings ist es in den meisten Fällen der charakteristische Husten mit seinen spezifischen Modalitäten, der zum erfolgreichen Einsatz dieser Arznei führt.

Cactus grandiflora

- *Cactus* ist ein weiteres Mittel für Herzhusten, allerdings ist dieser weitaus weniger heftig. *Cactus* ist besonders bei trockenem Reizhusten im Frühstadium einer Herzinsuffizienz angezeigt. Der Husten ist nachts schlimmer und verschwindet tagsüber oft völlig, allerdings gibt es auch eine charakteristische Verschlimmerung um 11 Uhr vormittags, die sich als sehr hilfreich für die Verschreibung dieser Arznei erwiesen hat. *Cactus* ist beim Menschen eines der Hauptmittel für Angina pectoris, wenn der Schmerz wie ein eisernes Band um den Brustkorb beschrieben wird. Beim Hund tritt gelegentlich eine Symptomatik auf, die damit korrespondiert: Das Tier schreit und hebt das linke Vorderbein, was beim Menschen dem typischen Schmerz im linken Arm entsprechen könnte. Solche Episoden können durch die Behandlung mit *Cactus* in homöopathischer Potenz beendet werden. *Latrodectus* hat ähnliche Symptome. Es gibt keine spezifische Pathologie, die zu Symptomen führt, welche *Cactus* benötigen. Allerdings zählen Klappenveränderungen, v. a. der Mitralklappe, sehr häufig dazu, und der Puls ist im Allgemeinen schwach und intermittierend.

Crataegus oxyacantha

- *Crataegus* ist zweifellos das am häufigsten in der Homöopathie verwendete »Herzmittel«. Als Urtinktur oder Tiefpotenz hat es eine relativ unspezifische tonisierende Wirkung auf das Herz, die auch in den meisten homöopathischen Arzneimittellehren beschrieben wird. Mögliche Veränderungen sind: klappenbedingte Herzgeräusche, Erweiterung des Herzens, Flüssigkeitsretention, Husten und Arteriosklerose. Tatsächlich genießt *Crataegus* den Ruf, beim Menschen arteriosklerotische Ablagerungen aufzulösen. Allerdings gibt es wie bei allen anderen homöopathischen Arzneien auch für *Crataegus* charakteristische Symptome, insbesondere extreme Atemnot bei der kleinsten Anstrengung, jedoch ohne eine bemerkenswerte Steigerung der Pulsfrequenz. Der Puls selbst ist beschleunigt, unregelmäßig, schwach und intermittierend. Die Symptome bessern sich an der frischen Luft und durch Ruhe. Mental ist der Patient oft reizbar und schlecht gelaunt. *Crataegus* kann hier als »Herztonikum« eingesetzt werden. Bei älteren Patienten, die einfach ein wenig Unterstützung für das Herz benötigen, kann *Crataegus* extrem hilfreich sein. Auch wenn nicht genügend spezifische Symptome vorliegen, die auf eine andere Arznei hinweisen, ist *Crataegus* in vielen Fällen sehr nützlich.

▶ *Adonis vernalis*

- Das Leitsymptom von *Adonis* ist Flüssigkeitsretention. Ist das Hauptsymptom Aszites, ein Ödem oder Hydrothorax, ist *Adonis* als Urtinktur oder Tiefpotenz oft extrem wirksam. Wie bei vielen anderen Herzmitteln auch findet man Unsicherheit beim Aufstehen, Atemnot und Schwäche. Das Herz kann an einer Myokarditis, Kardiomyopathie oder auch Klappeninsuffizienz erkrankt sein – ist das vorherrschende Symptom eine Flüssigkeitsretention, dann ist *Adonis* angezeigt. Der Puls ist beschleunigt und unregelmäßig, aber paradoxerweise werden die Symptome von *Adonis* durch Anstrengung gebessert und durch Kälte verschlimmert.

Weitere Arzneien

▶ *Aurum metallicum*

- Kardiomyopathie; Hypertrophie
- Puls schnell, schwach, unregelmäßig
- Endokarditis, Herzklappenveränderungen, Perikarditis
- Empfindung, als hörte das Herz 2 bis 3 Sekunden auf zu schlagen, gefolgt von tumultartigem Rückstoß

▶ *Barium muriaticum*

- Synkope
- Arteriosklerose, Aneurysma
- Senilität

▶ *Convallaria majalis*

- Herzrhythmusstörungen
- Kardiale Dilatation
- Herzschlag stoppt und setzt dann plötzlich wieder ein

▶ *Digitalis purpurea*

- Puls langsam, schwach, unterbrochen
- Die geringste Bewegung löst Herzklopfen aus
- Anwendung als Potenz, z. B. C 30

▶ *Laurocerasus*

- Zyanose
- Kitzelhusten < Hinlegen, nachts
- Mitralklappenrückfluss (Regurgitation)

▶ *Naja tripudians*

- Lästiger trockener *Husten* bei Herzproblemen < Hinlegen
- Schädigung des Herzens infolge von Infektionskrankheiten, Klappenveränderungen
- Laute Herzgeräusche; akute und chronische Endokarditis
- Heftiges Herzklopfen, schlimmer durch die geringste Anstrengung
- Puls langsam, unregelmäßig *oder* schnell

26

Das Endokrine System

Allgemeines

Das endokrine System ist von allen Systemen des Körpers am engsten mit den homöostatischen Funktionen verflochten. Aus diesem Grunde besteht auch eine enge Beziehung zu anderen Systemen wie z. B. dem Immunsystem. Angriffe auf diese Systeme können damit wiederum auch zu einer Entgleisung des Endokriniums führen. Diese zentrale Rolle in der Aufrechterhaltung dessen, was Hahnemann als den »ungehinderten Fortschritt des Lebens« bezeichnete, bedeutet, dass ein hohes Maß an Kontrolle herrschen muss, damit das ganze System funktioniert. Der grundlegende dahinterstehende Einfluss geht natürlich von der Lebenskraft aus, und das endokrine System stellt einen der primären Pfade dar, über die sich die Lebenskraft manifestiert. Schwäche und Versagen der Funktion werden heutzutage charakteristischerweise dem psorischen Miasma zugeschrieben, und viele Erkrankungen entstehen durch einen psorisch bedingten Funktionsverlust. Funktionieren das Zusammenspiel und die Kontrolle der für die Aufrechterhaltung der Homöostase notwendigen Systeme nicht mehr, spiegelt dies die Essenz des psorischen Miasmas wider. Entsprechend häufig stellt man bei chronischen Krankheiten mit Beteiligung des Endokriniums fest, dass der Einfluss der Psora ein entscheidender Faktor ist.

Eine weitere Konsequenz der zentralen Rolle, die das endokrine System bei der Aufrechterhaltung der normalen Funktionen des Körpers spielt, ist die, dass sich die Folgen einer Störung oft im ganzen Körper bemerkbar machen. Daher sind viele Polychreste von herausragender Bedeutung bei der Behandlung solcher Erkrankungen.

Abgesehen von bekannten Krankheitserregern und krankmachenden Faktoren gibt es noch eine Reihe von Routinemaßnahmen, die das endokrine System ebenfalls nachhaltig schädigen können. An erster Stelle sind hier die Impfungen zu nennen. Obwohl der primäre Angriff hier auf das Immunsystem stattfindet, ist das endokrine System vorrangig aufgrund der Wirkung auf die Schilddrüse ebenfalls direkt betroffen. In vielen Fällen entwickelt sich eine Schilddrüsenunterfunktion, auch wenn eine Überfunktion gleichfalls auftreten kann (eine umfassende Untersuchung der Schilddrüsenfunktion sollte sich nicht nur auf T4 beschränken, sondern auch T3, TSH und wenn möglich die assozierten Globuline beinhalten). Wie bereits in Kapitel 21 erläutert, hat die Kastration bei beiden Geschlechtern einen Einfluss auf die Hypophyse, wobei das Ausmaß des Einflusses umso größer ist, je ausgereifter das Tier zum Zeitpunkt des Eingriffes war. Immer wenn ätiologisch eine Unterdrückung der Sexualfunktion, gleich welcher Art, vorliegt, sollte man daran denken, dass diese zu einer Störung der Hypophyse führen und in der Folge allgemeine Auswirkungen haben kann. Dabei macht es keinen Unterschied, ob die Unterdrückung chirurgisch oder medikamentös stattgefunden hat. In einem anderen Kontext, der sich v. a. in der Lebensmittelproduktion abspielt, führen die Interessen des Menschen dazu, dass eine künstliche Stimulation oder Anpassung des Sexualzyklus erfolgt. Auch wenn man solche Maßnahmen als »natürlicher« ansehen kann, da sie immerhin in gewisser Weise dem Fortpflanzungsgeschehen entsprechen, so können daraus dennoch Probleme erwachsen, weil der Einsatz chemischer Substanzen zur Brunstsynchronisation auch

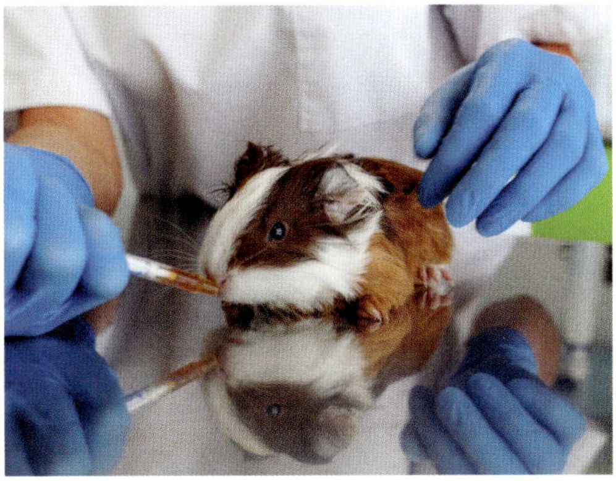

eine Unterdrückung bewirken kann. In der Materia medica finden wir eine Reihe wichtiger Arzneien, die aus gesundem Gewebe verschiedener endokriner Drüsen hergestellt wurden (Sarkoden). Jede von ihnen hat zwar ein individuelles Arzneimittelbild, aber ihnen allen gemein ist der Einsatz zur Regulation der Drüsenfunktion. Diese Vorgehensweise wird auch als »Organotherapie« bezeichnet und ist streng genommen keine echte Homöopathie. Sie beruht auf der Vorstellung, dass die spezifische Krankheit ausschließlich die jeweilige Drüse betrifft und daher durch eine lokale Behandlung geheilt werden kann. Der wahrhaft homöopathische Ansatz hingegen geht von dem Konzept aus, dass die Erkrankung zwar den ganzen Körper betrifft, sich aber primär in einem bestimmten System manifestiert. Daher wird die oben beschriebene Methode in der Praxis oft in Verbindung mit einer konstitutionellen Verschreibung eingesetzt. Im Hinblick auf die Beeinflussung der Drüsenfunktion ist die Definition von hohen und tiefen Potenzen anders als normalerweise üblich (Kapitel 8). Bei den Sarkoden liegt der Differenzierungspunkt bei der C7, und die Wirkung unterscheidet sich zu beiden Seiten dieser Potenz. Man hat festgestellt, dass tiefe Potenzen (unterhalb C7) die Drüsenfunktion eher stimulieren, während hohe Potenzen (oberhalb C7) eine hemmende Wirkung entfalten, die proportional zur Höhe der eingesetzten Potenz ist. Standardpräparationen werden gemeinhin bei allen Spezies eingesetzt, allerdings wird angenommen, dass artspezifische Arzneien eine größere Wirkung haben könnten (Elliott 1992). Dies mag auch für ihre allgemeine Arzneiwirkung gelten. In der konventionellen Medizin werden zahlreiche Hormonpräparate verwendet und dies nicht nur bei hormonellen, sondern auch bei nichthormonellen Indikationen. Daraus ergibt sich u. U. eine tautopathische Indikation für den Einsatz homöopathischer Zubereitungen der verschiedenen Medikamente, um deren Nebenwirkungen bei schulmedizinischer Anwendung entgegenzusteuern. Der mögliche unterdrückende Einfluss konventioneller Präparate sollte nicht unterschätzt werden, ebenso wenig wie der Zeitraum, über den eine solche Unterdrückung bestehen kann, v. a. wenn eine entsprechende miasmatische Prädisposition vorliegt. Auch wenn ein bestimmtes Medikament schon seit geraumer Zeit nicht mehr gegeben wurde, sollte man dennoch die Anwendung einer homöopathischen Zubereitung dieser Substanz als Teil des Behandlungsregimes in Erwägung ziehen. Dabei wird man die Arznei oft zu

Beginn der Behandlung einsetzen, um das potenzielle Heilungshindernis zu beseitigen.

Bei vielen Erkrankungen mit einer Beteiligung des endokrinen Systems ist der konstitutionelle Ansatz am empfehlenswertesten. Die Polychreste nehmen hier einen großen Raum ein. Die endokrine Dysfunktion kann auch Teil eines umfassenderen klinischen Erscheinungsbildes sein, das nur von Grund auf aufgelöst werden kann. Man sollte auch immer daran denken, dass viele Störungen des Endokriniums durch das korrekte Konstitutionsmittel gebessert werden können. In manchen Fällen, die dem Homöopathen vorgestellt werden, bekommt das Tier bereits eine Substitutionstherapie. Diese darf auf keinen Fall abrupt abgebrochen werden, sondern die Hormonspiegel müssen durch ein engmaschiges Monitoring überwacht und entsprechende Anpassungen der Dosierung vorgenommen werden.

Wichtige Modalitäten und Rubriken

Da das endokrine System den gesamten Körper beeinflusst, finden sich entsprechende Rubriken im ganzen Repertorium verteilt. Dabei nehmen die Rubriken meist keinen namentlichen Bezug auf eine bestimmte Drüse oder Erkrankung, sondern beschreiben i. d. R. nur die Auswirkungen der Fehlfunktion. Selbst in den Repertorien, die nicht dem Kentschen Format folgen, findet man nur gelegentlich Hinweise auf definierte endokrine Erkrankungen. Die klassische Repertorisation, die sich mehr an den individuellen Zeichen und Symptomen orientiert statt an der Diagnose, wird auch hier die besten Ergebnisse erzielen.

Rubriken zu den Folgen einer hormonellen Fehlfunktion auf die Geschlechtsorgane sind in den Kapiteln »Männliche Genitalien« resp. »Weibliche Genitalien« zu finden, beispielsweise »Menses – fehlend, – lange sich hinziehend, – reichlich« etc. Wie bereits in Kapitel 21 erläutert, gestattet die funktionelle Ähnlichkeit zwischen »Östrus« und Menses die Verwendung dieser Rubriken beim Tier. Die Auswirkungen einer normalen Aktivität der Sexualhormone auf den restlichen Körper findet man im Kapitel »Allgemeines«, mit Besserung oder Verschlimmerung in den verschiedenen Stadien der Menses. Sind physische Veränderungen der Drüsen bekannt, können entsprechende Rubriken in den Kapiteln, die den anatomischen Bereich der betreffenden Drüse enthalten, gefunden werden. Allerdings führt die Mehrzahl der endokrinen Störungen eher zu einer Malfunktion als zu einer sichtbaren Pathologie, und wirklich hilfreiche Rubriken repräsentieren im Allgemeinen die Manifestationen dieser Fehlfunktion. So findet man beispielsweise Diabetes mellitus in Kentschen Repertorien mithilfe von Rubriken wie »Urin – Zucker«, »Magen – Durst – extrem«, »Allgemeines – Abmagerung« etc., die das Bild in einem bestimmten Fall widerspiegeln. In anderen Repertorien findet man unter der Überschrift »Diabetes mellitus« meistens eine Zusammenstellung eben dieser Rubriken. Allerdings muss man bedenken, dass solche Rubriken mehr auf die gewöhnlichen Symptome ausgerichtet sind und keine mentalen oder anderweitig individualisierenden Aspekte des Falles beinhalten. Außerdem muss man berücksichtigen, dass sich eine Krankheit beim Tier etwas anders manifestieren kann als beim Menschen, auch wenn sie den gleichen Namen trägt.

Hormonelle Probleme führen oft zu Veränderungen im Haarkleid, insbesondere Haarverlust; hier können die Rubriken zu »Haarausfall« in den Kapiteln »Kopf« und »Haut« hilfreich sein.

Die wichtigsten Arzneien

▶ *Calcium carbonicum*

Dieser Konstitutionstyp neigt zu Langsamkeit und Gelassenheit. Die Statur ist meist groß mit schweren Knochen und einer Tendenz zu Fettleibigkeit. *Calcium carbonicum* ist oft faul mit einer gewissen Schwäche und Mangel an Kondition. Die Langsamkeit spiegelt sich in allen Aspekten dieses Typs wider und betrifft sowohl die körperliche Bewegung als auch den Stoffwechsel. Jungtiere entwickeln sich verzögert, die Zahnung setzt verspätet ein etc. Im Grundsatz sind sie fügsam, können aber Ängste und Unsicherheiten zeigen, ebenso wie eine gewisse Sturheit. All dies macht sie in Verbindung mit ihrem Mangel an Initiative und Neugier zu Tieren, die sich am liebsten in ihrem vertrauten Umfeld aufhalten. Aufgrund ihres langsamen Stoffwechsels frieren sie schnell und suchen die Wärme. Das Arzneimittelbild weist viele Ähnlichkeiten mit einer Hypothyreose (Schilddrüsenunterfunktion) auf, weshalb die Arznei auch oft bei Schilddrüsenproblemen benötigt wird.

Iodum

- *Iodum* hat eine Affinität zu allen Drüsen, und sowohl die Reinsubstanz als auch die Salze sind häufig bei Drüsenerkrankungen jeglicher Art angezeigt. Es ist eines der, wenn nicht sogar die Arznei mit der geringsten Hitzetoleranz in der Homöopathie, und entsprechend ist die Verschlimmerung durch Wärme ein ausgeprägtes Charakteristikum der Arznei und ihrer Salze. Gleichzeitig gibt es aber auch die Verschlimmerung durch kalte Feuchtigkeit. *Iodum*-Tiere sind sehr aktiv und immer »auf dem Sprung«. Obwohl meist keine definierten Ängste bestehen, weist der Typus doch eine unterschwellige ängstliche Unruhe auf. Meist liegt eine ausgeprägte Abmagerung vor trotz des guten, bisweilen sogar gefräßigen Appetits. In vielen Fällen findet man Muskelschwäche. Die Fellbeschaffenheit kann schlecht sein, selbst wenn das Tier ansonsten einen normalen Eindruck macht.
- Das Arzneimittelbild und die Gewebeaffinität weisen beide auf eine Verbindung zur Schilddrüse hin. Sowohl eine Über – als auch eine Unterfunktion dieser Drüse können von *Iodum* profitieren. Auch Erkrankungen der Bauchspeicheldrüse können *Iodum* benötigen und sein Nutzen bei Problemen mit den Eierstöcken darf ebenfalls nicht vergessen werden. Bei allen Drüsen kann *Iodum* sowohl bei einer Über – als auch bei einer Unterfunktion angezeigt sein.

Medorrhinum

- *Medorrhinum* ist die Nosode der Infektion mit Gonokokken (Gonorrhö) und repräsentiert das sykotische Miasma. Damit besteht eine enge Verbindung zwischen dieser Arznei und den Geschlechtsorganen, wozu auch die Eierstöcke und Hoden gehören. Es entwickelt sich eine überschießende Funktion mit vermehrten Absonderungen, die oft einen strengen Geruch aufweisen und Flecken auf Kontaktflächen hinterlassen.

Natrium muriaticum

- Aufgrund seiner Verbindung zu Wasser und der Neigung zu Retention ist dieses Mittel oft bei Erkrankungen angezeigt, bei denen der Flüssigkeitshaushalt gestört ist. So wird es beispielsweise häufig benötigt, wenn entsprechende Nebenwirkungen schulmedizinischer Medikamente (z. B. Kortikosteroide) aufgefangen werden müssen. Aber auch bei primären Störungen wie Morbus Addison und Cushing kann es hilfreich sein. Abmagerung während und langsame Erholung von einer Krankheit können auf eine endokrine Beteiligung hinweisen. So spiegelt z. B. der Gewichtsverlust im Rahmen einer Schilddrüsenüberfunktion einen Aspekt des Arzneimittelbildes von *Natrium muriaticum* wider.

Sepia

- Erkrankungen, die sich im Anschluss an die Kastration ausgewachsener Tiere beiderlei Geschlechts entwickeln, profitieren oft von *Sepia*. Das Arzneimittelbild von *Sepia* enthält einen Mangel an sexuellem Interesse und eine niedrige Libido, ebenso wie allgemeine Trägheit und Stase. Somit ist die Arznei oft bei Tieren angezeigt, die nach der Kastration schwerfälliger werden und Gewicht zulegen. Auch wenn in solchen Fällen nicht alle Symptome des Tieres zu *Sepia* passen, stellt die Ätiologie doch einen sehr wichtigen Punkt dar.

Weitere Arzneien

▶ *Aristolochia clematitis*
- Häufige Ätiologie: Niemals gesund seit der Einnahme von chemischen Kontrazeptiva
- Läufigkeit kürzer als normal oder ausbleibend
- Reizung der Vulva
- Braune Absonderungen

▶ *ACTH in Potenz*
- Depression
- Unregelmäßige Sexualfunktion
- Impotenz bei männlichen Individuen
- Polydipsie und häufiger Harnabsatz
- Trockenheit und Reizzustände der Haut

▶ *Carcinosinum*
- Wirkt sich generell normalisierend auf die endokrinen Funktionen aus
- Vorgeschichte von Krebs beim Patienten oder in der Familiengeschichte
- Impfungen als ätiologischer Faktor
- Liebt Gewitter und Feuerwerk
- Liebt Schokolade über alle Maßen
- Verschlimmerung oder Besserung am Meer

▶ *Thyreoidinum*
- Abmagerung und Muskelschwäche
- Schneller und schwacher Puls
- Verlangen nach kaltem Wasser
- Häufiger Harnabsatz
- Albumin und Glukose im Urin
- Trockene Haut

▶ *Syzygium jambolanum*
- Glukose im Urin
- Polydipsie
- Reichlicher Urin mit hohem spezifischem Gewicht
- Schwäche und Abmagerung
- Trockenheit der Mundschleimhaut

▶ *Potenzierte Hormonzubereitungen*

QUELLEN

- *Elliott. M.F. (1992): Hormones and Homeopathy.* BAHVS Conference
- *Julian, O.A. (1979): Materia Medica of New Homeopathic Remedies. Beaconsfield*

27

Die Haut

Allgemeines

In Paragraph 202 des *Organon* betont Hahnemann, wie wichtig es ist, das der Krankheit zugrundeliegende Ungleichgewicht der Lebenskraft zu behandeln, anstatt einfach nur die Symptome durch topische Anwendungen auszulöschen. Wird die Lebenskraft der Möglichkeit beraubt, die Erkrankung an der Oberfläche zum Ausdruck zu bringen, erweckt sie bis dato schlummernde innerliche Krankheitssymptome. Dieses Phänomen wird allgemein auch als »Unterdrückung« bezeichnet; dieser Begriff entspricht aber nicht genau Hahnemanns Erklärung. Da diese Definition jedoch von der Mehrzahl der Homöopathen verwendet wird, ist sie durchaus zulässig, solange der wahre Mechanismus der beobachteten Wirkungen verstanden wird. Die Gefahren einer solchen »Unterdrückung« sind der Grund dafür, warum eine Hauterkrankung unbedingt richtig behandelt werden sollte. Daher ist die lokale Applikation von beispielsweise Kortikosteroiden oder auch die chirurgische Enfernung von Hautveränderungen aus homöopathischer Sicht kontraindiziert. Eine noch größere Bedeutung hat die Anwendung systemisch wirkender entzündungshemmender Medikamente. Zwar scheinen Antibiotika und Fungizide weniger unterdrückend zu wirken, dennoch ist ihre dauerhafte Anwendung kontraproduktiv, denn durch die Gabe der korrekten homöopathischen Arznei sollte ihr Einsatz nicht länger notwendig sein. Allerdings ist jeder Patient ein Individuum mit einer unterschiedlich starken Lebenskraft. Ist diese sehr geschwächt, kann das Tier Symptome einer hochgradigen bzw. tiefsitzenden Infektion zeigen, wie z. B. Furunkulose oder einen massiven Befall mit Malassezien. In diesem Fall kann der Einsatz systemisch wirkender Antibiotika oder topischer Fungizide die homöopathische Arznei synergistisch ergänzen, indem dadurch die energetische Belastung so weit vermindert wird, dass die Lebenskraft überhaupt reagieren kann. Diese Situation ist allerdings eher selten.

Die Folgen einer homöopathischen Unterdrückung im Sinne Hahnemanns lassen sich in der tierärztlichen Praxis leicht beobachten: Zuerst kehren die Symptome in immer kürzeren Intervallen und dann auch in stärkerer Ausprägung zurück; schließlich sind auch die tiefer liegenden Organe betroffen. An dieser Stelle ist es ratsam, den Fall noch einmal aus homöopathischer Sicht zu betrachten und die drohende Progression einer atopischen Dermatitis bei einem Hund, der mit Cortison behandelt wurde, in Richtung Steroidabhängigkeit, iatrogenem Morbus Cushing und schließlich Leber-, Nieren – oder Herzversagen zu erkennen. Noch stärker unterdrückend wirken in letzter Zeit entwickelte Medikamente wie Cyclosporin und Oclacitinib, welche die Arbeit des Homöopathen noch weiter erschweren können.

Der zweite Hauptfaktor, den es beim Thema Atopie zu berücksichtigen gilt, sind die Impfungen. Unserer Erfahrung nach ist es praktisch unmöglich, ein Tier, das an Atopie leidet, erfolgreich homöopathisch zu behandeln, wenn es weiterhin jährlich geimpft wird. Impfungen rufen so gut wie immer eine schwere und manchmal unwiderrufliche Verschlimmerung der Hauterscheinungen solcher Patienten hervor, weshalb nicht ausdrücklich genug auf dieses Thema im Zusammenhang mit der homöopathischen Behandlung von Hauterkrankungen hingewiesen werden kann. Zu beachten ist weiterhin, dass die Rubrik »Haut – Hautausschläge – Impfung, nach« unvollständig ist; verlässlicher ist die Rubrik »Allgemeines – Impfung, Beschwerden nach«. Allerdings fehlen auch hier wichtige Mittel, beispielsweise *Pulsatilla*.

Leider werden die meisten Patienten erst im fortgeschrittenen Stadium mit einer Hauterkrankung zur homöopathischen Behandlung vorgestellt. Zusätzlich haben sie oft eine lange Vorgeschichte von unterdrückenden Therapien, die häufig sogar noch laufen. Infolgedessen sind wichtige Zeichen der echten homöopathischen Erkrankung verschleiert, ebenso wie die mentalen und allgemeinen Charakteristika des Tieres. Stattdessen hat man nur noch einen »Nebel« aus unspezifischen Symptomen vor Augen, der oft so dicht ist, dass es unmöglich ist, irgendein klares konstitutionelles Bild zu erkennen. Es ist sehr wichtig, dass man bei solchen Patienten gemäß dem Motto »Eile mit Weile« vorgeht und zu Beginn erst versucht, den Fall mit Arzneien wie den Darmnosoden oder miasmatischen Nosoden zu klären. Im höheren Lebensalter verordnete Hahnemann Patienten mit einer chronischen Erkrankung häufig *Sulphur* als erstes Mittel, vermutlich aufgrund des reinigenden Potenzials von *Sulphur* und seiner Überzeugung, dass die zugrundeliegende Psora zuallererst behandelt werden musste, um überhaupt irgendeinen Fortschritt in Richtung Heilung zu erzielen. Arzneien wie *Sulphur* haben die Eigenschaft, einen Fall zu »klären«, d.h. neue oder klarere Symptome ans Tageslicht zu bringen, sodass bei der nächsten Konsultation ein passenderes Mittel verschrieben werden kann. In ähnlicher Weise stellt auch die Identifikation des vorherrschenden Miasmas einen großen Schritt in Richtung einer erfolgreichen Behandlung dar. Dies gilt zwar für jede Art von Krankheit, ganz besonders aber für Hauterkrankungen. In diesem Zusammenhang kann die nachfolgende Tabelle unter Umständen hilfreich sein:

PSORA	SYKOSE	SYPHILIS	TUBERKULINIE
Trockenheit	Warzen	Geschwüre	Pusteln
rau	umschrieben	Beugung der Gliedmaßen	glatt
sich ausbreitend	lokalisiert		Vorgeschichte von Ringelflechte
Juckreiz	Schmerzen	Eiter, Blut	
schmutzig	fettig, ölig	übelriechend	Nesselsucht (Urtikaria)
feine Schuppen	Verfärbung	dicke Schuppen	hartnäckige Eiterbeulen
		Drüsenschwellungen	Drüsenschwellungen
Folgen von Unterdrückung			
Gemüt	Fortpflanzung	Hirnhäute (Paralyse)	tiefere Gewebe
ZNS	Leber	Augen	Eiterung
Kolitis	Herz	Knochen	Höhlenbildung

Beim Krebsmiasma ist man sich über die körperlichen Auswirkungen noch nicht völlig im Klaren und die Symptomatik kann ganz unterschiedlich ausfallen; aber chronische Ekzeme, wie z. B. die atopische Dermatitis, sind in jedem Falle mit dabei, genauso wie die besondere Neigung zu tiefgreifender, behandlungsresistenter Furunkulose. Eine Unterdrückung dieses Miasmas führt zu entzündlichen Darmerkrankungen und natürlich zu Krebs.

Die unterdrückende Wirkung von Kortikosteroiden kann noch Wochen und Monate nach Beendigung der Behandlung anhalten. Hier kann möglicherweise die tautopathische Behandlung mit einem potenzierten Kortikoid zu einer schnelleren Beendigung dieser Wirkung beitragen. In diesem Zusammenhang sei auf die homöopathische Arzneimittelprüfung von Kortison verwiesen (von Templeton, enthalten in *Materia Medica of New Homeopathic Remedies* von Julian), in der Symptome auftraten, die von einer allergischen Dermatitis nicht zu unterscheiden waren. Daher ist es durchaus möglich, dass eine Langzeitbehandlung mit Steroiden Prüfungssymptome auslöst; in diesem Fall wäre nur eine Behandlung mit potenziertem Kortison, Prednisolon oder einem anderen Kortikosteroid erforderlich, je nachdem, welches am ehesten angezeigt erscheint.

Bei Allergien kann der isopathische Einsatz von potenzierten Allergenen, die durch einen Haut – oder Bluttest identifiziert wurden, u. U. eine hilfreiche Ergänzung zu einer eher klassischen Verschreibung sein. Allerdings darf dabei nicht vergessen werden, dass diese Vorgehensweise nicht auf das zugrundeliegende Ungleichgewicht der Lebenskraft abzielt und im besten Falle palliativ wirkt. In diesem Zusammenhang sei angemerkt, dass ein Impfstoff, der aus Allergenen besteht, nicht anders als alle anderen Impfstoffe auf die Lebenskraft wirkt; die mit autogenen Impfungen verbundenen wiederholten Angriffe auf das Immunsystem scheinen dazu zu führen, dass der Organismus kaum noch auf eine homöopathische Behandlung anspricht.

Was das Thema Ektoparasiten angeht, so kann die homöopathische Behandlung zu einer Verbesserung des allgemeinen Gesundheitszustandes führen, die wiederum Hand in Hand mit einer besseren Immunantwort geht. Das alleine kann u. U. schon ausreichen, damit das Tier die Parasiten wieder los wird. Manchmal ist die Lebenskraft aber dennoch nicht stark genug, um adäquat auf die Belastung zu reagieren; außerdem stellt die anhaltende Reizung durch die Parasiten ein Heilungshindernis dar. In diesen Fällen ist die Beseitigung der Schädlinge durch andere, lokal wirkende Maßnahmen unerlässlich. Im Grunde genommen ist es ein ganz natürlicher Zustand, dass ein Tier ein paar Parasiten beherbergt, insbesondere Flöhe, allerdings wird dies in den seltensten Fällen mit der häuslichen Situation harmonieren. Demodikose, eine durch die Demodex-Milbe verursachte Räudeform, die auf mangelnde Immunkompetenz zurückzuführen ist, spricht gut auf eine homöopathische Behandlung an, wohingegen die Sarkoptesräude eher behandlungsresistent ist, sodass meist begleitend ein konventionelles Antiparasitikum eingesetzt werden muss. Nichtsdestotrotz erhöhen solche Chemikalien die toxische Belastung des Tieres und sollten nur zurückhaltend und mit Vorsicht verwendet werden.

Probleme mit den Ohren werden homöopathisch genauso behandelt wie Hauterkrankungen. Dem zugrunde liegt der Umstand, dass der Gehörgang mit modifiziertem Hautgewebe ausgekleidet ist. Durch die spezielle Form des Hundeohres stellen seine Belüftung und Drainage eindeutige Schwachpunkte dar. Alles, was das empfindliche Gleichgewicht negativ beeinflusst, kann dazu führen, dass der Gehörgang anschwillt, vermehrt Sekret gebildet wird und die Belüftung und Drainage eingeschränkt werden. Auch in solchen Fällen von Otitis externa kann die Homöopathie häufig noch eine bemerkenswerte Besserung erzielen, allerdings ist oft zusätzlich eine lokale Behandlung erforderlich, beispielsweise die Spülung mit *Calendula*-Lotion. Gelegentlich werden auch noch schulmedizinische Medikamente benötigt, um das Problem vollständig zu beseitigen; ist dies der Fall, wirken sie erfahrungsgemäß besser, wenn sie in Verbindung mit einer homöopathischen Behandlung angewendet werden, als wenn sie allein eingesetzt werden.

Auch Erkrankungen der Analdrüsen werden in ähnlicher Weise behandelt, da sie Teil des allgemeinen Hautgeschehens sind. Hier stellt die regelmäßige Entleerung der Drüsen einen wichtigen Bestandteil des Behandlungsregimes dar. Eine Futterumstellung kann hilfreich sein, damit die Drüsen beim Kotabsatz besser ausgedrückt werden. Die homöopathische Behandlung zielt allerdings oft auf eine Verbesserung der Immunantwort ab, da es sich in Wirklichkeit um eine Art Abszess handelt. Eine chronische Irritation der Analdrüsen wird häufig durch eine niederschwellige Infektion verrursacht; hier ist die Homöopathie in Verbindung mit einer regelmäßigen Entleerung der Drüsen oftmals überaus erfolgreich. Auf die schwerwiegende unterdrückende Wirkung einer Entfernung der Analdrüsen soll in diesem Zusammenhang noch einmal hingewiesen werden; eine korrekte homöopathische Verschreibung sollte solche Maßnahmen überflüssig machen.

In Übereinstimmung mit der homöopathischen Philosophie ist der Geistes – und Gemütszustand des Patienten von enormer Bedeutung für die Entwicklung von Hauterkrankungen. Bei Katzen ist dies in ganz besonderem Maße der Fall; eine Hauterkrankung wurzelt hier immer tief in der emotionalen Sphäre. Entsprechend hängt der Erfolg einer homöopathischen Behandlung davon ab, ob es gelingt, die auslösende Veränderung in den Gewohnheiten oder der häuslichen Umgebung des Tieres herauszufinden. Bei Hunden ist dies natürlich gleichermaßen von Bedeutung, allerdings kann die emotionale Ursache bei Katzen oft leichter identifiziert werden. Hilfreiche Rubriken im Kapitel »Gemüt« sind: »Beschwerden durch – Kummer«; »Beschwerden durch – Kränkung«; »Beschwerden durch – Entrüstung«.

Die homöopathische Behandlung von Hauterkrankungen kann sich daher sehr komplex gestalten. Bei chronischen Krankheiten ist Geduld von Seiten des Tierarztes als auch des Klienten gefragt. So dauert es beispielsweise oft ein Dreivierteljahr, um eine Atopie vollständig zum Verschwinden zu bringen. Dennoch sind die Erfolge großartig, was nicht zuletzt der Grund dafür ist, dass Hauterkrankungen einen Großteil der Fälle in einer homöopathischen Überweisungspraxis ausmachen. Nicht alle Patienten, die mit einer Hauterkrankung vorgestellt werden, sprechen auf eine homöopathische Behandlung an, aber mit Geduld und Durchhaltevermögen wird kaum ein Patient nicht auf die eine oder andere Weise von der Homöopathie profitieren.

Wenn darüber hinaus ein Patient bereits im Frühstadium der Erkrankung vorstellig wird, kann das Fachwissen und Verständnis des homöopathischen Tierarztes verhindern, dass die Symptome weiter fortschreiten und der Fall immer komplexer und dadurch schwieriger zu behandeln wird. Dies gilt ganz besonders, wenn eine klar erkennbare Kausalität vorliegt.

Abschließend noch eine Bemerkung zur Ernährung: Es besteht kein Zweifel, dass Patienten, die an einer Hauterkrankung leiden, von einer Ernährung mit vollwertigen rohen Futtermitteln, wie sie bereits vorgestellt wurde, profitieren. Von besonderer Bedeutung sind hier die essenziellen Fettsäuren. Eine einfache Maßnahme, die allen anderen überlegen und für diese Patienten überaus hilfreich ist, besteht in der Zugabe von kaltgepresstem Hanfsamen-, Leinsamen – oder Fischöl zum Futter. Nichtdestotrotz kann der Wechsel zu einer Rohfütterung für solche Patienten einen enormen Nutzen bringen; bei manchen Patienten ist er sogar entscheidend.

Wichtige Modalitäten und Rubriken

Im Repertorium ist das Schlüsselwort für Hautveränderungen »Hautausschläge«.

Das Repertorium enthält ein eigenes Kapitel für die Haut. Die Lokalisation der Hautveränderungen ist allerdings auch von großer Bedeutung, sodass man in dem entsprechenden anatomischen Abschnitt nachschlagen muss. Zu beachten ist, dass »Achsel« unter »Brust«, »Leiste« unter »Abdomen« und »Kinn« unter »Gesicht« steht.

Die Hautveränderungen können Verdickungen und Farbänderungen umfassen; die Klassifikation der Läsionen (»Hautausschläge«) erfolgt je nachdem, ob sie Sekret absondern, schuppig, kreisrund, bläschenförmig, pustulös etc. sind. Kreisrunde Veränderungen findet man unter »Haut – Hautausschläge – Herpes – ringförmig«. Warzen und Tumore der Haut (letztere stehen unter »Haut – Wucherungen«) findet man entweder ebenfalls im Kapitel »Haut« oder unter der entsprechenden Lokalisation. Im Abschnitt »Haut – Hautausschläge« sind nur wenige spezifische Diagnosen enthalten, darunter Akne, Ekzem, Pemphigus und Flechten. Diese Rubriken sollte man nur unter Vorbehalt verwenden und stattdessen den Schwerpunkt eher auf die spezifischen Symptome des Patienten legen. Die Rubrik »Urtikaria« hat sich dennoch oft als nützlich erwiesen.

Aufgrund der anatomischen Unterschiede ist es problematisch, Humanrepertorien zu

verwenden, wenn es um den Fettgehalt des Fells bei Tieren geht. Allerdings haben sich die Rubriken »Schweiß – ölig« oder »Gesicht – fettig« doch als hilfreicher Ansatz herausgestellt, wobei wir der letztgenannten den Vorzug geben. Darüber hinaus gibt es auch im Kapitel »Kopf« zahlreiche Rubriken wie z. B. »Haare – fettig« oder auch »Haare – Haarausfall« und »Haare – Kahlköpfigkeit«. Wir bevorzugen allerdings die spezifischere Rubrik »Haut – Haare – Haarausfall«.

Noch wichtiger als die physische Erscheinung der Haut sind vielleicht die Modalitäten und Empfindungen, da diese eine spezifischere Reaktion auf das energetische Ungleichgewicht darstellen. Bei einem Tier, das sich kratzt, erscheint es nur vernünftig anzunehmen, dass es unter Juckreiz leidet. In der Praxis können daher die Rubriken unter »Haut – Jucken« sicherlich hilfreich sein. Faktoren wie die Auswirkungen von Wärme und Kälte, Baden, frische Luft und Bewegung sind oftmals extrem nützlich, desgleichen die zeitlichen Modalitäten. Wenn es zu diesen Modalitäten keine spezifischen Rubriken im Kapitel »Haut« gibt oder diese nicht verlässlich erscheinen, kann man im Kapitel »Allgemeines« nachschlagen. Tiere reagieren auf Juckreiz meist, indem sie sich an der betroffenen Stelle kratzen, was wiederum zu Blutungen oder Wundheit führen kann. Passende Rubriken sind hier: »Haut – Jucken – Kratzen – agg. – blutet; muss kratzen bis es« oder auch »Haut – Jucken – Kratzen – agg. – wund ist; muss kratzen bis es«. Manchmal verschlimmert Kratzen den Juckreiz, manchmal bessert es ihn; ein anderes Mal wiederum wechselt der Juckreiz nach Kratzen die Stelle. Wenn bereits Hautveränderungen bestehen, die sich das Tier nicht selbst zugefügt hat, sollten die Rubriken unter »Haut – Hautausschläge – juckend« und die entsprechenden Unterrubriken herangezogen werden. Unserer Erfahrung nach scheinen die letzteren besser für Tiere geeignet zu sein.

Eine konstitutionelle Verschreibung ist bei Patienten mit Hauterkrankungen am erfolgversprechendsten und bewirkt oft eine langanhaltende Besserung. Hier haben sich die Informationen zu den allgemeinen Wärmemodalitäten des Tieres am hilfreichsten erwiesen. Friert ein Tier sehr schnell oder ist es im Gegenteil sehr warmblütig, kann ihm sofort eine viel kleinere Zahl an geeigneten homöopathischen Arzneien zugeordnet werden. Daher lohnt es sich in jedem Fall, bei der Konsultation ein wenig mehr Zeit zu erübrigen, um exakte Informationen zu den Wärmemodalitäten des Patienten zu erhalten.

Die wichtigsten Arzneien

▶ *Sulphur*

Sulphur genießt hohes Ansehen bei Hauterkrankungen, und das zu Recht. So gut wie jede nur vorstellbare Hautveränderung findet sich in seiner Materia medica. Infolgedessen ergibt die Repertorisation in fast allen Fällen von chronischen Hauterkrankungen aufgrund ihrer nichtssagenden Symptomatik *Sulphur*. Allerdings ist es in solchen Fällen trotz der vagen Symptome tatsächlich sehr häufig hilfreich, und zwar nicht nur aufgrund seiner klinischen Wirkungen, sondern auch wie bereits erwähnt wegen seiner Fähigkeit, einen Fall zu klären. Tiefe Potenzen haben eine ausgeprägt unspezifische positive Wirkung auf die Haut. Dies kann man sich zunutze machen, wenn man beispielsweise bei einem Tier die Kortikosteroide ausschleichen möchte. Hier kann man z. B. zweimal täglich *Sulphur* C 6 geben, während man gleichzeitig langsam die Kortisondosis reduziert. Sobald dies abgeschlossen ist, sollte sich dem Homöopathen ein klareres Bild zeigen. Weist die Symptomatik weiterhin auf *Sulphur* hin, kann eine höhere Potenz gegeben werden. Allerdings sollte man wissen, dass *Sulphur* in höheren Potenzen bei einem Patienten, dessen Beschwerden längere Zeit unterdrückt wurden, heftige Verschlimmerungsreaktionen auslösen kann, weshalb man unbedingt Vorsicht walten lassen sollte.

- Die typischen Hautveränderungen von *Sulphur* sind trocken, rot und juckend. Sie betreffen vor allem den Rumpf, aber auch die Füße und die Bereiche um die Augen. Der Juckreiz wird durch Wärme in jeglicher Form verschlimmert, vor allem aber durch Bettwärme, weswegen sich die betroffenen Tiere wenige Minuten, nachdem sie sich in ihrem Körbchen oder Bett zur Ruhe begeben haben, anfangen zu kratzen. Auch Baden verschlimmert die Symptome, v. a. mit kaltem Wasser. Weitere Hautveränderungen sind nässende Dermatitis, pustulöse Hautausschläge, Exkoriationen in den Hautfalten und Abschuppung. Haut und Fell sehen schmutzig aus und verströmen einen abstoßenden und muffigen Geruch. Kratzen bessert oft, sodass sich das Tier nur mit Unterbrechungen kratzt; manchmal allerdings verschlimmert es auch und die Hautläsionen werden wund und fangen an zu nässen oder zu bluten.
- Die Haut von *Sulphur* ist grundsätzlich nicht gesund, sodass Wunden nur langsam heilen und sehr anfällig für Sekundärinfektionen sind.
- Die Ohren von *Sulphur* sind rot und jucken und sondern ein übelriechendes, schleimig-eitriges Sekret ab.
- Bei vielen Patienten mit Hauterkrankungen kann *Sulphur* überaus hilfreich sein. Vor allem bei chronischen Krankheiten sind die Schlüsselwörter »heiß, juckend und übelriechend« ausreichend, um die Verordnung von *Sulphur* zu rechtfertigen. Wenn dazu noch eine Übereinstimmung mit den mentalen und allgemeinen Symptomen von *Sulphur* besteht, wie sie in Kapitel 9 beschrieben wurden, wird die Wirkung noch tiefgreifender sein. Man sollte sich merken, dass *Psorinum* ähnlich wie *Sulphur* eingesetzt werden kann, wobei hier die Schlüsselwörter »kalt, juckend und übelriechend« lauten.

▶ *Arsenicum album*

- Bei *Arsenicum* findet man so gut wie immer irgendeine Form von Abschuppung, meist weiße Schuppen mit heftigem Juckreiz. Die Patienten kratzen sich oft, bis sie bluten, und das anhaltende Kratzen führt zu einer chronischen Verdickung der Haut und der sogenannten »Elefantenhaut«. Vor allem auf der Brust und dem Bauch erscheinen leuchtend rote Flecken, aber auch Bläschen, Pickel oder Geschwüre. Absonderungen aus den Ohren sind in der Regel dünn und wundmachend. Der Juckreiz ist charakteristischerweise nach Mitternacht schlimmer, weshalb sich die Besitzer oft darüber beklagen, dass sich der Hund die ganze Nacht kratzt und ihre Nachtruhe stört. Auch feuchtkaltes Wetter und ein Aufenthalt am Meer können zu einer Verschlimmerung des Juckreizes führen. Die saisonale Periodizität von *Arsenicum* erklärt seinen Wert bei Atopie. Ein kurzer Blick auf die Wärmemodalitäten von *Arsenicum*: Diese Patienten sitzen beinahe im Feuer, dicht neben dem Boiler der Zentralheizung oder an einen Radiator gelehnt, und braten in der Sonne. Diese extreme Frostigkeit in Verbindung mit den weißen Schuppen und der nächtlichen Verschlimmerung lässt einen rasch *Arsenicum* in Erwägung ziehen; die Bestätigung erhält man durch Abfragen weiterer Gemüts – und Allgemeinsymptome.

▶ *Natrium muriaticum*

- *Natrium muriaticum* hat Haarausfall und fettiges Fell. Hautveränderungen sind oft symmetrisch und treten bevorzugt in den Gliedmaßenbeugen auf. Beim Menschen fallen herpetische Hautausschläge in sein Ressort, was sich beim Tier in Form von krustigen Veränderungen im Maulbereich und den Mundwinkeln zeigt. Ein klassisches Symptom ist beim Menschen ein Riss in der Mitte der Unterlippe. Auch dieses sieht man gelegentlich beim Tier. Das fettige Fell verfilzt leicht und klebt manchmal wie Pinselborsten zusammen. Die Hautveränderungen erinnern an Dermatophilose (»Rain Scald«) beim Pferd, und tatsächlich kann *Natrium muriaticum* bei dieser Erkrankung hilfreich sein. Auch hier sehen wir weiße Schuppen, aber die Fettigkeit unterscheidet *Natrium muriaticum* von *Arsenicum album*.
- Die Hautveränderungen können bläschenförmig, krustenbildend oder nässend sein. Auch rote Flecken oder nesselsuchtartige Schwellungen treten auf.
- *Natrium muriaticum* ist oft sehr hilfreich bei der miliaren Dermatitis der Katze, insbesondere wenn Kummer als ursächlicher Faktor ermittelt werden kann.
- Der Juckreiz von *Natrium muriaticum* bessert sich durch ein kühles Bad. Am Meer kann er sowohl besser als auch schlechter werden, während Hitze grundsätzlich verschlimmert. Es kann eine Periodizität mit einer Verschlechterung an jedem zweiten Tag bestehen.

▶ *Pulsatilla nigricans*

- Die Hautläsionen von *Pulsatilla* werden klassischerweise als »masernartig« beschrieben, in Anspielung auf seinen Einsatz bei den Masern der Kinder. Die Bläschen verkrusten sehr schnell und sind oft über das gesamte Abdomen verteilt; sie erstrecken sich bis zu den Genitalien und manchmal auch die Beine hinunter. Auch der restliche Rumpf kann betroffen sein, die Gliedmaßen eher weniger, allerdings kann Juckreiz der Füße auftreten. Der Juckreiz verschlimmert sich durch Hitze und am Abend. Leichte Bewegung an der frischen Luft lindert ihn, ebenso wie Reiben, weshalb die Patienten oft versuchen, sich durch Reiben am Boden Linderung zu verschaffen. Die allgemeine Modalität von *Pulsatilla* »Besserung durch Trost« spiegelt sich auch in den Hautsymptomen wider – daher ist es oft möglich, die Patientin vom Kratzen abzuhalten, indem man sie in den Arm nimmt und mit ihr schmust. *Pulsatilla* ist weiterhin oft bei rezidivierender Nesselsucht (Urtikaria) angezeigt, besonders wenn diese durch Hitze und Anstrengung verschlimmert wird (dies ist übrigens das Gegenteil von *Sepia*).

- Das rechte Ohr ist meist stärker betroffen als das linke. Absonderungen sind oft eitrig und grün oder gelb, aber i. d. R. mild. Eine Mittelohrentzündung (Otitis media) kann ebenfalls auftreten. Daneben ist *Pulsatilla* auch häufig bei miliarer Dermatitis angezeigt.

▶ *Rhus toxicodendron*

- *Rhus toxicodendron*, der Giftsumach, verursacht einen roten Bläschenausschlag mit heftigem Juckreiz. Damit ähnelt er dem Ausschlag von *Pulsatilla*, allerdings ist der Juckreiz noch heftiger und das Bläschenstadium starker ausgeprägt. Manchmal sieht die Haut dann »pflastersteinartig« aus, was v. a. im Bereich der Hinterbacken sichtbar ist. Der Juckreiz ist bei *Rhus toxicodendron* so heftig, dass sich das Tier das Fell an der betroffenen Stelle herausreißt und sich dann so lange dort kratzt und beißt, bis der ganze Bereich wund ist und blutet. Manchmal fängt die Stelle dadurch an zu nässen. Der Juckreiz ist nachts schlimmer, besonders im Bett, und morgens im Bett ist eine ganz charakteristische Verschlimmerungszeit. Sobald der Patient aufgestanden ist und sich bewegt, lässt der Juckreiz nach. Zudecken bzw. Einhüllen kann den Juckreiz u. U. ebenfalls lindern; dies findet man heraus, indem man einem Hund mit Juckreiz ein T-Shirt anzieht. Beim Menschen wird der Juckreiz durch ein Bad in kochend heißem Wasser gelindert; ob dies auch beim Tier hilft, haben wir aber nicht ausprobiert!
- Anhaltendes Kratzen kann zu einer Verdickung und Verfärbung der Haut führen.
- Juckreiz um die Augen und an den Augenlidern führt zu Reiben sowie nachfolgendem Haarausfall und Abschürfungen in diesem Bereich.
- Die Ohrmuschel kann ähnliche Veränderungen aufweisen wie der Rest der Haut. Eine assoziierte chronische Otitis externa geht oft mit blutig-eitriger Absonderung einher.
- Mental sind diese Patienten oft fröhlich, freundlich und gut gelaunt, und entsprechend oft ist es der unbeschwerte Terrier, der häufiger als andere Rassen Hautveränderungen entwickelt, die auf *Rhus toxicodendron* ansprechen.

Weitere Arzneien

▶ *Antimonium crudum*

- Schmerzhafte Veränderungen mit dicken honigfarbenen Krusten
- Hühneraugen und Schwielen

▶ *Graphites*

- Klebrige honigfarbene Absonderungen
- Läsionen in Hautfalten, v. a. zwischen den Zehen, in den Achselhöhlen und Leisten
- Der Patient ist fett, faul und friert leicht.

▶ *Hepar sulphuris*

- Abszesse, einschließlich schmerzhafter Infektionen der Analdrüsen
- Furunkulose; schmerzhafte Hautausschläge
- Juvenile Pyodermie

Ignatia amara
- Zwanghaftes Lecken – Leckgranulom, Dermatitis in den Zwischenzehenräumen
- Hautausschläge ähnlich Nesselsucht
- Vorgeschichte von Kummer oder Trennung

Lycopodium
- Chronisches Ekzem
- Haarausfall, Ergrauen der Haare
- Brüchiges Haar – bricht schnell ab, v. a. zwischen den Schulterblättern
- Juckreiz und Verdickung der Haut
- Begleitend gastrointestinale Symptome

Mercurius solubilis
- Nässende Dermatitis; eitrige, übelriechende, grünliche Hautveränderungen
- Otitis externa mit faulig riechender Absonderung von Eiter und Blut
- Der Patient ist durstig, hat aber eine nasse Schnauze.

Sepia
- Umschriebene Hautveränderungen; Ringelflechte
- Pigmentveränderungen
- Warzen v. a. im Gesicht
- Abschuppung
- Urtikaria > Wärme und Anstrengung

Pyrogenium
- Faulig riechende Absonderungen, v. a. aus den Analdrüsen
- Die Absonderungen riechen nach verfaultem Fleisch.

Silicea
- Chronische Eiterung
- Chronische Absonderungen aus den Nasennebenhöhlen
- Feline Akne
- Fördert die Austreibung von Fremdkörpern
- Chronische Infektionen der Analdrüsen

Staphysagria
- Juckende, schuppige Hautveränderungen am ganzen Körper; miliare Dermatitis bei Katzen
- Nach Kratzen wechselt der Juckreiz die Stelle
- Vorgeschichte von Operationen oder anderen emotionalen Aufregungen

Thuja occidentalis
- Verdickung, Pigmentierung
- Warzen v. a. am Perineum oder an den Genitalien
- Vorgeschichte von Impfungen

Tuberculinum bovinum
- Roter, juckender, flüchtiger Hautausschlag, der schnell kommt und geht
- Besser durch direkte Hitze, aber auch durch frische Luft, kühlen Wind, fortgesetzte Bewegung
- Feine Schuppen – »wie Kleie«
- Nach Kratzen wechselt der Juckreiz die Stelle
- Akne
- Ringelflechte, aber *Bacillinum* ist effektiver

Urtica urens
- Verbrennung, Verbrühung
- Juckende Flecken
- Urtikaria nach großer Anstrengung, durch Wärme
- Urtikaria durch Insektenstiche
- Schlimmer durch Kaltbaden (im Gegensatz zu *Apis*)

QUELLEN

- *Banerjea, S. K. (2010): Miasmatische Verschreibung. 2. Aufl. Lotz*
- *Julian, O. A. (1979): Materia Medica of New Homeopathic Remedies. Beaconsfield*

28

Verhaltens-probleme

Allgemeines

Körper und Geist sind untrennbar miteinander verbunden. Im Humanbereich wird inzwischen anerkannt, dass eine emotionale Störung ohne adäquate Behandlung zu einer Form der Unterdrückung und in der Folge zu einer Manifestation der Erkrankung auf der körperlichen Ebene führen kann. Ein geflügeltes Wort besagt: »Der Körper weint die Tränen, die nicht aus den Augen kommen können«, und impliziert damit, dass in der Unterdrückung von Emotionen und normalen Verhaltensmustern die Wurzel vieler Störungen liegt. Da in der menschlichen Kultur nach wie vor die Dominanz des Menschen über das Tier die Vorherrschaft hat, wird leicht vergessen, dass Tiere gleichermaßen betroffen sein können.

Man sollte stets bedenken, dass das, was ein Tierbesitzer als Verhaltensproblem beschreibt, in Wahrheit eine normale Reaktion des Tieres in einer bestimmten Situation sein kann. Probleme werden gewöhnlich nach menschlichen sozialen Parametern definiert. Beginnt eine Katze, im Haus zu markieren, kann es sich dabei um die normale Antwort dieser Spezies auf eine veränderte Situation handeln. So stellt beispielsweise die Aufnahme eines neuen Tieres in den Haushalt aus Sicht der Katze eine Änderung der Dynamik innerhalb der Gruppe bzw. Familie dar. Eine homöopathische Behandlung konzentriert sich auf die dadurch bedingten Gemütsveränderungen bei der Katze, z. B. Angst, Feindseligkeit, Ablehnung etc., und die Mittelwahl ist entsprechend ausgerichtet. Im Gegensatz dazu zielt die Schulmedizin darauf ab, die Situation durch Anpassung der Hormone unter Kontrolle zu bringen. Dies ist nicht nur weniger erfolgreich (Kapitel 2), sondern spricht auch nicht die Wurzel des Problems an, sodass die Gemütsstörung nach wie vor besteht. Damit ist die Saat für zukünftige Krankheiten bereits gesät.

Da es schwierig ist, die gedanklichen Abläufe bei Tieren zu erkennen und zu interpretieren, werden deren Auswirkungen oftmals unterschätzt. Vielleicht finden wir beim Tier nicht alle emotionalen Schattierungen wie beim Menschen, aber zweifellos eine Menge davon. Grundlegende Emotionen wie Angst etc. sind leicht zu beobachten und als Ursache mancher Verhaltensprobleme zu identifizieren. Andere wiederum, wie z. B. Kummer, sind nicht so einfach zu erkennen und können oft nur vermutet werden. Wir müssen uns immer vor Augen halten, dass Situationen, die für uns als Menschen vollkommen logisch und erklärbar sind, beim Tier zu Problemen führen können. So ist der Auszug eines Sohnes oder einer Tochter, der oder die zum Studium in eine andere Stadt zieht, für die beteiligten Menschen ein völlig normales Geschehen. Beim Tier kann er aber Kummer und Trauer auslösen, da er als schmerzlicher Verlust empfunden wird. An dieser Stelle gewinnt die Fallaufnahme besondere Bedeutung und es ist wichtig, auch solche sozialen Faktoren zu erfragen, die oft nicht nur den Schlüssel zu Verhaltensproblemen, sondern auch zu körperlichen Erkrankungen liefern können.

Darüber hinaus ist es von entscheidender Bedeutung, die normalen sozialen Muster der jeweiligen Spezies zu kennen, um ein Verständnis dafür zu bekommen, wann und wie menschliche Erwartungen und Handlungen diese beeinflussen können. So sind beispielsweise Wellensittiche wie auch andere Vogelarten von Natur aus sehr gesellig und leben in großen Schwärmen. In menschlicher Obhut werden sie aber oft alleine oder in kleinen Gruppen gehalten. Unter diesen Umständen stellt der Mensch einen Ersatzpartner dar und die Interaktion mit dem menschlichen Gefährten kann lebenswichtig für das Wohlbefinden des Tieres sein. Störungen in diesem Bereich können entsprechend tiefgreifende Folgen haben. Auch ein Hamster, der normalerweise in einer Schule in einem turbulenten Klassenraum gehalten wird und die Ferien in einem sehr viel ruhigeren privaten Zuhause verbringt, kann emotional aus dem Gleichgewicht geraten. Im Zoo kann der Verlust der Freiheit bei Tierarten, die in freier Wildbahn weite Wanderungen unternehmen, zu Problemen führen, ganz egal, wie gut das Management auch sein mag.

Manche Verhaltensstörungen resultieren aber auch aus einer körperlichen Störung, die es dann zu erkennen gilt. Auch der Alterungsprozess bringt seine eigenen Veränderungen mit sich. In Kapitel 29 gehen wir darauf gesondert ein.

Die Lebensumstände vieler Tiere laufen ihren natürlichen Anlagen zuwider; sie müssen Aufgaben verrichten, die allein für ihre Besitzer von Bedeutung sind. Dies betrifft nicht nur die Bereiche Wettkampf und Ausstellungen, sondern auch die kommerziellen Anforderungen in der Nahrungsmittelproduktion. Die geforderten Verhaltensmuster entspringen einzig und allein den Erwartungen der Besitzer, auch wenn die verschiedenen Rationalisierungsformen noch so sehr mit der Bemerkung »es macht ihm aber Spaß« gerechtfertigt werden. Die Domestikation hat bei den betroffenen Tierarten sicherlich ein erstaunliches Maß an Anpassung und Fügung hervorgebracht. Nichtsdestotrotz sollte man bedenken, dass die Kriterien, nach denen Verhalten meist beurteilt wird, allein vom menschlichen Standpunkt aus festgelegt wurden. Ein Tier mag sich entsprechend seinen eigenen Standards vollkommen rational verhalten und doch nicht diese Kriterien erfüllen. Der Mensch verlangt dem Tier Aktivitäten ab, die es in der Natur nicht unbedingt zeigen würde (z. B. Dressur und Vorführung); je nachdem, wie hoch die damit verbundenen Erwartungen des Menschen sind, kann das Tier in einen Zustand von übermäßiger Kontrolle und Einschränkung geraten. Dies wiederum kann zu bestimmten Arzneimittelzuständen führen, beispielsweise von *Carcinosinum*, das in seinem Arzneimittelbild sowohl die Kontrolle als auch die überhöhte Erwartungshaltung und Missbilligung bei Versagen hat. Diese Situation kann eine Verschreibung auf ätiologischer Grundlage erfordern.

Bei der Behandlung von Verhaltensproblemen werden meist höhere Potenzen benötigt. Natürlich sollte, sofern möglich, die zugrundeliegende Ursache beseitigt werden,

aber in vielen Fällen ist dies nicht machbar. Ganz wesentlich ist, dass man die wahren emotionalen Bedürfnisse des Tieres erkennt. Vielleicht ist es dann möglich, das Umfeld derart zu verändern, dass es für den Menschen immer noch akzeptabel ist, aber auch die Bedürfnisse der anderen Spezies erfüllt.

Einige Verhaltensprobleme sind Beispiele für Störungen, die Hahnemann als *einseitige Krankheiten* bezeichnete. Hier wird die Symptomatik von einem einzigen Merkmal beherrscht, und infolgedessen ist es schwierig, das Simillimum zu finden. In einem solchen Fall treten im Verlauf der (erfolgreichen) Behandlung oft andere Symptome zutage, die dem zugrundeliegenden Krankheitszustand entsprechen. Allerdings kann die Beseitigung der aktuellen Wesensveränderung eine Art der Unterdrückung darstellen, wenn nicht gleichzeitig auch die Wurzel des Übels angegangen wird. Dies wiederum kann zur Entwicklung weiterer Probleme führen, die dann oft mehr auf der körperlichen Ebene liegen. Solche Unterdrückungen sind zwar meist die Folge von konventionellen/schulmedizinischen Behandlungen, man darf aber nicht vergessen, dass sie auch in der Homöopathie möglich sind. Wird beispielsweise kontinuierlich *Belladonna* gegeben, um das aggressive Verhalten einer Katze in Schach zu halten, kann dadurch verschleiert werden, dass der eigentliche Grund für die Aggression, nämlich die Ablehnung einer neu aufgenommenen Katze, dadurch gar nicht angegangen wird. Die Ablehnung wird damit unterdrückt und sucht sich schließlich ein anderes Ventil. Wenn Menschen ihr Tier wegen eines Verhaltensproblems vorstellen, ist ihr Leidensdruck oft schon extrem hoch und sie nehmen nur noch das in ihren Augen eigentliche Problem wahr. Dann ist es wichtig, auch alle anderen Aspekte hinsichtlich der Gesundheit des Tieres zu erfragen und die Verschreibung auf eine möglichst breite Basis zu stellen.

In manchen Fällen von Vakzinose kann das Bild des Patienten ausschließlich von Geistes – und Gemütssymptomen beherrscht werden.

Die Manifestation einer Krankheit auf der mentalen Ebene (nichts anderes sind Verhaltensprobleme) geht immer mit einem gewissen Kontrollverlust einher, sodass aus miasmatischer Sicht ein starker psorischer Einfluss besteht. Trotzdem sollte die Behandlung nicht mit überwiegend antipsorischen Arzneien beginnen. Zuerst müssen die anderen Einflüsse eliminiert werden und das psorische Bild tritt dann als letztes Stadium vor der Heilung zutage.

Man sollte immer daran denken, dass die Homöopathie das Verhalten nur optimieren und keine anomalen Verhaltensmuster erzeugen oder aufrechterhalten kann. Sie stellt natürliche Muster wieder her. Werden einem Tier permanent anomale Verhaltensmuster aufgezwungen, stellt dies ein Heilungshindernis dar. Unter solchen Umständen lässt sich lediglich eine gewisse Linderung erzielen.

Wichtige Modalitäten und Rubriken

Bei Verhaltensproblemen ist das Kapitel »Gemüt« der wichtigste Abschnitt im Repertorium. In diesen Fällen kann der »Niemals-gesund-seit«-Ansatz extrem hilfreich sein, sodass die Rubriken »Beschwerden durch« besonders wichtig sind. Der Teil »Wahnideen« sollte auch nicht außer Acht gelassen werden, ist aber mit Vorsicht zu interpretieren. Dreht ein Tier sich plötzlich um und schnappt nach etwas Unsichtbarem, könnte es die Wahnidee haben, dass etwas hinter ihm schwebt (Teil des Arzneimittelbildes von *Medorrhinum*). Wie bereits erläutert, sollten möglichst immer andere Symptome einbezogen werden; Allgemeinsymptome sind dabei oft besonders aufschlussreich.

Die wichtigsten Emotionen bei Tieren sind:

- **KUMMER.** Dazu gehören auch Einsamkeit und Selbstmitleid.
- **ÄRGER.** Hierzu zählen auch Ärger, Groll, Feindseligkeit und Missgunst.
- **LIEBE.** Auch hier gibt es wichtige Rubriken, wie z. B. Eifersucht und Besitzanspruch.
- **HASS/FURCHT/ANGST/NERVOSITÄT.** Stress und Anspannung sind meist als solche zu erkennen. Stress kann sich auch als Unfähigkeit, Aufgaben zu bewältigen, zeigen, wobei oft Ersatz – oder Übersprungshandlungen auftreten, beispielsweise exzessives Lecken (Leckgranulome) oder zerstörerisches Verhalten.

Der Zeitpunkt, zu dem die Verhaltensauffälligkeiten auftreten, kann Hinweise auf zugrundeliegende Faktoren geben, z. B. wenn sie mit der Ankunft oder dem Weggehen bestimmter Individuen verknüpft sind, oder wenn sie immer zu einer bestimmten Tageszeit auftreten, in der im Umfeld des Tieres regelmäßig etwas Bestimmtes geschieht. Es gilt auch zu bedenken, dass es bei den verschiedenen Spezies teils gravierende Unterschiede in den Sinnesleistungen gibt, was einen Einfluss auf die Interpretation entsprechender Rubriken aus dem Humanbereich haben kann. Auch bei der Verwendung von Rubriken, die im menschlichen Kontext etwas völlig anderes bedeuten als beim Tier, ist Vorsicht geboten. So stellt beispielsweise das gemeinsame Gähnen bei Rudeltieren eine Kommunikationstechnik dar, die ein friedliches Zusammenleben ermöglicht. Das ist etwas vollkommen anderes als die physiologische Reaktion, die beim Menschen hinter dem Gähnen steckt und in den entsprechenden Rubriken verarbeitet ist. Rubriken im Zusammenhang mit Gähnen finden sich im Repertorium in den Kapiteln »Husten«, »Schlaf« und »Allgemeines«; dabei wäre das Kapitel »Gemüt« der richtige Ort dafür, wenn das Gähnen als Phänomen in Verbindung mit den sozialen Interaktionen einer Spezies zu sehen wäre. In ähnlicher Weise drücken Pferde, die sehr oft wiehern, damit eher Angst oder Unruhe aus und nicht die im Repertorium enthaltene »Redseligkeit«.

Die wichtigsten Arzneien

Argentum nitricum

- *Argentum nitricum* ist eines der wichtigsten Mittel für Erwartungsangst und –spannung, die oft in Form von Darmsymptomen wie Durchfall und Blähungsneigung in Erscheinung tritt. Die Nervosität führt zudem zu heftigem Zittern und Schwäche der Gliedmaßen. Es treten oft irrationale Ängste auf und das Tier weigert sich vielleicht aus unerfindlichen Gründen, eine bestimmte Strecke zu gehen. Wie zu erwarten besteht Verlangen nach Gesellschaft; Einsamkeit kann zu destruktivem Verhalten oder Automutilation führen. Spezifische Ängste betreffen große Höhen und die Furcht, hohe Gebäude könnten über ihnen einstürzen. Beim Tier könnte man dies als Abneigung gegen herannahende Flugzeuge, hoch über ihm sitzende Preisrichter etc. oder als Weigerung, durch enge Gassen zu gehen, übersetzen. In Verbindung mit der Erwartungsangst bei Wettkämpfen und Vorführungen ist *Argentum nitricum* daher eines der führenden Mittel bei Verhaltensproblemen im Zusammenhang mit öffentlichen Auftritten. Ein Paradoxon der Arznei ist, dass trotz der Angst das zwanghafte Bedürfnis besteht, sich in Gefahr zu begeben, und die Bewegungen sehr impulsiv sind.

Ignatia

- Die Hauptwirkung von *Ignatia* erstreckt sich auf das Gemüt und das Nervensystem, wo es zu überaus heftigen Reaktionen mit Krampfzuständen sowohl auf der emotionalen als auch der körperlichen Ebene kommt. Das Arzneimittelbild wird von einer allgemeinen Überempfindlichkeit beherrscht und die Schmerzschwelle ist sehr niedrig. Stimmungsschwankungen sind ein hervorstechendes Merkmal, aber trotz einer ausgeprägten Unberechenbarkeit ist das Tier nicht grundsätzlich aggressiv. Es kann auch eine Depression mit häufigem Gähnen und Seufzen, aber auch Wiehern, Winseln etc. auftreten. *Ignatia* ist ein sehr widersprüchliches Mittel und zeigt unerwartete Reaktionen wie z. B. das Verlangen nach unverdaulichen Dingen, die aufgenommen werden, ohne Beschwerden zu bereiten, oder auch Halsschmerzen, die durch das Schlucken von festen Speisen gebessert, durch das Schlucken von Flüssigkeiten jedoch verschlimmert werden.
- Die wichtigsten Ursachen für einen *Ignatia*-Zustand sind mentaler Art, z. B. Beschwerden durch Schreck, Erwartungsspannung, Kummer und ähnliche Emotionen. Beschwerden durch Trennung von geliebten Individuen, insbesondere einem Elternteil, sind sehr stark ausgeprägt. *Ignatia* ist oft angezeigt, wenn sich die emotionale Erschütterung erst vor kurzem ereignet hat. Es ist zwar keine absolute Regel, aber man kann schon sagen, dass, je länger der Auslöser zurückliegt und je größer die Pathologie ist, die sich seither entwickelt hat, desto größer die Wahrscheinlichkeit ist, dass *Natrium muriaticum* angezeigt ist.
- Funktionelle Störungen treten oft in Form von Krämpfen auf. Diese betreffen möglicherweise ganze Muskelgruppen, sodass es zur Funktionseinschränkung der betroffenen Gliedmaße/n kommt.

Auch Muskelzuckungen kommen vor, v. a. im Bereich des Gesichts, wobei der Kopf nach hinten geworfen wird. Im Schlaf treten häufig Zuckungen der Gliedmaßen auf. Eine weitere Form von Spasmen sind Krampfanfälle (Konvulsionen).

▶ *Lachesis*

- Die wichtigste Modalität dieser Arznei ist die Verschlimmerung durch unterdrückte Absonderungen. Dieser Umstand führt auf der mentalen Ebene besonders im Zeitraum vor der Brunst (Rosse, Läufigkeit) zu Verhaltensänderungen. Gleichzeitig gibt es die gegensätzliche Modalität der Besserung, sobald die Absonderungen zu fließen beginnen. Ein weiteres prägnantes Merkmal ist die Verschlimmerung durch Schlaf. Eifersucht ist im Arzneimittelbild sehr stark vertreten; unerwünschte Reaktionen, die aufgrund von Eifersucht entstehen, sprechen oft sehr gut auf *Lachesis* an. Es besteht Aggression, die mitunter hysterische Züge annehmen kann. Ein Tier im *Lachesis*-Zustand hat eine allgemeine Aura von nervöser Energie mit schnellen Bewegungen, Unruhe und Überempfindlichkeit gegenüber allen Eindrücken. Außerordentliche Geschwätzigkeit ist ein weiteres Merkmal; diese zeigt sich als unaufhörliches Bellen, Knurren oder Miauen, welches nicht gestoppt werden kann. Manche Tiere sind unsozial und wollen allein sein. Es kommt zu einer Störung des Zeitgefühls mit nächtlicher Unruhe.
- *Lachesis* ist ein wertvolles Hilfsmittel bei der Behandlung unerwünschter Folgen einer Impfung gegen Tollwut. Nach dieser Impfung entwickeln viele Tiere eine heftige Reizung am Schwanzansatz, die in der Folge durch Automutilation weiter verschlimmert werden kann. Im Arzneimittelbild von *Lachesis* findet man eine Entzündung des Rückenmarks im Bereich des Steißbeins, die zu solch einer ausgeprägten Reizung führt. Außerdem besteht Angst vor und Abneigung gegen Wasser, was eine weitere Verbindung zu der bei Tollwut bestehenden Hydrophobie darstellt.

▶ *Natrium muriaticum*

- Auf der Gemütsebene haben sowohl *Natrium* als auch Chlor etwas mit Beziehungen zu tun. *Natrium* steht mit dem Eingehen von Beziehungen bzw. dem Unvermögen, Beziehungen einzugehen, in Verbindung, während Chlor eher etwas mit dem Ende von Beziehungen zu tun hat.
- Die Ursache von Verhaltensproblemen, die *Natrium muriaticum* benötigen, liegt damit oft in einem Verlust des Partners begründet, sei er nun Tier oder Mensch. *Natrium muriaticum* kann bei emotionalen Traumata jeglicher Art angezeigt sein, ganz besonders aber, wenn Kummer oder Zurückweisung daran beteiligt sind.
- Ein Thema, das sich durch das ganze Arzneimittelbild von *Natrium muriaticum* zieht, ist das Thema Zurückhaltung. Auf der körperlichen Ebene zeigt sich diese als Retention von Flüssigkeiten oder ein Ungleichgewicht im Flüssigkeitshaushalt. Auf der Gemütsebene ist kennzeichnend, dass *Natrium muriaticum* selten vergisst und niemals vergibt. Nach einer emotionalen Verletzung besteht der überwältigende Impuls, alle Situationen zu vermeiden, in denen die Gefahr besteht, erneut verletzt zu werden. So entwickelt sich das Individuum zum Einzelgänger und erklärt auch die Modalität »Verschlimmerung durch Trost«. Das Paradoxon ist,

dass ein Tier im *Natrium muriaticum*-Zustand im Grunde seines Herzens schon geliebt werden möchte, sodass es bis zu einem gewissen Punkt freundlich und verspielt sein kann; wenn es allerdings darüber hinausgeht, schlägt sein Verhalten ins Gegenteil um. Es ist zwar »nett, es zu kennen, aber die Hölle, damit zu leben«, denn es kann zu plötzlicher und unvorhersehbarer Aggression kommen, und das Tier ist reizbar, nervös und ärgerlich.

- Dieses Bild passt auf viele Hunde und Katzen, die eine Zeitlang im Tierheim verbracht haben, aber auch auf Pferde, die verkauft wurden und bei ihren neuen Besitzern eine Wesensänderung entwickeln.
- Abgesehen von der Aggression, die dann oft gezeigt wird, erscheinen die Tiere depressiv und in sich gekehrt. Es scheint so, als wüssten sie nicht, wie man spielt. Dann wiederum brechen sie in anfallsweise hektische Aktivität aus.
- Die distanzierte und unabhängige Natur vieler Katzen macht *Natrium muriaticum* zu einer Arznei, die bei dieser Spezies sehr häufig angezeigt ist, wobei man nicht vergessen darf, dass Unabhängigkeit ein normaler Zug des kätzischen Verhaltens ist.
- Im Arzneimittelbild findet sich eine Abneigung gegen Sex; diese zeigt sich beim Tier in der aktiven und teils aggressiven Ablehnung der Paarung.

▶ *Staphysagria*

- Überempfindlichkeit, Zorn und Feindseligkeit sind die Grundzüge des mentalen Bildes von *Staphysagria*. Es besteht Überempfindlichkeit gegenüber allen »Kränkungen«, seien sie nun emotionaler oder körperlicher Art, wobei der Mensch oder das Tier den dabei empfundenen Ärger und Groll in sich hineinfrisst. Das Bild wird zwar meist von Sanftmut beherrscht, aber wenn sich der Ärger Bahn bricht, dann geschieht dies in Form eines heftigen und oft gewalttätigen Wutanfalls. Weitere Indikationen sind Wunden, die durch spitze Gegenstände verursacht wurden, sowie Gewebsschäden durch starke Dehnung. Damit wird *Staphysagria* oft bei Tieren eingesetzt, die nach einem chirurgischen Eingriff depressiv sind und eine schlechte Heilungstendenz zeigen.
- Ein Hauptwirkungsort ist das Urogenitalsystem. Eine idiopathische Zystitis mit mentalem Hintergrund kann auf *Staphysagria* ansprechen. Harnmarkieren bei kastrierten Katzen infolge einer Störung im Umfeld lässt sich mit dieser Arznei oft erfolgreich behandeln. Auch kastrierte Katzen mit einer sogenannten Flohallergie und daraus resultierenden Dermatitis sprechen häufig gut auf *Staphysagria* an.

Weitere Arzneien

▶ *Aconitum*

- Plötzlicher Schock und Entwicklung von Angst
- Kann auf der Basis von »niemals gesund seit« eingesetzt werden
- Voller schneller Puls
- Hochgradige Unruhe
- Angstbedingte Hysterie

▶ *Belladonna*

- Plötzlicher Beginn
- Aggression
- Unsicherer Gang und Neigung zu fallen
- Headshaking (Kopfschütteln)
- Voller, klopfender Puls
- Erweiterte Pupillen
- Halluzinationen und Konvulsionen

▶ *Hyoscyamus*

- Zucken der Gesichtsmuskeln, u. U. verzerrter Gesichtsausdruck
- Konvulsionen
- Schwindel vor dem Anfall
- Das Tier schreit und fällt um.
- Exzessives Lecken der Genitalien
- Exhibitionistisches Verhalten
- Unzucht bei Menschen
- Katzen setzen selbst in Gegenwart ihrer Besitzer Harn ab.

▶ *Nux vomica*

- Zorn und Ungeduld
- Reagiert empfindlich auf äußere Reize
- Geringe Schmerztoleranz
- Neigung, in allem zu übertreiben
- Bewegt sich schnell
- Ängstlich, v. a. männliche Individuen

▶ *Proteus Bach*

- Ein Merkmal dieser Darmnosode ist, dass das Tier anhaltendem Stress ausgesetzt ist.
- Wird oft unterstützend neben anderen Arzneien eingesetzt.

▶ *Tuberculinum*

- Unzufrieden, möchte ständig etwas anderes
- Schnell gelangweilt, wenn es immer das gleiche Futter gibt.
- Veränderliche Symptome
- Wutanfälle, widersetzt sich Disziplinarmaßnahmen (*Bacillinum*)
- Lärmempfindlich

QUELLEN

- *Scholten, J. (2016): Homöopathie und die Elemente. Utrecht: Stichting Alonnissos*

29

Der geriatrische Patient

Allgemeines

Das Älterwerden an sich ist keine Krankheit im herkömmlichen Sinne. Es ist die normale und fortschreitende Verminderung der Fähigkeit, angesichts physiologischer und externer Stressoren das endogene Gleichgewicht aufrechtzuerhalten. Bei einem älteren Haustier haben wir es selten mit einer einzigen Erkrankung, sondern weitaus häufiger mit einer Dysfunktion zu tun, die mehrere Organe und Systeme betrifft. Die *Fähigkeit* zur Aufrechterhaltung des Gleichgewichts wird auch als Gesundheit bezeichnet. Aus homöopathischer Sicht kann diese leicht in Krankheit umschlagen. Allerdings ist es wichtig zu wissen, ob die Symptome Teil des normalen Alterungsprozesses sind oder das Fortschreiten einer echten chronischen Krankheit darstellen.

Eine Konsequenz der oben beschriebenen abnehmenden Fähigkeit zur Regulation des Gleichgewichts ist eine erhöhte Empfänglichkeit für Krankheiten im eigentlichen Sinne. Dabei sollte man aber immer im Hinterkopf behalten, dass die dahinter liegende Schwäche ebenso berücksichtigt werden sollte wie das akute Geschehen.

Im Alter kommt es unausweichlich zu einer Abnahme der Lebenskraft. Dies kann allerdings in unterschiedlichem Ausmaß stattfinden, und ein hohes Alter allein heißt noch nicht, dass die Lebenskraft zwingend sehr niedrig sein muss. War ein Tier sein Leben lang grundsätzlich gesund und wenig krank, und hat es auch nur selten antagonistische Medikamente bekommen, wird es der behandelnde Tierarzt meist nur mit den normalen altersbedingten Verschleißerscheinungen zu tun haben. Die lebenswichtigen Organe erleiden mit zunehmendem Alter einen gewissen Verlust an Gewebe und Funktionstüchtigkeit, und wenn dieser ein kritisches Ausmaß erreicht, kann das physiologische Gleichgewicht nicht länger aufrechterhalten werden.

Homöopathische Arzneien helfen in solchen Fällen, das Gleichgewicht wiederherzustellen und aufrechtzuerhalten. Auch wenn die Lebenskraft mit zunehmendem Alter schwächer wird, kann sie doch stärker sein, als es auf den ersten Blick scheint, und ist damit in der Lage, auch einen stärkeren Reiz zu verkraften. Auf der anderen Seite liegt bei einem Tier mit einer langen und umfangreichen medizinischen Vorgeschichte oftmals eine chronische Erkrankung mit fortgeschrittener Pathologie vor. Letztere ist ein Anzeichen für eine manchmal schon deutlich geschwächte Lebenskraft. Dann bedarf es selbst bei gut gewählten Arzneien eines sanfteren Reizes in Form von niedrigeren Potenzen. Bei vielen chronischen Krankheiten ist es besser, tiefe Potenzen einzusetzen. Allerdings heißt das im Umkehrschluss nicht, dass bei älteren Tieren ausschließlich Tiefpotenzen gegeben werden sollten, da manche Patienten auch durchaus einen stärkeren Reiz verkraften. Ebenso kann es sein, dass die Behandlung wiederum zu einer Stärkung der Lebenskraft führt.

Bei der Betrachtung der medizinischen Vorgeschichte sollte man daran denken, dass Anwendungen, die im schulmedizinischen Sinne als sicher, Routine und wünschenswerte Prophylaxe angesehen werden, eine verheerende Wirkung auf den Körper haben können. Der übermäßige Einsatz von Impfungen, Flohbehandlungen (v. a. systemischen), Wurmkuren etc. kann das vitale Gleichgewicht empfindlich stören. Werden diese Maßnahmen bis ins hohe Alter durchgeführt, potenziert sich die schädliche Wirkung noch um ein Vielfaches.

Man muss sich auch damit abfinden, dass die Kontrolle und Erhaltung der bestehenden Situation oftmals alles ist, was man durch eine homöopathische Behandlung erreicht, eine Heilung im eigentlichen Sinne also nicht erzielt wird. Das kann dazu führen, dass die Arzneien über einen sehr viel längeren Zeitraum als normalerweise üblich gegeben werden müssen. Auf den ersten Blick mag dies wie eine bloße Palliation erscheinen, die aber aus Tierschutzgründen sehr sinnvoll sein kann und manchmal tatsächlich alles ist, was man erreichen kann. Es gibt aber auch Fälle, in denen die Arzneien eine heilsame Wirkung entfalten. Unabhängig davon sollte man sich unbedingt in allen Fällen vom Patienten leiten lassen, welche Potenz und Dosierung notwendig ist, und sich nicht irgendwelchen Vermutungen hingeben, die letztendlich zu einer Überdosierung führen können.

Eine Folge des Alterungsprozesses ist die fortschreitende Abnahme der Stoffwechselleistung. Dieser Umstand wirkt sich auf die Potenzwahl und die Beurteilung des Behandlungserfolges aus. Um die Lebenskraft sanfter zu stimulieren, können evtl. tiefere Potenzen vonnöten sein, und höhere Potenzen haben u. U. eine längere Wirkungsdauer. Außerdem hat der verminderte Stoffwechsel einen Einfluss auf die Verwertung und Ausscheidung von schulmedizinischen Medikamenten; beim älteren Patienten kommt es oft zu einer Verlängerung der Halbwertszeit von Arzneimitteln.

Mit zunehmendem Alter beobachten wir besonders häufig zwei Phänomene. Das eine sind Krebserkrankungen bzw. Neoplasien, die aber oftmals gutartig sind. Hunde entwickeln zwar öfter Neoplasien als Katzen, bei letzteren sind sie allerdings häufiger bösartig (Wills und Wolf). Auch bei bekannter Malignität sollte man mit der Entfernung von Tumoren vorsichtig sein. Abgesehen vom Narkoserisiko etc. kann die Entfernung eine Form von Unterdrückung sein und dazu führen, dass sich in einem noch wichtigeren Organ ein noch aggressiverer Tumor bildet. Dieser Tendenz kann man mit der Gabe des passenden Konstitutionsmittels bzw. der entsprechenden miasmatischen Arznei entgegenwirken. Außerdem sollte man bei der Überlegung, ob ein Tumor entfernt werden sollte oder nicht, auch berücksichtigen, dass ein Tumor beim älteren Tier oftmals eher langsamer wächst.

Das zweite Phänomen ist der kardiovaskuläre Insult (Cardio-vascular incident – CVI), auch als geriatrisches Vestibularsyndrom (GVS) bekannt. Beim Tier handelt es sich dabei i. d. R. nicht um einen echten »Schlaganfall«, wie man ihn aus der Humanmedizin kennt und der mit einer Verlegung von Blutgefäßen einhergeht. Zwar kann auch beim Tier im Einzelfall ein echter Schlaganfall auftreten, aber meistens ist die Ätiologie unklar und das Gesamtbild weist eher auf eine transiente ischämische Attacke hin. Auch ein Anstieg des Blutdrucks kann solche Symptome auslösen. Allerdings wurde festgestellt, dass beim Hund der Blutdruck mit zunehmendem Alter zwar auch steigt, der Anstieg allerdings geringer ist als beim Menschen, sofern keine weiteren Erkrankungen vorliegen.

Wichtige Modalitäten und Rubriken

Im Verhalten zeigen sich oft die augenfälligsten altersbedingten Veränderungen. Dies mag zum Teil die Folge zunehmender sensorischer Defizite sein, genauso oft handelt es sich aber auch um primäre Auffälligkeiten. Diese treten als verminderte Reaktionsfähigkeit auf die verschiedensten Reize zutage, aber auch in Form von Verwirrung und Orientierungslosigkeit. Gesteigerte Vokalisation und Veränderungen im Schlaf-Wach-Zyklus können für die Besitzer besonders belastend sein und sind oft der Grund dafür, warum das Tier beim Tierarzt vorgestellt wird. Zwanghaftes Verhalten und der Verlust erlernter Fähigkeiten können ebenfalls der Anlass zu großer Sorge sein. Die Tiere können aggressives Verhalten zeigen, das aber meist im Zusammenhang mit Angst und Furcht steht. Der Verlust der sensorischen Fähigkeiten muss bei der Beurteilung von Verhaltensänderungen und Modalitäten ebenfalls berücksichtigt werden.

Die Fähigkeit zur Thermoregulation nimmt mit zunehmendem Alter ab, was einen Einfluss auf die Interpretation von Modalitäten bzgl. Temperaturen (Wärme/Kälte) haben kann.

Im normalen unkomplizierten Alterungsprozess besteht meist eine Tendenz zu vermindertem Durstempfinden.

Allerdings sollte man entsprechende Rubriken zum Bereich Durst nur mit Vorsicht vewenden, da zusätzlich zum Alterungsprozess auch eine Erkrankung vorliegen kann (z. B. der Nieren), die mit gesteigertem Durst einhergeht.

Relevante Rubriken sind im gesamten Repertorium zu finden, jedoch gibt es oft keinen direkten Bezug zum Alter. Beispielsweise findet man Inkontinenz ohne eine Altersangabe nur unter »Blase – Urinieren – unwillkürlich«. Es gibt zwar die Rubrik »Blase – Urinieren – häufig – alten Menschen, bei«, diese ist aber viel zu klein, um wirklich von Nutzen zu sein. Das Kapitel »Schwindel« ist in der veterinärmedizinischen Geriatrie vermutlich hilfreicher als in allen anderen Bereichen.

Alle Modalitäten müssen im Zusammenhang mit der allgemeinen Verminderung der Reaktivität im Alter betrachtet werden.

Die wichtigsten Arzneien

▶ *Arnica*

- Diese Arznei hat (zu Recht) ein dermaßen hohes Ansehen als Traumamittel, dass ihre anderen Einsatzbereiche oft übersehen werden. *Arnica* ist eine ausgezeichnete Arznei zur allgemeinen Unterstützung der Muskulatur und des Herz-Kreislauf-Systems. Es hilft, die Muskelmasse und den Muskeltonus aufrechtzuerhalten.
- Weitere Indikationen sind Ödeme und Stauungserscheinungen in den Atemwegen. Da es sowohl auf den Herz-Kreislaufapparat als auch die Atemwege wirkt, spielt es bei der Behandlung von Herzerkrankungen

beim älteren Tier eine wichtige Rolle. Es ist auch beim Kardiovaskulären Anfalls-Syndrom (Cardio-vascular incident syndrome, s. o.) angezeigt, hier besonders aufgrund des typischen Schwindels.

- Blutungen jeglichen Ursprungs verlangen nach diesem Mittel.
- Es besteht große Angst davor, berührt zu werden, und ein konstantes Quetschungsgefühl. Anstrengung verschlimmert grundsätzlich. Das Tier zeigt Unruhe, da jeglicher Druck verschlimmert und die Unterlage bzw. das Körbchen immer zu hart erscheint. Gleichzeitig besteht das Bedürfnis, sich hinzulegen, bevorzugt auf die rechte Seite. Geistige Depression geht mit körperlicher Unruhe einher.
- Weitere Symptome sind Verschlimmerung durch Verletzung, Überanstrengung, Berührung, Schlaf, Bewegung, feuchte Kälte, Liegen auf der linken Seite, und Besserung durch Hinlegen, Liegen mit ausgestrecktem Kopf und Bewegung.
- Das Mittel wird beim geriatrischen Patienten oft allgemein unterstützend eingesetzt. Es kann gleichzeitig mit anderen angezeigten Arzneien und bei akuten Anlässen gegeben werden.
- Die Dosierung entspricht den allgemeinen Richtlinien: Bei akuten Erkrankungen erfolgt eine häufigere Anwendung, bei chronischen Krankheiten werden seltenere Gaben verabreicht.

▶ *Die Bariumsalze im Allgemeinen*

- Diese Arzneigruppe spielt bei geriatrischen Patienten vielleicht die wichtigste Rolle. Ihre Einsatzgebiete liegen vor allem am Anfang und Ende des Lebens. Es besteht eine allgemeine Neigung zu Blutungen und Geschwüren im Mund mit Speichelfluss, Mundgeruch und Vergrößerung der Drüsen.
- Die Themen der *Bariumsalze* decken sich mit der für die oben genannten Altersgruppen charakteristischen Kraftlosigkeit, Unsicherheit, Degeneration, Schwäche und Abhängigkeit. Eine Bariumvergiftung führt zu Herzversagen, Degeneration der Blutgefäße, Bluthochdruck, Erniedrigung des Blut-Kaliumspiegels und Muskelkrämpfen gefolgt von Lähmungserscheinungen; all das findet man beim alternden Tier. Die Anionen haben als Themen Abhängigkeit, Verlust der Sicherheit sowie Gefühle von Verlassenheit und Zurückweisungsgefühl, die ebenfalls häufig im Zusammenhang mit den Lebensextremen auftreten.

▶ *Barium carbonicum*

- Abmagerung bei normalem Appetit
- Allgemeine Schwäche der Gliedmaßen mit dem Verlangen, sich so oft wie möglich hinzulegen
- Hochgradige Abhängigkeit und Ängstlichkeit
- Lähmungen nach Schlaganfall
- Senile Demenz
- Trägheit
- Furchtsamkeit
- Grundloses Bellen
- Bauchschmerzen < Essen
- Langsames Wiederkäuen
- Verstopfung
- Herzklopfen
- Schwitzen in Ruhe, durch Bewegung nicht gesteigert
- Der Schweiß trocknet nur langsam.
- < Kälte (Frieren), Sonnenhitze, Essen
- > Wärme, Bewegung

Barium iodatum

- Hauptthemen sind Verhärtung und Trübung
- Gedächtnisschwäche
- Der Hund steht da und starrt in die Luft, oder er verlernt die Stubenreinheit.
- Abmagerung
- Tumoren mit Beteiligung des Lymphgewebes. Häufig sind auch die Mesenterialdrüsen betroffen.
- Harte Schwellungen
- < Wärme, Laufen
- > Kälte, frische Luft

Barium muriaticum

- Dieses Bariumsalz hat die stärkste Wirkung auf das kardiovaskuläre System. Daneben besteht eine Neigung zu Krampfanfällen und es kommt zum allgemeinen Verlust der Muskelkraft. Aneurysmen sind ebenfalls im Bild enthalten. Der Puls ist entweder weich und unregelmäßig oder voll und schnell. Der systolische Blutdruck ist hoch, der diastolische niedrig. Blutdruckschwankungen führen zu Kollaps ohne Verlust des Bewusstseins und mit schneller Erholung.
- < Klettern, kalte Luft, frische Luft (hat aber das Verlangen danach), morgens, nasses Wetter, Herbst

Barium sulphuricum

- Angst und Misstrauen
- Neigung zu Herzproblemen
- Rechtsseitiges Mittel
- Knochenschmerzen und Steifheit der Gelenke
- Unwillkürliche Muskelzuckungen mit Verlust des Muskeltonus
- < Anstrengung, Kälte, Essen, morgens
- > Gehen an der frischen Luft

Causticum

- Bei diesem Kaliumsalz steht die für die dazugehörige Gruppe typische Schwäche im Vordergrund. Fortschreitende Muskelschwäche führt zu Lähmung einzelner Teile. Es kommt zu Sehnenkontraktionen mit Steifheit und Schmerzen. Die linke Hüfte ist dabei oft besonders schmerzhaft.
- Das Tier wirkt insgesamt »alt und gebrochen«. Larynx – und Fazialisparese. Rezidivierende Zystitis infolge Harnretention. Kot – und Harninkontinenz: Der Kotabsatz erfolgt unwillkürlich beim Laufen. Flache Warzen, v. a. im Gesicht. Beteiligung des Herzens mit Herzklopfen und Schmerzen. Trockener Husten, bei dem der Eindruck entsteht, dass der Auswurf von Schleim eine Linderung bewirken würde.
- < trockene Kälte, Wind, Temperaturextreme, Anstrengung, Betreten eines warmen Zimmers, Baden
- > Bettwärme, feuchtes/nasses Wetter und paradoxerweise auch kaltes trockenes Wetter

Conium

- Bei *Conium* ist »aufsteigend« das Stichwort. Es kommt zu aufsteigenden Lähmungserscheinungen, die in den Füßen beginnen und dann nach oben steigen. Die Arznei entfaltet auch oftmals die beste Wirkung, wenn sie in aufsteigenden Potenzen gegeben wird. Hinterhandschwäche mit Muskelzittern und plötzlichem, aber vorübergehendem Verlust der Muskelkraft, wobei ein stetig fortschreitender Abbau zu beobachten ist. Bei steinharten Tumoren ist *Conium* ebenfalls angezeigt. Daneben kommt es zu unwillkürlichem Harn – und Kotabsatz während des Schlafes.
- < Anstrengung, Kälte, nachts, Stehen, Ausruhen
- > Bewegung, Druck, Sonnenhitze

▶ *Lycopodium*

- *Lycopodium* zählt zu den ganz großen Konstitutionsmitteln. Seine Wirkung erstreckt sich auf fast alle Körpersysteme. Beim geriatrischen Patienten stehen allerdings Geist und Gemüt, der Verdauungstrakt, die Atem – und Harnwege sowie der Bewegungsapparat im Vordergrund. In allen Systemen kommt es zu einem allmählichen Abbau. Es zeigen sich mentale Schwäche und ängstliche Unruhe. Verdauungsstörungen gehen mit ausgeprägter Blähungsneigung einher. Weitere Merkmale sind Atemnot, Zystitis und Vergrößerung der Prostata, ebenso Steifheit und Muskelschmerzen, oft mit gleichzeitiger Überempfindlichkeit gegenüber Schmerzen. *Lycopodium* ist ein rechtsseitiges Mittel.
- < Essen, Wind, Zugluft, 16-20 Uhr, Menschenmengen, nasses Wetter
- > Kotabsatz, Abgang von Flatus, Harnabsatz

Weitere Arzneien

▶ *Arsenicum album*

- Grundsätzlich unterstützend im Alter, v. a. in bösartigen Fällen
- Allmählicher Gewichtsverlust, der zu Abmagerung führt
- Nach der geringsten Aktivität schnell erschöpft
- Angst und Unsicherheit führen zu Verhaltensänderungen
- Aszites

▶ *Carbo animalis*

- Schwäche im hohen Alter
- Venöse Stase
- < Verlust selbst geringer Mengen von Körperflüssigkeiten
- Erholt sich nach einer Erkrankung nicht mehr

▶ *Ginkgo biloba*

- Senilität und geistige Schwäche
- Kann keine Routineaufgaben oder – übungen mehr verrichten
- Zittern und Krämpfe der Gliedmaßen

▶ *Lobelia inflata*

- Seniles Emphysem
- Nach Ruhe anfängliche Unfähigkeit, tief einzuatmen, > Herumgehen
- Allgemeine Schwäche führt zu Kollaps
- Krämpfe in den Hinterbeinen

▶ *Natrium muriaticum*

- Anämie und Abmagerung
- Schwäche der Gliedmaßen
- Polydipsie
- Große Mengen Urin mit niedrigem spezifischem Gewicht (chronische Nephritis)

QUELLEN

- *Landsberg, G. (1998): Behavioural problems in the geriatric dog and cat.* Veterinary International **10** *(2)*
- *Wills, J., u. A. Wolf: Handbook of Feline Medicine. Oxford: Pergamon Press*

30

Homöopathie bei Neoplasien

Allgemeines

Man sollte sich immer daran erinnern, dass eine Neoplasie aus homöopathischer Sicht keine Krankheit ist, sondern das Endergebnis eines langdauernden Krankheitsprozesses. Da die Pathologie das Resultat einer Fehlfunktion ist, folgt daraus, dass die pathologische Tendenz und Manifestation nicht rückgängig gemacht werden kann, solange diese Fehlfunktion besteht. Das Wegschneiden oder Wegbrennen der Läsionen unternimmt nichts gegen den zugrundeliegenden Zustand, der in den meisten Fällen nach einiger Zeit in der einen oder anderen Form wiederkehrt. Es mag aus den verschiedensten Gründen angebracht erscheinen, eine Läsion radikal zu entfernen, aber solange nicht auch eine Behandlung des unterschwelligen Ungleichgewichts erfolgt, wird keine vollständige Heilung erzielt.

Die gängige Praxis, gutartige Knoten routinemäßig zu entfernen, muss mit Vorsicht betrachtet werden. Das Phänomen, dass sich nach der Entfernung einer Warze zahlreiche neue bilden, ist allseits bekannt. Dies ist zwar an sich nicht schädlich, da die zentrifugale Reaktion des Körpers erhalten bleibt. Aber es besteht immer das Risiko, dass ein unnötiges Eingreifen die Heilung letztendlich blockiert und der Krankheitsprozess sich in die umgekehrte Richtung weiterentwickelt, also die Pathologie nach innen getrieben wird.

Unterdrückende Behandlungsmethoden tragen ihren Teil zur Entwicklung von Neoplasien bei. Daneben spielen aber auch andere Faktoren eine maßgebliche Rolle. Unterdrückende Maßnahmen blockieren das natürliche Verhalten des Körpers, und jede Medikation oder Behandlung, die den Körper daran hindert, normal zu funktionieren, kann ebenso als eine Form der Unterdrückung angesehen werden. Daneben haben auch karzinogene Stoffe einen Einfluss. Einige Agenzien, darunter auch die Bestrahlung, können u. U. stark genug sein, um Neoplasien zu verursachen. Andere wiederum, die aus schulmedizinischer Sicht als die »Ursache« angesehen werden, sind homöopathisch betrachtet lediglich der Auslöser (Trigger), der auf einen empfänglichen Körper einwirkt. Diese Empfänglichkeit resultiert aus der miasmatischen Beschaffenheit des Individuums, die sich wiederum aus früheren Ansteckungen, Kontakten und Maßnahmen entwickelt. Diese Erfahrungen beschränken sich nicht unbedingt auf die derzeitige Lebenszeit und, wie bereits in Kapitel 11 dargelegt wurde, können miasmatische Einflüsse generationsübergreifend weitergegeben werden. Auch wenn diese Übertragung anfangs nicht durch Vererbung im konventionellen Sinne erfolgt, so ist eine dahingehende Entwicklung doch denkbar; mögliche Mechanismen wurden bereits erläutert (Elliott 1995. Spink 2001). Der noch junge Zweig der Epigenetik zeigt, dass ein solcher Transfer durchaus im Bereich des Machbaren liegt (Carey 2011).

Zwar ist eine Neoplasie aus homöopathischer Sicht Teil des chronischen Krankheitsbildes, aber sie kann sehr schnell auch lebensbedrohliche Ausmaße annehmen. In solchen Fällen muss sie als akutes Aufflackern eines chronischen Zustandes angesehen und entsprechend aggressiv behandelt werden. Eine aggressive konventionelle Therapie kann wiederum unterdrückend wirken, daher sollte der Behandlungsansatz auch hier, wenn möglich, homöopathischer Art sein.

Allerdings kann in einzelnen Fällen eine aggressive konventionelle Behandlung die Therapie der Wahl sein, beispielsweise eine radikale chirurgische Entfernung, vielleicht noch in Verbindung mit einer Strahlenbehandlung oder Chemotherapie. Diese Fälle sollten homöopathisch begleitet werden, um auch die zugrundeliegenden miasmatischen Aspekte anzugehen. Einige homöopathische Größen (Ramakrishnan 2002) sind der Ansicht, dass viele der oben beschriebenen Maßnahmen die Wirkung homöopathischer Arzneien stören. Dennoch kann man beides gemeinsam einsetzen, und die homöopathische Behandlung sollte in den Intervallen zwischen den einzelnen Strahlen – oder chemotherapeutischen Anwendungen erfolgen. Ein weiterer Einsatzbereich für die Homöopathie liegt in der Unterstützung des Systems, um die Nebenwirkungen solcher Behandlungen abzumildern. *Cadmium sulphuricum* ist hier ein besonders wertvolles Mittel.

In der Homöopathie hat sich das allgemeine Konzept bewährt, zwei Ebenen gleichzeitig zu behandeln. Dabei wird ein Konstitutionsmittel in mittlerer bis hoher Potenz mit einem Lokalmittel in Tiefpotenz kombiniert. Dieses Prinzip kann auch bei Krebs angewandt werden, allerdings oft mit einer wichtigen Modifikation: Wenn die Lebenskraft eines Patienten mit einem hochgradig bösartigen Tumor geschwächt, die Energie des Tumors jedoch sehr hoch ist, kann es notwendig sein, kurzzeitig ein Lokalmittel in höherer Potenz zu geben, während die tiefer liegende Schicht mit dem Konstitutionsmittel in einer eher mittleren Potenz behandelt wird.

Die Miasmen spielen bei der Behandlung von Krebs eine wichtige Rolle, da sie maßgeblich für die Entstehung dieser Erkrankung sind. Das miasmatische Gleichgewicht kann dabei ganz unterschiedlich sein. Aus diesem Grund erweist sich die Histopathologie bei der Arzneiwahl manchmal als hilfreich. Bei Krebs stehen meist das sykotische und das syphilitische Miasma im Vordergrund, aber man sollte nie vergessen, dass in jedem Fall immer alle drei Miasmen präsent sind. Ganz allgemein kann man sagen, dass, je bösartiger eine Krebserkrankung schulmedizinisch eingestuft wird, desto größer der Einfluss der Syphilis ist. Aber auch bei sogenannten gutartigen Tumoren besteht eine erhöhte sykotische Aktivität, und auch das syphilitische Miasma ist zu einem gewissen Anteil vertreten. Die Ergebnisse der Labor – und Röntgenuntersuchungen können bei der Bestimmung des genauen miasmatischen Verhältnisses mitunter von Nutzen sein. Wie bei allen chronischen Erkrankungen bildet auch hier die Gesamtheit der Symptome die ideale Grundlage für die Verschreibung. Bei Krebs muss aber immer das derzeit im Vordergrund stehende Miasma berücksichtigt und behandelt werden. Im Verlauf der Behandlung kann sich ein neues miasmatisches Bild entwickeln, das wiederum die Wahl eines Folgemittels bestimmt. Ganz allgemein lässt sich sagen, dass jeder miasmatische Wechsel, der in Richtung Heilung führt, mit einer Verminderung der syphilitischen Dominanz einhergeht.

Es sollte immer daran gedacht werden, dass die Neoplasie nur ein Teil des gesamten chronischen Krankheitsbildes ist, wenn auch der dramatischste. Im Verlauf der Behandlung können weitere Aspekte des chronischen Bildes auftauchen. Ihre Bewertung im Hinblick auf die Heringsche Regel ist ebenso wie die erwünschte Bewegung der Symptome von innen nach außen wichtig, wenn es um die Beurteilung des Fortschritts in einem Fall geht.

Die Frage, ob auch miasmatische Nosoden wie *Carcinosinum* und *Scirrhinum* (siehe unten) in die Behandlung einbezogen werden sollten, hat zu heftigen Kontroversen geführt. Eine Meinung geht dahin, dass der Einsatz solcher Arzneien aufgrund der fortgeschrittenen Pathologie ein hohes Risiko birgt und daher bei bösartigen Erkrankungen inakzeptabel ist. Eine Prüfung wäre natürlich gleichermaßen gefährlich. Hier können die LM-Potenzen nützlich sein, da sie über längere Zeit regelmäßig eingenommen werden können und ihr Einsatzbereich gerade bei den fortgeschrittenen Krankheitsstadien liegt. Andere Methoden wie z. B. das Plussing, wo bei jeder Arzneigabe die Potenz leicht verändert wird, können ebenfalls verwendet werden, um das Risiko von Komplikationen zu vermindern. Ein großer Vorzug dieser Arzneien liegt darin, dass sie quasi das Grundmuster des miasmatischen Ungleichgewichts, welches die Wurzel der Krebserkrankung bildet, in sich tragen. Damit können sie genau diesem Ungleichgewicht im klinischen Fall entgegenwirken. Der Einsatz solcher und anderer stark miasmatisch geprägter Arzneien kann bei der Krebsbehandlung äußerst hilfreich sein. Im Wechsel mit mehr lokal wirkenden Arzneien können sie sehr viel bewirken. Die Lokalmittel haben dabei i. d. R. einen strengen Organbezug. Auch die Anwendung von homöopathisch aufbereiteten Karzinogenen wie *Tabacum* und *X-Ray* wurde empfohlen (Montfort 2000). Diese werden dann in niedrigeren Potenzen (C 9-C 12) in Kombination mit anderen homöopathischen Arzneien oder auch schulmedizinischen Medikamenten eingesetzt.

Der konstitutionelle Ansatz ist ebenfalls sehr hilfreich, allerdings ist eine gewisse Vorsicht geboten. Wenn der Patient sehr geschwächt ist, kann die Gabe eines gut gewählten Konstitutionsmittels zu Beginn der Behandlung das Gleichgewicht in die falsche Richtung kippen lassen. In solchen Fällen ist es gewöhnlich am besten, zuerst eine lokal wirkende oder streng miasmatische Arznei zu geben und das Konstitutionsmittel erst später folgen zu lassen.

Auch wenn es in manchen Fällen zu einem vollständigen Verschwinden des Tumors bzw. der Krebserkrankung kommt, so geht es meistens doch eher darum, die Erkrankung unter Kontrolle zu bekommen. Dann sollte man sich auch nicht der Möglichkeit verschließen, die passenden Arzneien kontinuierlich zu geben. Natürlich sollte man entsprechende Vorsichtsvorkehrungen wie oben beschrieben treffen. Die abwechselnde Gabe von Arzneien, die auf verschiedenen Ebenen angreifen, stellt eine weitere Sicherheitsmaßnahme dar. Aber wenn der Körper die Arzneien braucht, besteht kein Risiko, mit ihrer Gabe unerwünschte Nebenwirkungen zu provozieren.

Ganz entscheidend ist neben der homöopathischen Behandlung die begleitende Stimulation und Unterstützung des Immunsystems. Hier sollten Vitamin C und E in Verbindung mit anderen Antioxidanzien zum Einsatz kommen. Pflanzliche Zubereitungen oder Pilzpräparate zielen in dieselbe Richtung, und klinische Forschungen belegen ihre Wirksamkeit. *Iscador* ist ein Mistelextrakt, der durch anthroposophische Methoden gewonnen wird (die dem Vorgang der homöopathischen Potenzierung ähneln). Dieses Präparat wird oft zur Krebsbehandlung empfohlen und es liegen zahlreiche Studien zu seiner Anwendung und Wirkung vor. Es ist zweifellos hilfreich, seine Rolle scheint aber auch vorrangig in einer Unterstützung des Immunsystems zu liegen. Damit ist es natürlich uneingeschränkt kompatibel mit der Homöopathie.

Mistel wird auch als homöopathische Zubereitung eingesetzt (*Viscum album*), entweder allein oder in Kombination mit anderen Arzneien (siehe unten). Die Potenz C 12 hat sich dabei als wirksamste Verdünnungsstufe erwiesen (Elliott 2002).

Wichtige Modalitäten und Rubriken

Rubriken wie »Krebsleiden« oder »Sykose«, »Syphilis« etc. sind zu allgemein und unspezifisch und daher meist nicht sehr hilfreich. Die beste Herangehensweise bezieht das konstitutionelle Bild mit ein und die Repertorisation erfolgt entsprechend der in Kapitel 6 beschriebenen allgemein üblichen Hierarchie der Symptome. Die Lokalisation der Zubildung(en) kann ebenso wie die Art der an dem neoplastischen Prozess beteiligten Gewebe nützlich sein. Auch Schmerzen, die eindeutig bestimmt werden können, liefern wertvolle Hinweise. Die entsprechenden Rubriken finden sich an den unterschiedlichsten Stellen im gesamten Repertorium. An dieser Stelle muss auch noch einmal betont werden, dass die Verschreibung nicht zu sehr auf den pathologischen Aspekten des Falles fußen sollte.

Die wichtigsten Arzneien

▶ *Arsenicum album*

- Diese Arznei steht unter den Polychresten in vorderster Reihe. Die breitgefächerte destruktive Wirkung von *Arsenicum album* macht es zu einem Mittel, das bei bösartigen Erkrankungen sehr häufig eingesetzt wird. Es hat eine stärkende Wirkung auf alle Systeme und kann unabhängig von der Lokalisation der Neoplasie zur allgemeinen Unterstützung eingesetzt werden.
- In vielen fortgeschrittenen Fällen von bösartigen Erkrankungen findet man hochgradige Schwäche gepaart mit brennenden Schmerzen und Unruhe. *Arsenicum album* in hohen Potenzen kann hier oft eine deutliche Linderung im terminalen Stadium bewirken. In diesem Zusammenhang sollten auch die anderen *Arsenicum*-Verbindungen nicht außer Acht gelassen werden, insbesondere *Arsenicum iodatum*. Vor allem bei bösartigen Erkrankungen der endokrinen Drüsen, des lymphatischen Gewebes, der Zunge und des Gesichts ist diese Arznei häufig angezeigt.

▶ *Conium*

- Außerordentliche Verhärtung des Gewebes, v. a. der Drüsen, ist das besondere Kennzeichen dieser Arznei. Die Knochen sind ebenfalls betroffen und es kommt zu Gelenkschwellungen und Schwäche der

Gliedmaßen. Beim älteren Tier ist diese Arznei besonders oft angezeigt. Es besteht eine Neigung zu Geschwürbildung.

- Ein vorhergegangenes Trauma ist ein häufiger ätiologischer Faktor für *Conium*, insbesondere wenn die Brustdrüsen betroffen sind.
- Mammatumoren verändern u. U. in Abhängigkeit vom Zyklus ihre Größe. In der Regel sind Erkrankungen bzw. Zubildungen, die *Conium* erfordern, schmerzlos; allerdings wurden auch stechende Schmerzen im Zusammenhang mit *Conium* beschrieben. Diese Arznei ist häufig bei Erkrankungen der Drüsen, Prostata, Leber, Hoden, Lippen und des Magens angezeigt. Viele hartnäckige Ulzera sprechen gut auf das Mittel an.
- *Conium* wirkt oft am besten in ansteigenden Potenzen. Bei Neoplasien ist jedoch Vorsicht geboten.

▶ *Die miasmatischen und Krebsnosoden*

- *Carcinosinum* und *Scirrhinum* sind die gebräuchlichsten Krebsnosoden. Es handelt sich um unterschiedliche Zubereitungen, auch wenn sie in manchen Arzneimittellehren zusammengefasst werden. Das Herkunftsmaterial für *Carcinosinum* entstammt einem Mammatumor, das für *Scirrhinum* hingegen einem Tumor der Leber. Bei Tumoren des Epithelgewebes sind sie am häufigsten angezeigt. Das Arzneimittelbild von *Carcinosinum* weist viele Ängste und Überempfindlichkeiten auf und die Läsionen sind schmerzhaft. Es besteht eine Neigung zu Geschwürbildung mit üblem Geruch. Das Mittelbild von *Carcinosinum* ist dem von *Argentum nitricum* sehr ähnlich.
- *Scirrhinum* hat wiederum große Ähnlichkeit mit *Phosphorus*. Die Tiere sind dünn, frieren leicht, haben Durst auf kaltes Wasser und sind sehr ängstlich bzw. schreckhaft. *Scirrhinum* ist insbesondere bei Erkrankungen der Drüsen mit Verhärtung derselben angezeigt. Beim Menschen sollen die Schmerzen größer sein als bei *Carcinosinum*, dies ist beim Tier jedoch oft schwer einzuschätzen.
- Die Methode, eine dieser beiden Nosoden im Wechsel mit einer mehr lokal wirkenden Arznei einzusetzen, wurde zuerst am Menschen entwickelt (Ramakrishnan 2001). Das Grundprinzip dieser Methode lässt sich jedoch auch auf das Tier übertragen und wird regelmäßig angewendet. Es gibt zahlreiche Dosierungsrichtlinien, angefangen von einer Gabe einmal täglich an drei Tagen in jeder zweiten Woche bis hin zu drei oder vier Gaben innerhalb von zwölf Stunden alle zwei Wochen. Dabei wird meistens die Potenz C 200 eingesetzt, die C 30 findet aber ebenfalls Verwendung. Das genaue Dosierungsregime hängt von der klinischen Beurteilung des einzelnen Falles ab. Daneben gibt es auch die Methode, drei Arzneien einzusetzen: Dabei werden die miasmatische Nosode, ein Lokalmittel und das Konstitutionsmittel des Patienten in Folge gegeben, manchmal auch nur die Nosode und das Konstitutionsmittel im Wechsel. Bei einer anderen Variante (Elliott 2002) wird das Lokalmittel in Form einer Mischung aus Viscum album, Guanidinhydrochlorid, Glyoxalid und Amygdala amara in der Potenz C 12 dauerhaft morgens und abends gegeben, während die Nosode nur an zwei Tagen pro Woche eingenommen wird. Im Hinblick auf den Einsatz der miasmatischen Nosoden gibt es natürlich auch die unterschiedlichsten Ansätze; Ziel ist dabei immer, den miasmatischen Hintergrund der

Krankheit zu behandeln. Die Erfahrungen beim Menschen haben gezeigt, dass *Carcinosinum* in 80 % und *Scirrhinum* in 20 % der Krebsfälle eingesetzt wird.

- *Syphilinum* ist die Nosode des syphilitischen Miasmas. Es hat die syphilitische Modalität der Verschlimmerung in der Zeit von Sonnenuntergang bis Sonnenaufgang. Kennzeichen sind Schmerzen, v. a. in den Knochen, und übelriechende Geschwüre. Es kommt zu einer Vergrößerung der Drüsen, und beim Tier wird die Arznei oft eingesetzt, wenn die Drüsenschwellungen der Hodgkinschen Krankheit des Menschen ähneln.
- *Medorrhinum* korrespondiert mit dem sykotischen Miasma und steht in besonderer Beziehung zum Urogenitaltrakt. Es kommt zu vermehrten Absonderungen, die oftmals grün gefärbt sind. Eine allgemeine Modalität ist die Verschlimmerung in der Zeit von Sonnenaufgang bis Sonnenuntergang.
- *Tuberculinum* wird in vielen Krebsfällen benötigt, und zwar hauptsächlich als Zwischenmittel. Kennzeichnend ist der Aspekt des Dahinsiechens und der Schwindsucht, zudem liefert der syphilitische Aspekt seiner miasmatischen Ausrichtung oft hilfreiche Indikationen für eine Verschreibung auf dieser Ebene.
- Aufgrund der miasmatischen Natur einer Neoplasie spielt die psorische Nosode *Psorinum* in der Behandlung meist nur eine untergeordnete Rolle.

▶ *Phosphorus*

- *Phosphorus* zählt nicht nur zu den wichtigsten Konstitutionsmitteln, sondern weist auch viele herausragende syphilitische Merkmale auf. Diese treten in der destruktiven Tendenz aller Krankheiten – insbesondere der Krebserkrankungen – zutage, bei denen diese Arznei angezeigt ist. Schmerzhafte Knochenveränderungen weisen auf den Einsatz bei Osteosarkomen hin. Daneben besteht auch eine Affinität zum Auge und zum Magen, weshalb man in Fällen von Magenkrebs mit Bluterbrechen unbedingt an dieses Mittel denken sollte. Es kommt oft zu schnellem Kräfteverfall und allgemeiner Schwäche.

▶ *Thuja*

- *Thuja* ist eine der wichtigsten sykotischen Arzneien. Ihre Hauptwirkungsorte sind die Haut und der Urogenitaltrakt. *Thuja* wirkt oft gut bei Warzen, Lipomen und innerlichen wie äußerlichen Papillomen. Auch Adenome im Analbereich sprechen oft auf *Thuja* an. Warzen haben das charakteristische blumenkohlähnliche Aussehen und bluten leicht. Darüber hinaus ist es ein wichtiges Mittel im Zusammenhang mit Impfungen und sollte daher immer in Erwägung gezogen werden, wenn eine ätiologische Verbindung zu einer Neoplasie vermutet wird. *Thuja* ist aber auch ein wichtiges Konstitutionsmittel. Daneben kann die Urtinktur lokal angewendet werden, was aber nur Erfolg verspricht, wenn gleichzeitig eine systemische konstitutionelle Behandlung erfolgt. Außer bei Krebserkrankungen des Urogenitaltraktes kann *Thuja* auch bei Neoplasien des Rachens, der Bauchspeicheldrüse und des Rektums hilfreich sein.

Weitere Arzneien

▶ *Asterias rubens*

- Ulzeration bösartig veränderter Gewebe, v. a. der Brustdrüsen
- Linksseitig
- Verhärtung der Brustdrüsen
- Schmerzhafte Zustände

▶ *Aurum und seine Salze*

- Neoplasien der langen Röhrenknochen und Gesichtsknochen
- Schmerzbedingte Depression
- Schmerzen < nachts
- Vergrößerung der Lymphdrüsen

▶ *Hydrastis*

- Dicke, gelbe, wundmachende, klebrige Absonderungen von allen Schleimhäuten
- Harte Mammatumoren
- Erbrechen von Schleim bei Magenkrebs
- Lebervergrößerung und Gelbsucht

▶ *Plumbum iodatum/metallicum*

- Neoplasien des Gehirns
- Erkrankungen mit Lähmungserscheinungen

▶ *Scrophularia nodosa*

- Vergrößerung der Lymphdrüsen
- Hodgkin-Lymphom und Pseudohodgkin
- Affinität zu den Brustdrüsen

▶ *Symphytum*

- Knochenschmerzen (Einsatz bei Osteosarkom)
- Regt die Heilung von Frakturen und Weichteilgewebe bei Gelenkverletzungen an
- Bösartige Zubildungen im Gesicht

QUELLEN

- *Blass, G. (1992): Demystifying miasms.* BHJ **82**
- *Buhler, W., u. R. Leroi (1969): Cancer as a disease of our times.* Soliale Hygiene **19**
- *Carey, N. (2011): The Epigenetics Revolution. London: Icon Books*
- *Elliott, M. (2002): Homeopathy and Cancer – Can it help this common problem?* BAHVS conference
- *Jones, E. G. (1993): Cancer. Its causes symptoms & treatments. Repr. New Delhi: Jain*
- *Montfort, H. (2000): A new homeopathic approach to neoplastic disease: from cell destruction to carcinogen-induced apoptosis.* BHJ **89**, *78-83*
- *Ramakrishnan, A. U., u. C. Coulter (2001): Krebs – Ein homöopathischer Behandlungsansatz. Ninth House Publishing*
- *HPTG Masterclass. Oxford 2002*
- *Reyner, J. H. (2001): Psionic Medicine. Chapter by F. Spink. Saffron Walden: C. W. Daniel*

TEIL 3

Anhänge

Glossar

>	besser/gebessert durch
<	schlimmer/verschlimmert durch
Agg.	Aggravates (engl.) = verschlimmert
Allgemeinsymptom	Ein Symptom, das den Patienten in seiner Gesamtheit betrifft, beispielsweise Verlangen nach oder Abneigung gegen bestimmte Speisen oder das Verlangen nach Wärme.
Allopathie	Behandlung mit Medikamenten, deren Wirkungen keinen direkten Zusammenhang mit den Krankheitssymptomen des Patienten aufweisen.
Amel.	Ameliorates (engl.) = bessert
Antipathie	Behandlung mit Medikamenten, deren Wirkungen den Krankheitssymptomen des Patienten entgegengesetzt sind.
Arzneimittelprüfung	Vorgehensweise zur Entwicklung des Arzneimittelbildes einer homöopathischen Arznei durch Verabreichung derselben an gesunde Individuen. Die Arznei kann dabei in materieller oder potenzierter Form vorliegen.
Arzneimittelbild	Die Gesamtheit der Symptome einer bestimmten homöopathischen Arznei.
Auffallende, sonderliche, ungewöhnliche und eigenheitliche Symptome	Symptome, die ungewöhnlich und gleichzeitig für den Patienten charakteristisch sind. Bei der Wahl der am besten passenden homöopathischen Arznei sind sie von übergeordneter Bedeutung.
Begleitsymptom	Ein Symptom, das der Patient neben seinem Hauptsymptom zeigt.
Centesimal-Potenzen	Verdünnungsstufen im Verhältnis 1:100. Solcherart hergestellte homöopathische Arzneien sind durch ein »C« gekennzeichnet, z. B. Sulfur C 6.
Dezimal-Potenzen	Verdünnungsstufen im Verhältnis 1:10. Solcherart hergestellte homöopathische Arzneien sind durch ein »D« gekennzeichnet, z. B. Sulfur D 6.
Dynamisation	Potenzierung (durch Verreibung oder Verschütteln).
Einzelmittelverschreibung	Die Verordnung jeweils nur einer einzigen homöopathischen Arznei zu einem bestimmten Zeitpunkt.
Feindliches Mittel	Ein homöopathisches Arzneimittel, das die Wirkung des Hauptmittels stört.
Geistes – und Gemütssymptom	Ein Symptom, das sich auf den Geistes – und Gemütszustand des Patienten bezieht.
Gesamtheit (Totalität) der Symptome	Die vollständige Symptomatik eines Patienten, die der Auswahl einer homöopathischen Arznei zugrunde liegt.
Heringsche Regel	Die Beobachtung, dass Heilung nach der Gabe einer homöopathischen Arznei bestimmten Mustern folgt.
Hierarchisierung der Symptome	Die Gewichtung der Symptome in der Fallanalyse.
Homöopathie	Die Behandlung einer Erkrankung mit einem Stoff, der, wenn er einem gesunden Individuum verabreicht wird, bei diesem den gleichen Symptomenkomplex hervorrufen kann, wie ihn der kranke Patient zeigt.
Homöopathische Arznei	Eine Arznei, die nach homöopathischen Prinzipien verordnet wird; im allgemeinen Sprachgebrauch auch die Bezeichnung für ein potenziertes Arzneimittel.
Isopathie	Die Behandlung einer Krankheit mit einer potenzierten Arznei, die aus der Substanz des verursachenden Agens hergestellt wird.
Kausalität	Die Zuordnung einer veranlassenden Ursache zu einer Krankheit.
Komplementärmittel	Eine homöopathische Arznei, deren Wirkung die Wirkung der in einem Fall verordneten homöopathischen Arznei ergänzt (oder verstärkt).
Komplexmittel-Homöopathie	Die Anwendung von Mischungen homöopathischer Arzneien.

Konstitution	Die Veranlagung eines Patienten, Symptome zu entwickeln, die unabhängig von der vorliegenden Erkrankung mit einer bestimmten homöopathischen Arznei korrespondieren. Das zugrundeliegende Muster erschließt sich insbesondere durch die geistigen und allgemeinen Merkmale des Individuums im gesunden Zustand und durch die geistigen und allgemeinen Symptome im Krankheitsfall.
Konstitutionelle Verschreibung	Die Verschreibung einer homöopathischen Arznei entsprechend der Konstitution des Patienten.
Lebenskraft	Die Lebensenergie eines Organismus, die für die Aufrechterhaltung eines harmonischen Gleichgewichts im Körper verantwortlich ist, das wiederum die Grundlage von Gesundheit darstellt.
LM-Potenz (Q-Potenz)	Verdünnungsstufen homöopathischer Arzneien im Verhältnis 1:50.000.
Lokalsymptom	Ein Symptom, das in einem bestimmten Körperteil oder Organ auftritt.
Miasma	Die Neigung, auf alle krankheitsauslösenden Faktoren in derselben Art und Weise zu reagieren.
Modalität	Faktor, der ein Symptom verändert; eine allgemeine Modalität beeinflusst das ganze Individuum, wohingegen eine lokale Modalität nur ein Lokalsymptom betrifft.
NGS	Niemals gesund seit. Das Vorhandensein eines Faktors in der Vergangenheit, der einen großen Einfluss auf die Entstehung und den Verlauf des chronischen Krankheitsprozesses des Patienten hatte und hat.
Nosode	Eine homöopathische Arznei, die aus Krankheitsprodukten oder krankmachenden Organismen hergestellt wird.
Pathognomonisches Symptom	Ein Symptom, das in der Mehrzahl der Fälle einer namentlich benannten Krankheit auftritt. Pathognomonische Symptome sind für die homöopathische Verschreibung nur von geringem Wert, da sie keine Individualisierung des zu behandelnden Patienten erlauben.
Polychrest	Eine homöopathische Arznei, deren Arzneimittelbild eine umfangreiche Symptomatik beinhaltet und die daher ein breitgefächertes Wirkungsspektrum hat.
Potenz	Die heilsame Kraft einer homöopathischen Arznei, die durch den Verdünnungsgrad des Ausgangsmaterials ausgedrückt wird.
Potenzierung	Der von Hahnemann entwickelte Vorgang der Verdünnung und Verschüttelung zur Herstellung einer homöopathischen Arznei.
Repertorium	Ein Symptomenlexikon zum Auffinden homöopathischer Arzneien.
Schlüsselsymptom (Keynote Symptom)	Ein Symptom, das in hohem Maße charakteristisch für eine bestimmte homöopathische Arznei ist.
Seitenbezug	Die Tendenz, Symptome vorwiegend auf einer bestimmten Körperseite zu entwickeln, sei es beim Patienten oder in der Arzneimittelprüfung.
Similia similibus curentur	Ähnliches werde durch Ähnliches geheilt. Das Grundprinzip der Homöopathie.
Simillimum	Die homöopathische Arznei, deren Arzneimittelbild am meisten mit der Symptomatik des Patienten übereinstimmt.
Urtinktur	Alkoholischer Auszug eines pflanzlichen Ausgangsstoffes für die Zubereitung einer homöopathischen Arznei.
Verreibung (Trituration)	Im Rahmen der Herstellung einer homöopathischen Arznei aus einem unlöslichen Ausgangsstoff wird dieser mit Milchzucker verrieben, um ihn in eine lösliche Form zu überführen und damit für die Potenzierung verfügbar zu machen.
Verschüttelung	Im Rahmen der Potenzierung einer homöopathischen Arznei wird das Gefäß mit der gelösten Arznei gegen eine feste Unterlage geschlagen.
Zwischenmittel (interkurrentes Mittel)	Eine homöopathische Arznei, die zeitlich zwischen den einzelnen Gaben des zuerst gewählten Mittels gegeben wird.

	1	2	3	4	5	6	7	8			1	2	3	4	5	6	7	8	
ACONITUM			1		1	1		1	4/3	IGNATIA									
ALOE										IPECAC.			2						
ALUMINA	1		3			2	1		7/4	IODUM	1			1				1	3/3
ANTIM. CRUD.			2																
ANTIM. TART.					1			1		KALI. BICH.	1		3						
APIS			2		1			1		KALI. CARB.	2		3		1				6/3
ARGENT. NIT.	1		2																
ARNICA										LACHESIS			2					1	
ARSEN. ALB.	3	3	2	2	3	3	3	2	21/8	LYCOPODIUM	1	1	2		1				5/4
AURUM	1		2					2											
										MAG. CARB.			1			1		2	4/3
BARIUM CARB.			3				2	1	6/3	MERC. CORR.								1	
BELLADONNA					2	2		3		MERC. SOL.		1	2					2	5/3
BRYONIA		1		1															
										NAT. MUR.	2		2	3		2		1	10/5
CALC. CARB.			3			1		2	6/3	NAT. SULPH.	1								
CALC. FLUOR.			2							NIT. AC.		2	3				1		6/3
CALC. PHOS.	1		3							NUX VOM.	2		3						
CANTHARIS								1											
CAUSTICUM	2		3					1	6/3	PHOSPHORUS	1		3				1	2	7/4
CHAMOMILLA	1					2		1		PSORINUM			3				2	3	8/3
CHINA			2		2														
COLCHICUM			2		2					PULSATILLA	1				1	1	2	2	7/5
COLOCYNTH.							2	2											
CUPRUM	1			1				1		RHUS TOX.		3	3	2	1			2	11/5
DROSERA										SEPIA	1		2	3				3	9/4
DULCAMARA			3					2		SILICEA	1	1	3	1				2	8/5
										STAPHYSAGRIA	1		2					2	5/3
FERRUM			3					1		SULPHUR	1	1	2		2			2	8/5
GELSEMIUM										THUJA	1		3					1	5/3
GRAPHITES	2		3			2		2	9/4	TUB. BOV.			2	2	1				5/3

Anhang

1	Gemüt – Gewissenhaft	**5**	Magen – Durst – kleine Mengen, auf – oft; und
2	Gemüt – Ruhelosigkeit – nachts – Mitternacht – nach	**6**	Extremitäten – Zucken – Schlaf – Einschlafen, beim
3	Allgemeines – Wärme – kann nicht warm werden	**7**	Haut – Jucken – Kratzen – blutet; muss kratzen bis es
4	Allgemeines – Luft – Seeluft, Luft am Meer – agg.	**8**	Haut – Hautausschläge – abschuppend

Repertorisation mit Gewichtung der Symptome

Summe der Symptome (nach Graden geordnet)

Intensität wurde berücksichtigt

1	1234	2	Gemüt – Gewissenhaft	78
2	1234	1	Gemüt – Ruhelosigkeit – nachts – Mitternacht – nach	42
3	1234	3	Allgemeines – Wärme – kann nicht warm werden	294
4	1234	2	Allgemeines – Luft – Seeluft, Luft am Meer – agg.	68
5	1234	1	Magen – Durst – kleine Mengen, auf – oft; und	36
6	1234	3	Extremitäten – Zucken – Schlaf – Einschlafen, beim	9
7	1234	1	Haut – Jucken – Kratzen – blutet; muss kratzen bis es	34
8	1234	2	Haut – Hautausschläge – abschuppend	110

ARS.	NAT-M.	PULS.	NAT-AR.	SEP.	KALI-C.	SIL.	SULPH.	RHUS-T.	GRAPH.
1	2	3	4	5	6	7	8	9	10
15	13	12	11	10	10	10	10	9	9
38	25	18	17	21	20	18	17	21	20
3	2	1	1	1	2	1	1		2
3	1		1			1	1	3	1
2	2	2	2	2	3	3	2	3	3
2	3		1	3		1		2	
3		1	2				2	1	
3	2	1			1				
3		2		1			2		2
2	1	2	2	3	2	2	2	2	2

FlatRep

Intensität wurde nicht berücksichtigt

1	1234	1	Gemüt – Gewissenhaft	78
2	1234	1	Gemüt – Ruhelosigkeit – nachts – Mitternacht – nach	42
3	1234	1	Allgemeines – Wärme – kann nicht warm werden	294
4	1234	1	Allgemeines – Luft – Seeluft, Luft am Meer – agg.	68
5	1234	1	Magen – Durst – kleine Mengen, auf – oft; und	36
6	1234	1	Extremitäten – Zucken – Schlaf – Einschlafen, beim	9
7	1234	1	Haut – Jucken – Kratzen – blutet; muss kratzen bis es	34
8	1234	1	Haut – Hautausschläge – abschuppend	110

ARS.	NAT-M.	SULPH.	NAT-AR.	PULS.	RHUS-T.	GRAPH.	SEP.	PHOS.	SIL.
1	2	3	4	5	6	7	8	9	10
8	6	6	6	6	5	5	5	5	5
21	11	10	9	9	11	10	10	8	8
3	2	1	1	1		2	1	1	1
3	1	1	1		3	1		1	1
2	2	2	2	2	3	3	2	3	3
2	3		1		2		3		1
3		2	2	1	1				
3	2			1					
3		2		2		2	1	1	
2	1	2	2	2	2	2	3	2	2

Bezugsquellen

Deutschland

International Association for Veterinary Homeopathy, Am Nordhang 32, 42551 Velbert. Email: office@iavh.at;www.user.xpoint.at/iavh/default.htm

Deutsche Homöopathie-Union DHU-Arzneimittel GmbH & Co. KG, Ottostr. 24, 76227 Karlsruhe. Tel. 0721 40 93-01; E-Mail: info@dhu.de; www.dhu.de

Österreich

Apotheken:
Homeocur, Stadtapotheke Retz, Hauptplatz 29, 2070 Retz.

Dr Peithner GmbH, Richard Strauss Strasse 13, 1232 Wien. Tel: 01 616 2644; 02942 2287; www.peithner.at

Remedia GmbH, Hauptstrasse 4-6, 7000 Eisenstadt. Tel: 02682-62220-66; Email: info@remedia.at

Spagyra KG, Oberfeldstrasse la, 5082 Grodig. Tel: 06246 72370-78; Email:office@spagyra. at

Danksagung

Wir danken Barbara Wieser CertIAVH MRCVS für die Informationen zur Geschichte der Veterinärhomöopathie in deutschsprachigen Ländern und Mark Carpenter VetMFHom MRCVS für deren Übersetzung ins Englische. Unser Dank gilt auch Luke Norland und RadarOpus Computer Repertory für die computergestützten Repertorisationen.

Abbildungsverzeichnis

Cover: Shutterstock: ©el-ka (1823409425), ©Nils Jacobi (1447411817), ©Jearu (1544792258), ©Callipso (341035340), ©Sindii (1470613742), ©Dev_Maryna (636722725), ©Pazargic Liviu (1348250021), ©Kraipet Sritong (533100223)

Shutterstock: S. v © Davizro Photography (1610333029), © Evelia Smith (1116207269); S. vi © Osetrik (660805789), © Baronb (104360954); S. vii © thka (1090632113), © Volodymyr Plysiuk (1178351041), © Noa Nilsen (767465587); S. viii © Nitiphonphat (427427557), © Nils Jacobi (1517597303), © Rita_Kochmarjova (170544845); S. ix © karamysh (112778770), © smrm1977 (1813417540), © Raul Baena (1062514220); S. xi © Dora Zett (1390838552); S. 2–3 © Chamille White (1136827793); S.8 © Chamille White (447367420); S. 13 © JitkaP (1506304331); S. 17 © Kichigin (1673532088); S. 18–19 © Dev_Maryna (1753763222); S. 24 © Triff (1165365160); S. 28 © Canetti (1357476914); S. 34 © Sugar Lime studio (725532172); S. 38– 39 © Chamille White (1733596202); S. 40 © Kurit afshen (1560218507), Photo_Pix (1510519280), mirzamlk (797810665); S. 47 © divedog (1034470153); S. 50 © Jus_Ol (1755446042); S. 52–53 © Jaromir Chalabala (1076064356); S. 54 © Chamille White (1745783999), NORASET.Me (1381419962); S. 57 © Alim Yakubov (717344041); S. 58 © TamaraLSanchez (1428708323), Kittima05 (1060767629); S. 60 © Olesia Bekh (1518312263); S. 61 © Christian Mueller (640496284); S. 62-63 © Tom Wang (471593321); S. 68 © vvvita (1578096922); S. 72–73 © TongChuwit (144559403); S. 77 © Tom Meaker (1776167465); S. 80 © Olesya Zhuk (1660429177); S. 85 © lisal1983 (330201755); S. 86 © makalex69 (796230517); © makalex69 (796230520); S. 87 © makalex69 (796230439), © makalex69 (796230628); S. 89 © makalex69 (795705952); S. 90–91 © Davizro Photography (1610333029); S. 92 © Chamille White (1426470443); S. 97© Madeleine Steinbach (700339375); S. 101© Sasapin Kanka (1685149450); S. 103© Elena Vasilchenko (1019423641); S. 104© Steidi (1779178061), Iuliia Khabibullina (1697215828); S. 105 © thka (1278842278), Narupon Nimpaiboon (1585770256); S. 106–107 © Dzmitry Sarmont (1725524638); S. 111 © Monika Wisniewska (772614967); S. 114 © Irina 1 Nikolaenko (1274473171); S. 117 © polya_olya (1710232531); S. 120 © Jet Cat Studio (1503877685); S. 122 © Alexsander Ovsyannikov (1064975144); S. 126–127 © Evelia Smith (1116207269); S. 131 © Ivanova N (504351475); S. 132 © Photopen (1399662911); S. 136 © Jaromir Chalabala (453680695), Liliya Kulianionak (1451333204); S. 139 © Alla-Berlezova (1497626678); S. 140–141 © ANADMAN BVBA (331483511); S. 142 © Lubava (152001875); S. 144 © Butus (1445574374); S. 145 © nadisja (1435565648); S. 147 © Pixel-Shot (1493794892); S. 149 © Orawan Pattarawimonchai (794070388); S. 150–151 © Marina Shanti (1293658006); S. 154 © StoneMonkeyswk (1780933337); S. 156 © Dr. Me (696839992); S. 158 © Chamille White (1733596202); S. 163 © Kittima05 (1457816039), Alexandr Jitarev (1779226139); S. 164 © Augustcindy (760022386), C5 Media (1705211203); S. 165 © Yekatseryna Netuk (1649080414); S. 167 © Gilmanshin (1036072642); S. 168–169 © Kateryna Kon (751105387); S. 170 © Siwakorn TH (1633236610); S. 173 © Gorodenkoff (1672672963), Andrei_R (1294100677); S. 177 © Christin Lola (712673347); S. 178–179 © nobeastsofierce (1371437702); S. 187 © Kateryna Kon (1028469883); S. 192 © Kateryna Kon (1104385652); S. 193 © nobeastsofierce (391736473); S. 194–195 © Africa Studio (507811945); S. 198 © urfin (460061206); S. 203 © nednapa (398607043); S. 206 © Pics Kingdom (1112707370); S. 208 © arual (1281738571); S. 212–213 © Zivica Kerkez (670571770); S. 214 © Kwadrat (1758062501); S. 219 © Kuttelvaserova Stuchelova (665014693); S. 220–221 © woottigon (285546257); S. 223 © Fox_Ana (1713497503); S. 226 © Ilike (1009252300); S. 227 © Scisetti Alfio (1383883547); S. 228–229 © Osetrik (660805789); S. 230 © Yuriy Seleznev (1674916606); S. 232 © Dhanoo Surasarang (1721339821); S. 234 © Igor Normann (165958760); S. 235 © Eskymaks (1058057723); S. 236–237 © Baronb (104360954); S. 238 © Kedar Charkha (1750027757); S. 242 © Dreams Come True (1768089176); S. 243 © ibrahim kavus (1854321025); S. 244–145 © kaczor58 (617888072); S. 246 © Tongsai (1098586307); S. 249 © Alexander Raths (299077880); S. 251 © vvvita (1597462747); S. 252–253 © thka (1090632113); S. 259 © Ksenia Lada (1782330188); S. 260–261 © Volodymyr Plysiuk (1178351041); S. 266 © Juice Flair (1859201020); S. 268 © Sarycheva Olesia (1265575969); S. 270 © Scisetti Alfio (1505657096); S. 271 © Gladskikh Tatiana (1852809175); S. 272–273 © Noa Nilsen (767465587); S. 274 © rebeccaashworth (291408842); S. 277 © Malpolon (1765341701); S. 278 © Volodymyr Nikitenko (1475430710); S. 279 © Lesley Photograph (1500152489); S. 280–281 © Osetrik (523227928); S. 283 © dezy (490252087); S. 285 © Artkot (137310338); S. 288 © Olya Maximenko (1614770281), Scisetti Alfio (293243660); S. 289 © argo74 (45374245); S. 290–291 © Nitiphonphat (427427557); S. 292 © Dean Drobot (1565724121); S. 294 © Daniel Barrios Jurado (629193146); S. 295 © Linas T (1489945562); S. 298 © Lisavo (1786276244); S. 299 © Annette Shaff (280491962); S. 300–301 © Nils Jacobi (1517597303); S. 302 © Budimir Jevtic (1406569838); S. 304 © frantic00 (1772271194); S. 307 © Nils Jacobi (1517597300); S. 308–309 © Rita_Kochmarjova (170544845); S. 311 © katfox.art (399487390), Anca Popa (1404960209); S. 313 © JIANG HONGYAN (1138233686); S. 315 © Ivaylo Ivanov (210018718); S. 316–317 © karamysh (112778770); S. 322 © penton (1031662783); S. 326 © Tyler Boyes (56068858); S. 328–329 © smrm1977 (1813417540); S. 331 © Dora Zett (1117617398); S. 332 © schankz (396670957); S. 333 © Nils Jacobi (1728181117); S. 336 © Kazakov Maksim (595626641); S. 336–337 © unpict (198151391); S. 337 © wasanajai (197348270), © wasanajai (197348264); S. 338–339 © daliyah benhaim (1748163386); S. 343 © www.sandatlas.org (138425783); S. 345 © nixki (331124774); S. 346–347 © Raul Baena (1062514220); S. 353 © Svietlieisha Olena (1529385950); S. 354 © unpict (1554770909); S. 355 © Raul Baena (1078772912)

Referenzen

Allen, H.C. (2016) Leitsymptome und Nosoden. Kandern: Narayana Verlag.

Allen, J.H. (1908) The Chronic Miasms Psora and Pseudopsora. Chicago. [Privately published]

Boericke, F.E. (1874) Homeopathic Veterinary Practice. Philadelphia: Hahnemann Publishing House.

Boericke, W. (1927) Pocket Manual of Homeopathic Materia Medica (9th edn). Philadelphia: Boericke & Runyon.

Boger, CM. (2016) Synoptic Key - Charakteristika und Hauptwirkungen homöopathischer Arzneimittel. Kandern: Narayana Verlag

Clarke, J.H. (1901, 1925) Dictionary of Practical Materia Medica (3 vols). London: Homoeopathic Publishing Company.

Day, C.E.I. (1990) Homoeopathic Treatment of Small Animals. Saffron Walden: C.W. Daniel.

Day, C.E.I. (1995) Homoeopathic Treatment of Beef and Dairy Cattle. Beaconsfield: Beaconsfield Publishers.

Gibson, D.M. (2011) Studies of Homoeopathic Remedies. Kandern: Narayana Verlag.

Gooch, M. (ed.) (1998, 2002) Homeopathic thesaurus: key terms to be used in homeopathy. Homint for the European Committee for Homeopathy (ECH). Karlsruhe, Germany & Brussels, Belgium. www.homeopathyeurope.org

Hahnemann, C.F.S. (1896) Chronic Diseases, Their Specific Nature and Homoeopathic Treatment (translated by Louis H. Tafel). Philadelphia: Boericke & Tafel. [First published in 1833]

Hahnemann, C.F.S. (1852) The Lesser Writings of Samuel Hahnemann (translated by R.E. Dudgeon). London: Headland.

Hahnemann, C.F.S. (1880) Materia Medicina Pura (translated by R.E. Dudgeon). Homoeopathic Publishing Society, Liverpool. [First - published in 1828.]

Hahnemann, C.F.S. (2016) Organon der Heilkunst (Originalgetreuer Nachdruck). Kandern: Narayana Verlag.

Hunter, F. (2015) Homöopathie für Tiere. Kandern: Narayana Verlag.

Kent, J.T. (1932) Lectures on Homeopathic Materia Medica (4th edn). Philadelphia: Boericke & Tafel.

Kent, J.T. (1932) Lectures on Homeopathic Philosophy (2nd edn). Chicago: Ehrhart & Karl.

Koehler, G (1986) Handbook of Homeopathy. Wellingborough: Thorsons.

MacLeod, G (1983) Veterinary Materia Medica. Saffron Walden: C.W. Daniel.

Murphy, R. (2015) Klinisches Repertorium der Homöopathie. Kandern: Narayana Verlag.

Murphy, R. (2020) Klinische Materia Medica. Kandern: Narayana Verlag.

Phatak, S.R. (1988) Materia Medica of Homeopathic Medicines. London: Foxlee-Vaughan Publishers.

Roberts, H.A. (1936) Principles and Art of Cure by Homeopathy; a Modern Textbook. London: Homoeopathic Publishing Company.

Sankaran, R. (1994) Das Geistige Prinzip der Homöopathie (3nd edn). Mumbai, India: Homoeopathic Medical Publishers.

Sankaran, R. (2014) Die Seele der Heilmittel. Mumbai, India: Homoeopathic Medical Publishers.

Schoen, A. and Wynn, S. (1998) Complementary and Alternative Veterinary Medicine. London: Mosby.

Schroyens, F. (2019) Synthesis 2009 – Repertorium Homoeopathicum Syntheticum Lexikonformat. Kandern: Narayana Verlag.

Swayne, J. (ed.) (1998) International Dictionary of Homeopathy. Edinburgh: Churchill Livingstone.

Vermeulen, F. (2002) Prisma - Das Arcanum der Materia Medica ans Licht gebracht. Haarlem, Niederlande: Emryss Verlag.

Vithoulkas, G. (2015) Die wissenschaftliche Homöopathie. Theorie und Praxis homöopathischen Heilens. München: Urban & Fischer Verlag.

Winston, J. (1999) The Faces of Homeopathy. Tawa, New Zealand: Great — Auk Publishing.

Wolff, H.G (2019) Unsere Hunde - gesund durch Homöopathie. Saffron Suttgart: Thieme.

Yasgur, J. (1998) Homeopathic Dictionary and Holistic Health Reference (4th edn). Greenville, PA: Van Hoy Publishers.

Über die Autoren

©John Saxton

John Saxton schloss sein Studium 1964 an der königlichen Veterinärhochschule in London ab und ließ sich als Tierarzt nieder. Ende der 1970er Jahre begann er sich für Homöopathie zu interessieren. 1988 trat er der Homöopathischen Fakultät bei und wurde 1996 ordentliches Mitglied. 2005 wurde er zum Präsidenten der Fakultät gewählt.

Nach beinahe 40 Jahren Allgemeinpraxis betreibt er nun eine rein homöopathische Überweisungspraxis. Darüber hinaus schreibt, lehrt und forscht er über Homöopathie. Er hält auf internationaler Ebene Vorlesungen vor Ärzten, Tierärzten und Krankenschwestern. John Saxton ist Lehrer und Forscher an der Faculty of Homeopathy und bei der International Association for Veterinary Homeopathy.

©Peter Gregory

Peter Gregory schloss 1972 eine Ausbildung zum Veterinärchirurgen ab. In den ersten zwölf Jahren seiner Laufbahn arbeitete er in gemischten Tierpraxen, zunächst in Großbritannien, dann in Australien. Während dieser Zeit wuchs seine Unzufriedenheit mit den Ergebnissen der Schulmedizin. Auf der Suche nach einer Alternative kehrte er nach Großbritannien zurück und schloss Bekanntschaft mit der Homöopathie. Nachdem er diese Methode in der Praxis ausprobiert hatte, beschloss er, sie eingehender zu studieren. 1991 trat er der Faculty of Homeopathy bei und wurde 2004 zum akademischen Mitglied erhoben.

Derzeit arbeitet er für das Holistic Veterinary Medicine Centre in Sussex. Er ist Partner in der Homeopathic Professionals Teaching Group und hat viele Vorlesungen im Ausland gehalten. Peter Gregory war Vorsitzender der British Association of Homeopathic Veterinary Surgeons und hat den aktuellen Vorsitz der International Association for Veterinary Homeopathy inne. Er ist Mitautor des Lehrbuchs der Veterinärhomöopathie und hat Beiträge für verschiedene andere Publikationen verfasst.

Arzneimittelverzeichnis

P

R

S

T

U

V

Stichwortverzeichnis

A

B

C

J

K

L

M

N

O

P

Q

R

S

T

U

V

W

Z

WEITER TITEL IM NARAYANA VERLAG

Peter Gregory

Praxisbuch Tierhomöopathie

Grundlagen, Miasmen, Fallaufnahme und Mittelbilder

568 Seiten, geb, € 69,00

Peter Gregory zählt zu den erfahrensten homöopathisch arbeitenden Tierärzten Großbritanniens. Sein besonderes Engagement gilt dabei der homöopathischen Ausbildung.

Dieses Werk gibt eine fundierte Einführung in die veterinärhomöopathische Praxis. Dabei sind die Erklärungen äußerst originell und basieren auf der großen Erfahrung Gregorys. So schildert er die Miasmen aus einem neuen Blickwinkel und erklärt, warum z. B. Jagdhunde tuberkulinisch sind.

Besonders wertvoll ist der große Materia-Medica-Teil, der fast die Hälfte des Buches ausmacht. Dabei geht er über die in der Tierhomöopathie oft noch üblichen Mitteleinzelbeschreibungen hinaus und erklärt viele der Polychreste anhand ihrer Familienzugehörigkeit. So vermittelt er z. B. das Mittelbild Sepia in Bezug auf die Meeresmittel sowie Pulsatilla und die Hahnenfußgewächse. Die Mittelbilder sind originell und durch die Beziehung zur Mittelfamilie leichter zu verstehen und zu verinnerlichen.

Marion Fünfrocken

Arbeitsbuch Tierhomöopathie

Über 50 Fälle zum Selbstlösen

232 Seiten, geb, € 34,00

Homöopathie ist auch bei Tieren eine bewährte und sanfte Heilmethode. Die erfahrene Tierheilpraktikerin Marion Fünfrocken gibt in ihrem Leitfaden praktische Hilfestellung für angehende Tierhomöopathen und interessierte Laien, wie man am besten zum passenden homöopathischen Mittel kommt.

Anhand von über 50 eindrucksvollen Fallbeispielen zeigt sie das praktische Vorgehen bei der Mittelfindung. Die Fälle werden detailliert beschrieben – häufig auch mit Fotos – und man wird ermuntert, selbst die möglichen Ursachen, die wichtigsten Symptome, die passenden Repertoriumsrubriken und anschließend das richtige Mittel zu finden. Die Auflösung kann man am Ende des Buches nachlesen – verbunden mit einer ausführlichen und nachvollziehbaren Begründung der Mittelwahl und dem Heilungsverlauf..

Dr. Vétérinaire Patrice Rouchossé

Homöopathie bei Tieren

Neues Licht über die Intelligenz und das Verhalten der Tiere.
Mit zahlreichen Anamnese – und Fallbeispielen.

176 Seiten, geb, € 29,00

Die homöopathische Behandlung von Tieren setzt große Beobachtungsgabe und hohes Einfühlungsvermögen voraus. Genau diese Fähigkeiten konnte Dr. Rouchossé in den vergangenen 20 Jahren in seiner Tierarztpraxis zum Einsatz bringen. Als echter Pionier auf dem Gebiet bündelt er in diesem Buch sein einzigartiges Wissen und seine umfangreichen Erfahrungen im Bereich der Tierhomöopathie. Anhand von zahlreichen klinischen Fällen zeigt er, wie die richtige Anwendung homöopathischer Arzneien zu spektakulären Ergebnissen bei Tieren führt.

Dr. Rouchossé stellt nicht nur beeindruckende Fallbeispiele wie das Natrium-carbonicum-Pferd, die Sepia-Kuh oder den Lilium-tigrinum-Hund vor, sondern sensibilisiert den Leser durch seine Anamneseführung für die erstaunliche Intelligenz der Tiere und ihre einzigartige Beziehung zu uns Menschen. Besonders hervorzuheben ist die anschauliche Art, in der er die Materia Medica in Beziehung zu den klinischen Einzelfällen setzt. So kann sich jeder ein klares Bild des jeweiligen Mittels machen..

Vicky Mathison

Homöopathische Mittelbilder für Tiere

Die 60 wichtigsten Mittel für Tiere in Wort und Bild

136 Seiten, geb, € 39,00

60 homöopathische Mittel für Tiere, dargestellt mit köstlichen Karikaturen und treffenden Leitsymptomen – selten hat das Studium von Arzneimittelbildern so viel Spaß gemacht.

Die neuseeländische Tierhomöopathin Vicki Mathison vereint in diesem Werk künstlerisches Können mit tiefer Feinfühligkeit für das Wesen der Tiere und das passende Mittel.

“Ich glaube, ich habe noch nie so viel über so einfache und gleichzeitig so ausdrucksstarke Karikaturen gelacht. Homöopathische Mittel auf den Punkt gebracht!” Jenni Tree

Richard H. Pitcairn / Susan Pitcairn

Natürliche Gesundheit für Hund und Katze

Mit Homöopathie und Naturheilkunde

616 Seiten, geb, € 39,00

Dieser Leitfaden liefert eine unglaubliche Fülle an wertvollen Hinweisen zur Gesunderhaltung von Haustieren in ihren unterschiedlichen Lebensphasen. Die englische Ausgabe ist mit über 500.000 verkauften Exemplaren bereits ein Bestseller.

Richard Pitcairn ist der wohl bekannteste homöopathische Tierarzt in den USA. Auf 600 Seiten gibt er wichtige Empfehlungen zur homöopathischen Behandlung und zu naturheilkundlichen Maßnahmen bei den häufigsten Erkrankungen von Hund und Katze. Die Gesundheit fängt bereits beim Tierfutter an. Kritisch hinterfragt Dr. Pitcairn dessen Zusammensetzung und gibt einfache Rezepte für selbstgemachte Tiernahrung sowie spezielle Hinweise für kranke Tiere..

Dr. W. Jean Dodds / Diana R. Laverdure

Nutrigenomik für Hunde

Die neuesten Erkenntnisse der Genforschung für die optimale Ernährung

312 Seiten, geb, € 29,80

Ob Mensch, ob Tier – Gesundheit beginnt in den Zellen!

Dieses Werk vermittelt bahnbrechende Erkenntnisse auf dem Gebiet der Hundeernährung. Es zeigt, wie Sie die Zellgesundheit Ihres Hundes, dem Garant für ein langes, aktives Leben, allein durch das optimale Futter erreichen und bewahren.

Die renommierte Tiermedizinerin Jean Dodds und die Expertin für Hundeernährung Diana Laverdure beziehen sich dabei auf die Ergebnisse der noch jungen, vielversprechenden Wissenschaftsdisziplin Nutrigenomik, die das Zusammenspiel zwischen Genen und Ernährung untersucht.

Entscheidend für unsere Gesundheit und die unseres Hundes ist, wie die Nahrung, die wir aufnehmen, zu unseren Zellen „spricht" und dadurch die Genexpression reguliert. Die Gene, mit denen wir auf die Welt kommen, sind zwar nicht veränderbar, aber wir können ihr Verhalten steuern. Genau hier setzen die Autorinnen an. Sie zeigen, wie herauszufinden ist, welche Nahrungsmittel die Genexpression und Zellgesundheit optimal fördern und welche zu chronischen Krankheiten führen.

Sue Armstrong

Grundlagen der homöopathischen Krebstherapie bei Tieren

208 Seiten, geb, € 49,00

Homöopathie hat sich auch bei Tieren in der Krebstherapie schon seit vielen Jahren bewährt. Die britische Tierärztin Sue Armstrong konnte in über 30 Jahren umfangreiche klinische Erfahrungen bei der homöopathischen Behandlung von tierischen Krebspatienten sammeln.

Im ersten Band ihrer Schriftenreihe erläutert die erfahrene Tierärztin umfassend die Möglichkeiten der Homöopathie. Zunächst geht sie auf die Grundlagen der Krebsentstehung ein, genetische Ursachen und beschreibt die Rolle von entzündlichen Prozessen und von Sauerstoff. Im Hauptteil bespricht die Autorin die Entwicklung der homöopathischen Krebsbehandlung – von Hahnemann bis heute – und zeigt erfolgreiche Ansätze berühmter Therapeuten wie Kent, Grimmer, Ramakrishnan und Burnett auf.

Francis Hunter

Homöopathie für Tiere

Natürliche Hilfe bei den wichtigsten Beschwerden – für Hunde, Katzen, Pferde, Vögel, Hamster, Kaninchen, Ziegen, Schildkröten und viele weitere Tierarten

432 Seiten, geb, € 34,00

Die Homöopathie hat sich seit vielen Jahren bei den verschiedensten Tierarten bewährt. Dieser Ratgeber beschreibt auf einmalige Weise die homöopathische Behandlung von über 20 Haustierarten – von Hund und Katze über Reptilien, Vögel bis hin zu Schafen und Pferden. Der englische Tierarzt Francis Hunter blickt auf über 40 Jahre Erfahrung mit der Homöopathie zurück und ist wie kein anderer geeignet, dieses Werk zu verfassen.

Praxisnah erläutert er die wichtigsten Beschwerden und deren homöopathische Behandlung – von Verletzungen und Husten beim Pferd, Euterentzündung bei der Kuh, Fußfäule beim Schaf, Durchfall bei der Ziege, Abszessen beim Schwein bis hin zu Hüftfehlbildung beim Hund, Blasenentzündung bei der Katze, Parasiten beim Vogel und Hamster, Bissverletzungen beim Frettchen und vielem mehr. Ausführlich werden auch Erste-Hilfe-Maßnahmen besprochen.

Homöopathie
Naturheilkunde
Ernährung
Fitness & Sport
Akupunktur
Mensch & Tier

Im Narayana Webshop
www.narayana-verlag.de
finden Sie nahezu alle deutschen und eine umfangreiche Auswahl an englischen Werken zu Homöopathie, Naturheilkunde und gesunder Lebensweise. Zu jedem Titel gibt es aussagekräftige Leseproben.

Auf der Webseite gibt es kontinuierlich Neuigkeiten zu aktuellen Themen, Studien und Seminaren mit weltweit führenden Homöopathen sowie einen Erfahrungsaustausch bei Krankheiten und Epidemien.

Ein Gesamtverzeichnis ist kostenlos erhältlich.

Narayana-Verlag

Blumenplatz 2 • D-79400 Kandern • Tel: +49 7626 974 970-0 • Fax: +49 7626 974 970-9
info@narayana-verlag.de